Nora Alsdorf, Ute Engelbach, Sabine Flick, Rolf Haubl, Stephan Voswinkel

Psychische Erkrankungen in der Arbeitswelt

Forschung aus der Hans-Böckler-Stiftung Band 190

Editorial

Die Reihe **»Forschung aus der Hans-Böckler-Stiftung«** bietet einem breiten Leserkreis wissenschaftliche Expertise aus Forschungsprojekten, die die Hans-Böckler-Stiftung gefördert hat. Die Hans-Böckler-Stiftung ist das Mitbestimmungs-, Forschungs- und Studienförderungswerk des DGB. Die Bände erscheinen in den drei Bereichen »Arbeit, Beschäftigung, Bildung«, »Transformationen im Wohlfahrtsstaat« und »Mitbestimmung und wirtschaftlicher Wandel«.

»Forschung aus der Hans-Böckler-Stiftung« bei transcript führt mit fortlaufender Zählung die bislang bei der edition sigma unter gleichem Namen erschienene Reihe weiter.

Nora Alsdorf (Dipl.-Soz.), geb. 1984, ist wissenschaftliche Mitarbeiterin am Sigmund-Freud-Institut. Sie arbeitet als Supervisorin und Coach.

Ute Engelbach (Dr. med., Dipl.-Päd.), geb. 1967, ist Oberärztin im Bereich Psychosomatik der Klinik für Psychiatrie, Psychosomatik und Psychotherapie des Universitätsklinikums Frankfurt.

Sabine Flick (Dr. phil.), geb. 1978, ist wissenschaftliche Mitarbeiterin am Institut für Soziologie der Goethe Universität Frankfurt sowie Wissenschaftlerin am Institut für Sozialforschung.

Rolf Haubl (Dipl.-Psych., Dr. phil., Dr. rer. pol. habil.), geb. 1951, war Professor für Soziologie und psychoanalytische Sozialpsychologie an der Goethe-Universität Frankfurt sowie Direktor des Sigmund-Freud-Instituts.

Stephan Voswinkel (PD Dr. disc. pol.), geb. 1952, ist Soziologe am Institut für Sozialforschung und Privatdozent am Fachbereich Gesellschaftswissenschaften der Goethe-Universität Frankfurt am Main.

Nora Alsdorf, Ute Engelbach, Sabine Flick,
Rolf Haubl, Stephan Voswinkel

Psychische Erkrankungen in der Arbeitswelt

Analysen und Ansätze zur therapeutischen und betrieblichen Bewältigung

Bibliografische Information der Deutschen Nationalbibliothek
Die Deutsche Nationalbibliothek verzeichnet diese Publikation in der Deutschen Nationalbibliografie; detaillierte bibliografische Daten sind im Internet über http://dnb.d-nb.de abrufbar.

Umschlagkonzept: Kordula Röckenhaus, Bielefeld
Umschlagabbildung: zettberlin / photocase.de
Satz: Michael Rauscher, Bielefeld
Printed in Germany
Print-ISBN 978-3-8376-4030-4
PDF-ISBN 978-3-8394-4030-8

Gedruckt auf alterungsbeständigem Papier mit chlorfrei gebleichtem Zellstoff.
Besuchen Sie uns im Internet: *http://www.transcript-verlag.de*
Bitte fordern Sie unser Gesamtverzeichnis und andere Broschüren an unter: *info@transcript-verlag.de*

Inhalt

Perspektive 2
Therapie und Klinikaufenthalt

Perspektive 3
Zwischen Klinik und Betrieb

Einleitung

Arbeitsleid? Ein multiperspektivischer Zugang

Stellen wir uns eine Arbeitnehmerin vor, nennen wir sie der Einfachheit halber Frau Ypsilon. Frau Ypsilon ist mittleren Alters, nach ihrem Studium der Elektrotechnik fand die dynamisch aufstrebende Frau schnell einen Arbeitsplatz bei einem größeren Unternehmen der Metall verarbeitenden Industrie, war bei der Entwicklung verschiedener Anlagen beteiligt, arbeitete mehrere Jahre als engagierte Ingenieurin, sodass sie mit der Leitung eines eigenen Teams betraut wurde.

Ihr Partner unterstützte sie bei der Entscheidung, diesen Schritt zu gehen. Frau Ypsilon jedenfalls versprach sich neue Herausforderungen durch diesen Schritt. Die Arbeitsbelastung, Überstunden wurden nun selbstverständlicher, blieb entgegen den Befürchtungen überschaubar, gelegentlich ließen sich auch Überstunden abgelten. Ihr Hobby, in einer Damenmannschaft Volleyball zu spielen, litt derweil ein wenig. Galt sie zuvor gewissermaßen als eine Stütze der Mannschaft, kam es nun gelegentlich zu Absagen des wöchentlich zweimal stattfindenden Trainings.

Mit der Zeit konnte sie ihr Team im Betrieb von vier auf zehn Mitarbeiter ausbauen, erhielt Gratifikationen, favorisierte einen eher partizipativen Führungsstil. Mit zunehmendem Konkurrenzdruck in der Branche wurde auch der Druck der Geschäftsführung auf Frau Ypsilon spürbar, die Dilemmata ihrer Sandwichposition mehrten sich. Es stellten sich zunehmend Schlafstörungen ein, eine vermehrte Tendenz zum Grübeln, Spannungen in der Partnerschaft. Morgens verspürte sie oft Übelkeit, litt unter Durchfällen, die sie mit frei verkäuflichen Präparaten so weit in den Griff bekam, dass sie ihrer Tätigkeit trotz der Beschwerden einigermaßen nachgehen konnte. Abends war sie oft erschöpft, vermied Treffen mit Freunden, meldete sich bei ihrer Volleyballmannschaft vorübergehend ab. Auch an den

Wochenenden kam es zu vermehrtem Rückzug, schien sie förmlich jeder Energie beraubt.

Nach einem Wochenende allein zu Hause fand ihr Partner, der mit seinen »Jungs« unterwegs gewesen war, sie grübelnd auf dem Sofa vor, das sie das ganze Wochenende nicht verlassen hatte, und motivierte sie, endlich ihre Hausärztin aufzusuchen. Diese schrieb Frau Ypsilon für zwei Wochen krank. Als trotzdem keine Linderung der Beschwerden eintrat, verwies sie an eine psychotherapeutische Beratungsstelle. Dort sah man das Symptombild am ehesten mit einer depressiven Episode vereinbar und empfahl einen tagesklinischen Aufenthalt in einer psychosomatischen Klinik.

Frau Ypsilon überlegte gemeinsam mit ihrem Partner und entschied sich für diese Behandlung, hatte Glück, bekam zeitnah einen Aufnahmetermin in einer psychosomatischen Tagesklinik. Nach anfänglichen Schwierigkeiten, sich auf das zuweilen aus ihrer Perspektive spielerische und mit reichlich Leerlauf versehene Programm einzulassen – bezeichnete sie selbst sich doch als »Anpackerin« und war zeitlebens mehr auf pragmatische Welten denn auf musische eingestellt –, konnte sie sich in den folgenden Wochen gut in die Gruppe integrieren, entdeckte insbesondere die Gestaltungstherapie für sich: In abstrakten Bildern bekam sie Zugang zu bestehenden Dilemmata ihrer Erwerbsarbeit, diese wurden erstmals für sie thematisierbar, die ohnmächtige Position konnte von Frau Ypsilon als solche wahrgenommen und formuliert werden.

In den Einzeltherapien fand sie den geschützten Raum, um unter Einbeziehung ihrer Biographie Erklärungen für den Zusammenbruch am Arbeitsplatz zu entwickeln, Auslöser zu identifizieren. Langsam kehrte die Energie zurück, Grübeln und Schlafstörungen ließen nach. Nach ausreichender Stärkung ihres Gefühls der Selbstwirksamkeit reagierte sie auf die Kontaktaufnahme des Beauftragten für das Betriebliche Eingliederungsmanagement (BEM) und offenbarte die Schwierigkeiten, die ihr im Rahmen ihrer vorangegangenen Tätigkeit entstanden waren, sowie die Bedingungen, die in ihrem neu erlangten Verständnis relevant für ihre Erkrankung waren. Gemeinsam wurde ein Plan für den Wiedereinstieg in die Erwerbstätigkeit erarbeitet, den Frau Ypsilon auch mit ihrem Kliniktherapeuten in Bezug auf die herausgearbeiteten persönlichen Vulnerabilitäten prüfte.

Eine Kontaktaufnahme seitens des Klinikarztes mit dem BEM schien nicht vonnöten, da Frau Ypsilon im Rahmen der Therapie einen guten Zugang zu Auslösern sowie Ressourcen für sich entwickeln konnte und zudem zunehmend sprachfähig wurde. Trotzdem wurde ihr eine ambulante weitere Behandlung zur Stabilisierung und Weiterentwicklung des bisher Erreichten angeraten, die Frau Ypsilon gern im Anschluss an die tagesklinische Behandlung in Anspruch nahm. Die Betreuung und Reflexion des weiteren Wiedereingliederungsprozesses konnten im Rahmen dieser ambulanten Psychotherapie neben der biographischen Arbeit gut begleitet werden.

So oder ähnlich war unsere Vorstellung, wie sich eine individuelle Geschichte einer Patientin oder eines Patienten in diesem Forschungsprojekt darstellen könnte. Doch wir wären schnell eines Schlechteren belehrt worden, hätten wir an diese optimistische Hoffnung wirklich geglaubt. Tatsächlich zeigt die optimistische Geschichte, an welchen Stellen die Verläufe sich nicht so günstig gestalten und die Akteure und Systeme nicht sinnvoll ineinandergreifen.

Frau Ypsilon hätte sich mit ihren Beschwerden sehr viel länger »abfinden« können, sie hätte Strategien entwickeln können, um die Arbeit weiter »erfolgreich« zu erledigen und sich nichts anmerken zu lassen. Hausärzte erkennen Beschwerden dieser Art keineswegs immer als psychosomatisch, und der Zugang zu einer psychotherapeutischen Behandlung kann sehr viel mehr Wartezeit erfordern. Auch der zügige Aufnahmetermin in die Tagesklinik ist eher ein Glücksfall. Geheilt und arbeitsfähig entlassen zu werden ist Ziel, aber nicht immer Ergebnis eines Klinikaufenthalts. Dass im Betrieb von Frau Ypsilon ein BEM-Verfahren existiert und sie dort auf Beteiligte trifft, die sowohl ihre Vulnerabilität als auch die gesundheitlich beeinträchtigenden Arbeitsbedingungen thematisieren, ist nicht selbstverständlich. Und dass dann an die Tagesklinik auch noch gleich eine therapeutische Weiterbehandlung anschließt: Das sind Verläufe und Erfolge, die zu wenig real sind, als dass sie als Maßstab gelten können, an dem die Defizite und Schwierigkeiten einer betrieblichen und therapeutischen Bewältigung psychischer Erkrankungen deutlich werden können.

Seit einigen Jahren werden psychische Erkrankungen, die im Zusammenhang mit Erwerbsarbeit stehen, in der öffentlichen und der wissenschaftlichen Diskussion vielfältig thematisiert. Auch die betrieblichen und gewerkschaftlichen Akteure und das betriebliche Gesundheitsmanagement haben psychische Belastungen in der Arbeit als Problemfeld entdeckt.

Häufig unter dem – umstrittenen – Stichwort »Burn-out«[1] verhandelt, ging das Thema in die populäre Literatur und Kultur ein: Die Burn-out-Erfahrungen der vielfältig engagierten Professorin, Publizistin und PR-Beraterin Miriam Meckel wurden von ihr selbst in einem Buch (Meckel 2010) geschildert und in der Folge zu einem Fernsehspielfilm verarbeitet.

Ob Burn-out eine Krankheit der Moderne, ein Ausdruck des Kapitalismus oder eine Modeerscheinung ist, darüber wird heftig gestritten (vgl. Dornes 2016; Ingenkamp 2012; Neckel/Wagner 2013). Wir wollen mit diesem Buch zu dieser Diskussion nicht unmittelbar Stellung beziehen. Es handelt nicht vom »Burn-out« – wenn auch viele der Patienten, mit denen wir gesprochen haben, diesen Terminus zur Charakterisierung ihrer Beschwerden gebraucht haben. Vielmehr ist es unser Ziel, mit unserer Untersuchung die Debatte über den Zusammenhang von psychischen Erkrankungen und Erwerbsarbeit durch empirische Erkenntnisse zu bereichern und zu fundieren. Es gibt eine Fülle von Erkenntnissen über psychische Belastungen in der Arbeit, insbesondere in »modernen«, entgrenzten und subjektivierten Arbeitsformen. Ebenfalls ist die psychische Erkrankung als Gegenstand betrieblichen Gesundheitsmanagements thematisiert, und selbstverständlich gibt es Literatur zu diesbezüglichen Psychotherapien. Wir werden uns hiermit im folgenden Aufsatz näher befassen. Warum also eine weitere Studie?

Unser Zugang zeichnet sich dadurch aus, dass wir unseren Blick auf einen Prozess richten: Wir stellen Patienten und Patientinnen in den Fokus, die im Erstgespräch in der Klinik den Zusammenhang von Erwerbsarbeit und ihrer psychischen Erkrankung thematisiert haben, eine Therapie in einer psychosomatischen Klinik wahrnehmen und anschließend wieder in die Arbeitswelt und ihren Alltag zurückzufinden versuchen. Wir suchen also nach psychisch belastenden Arbeitsbedingungen, nach den Formen der Therapie und nach der Wiedereingliederung in den krankheitsbiographischen Verläufen der Patienten. Wir sprechen mit ihnen zu drei verschie-

1 | Burn-out ist keine eigenständige Diagnose, die etwa die Einweisung in ein Krankenhaus begründen könnte. sondern eine Rahmen- und Zusatzdiagnose. In der Internationalen Klassifikation der Erkrankungen (ICD-10) wird sie als »Ausgebranntsein« und »Zustand der totalen Erschöpfung« mit dem Diagnoseschlüssel Z73.0 erfasst. Er umfasst »Probleme mit Bezug auf Schwierigkeiten bei der Lebensbewältigung«.

denen Zeitpunkten – vor Beginn der Therapie, am Ende der Therapie in der Klinik und einige Monate später. Und wir beziehen die Perspektive der Ärzte und Therapeuten ein, deren Blick auf die Patientinnen und Patienten und ihre Krankheit(sgeschichte) und ihr professionelles Selbstverständnis.

Um dies tun zu können, ist unsere Studie als eine qualitative Fallstudie angelegt. Möglich wurde sie durch eine ausgesprochen kooperative und unterstützende Zusammenarbeit mit zwei psychosomatischen Kliniken und den dort tätigen Ärzten und Therapeuten, die uns nicht nur die Kontakte zu den Patientinnen und Patienten vermittelten und die Erstansprache leisteten, die angesichts der forschungsethischen Normen mit Sorgfalt vorgenommen werden musste, sondern die uns auch selbst für Gespräche zur Verfügung standen.

Diese Fallstudien in den Kliniken werden gerahmt durch Expertengespräche, die wir mit Experten des Betrieblichen Eingliederungsmanagements (BEM) geführt haben. Aus forschungsethischen Gründen konnten wir diese Gespräche nicht in den Betrieben und Verwaltungen führen, in denen die Patienten tätig sind, es war also nicht möglich, die eigenen Schilderungen und Deutungen der Patienten über ihre Arbeitssituation mit denjenigen anderer Akteure im Betrieb in Beziehung zu setzen. Aber die Expertengespräche mit den BEM-Beteiligten erlauben uns, Aussagen über Verfahren, Probleme und Erfolgsmöglichkeiten des BEM zu treffen. Diese komplexe Herangehensweise erlaubt uns auch, gerade die Schnittstellenprobleme der im Krankheitsverlauf relevanten Teilsysteme zu erfassen.

Die zweite – mit unserem spezifischen Zugang zusammenhängende – Spezifik unserer Forschung besteht in ihrer interdisziplinären Multiperspektivität. Nicht nur die Gesprächspartner unserer Untersuchung, sondern auch die Mitglieder des Forscherteams selbst gehören unterschiedlichen Professionen an und verfügen in ihren Arbeitsschwerpunkten über unterschiedliche Erfahrungen, Expertisen und Methoden, auf ein psychosoziales Phänomen zu schauen. Zum Team gehören (Arbeits- und Professions-) Soziologinnen und Soziologen, ein psychoanalytisch orientierter Sozialpsychologe und Organisationsberater sowie eine klinisch tätige Ärztin und Psychotherapeutin. Alle haben ihre je eigene Art und Weise, auf einen Fall zu schauen, und ihre unterschiedlichen Forschungs- und Erfahrungshintergründe in den Arbeitsprozess eingebracht – und das nicht nur durch

Spezialarbeiten, sondern in einem permanenten interpretativen Diskussions- und Arbeitsprozess.

Eine interdisziplinäre Forschung muss sich damit auseinandersetzen, dass die Disziplinen auch für gleiche oder ähnliche Phänomene unterschiedliche Begriffe entwickelt haben, die im jeweiligen Zusammenhang unterschiedliche Bedeutungsanschlüsse beinhalten. In interdisziplinären Diskussionen sind daher immer auch disziplinäre Selbstverständnisse angesprochen, die sowohl bewahrt werden wollen als auch infrage gestellt werden müssen, will man miteinander ertragreich kooperieren. Diese Unterschiede durch Begriffs- und Denkkompromisse überdecken zu wollen, kann nicht sinnvoll sein, deshalb haben wir die Unterschiede der professionellen Sichtweisen nicht geglättet, sondern sie finden sich in den verschiedenen Aufsätzen des Buches wieder, nicht als widersprüchliche Positionen, aber doch als unterschiedliche Akzentsetzungen (vgl. hierzu auch das Stichwort »Interpretationsgruppen« im Methodenglossar). Wir sind überzeugt, dass es uns gelungen ist, die eigene Theorie und Begrifflichkeit nicht als »Festungswall« (Norbert Elias) zu behandeln, sondern als gegenseitige Herausforderung zur Reflexion über die eigene Herangehensweise.

Zum Aufbau des Buches

Wir haben uns dafür entschieden, auch in der Anlage dieses Buches der multiperspektivischen Form unserer Forschung und Kooperation gerecht zu werden und nicht den Versuch zu machen, uns auf eine einheitliche Begrifflichkeit zu einigen und die unterschiedlichen Perspektiven einzuebnen. Deshalb handelt es sich hier nicht um eine durchgehende Monographie. Vielmehr folgen einzelne Aufsätze einander, die nicht nur ein bestimmtes Thema behandeln, einen spezifischen Aspekt unserer Ergebnisse beleuchten, sondern dies auch in einer dem Autor oder der Autorin eigenen Form und Herangehensweise tun. Handelt es sich somit auf der einen Seite der Form nach um einen Sammelband, so folgen die Beiträge doch auf der anderen Seite dem Verlauf der Krankheitsgeschichte »unserer« Patienten. Sie sind drei Blöcken zugeordnet, die jeweils für eine Phase in diesem Verlauf stehen. Nehmen wir noch einmal die Geschichte von Frau Ypsilon auf, so lässt sich dies so skizzieren:

Frau Ypsilon entwickelt ihre Beschwerden im Kontext ihrer Arbeitssituation. Entsprechend werfen wir in den ersten vier Aufsätzen, die wir der Perspektive 1 zugeordnet haben, zunächst einen Blick auf den Zusammenhang von Erwerbsarbeit und psychischer Erkrankung. Stephan Voswinkel identifiziert in unserem empirischen Material verschiedene typische Arbeitssituationen, die psychisch belastend sind oder sein können. Allerdings lässt sich dies nicht in einem streng kausalen Sinne verstehen, da unter gleichen Bedingungen jeweils nur ein Teil der Beschäftigten erkrankt. Die Erkrankung erscheint daher als besondere, nicht »normale«, sondern individuelle Reaktion. Im folgenden Aufsatz nimmt er dann die Schwierigkeiten, Voraussetzungen und Folgen in den Blick, die damit verbunden sind, die Krankenrolle einzunehmen, also sich selbst und anderen gegenüber sich als krank zu definieren, eine Schwierigkeit, die gerade bei psychischen Erkrankungen mit der Furcht vor Stigmatisierung einhergeht. Auch Frau Ypsilon hat einige Zeit und die Motivation durch ihren Partner gebraucht, um die Konsequenz zu ziehen, sich in ärztliche Behandlung zu begeben.

Anschließend wechseln Rolf Haubl und Ute Engelbach die Perspektive und beleuchten die »selbstheilenden« Potenziale der Erwerbsarbeit. Schließlich analysiert Rolf Haubl die Bedeutung, aber auch die Defizite der Unterstützung von belasteten Beschäftigten durch ihre Vorgesetzten und ihre Kollegen. Obwohl Frau Ypsilon nicht direkt schlecht von ihrem Umfeld behandelt wurde, blieb sie in der Entwicklung ihrer Störung doch weitgehend auf sich selbst zurückgeworfen.

Die drei Aufsätze, die wir dann der Perspektive 2 zugeordnet haben, behandeln verschiedene Aspekte der Therapie in der Klinik. Frau Ypsilon macht in unserer fiktiven Geschichte letztlich durchweg positive Erfahrungen, die zu ihrer Gesundung beitragen. Dass dies nicht so sein muss, haben wir bereits betont, und wir widmen uns hier einigen Aspekten und Problemfeldern der Therapie und des Klinikaufenthalts. Nora Alsdorf geht zunächst auf die Seite der Patienten ein. In ihrem Aufsatz rekonstruiert sie unterschiedliche Erwartungen, die von den Patienten an die Klinik gerichtet werden; sie werden verständlich vor dem Hintergrund ihrer jeweiligen subjektiven Krankheitstheorien, also der eigenen Deutungen von Charakter und Hintergrund ihrer Erkrankung und ihres Selbstverständnisses. Frau Ypsilon beispielsweise ging zunächst mit Vorbehalten in die Klinik, weil sie sich nicht auf Therapien einlassen zu können meinte, die nicht direkt lösungsorientiert erschienen.

Ute Engelbach setzt sich sodann mit einem vermeintlichen therapeutischen Ziel auseinander, das auch den Erwartungen vieler Patienten entgegenkommt, nämlich der Vorstellung, wichtig sei vor allem, dass die Patienten sich besser abzugrenzen lernen; sie weist auf die Defizite eines solchen Leitbildes hin. Schließlich richtet Sabine Flick die Aufmerksamkeit auf die Therapeuten und analysiert insbesondere, welche Bedeutung sie der Erwerbsarbeit in ihrem therapeutischen Handeln beimessen, welches Bild von der Arbeit sie haben und wie sie beides in ihre professionelle therapeutische Orientierung integrieren oder umdeuten.

Der dritte Block von Aufsätzen, die wir der Perspektive 3 zugeordnet haben, befasst sich mit der Zeit nach dem Klinikaufenthalt, also der Phase, die bei Frau Ypsilon so vergleichsweise reibungslos verlaufen ist. Unsere Befunde sind gerade hier weit weniger optimistisch. Andreas Samus zeigt die Defizite auf, die sich in der Nachsorge nach dem Klinikaufenthalt gerade dann zeigen, wenn die Rückkehr in die Arbeit nicht sogleich erfolgen kann; viele Betroffene fallen hier hinter einen schon erreichten Stand der Besserung zurück, und die Orientierung des Teilsystems Klinik reicht zu oft nicht über das Ende des Klinikaufenthalts hinaus.

Stephan Voswinkel schlägt den Bogen zurück zur Erwerbsarbeit und stellt Verfahrensvarianten des Betrieblichen Eingliederungsmanagements und typische Probleme und Herausforderungen aus der Sicht der hier engagierten betrieblichen Akteure dar. Schließlich stellen Rolf Haubl und Ute Engelbach – vielleicht utopische – Überlegungen darüber an, wie das Entlassungsmanagement in den Kliniken verbessert werden kann und welche Ansätze zur Vernetzung der Akteure im Gesundheitssystem vorstellbar sind.

Der Band endet mit einem Ausblick, der den Blick darauf richtet, was aus unseren Ergebnissen gelernt werden kann und welche Aspekte weiter vertieft werden müssten. Schließlich enthält das Buch im Anhang ein Methodenglossar, in dem zentrale Begriffe und Dimensionen unseres methodischen Herangehens erläutert werden.

Vor den soeben dargestellten drei thematischen Blöcken geben wir zunächst einen kurzen Einblick in wesentliche Befunde der bisherigen Forschung zum Thema der psychischen Erkrankungen im Zusammenhang mit der Erwerbsarbeit, also in das Wissen, mit dem wir unsere Untersuchung begonnen haben. Hierauf folgt der Aufsatz, der unsere Untersuchungsmethoden und -instrumente sowie die Form erläutert, in der wir das Material ausgewertet haben. Hier stellen wir auch die Konstruktion und Anlage des Samples der Patientinnen und Patienten dar, mit denen wir unsere Gespräche in den verschiedenen Phasen geführt haben.

Sie, liebe Leserin, lieber Leser, können das Buch von vorn bis hinten lesen. Sie können aber auch Ihren Präferenzen folgen und Aufsätze in einer hiervon abweichenden Reihenfolge lesen. Die Aufsätze stehen für sich und bauen nicht streng aufeinander auf. In den verschiedenen Aufsätzen werden Sie einzelnen Beispielen von Patientinnen und Patienten wiederholt begegnen, aber auch deren Verständnis setzt nicht die Kenntnis anderer Passagen voraus.

Einige Hinweise noch

Unsere Untersuchung unterliegt den strengen Anforderungen, die von den Ethikkommissionen der beiden Kliniken, mit denen wir kooperiert haben, vorgegeben sind und die über die üblichen Anforderungen an empirische Forschungen etwa im arbeits- oder professionssoziologischen Bereich noch hinausgehen. Das ist nur zu berechtigt, befinden sich unsere »Probanden« doch in einer besonders vulnerablen Situation und handelt es sich doch um eine Thematik, die grundsätzlich der ärztlichen Schweigepflicht unterliegt.

Jedes empirische Projekt ist zur Anonymisierung von Informationen und zur Pseudonymisierung der Gesprächspartner und Gesprächspartnerinnen verpflichtet. Für die hier vorliegende Untersuchung gilt dies in besonderer Weise. Diese Geheimhaltung, zu der wir uns auch gegenüber den Ethikkommissionen der beteiligten Kliniken verpflichtet haben, beinhaltet auch, dass nur die Personen Einblick in die transkribierten Interviews und andere Unterlagen erhalten dürfen, die in der Zustimmungsvereinbarung genannt wurden, die mit den Patientinnen und Patienten geschlossen wurde. Dementsprechend können wir in unsere empirischen Materialien, insbesondere die Gesprächstranskripte und Protokolle, anderen – auch anderen Wissenschaftlern – keine Einsicht geben. Daher werden auch für Zitate aus Interviews keine Seiten oder Abschnitte im Interviewtranskript nachgewiesen.

Die Darstellung einzelner Fälle wird daher so vorgenommen, dass die betreffenden Personen von anderen nicht identifizierbar sind. Allerdings können wir nicht ausschließen, dass die Gesprächspartnerinnen und Gesprächspartner sich selbst erkennen. Sollten die Betroffenen Nachfragen haben oder mit uns über unsere Deutungen sprechen wollen, so sollen sie sich ermutigt sehen, mit den Projektbearbeiterinnen und -bearbeitern Kontakt aufzunehmen. Die Kontaktadressen finden sich im Anhang zu diesem Buch.

Noch eine letzte Bemerkung. Überwiegend (bis auf zwei Aufsätze) verwenden wir in diesem Buch die männliche Form. Selbstverständlich sind Frauen hier immer mitgemeint. Wir sind uns der damit verbundenen Problematik bewusst, möchten aber bürokratisch wirkende Sprachformen vermeiden.

Danksagung

Zahlreich sind diejenigen, denen wir zu tiefem Dank verpflichtet sind. Das sind natürlich an erster Stelle die Patientinnen und Patienten, die sich bereitfanden, mit uns in mehrstündigen Gesprächen über ihre Erkrankung und ihre Erfahrungen, Sichtweisen, Erwartungen und Hoffnungen zu reden. Wir wissen, dass ihnen das sicher nicht immer leicht gefallen sein kann. Sodann haben wir den Ärzten und Therapeuten Dank abzustatten, die uns ihre Arbeitszeit und ihr Engagement zur Verfügung stellten, um das Projekt möglich zu machen und ihre Sicht auf die Erkrankungen und die Thematik allgemein zu vermitteln. Auch denjenigen, die uns in der Verwaltung der Kliniken unterstützt haben, sowie den Sozialarbeiterinnen in den Kliniken haben wir zu danken. Dank gebührt auch den Expertinnen und Experten, die als Engagierte im Betrieblichen Eingliederungsmanagement uns Auskunft über ihre Arbeit, ihre Sichtweise und damit frühzeitig einen Blick in die Praxis der Wiedereingliederung gegeben haben.

Schließlich möchten wir Herrn Professor Dr. Ulrich Schultz-Venrath und Tanja Brandt unseren Dank aussprechen, die uns mit verschiedenen Gesprächen bei der Entwicklung unseres Forschungskonzepts unterstützt und wesentlich weitergeholfen haben. Das gilt auch für diejenigen in den Gewerkschaften, die uns wertvolle Hinweise gegeben und Kontakte vermittelt haben, insbesondere Werner Feldes von der IG Metall und Vadim Lenuck von der IG Bergbau, Chemie, Energie.

Wir danken Andrea Alsdorf-Barthel und Elisabeth Matthias, die mit großer Sorgfalt und Geduld die Gesprächsmitschnitte transkribiert haben.

Zu ganz besonderem Dank sind wir der Hans-Böckler-Stiftung (HBS) verpflichtet, die unsere Untersuchung finanziell ermöglicht und uns während unserer Arbeit mit großer Geduld und verlässlicher Unterstützung begleitet hat. Das gilt insbesondere für die zuständige Forschungsreferentin, Frau Dr. Claudia Bogedan, und für die Mitglieder des wissenschaftlichen Beirats bei der HBS, die stets ebenso kritisch wie konstruktiv unseren Forschungsplan wie unsere Zwischenstände mit uns diskutiert haben.

Wir hoffen, dass alle, denen wir uns zu Dank verpflichtet wissen, zu der Meinung kommen können, die Unterstützung habe sich gelohnt, wenn sie unsere Ergebnisse lesen und bewerten.

Schließlich möchten wir uns bei denjenigen bedanken, die unser Projekt in unterschiedlichen Phasen als Praktikantinnen und Praktikanten unterstützt haben. Wir möchten ihren Beitrag zum Ergebnis hervorheben und dadurch würdigen, dass wir deutlich machen, dass es in dieser Form nur »unter Mitarbeit von« Jonas Biedermann, Alina Brehm, Katrin Holtgrewe, Simone Rassmann und Andreas Samus möglich war. Nicht zuletzt ist der Beitrag von Jakob Kuhlmann hervorzuheben, dem wir die sorgfältige technische Umsetzung der Texte in ein satzfähiges Manuskript verdanken.

Literatur

Dornes, Martin (2016): Macht der Kapitalismus depressiv? Über seelische Gesundheit und Krankheit in modernen Gesellschaften. Frankfurt am Main: Fischer.

Ingenkamp, Konstantin (2012): Depression und Gesellschaft. Zur Erfindung einer Volkskrankheit. Bielefeld: transcript.

Meckel, Miriam (2010): Brief an mein Leben: Erfahrungen mit einem Burnout. Reinbek: Rowohlt.

Neckel, Sighard/Wagner, Greta (Hrsg.) (2013): Leistung und Erschöpfung. Burnout in der Wettbewerbsgesellschaft. Frankfurt am Main: Suhrkamp.

Psychische Erkrankungen und die Erwerbsarbeit

Schlaglichter auf den Forschungsstand

Überforderungsphänomene durch Arbeit sind seit vielen Jahren zum viel diskutierten Thema in der öffentlichen Debatte geworden. Stichworte wie »Burn-out«, »Präsentismus«, das »erschöpfte Selbst« sind auch dann, wenn sie als medizinisch-psychologische Diagnosen von zweifelhaftem Wert sein sollten, hochbedeutsame zeitdiagnostische Marker einer gesellschaftlichen Problematik. In der Regel wird in der Debatte davon ausgegangen, dass der Arbeitswelt eine zentrale Bedeutung für soziale Integration und Anerkennung zukommt. Sinnstiftende Arbeit kann in gewissem Maße Arbeitsbelastungen kompensieren und damit auch Gesundheitsrisiken vorbeugen.

Aber zugleich gehen von der Arbeitswelt auch Krankheitsgefährdungen aus, die nicht zuletzt Arbeitsabläufe und Wertschöpfung beeinträchtigen können. Deshalb ist Gesundheit eine unverzichtbare Ressource in Unternehmen. Eine Reihe von Unternehmen implementiert Formen eines betrieblichen Gesundheitsmanagements, bietet ihren Mitarbeitern Angebote zur Krankheitsprävention wie auch zur Burn-out-Prophylaxe an. Auch in der gewerkschaftlichen Politik »Guter Arbeit« kommt der Frage der gesundheitsgerechten Arbeit ein zentraler Stellenwert zu, zumal Gesundheit eine Voraussetzung gesellschaftlicher und betrieblicher Partizipation ist und gesundheitsgerechtes Verhalten auf Partizipation angewiesen ist.

Die Bedeutung der Arbeit für die Entwicklung von Krankheitsprozessen besteht nicht nur in der *Verursachung* von Krankheit, sondern auch darin, dass die Bedingungen der Arbeit es *erschweren* können, *sich gesundheitsgerecht zu verhalten* und auf gesundheitliche Beeinträchtigungen und Krankheitszeichen rechtzeitig und angemessen zu reagieren. Auch Krankheiten, die ihre »Ursache« im privaten Bereich oder in der persönlichen Lebensgeschichte haben, sind in ihrem Verlauf und in ihrer »Therapierbarkeit« also auch von den Bedingungen der Arbeit beeinflusst.

Zwar verharren die Krankenstände seit vielen Jahren auf niedrigem Niveau. Jedoch nehmen seit längerer Zeit gerade die psychischen Erkrankungen – zumindest deren Diagnosehäufigkeit – signifikant zu. Hieraus resultieren nicht nur neue Krankheitsbilder mit neuen Therapieanforderungen und spezifischen Kostenbelastungen für die Unternehmen, die Krankenversicherungen und das Gesundheitssystem, sondern diese Entwicklung verweist auch auf neue Belastungsformen in der Arbeit. Auch wenn körperliche und stoffliche Belastungen und Gesundheitsgefährdungen nach wie vor kaum etwas von ihrer Bedeutung eingebüßt haben, stellen sich doch mit der Zunahme psychischer Belastungen und Erkrankungen neue Anforderungen an den Arbeitsschutz, da der Zusammenhang von Arbeitsbedingungen und Erkrankung in veränderter Weise analysiert und identifiziert werden muss, als dies bei klassischen Unfallrisiken oder bei Gefährdungen durch schädliche Arbeitsstoffe möglich ist.

Über die Frage nach der Verursachung gesundheitlicher Beeinträchtigungen hinaus ist es gerade unter den Bedingungen moderner Arbeitsformen nötig, ebenso nach der Bedeutung von Arbeit im Krankheitsgeschehen allgemein zu fragen wie nach ihrem Beitrag oder Hemmnispotenzial im Gesundungsprozess. Dies gilt umso mehr dann, wenn zunehmend psychische Belastungen und psychische oder psychisch mitbedingte Krankheitsbilder in den Vordergrund treten. Denn Arbeit, Karriere und beruflicher Erfolg sind in hohem und wachsendem Maße identitätsrelevant, von ihnen sind soziale Anerkennung und Selbstwertgefühl wesentlich bestimmt. Der Arbeit kommt daher im Leben und damit auch in der Gesundheitsbiographie der Menschen eine zentrale Prägekraft zu. Um das Selbstbild als Leistungsträger nicht zu gefährden, fällt es dann schwer, sich mit Krankheiten offen auseinanderzusetzen. Das kann zur »interessierten Selbstgefährdung« (vgl. Peters 2011; Krause et al. 2012) führen.

Auch dann, wenn sie die gesundheitlichen Belastungen durch Arbeitsbedingungen und Stress erkennen, halten viele die Erwerbsarbeit jedoch für einen Bereich, dessen Zwängen sie ausgeliefert sind, besonders wenn sie um ihre Beschäftigung fürchten. Das kann dazu führen, dass sie glauben, nichts an ihren gesundheitlichen Gefährdungen und Beeinträchtigungen ändern zu können. Der Verweis auf unvermeidliche Arbeitszwänge kann dann auch dazu führen, dass sie Erwartungen, etwa von Therapeuten oder auch Angehörigen, an die Änderung des eigenen Gesundheitsverhaltens abwehren.

Arbeit kann also nicht nur gesundheitliche Beeinträchtigungen hervorrufen, sondern auch das gesundheitsgerechte Verhalten behindern. In diesem Zusammenhang ist es wichtig, dass in der Arbeitsgestaltung die Bedürfnisse und Fähigkeiten gesundheitlich beeinträchtigter Menschen berücksichtigt werden. Das wird besonders deutlich im Prozess der Wiedereingliederung Erkrankter in den Arbeitsprozess, in besonderer Weise bei psychischen Belastungen und Erkrankungen, für deren Überwindung bzw. Verarbeitung häufig das Zusammenwirken verschiedener Akteure im Arbeitsumfeld wichtig ist, um Stigmatisierungen psychisch Erkrankter und damit einer Verlängerung oder Reproduktion der Erkrankung entgegenzuwirken.

Wenn Arbeit gerade für den Verlauf psychischer Erkrankungen eine solch komplexe Bedeutung hat, dann ist es auch wichtig, welche Rolle ihr in den Konzepten und Theorien über Ursachen von Krankheitsentwicklungen und somit auch in der Diagnostik von Medizinern, Psychologen und Therapeuten zukommt. Denn die Vorstellungen über den Zusammenhang von Arbeit und Gesundheit haben Folgen für die Therapie, für die Handlungsempfehlungen und die gesundheitliche Prognostik. Wichtig ist also, wie die Arbeitssituation im Heilungsprozess und in den therapeutischen Strategien einbezogen wird, wie aber auch die Erkrankten die Arbeit im Zusammenhang mit ihrer Erkrankung und ihren Gesundungsmöglichkeiten wahrnehmen und deuten.

In diesem Aufsatz wird ein kurzer Einblick in vorliegende Erkenntnisse der Forschung gegeben. Dabei stehen vier Themenkomplexe im Vordergrund:

- Die Entwicklung psychischer Erkrankungen verursacht durch
- psychosoziale Belastungen in der Arbeit,
- die betriebliche Gesundheitsförderung und die Wiedereingliederung im Bereich psychischer Belastungen und Erkrankungen sowie schließlich
- die Bedeutung der »Arbeit« in der Psychotherapie.

1. Die Entwicklung psychischer Erkrankungen

Werfen wir zunächst einen Blick auf die Entwicklung der krankheitsbedingten Fehlzeiten, so sehen wir zwei unterschiedliche Trends: auf der einen Seite den langfristigen Rückgang der Fehlzeiten im Allgemeinen, auf der anderen Seite die Zunahme derjenigen Fehlzeiten, die von psychischen Erkrankungen verursacht werden.

Seit vielen Jahren ist ein langfristiger Rückgang des Krankenstandes zu beobachten. Der Fehlzeiten-Report des Wissenschaftlichen Instituts der AOK weist einen Rückgang der Krankenstände von 5,9 Prozent im Jahre 1995 auf 4,2 Prozent im Jahre 2006 nach. Seitdem ist ein Wiederanstieg auf 5,2 Prozent im Jahre 2014 zu registrieren, ohne dass jedoch das Niveau der 1990er Jahre wieder erreicht wurde (Meyer/Böttcher/Glushanok 2015, S. 347). Die Unterschiede zwischen den Geschlechtern sind gering.

Viele Indizien sprechen dafür, dass der Rückgang der Fehlzeiten in nicht unwesentlichem Maße darauf zurückzuführen ist, dass Beschäftigte auch krank zur Arbeit gehen. 2009 sind mehr als 71 Prozent der Arbeitnehmer in Deutschland mindestens einmal krank zur Arbeit gegangen, rund 30 Prozent sogar gegen den ausdrücklichen Rat ihres Arztes. 13 Prozent haben zu ihrer Genesung extra Urlaub genommen (Steinke/Badura 2011, S. 18). Für das Jahr 2014 wird ein Anteil von 68 Prozent der Beschäftigten genannt, der in diesem Jahr mindestens einen Tag krank zur Arbeit gegangen ist, darunter 14 Prozent sogar mehr als drei Wochen (Institut DGB-Index Gute Arbeit 2016).

Das Phänomen des »Präsentismus« hat nicht nur gesundheitlich bedenkliche Folgen für die betroffenen Arbeitnehmer, deren Krankheiten dadurch verschleppt und verschlimmert werden können, und für Kollegen, die unter Umständen mit Ansteckung rechnen müssen, sondern auch für die Qualität und Produktivität der Arbeit. Die Kosten für Präsentismus werden höher eingeschätzt als diejenigen, die Unternehmen durch Absentismus entstehen (vgl. Steinke/Badura 2011; Vogt/Badura/Hollmann 2010; Weiherl/Emmermacher/Kemter 2007).

Gerade bei solchen Erkrankungsformen, die nicht ganz evidenterweise die Arbeit unmöglich machen, besteht ein Spielraum für die Entscheidung, der Arbeit fernzubleiben oder zur Arbeit zu gehen (vgl. Hauß/Oppen 1985; Twardowski 1998). Hier spielen vermutete Nachteile für Arbeitsplatzsicherheit und Karrierechancen ebenso eine Rolle wie Termindruck, soziale Verpflichtungsgefühle gegenüber Teamkollegen oder Identifikation mit der Arbeit oder dem Projekt. Vor diesem Hintergrund kann man davon ausgehen, dass gerade neue Arbeitsformen, die durch diese Aspekte gekennzeichnet sind, den Präsentismus fördern (vgl. Kocyba/Voswinkel 2007a; 2007b).

Im Gegensatz zur Entwicklung der Fehlzeiten generell steht die Entwicklung des Krankenstandes, der von psychischen Erkrankungen verursacht wird. Zwischen 2003 und 2014 ist hier bei den Arbeitsausfalltagen ein Anstieg um 83,7 Prozent zu verzeichnen (Meyer/Böttcher/Glushanok 2015, S. 370). Allein die Arbeitsunfähigkeitstage aufgrund von »Burn-out« (Diagnosegruppe Z73 in der ICD-10-Klassifikation) haben sich zwischen 2005 und 2014 um das Siebenfache erhöht (ebd., S. 387).

Auch wenn man dies teilweise als Effekt einer veränderten Diagnosestellung ansehen mag, so ist doch der Anstieg gleichwohl eindrucksvoll. Fehlzeiten von Frauen sind in höherem Maße auf psychische Erkrankungen zurückzuführen als diejenigen von Männern (ebd., S. 371). Die angeführten Daten haben zwar nur die Fehlzeiten der AOK-Mitglieder zur Grundlage, lassen sich aber in der Tendenz verallgemeinern, da die Studien anderer Versicherungen zwar Abweichungen im Detail, nicht aber in der Tendenz zeigen (DAK-Gesundheitsreport 2016; TKK Gesundheitsreport 2016; Barmer GEK 2015; BKK Gesundheitsreport 2015).

Psychische Erkrankungen kommen, so die vorliegenden Befunde zusammenfassend Rau et al. (2010), in jedem Alter vor, wobei sich die Spitzenwerte beider Geschlechter bei den über 55-Jährigen finden. Der größte Zuwachs betrifft die unter 30-Jährigen. Generell sind Frauen im Vergleich zu Männern deutlich mehr belastet. Die durchschnittliche Erkrankungsdauer ist im Vergleich mit somatischen Erkrankungen überdurchschnittlich hoch.

Hinzu kommen überdurchschnittlich viele Frühberentungen (RKI 2006), was insgesamt deutlich macht, wie kostenintensiv psychische Erkrankungen sind. Bezogen auf die verschiedenen Branchen tragen Arbeitnehmer im Bereich personaler Dienstleistungen, und da besonders im Gesundheits- und Sozialwesen, das größte Risiko, psychisch zu erkranken, nicht zuletzt aufgrund der zu leistenden Emotionsarbeit (vgl. Mesmer-Magnus/DeChurch/Wax 2012). Aber auch in Branchen mit traditionell niedrigen Krankenständen, wie etwa Banken, nehmen die Arbeitsunfähigkeitszeiten aufgrund psychischer Erkrankungen zu.

Nun darf nicht übergangen werden, dass methodisch begründete Zweifel formuliert worden sind, die eine Zunahme psychischer Erkrankungen in Abrede stellen (vgl. Richter/Berger 2013). Damit ist Vorsicht gegenüber einer gesellschaftskritischen Dramatisierung geboten, aber keinesfalls Entwarnung angebracht. Denn die Erkrankungsraten sind zweifellos so hoch, dass ein dringender Handlungsbedarf besteht.

Mit Recht wird auch darauf verwiesen, dass die Zunahme diagnostizierter psychischer Erkrankungen die Lage nicht übertreibe, sondern nunmehr realistischer abbilde (Jacobi 2009). Außerdem erscheint es plausibel, dass es psychisch Erkrankten besonders schwerfällt, sich zu ihren Beschwerden zu verhalten und ärztlich-psychologische Hilfe in Anspruch zu nehmen. Denn sie machen sehr viel häufiger als somatisch kranke Menschen die Erfahrung, sozial ausgegrenzt und nicht mehr als leistungsfähig angesehen zu werden (vgl. Kühnlein/Mutz 2008).

Zu den Lasten einer Erkrankung gehören auch die finanziellen Kosten, die sie verursacht. Zu den direkten Kosten gehört das Geld, das für Behandlungen aufgebracht werden muss. Nach einer soliden Schätzung (vgl. Friemel et al. 2005) beliefen sich die direkten Depressionskosten in Deutschland im Jahr 2002 auf 1,6 Milliarden Euro. Indirekte Kosten fallen an, wenn eine Erkrankung zu Arbeitsunfähigkeit führt, die dann als Arbeitslosengeld oder in Form einer krankheitsbedingten Frühberentung zu Buche schlägt. Hinzu kommen Produktivitätsausfälle aufgrund einer krankheitsbedingten Leistungsminderung (vgl. Adler et al. 2006). US-amerikanischen Schätzungen zufolge sind indirekte Kosten doppelt so hoch wie direkte zu veranschlagen (vgl. Stamm/Salize 2006).

Während Depression zu den tradierten klinischen Diagnosen gehört, ist mit *Burn-out* eine Gesundheitsstörung benannt, die in aller Munde ist, der aber (noch) nicht der Status eines eigenständigen Krankheitsbildes zukommt. Diagnostische Codierungen sind nach den offiziellen Diagnosemanualen nur als (arbeitsbezogene) Neurasthenie (ICD-10: F48.0) oder als Zusatzdiagnose einer »Schwierigkeit bei der Lebensbewältigung« (Z73.0) möglich. In der Tat lässt sich Burn-out aufgrund seiner Vielfalt von Symptomen (vgl. Burisch 2010) nur schwer fassen und tendiert ständig zu einer Erweiterung. Seine Popularität rührt nicht zuletzt daher, dass der Begriff weit verbreitete, mehr oder weniger diffuse arbeitsbezogene psychische Gesundheitsrisiken zum Ausdruck bringt, ohne die Stigmatisierung auszulösen, die mit einer Depressionsdiagnose verbunden ist.

Auch wenn es unbestreitbare Überschneidungen zwischen Burn-out und Depression gibt, erscheint eine Reduktion von Burn-out auf Depression als nicht gerechtfertigt (vgl. Ahola et al. 2005). Burn-out ist nicht einfach eine Depression, die durch Überforderung am Arbeitsplatz ausgelöst oder gar verursacht wird. Legt man Phasenmodelle zugrunde, so spricht allerdings einiges dafür, Burn-out zu den Risikofaktoren für die Entwicklung einer Depression zu zählen, wobei denkbar ist, dass sich zwischen Depressionen mit und ohne Burn-out unterscheiden lässt (vgl. Kaschka/Korczak/Broich 2011). Klarheit hierüber besteht allerdings nicht, zumal es bislang an validen differenzialdiagnostischen Verfahren fehlt, Burn-out festzustellen (vgl. Korczak/Kister/Huber 2010). Deshalb weichen dann auch die verfügbaren Präventionsschätzungen extrem weit voneinander ab.

Dieses Modell, das ursprünglich für helfende und erzieherische Berufe entwickelt wurde, geht von einem Syndrom aus, das aus drei Facetten besteht: »emotionale Erschöpfung«, »Depersonalisation« und »reduzierte persönliche Erfüllung und Leistungsfähigkeit«. Die drei Facetten bilden die theoretische Grundannahme ab, Burn-out komme dadurch zustande, dass eine bei der sozialen Arbeit auftretende emotionale Erschöpfung durch dysfunktionales Coping (z.B. Zynismus) bewältigt werde, was zu einem Sinnverlust der Arbeit und schließlich zu einer realen Minderleistung führe (vgl. Maslach/Jackson 1981).

Das Modell spiegelt (historisch) die Situation von »entflammten« Personen, die soziale Arbeit beruflich oder ehrenamtlich mit großem Idealismus betreiben und durch die Praxis tief enttäuscht werden. Inzwischen hat sich jedoch die zentrale Referenzgruppe des Modells verändert: An die Stelle der (damaligen) Idealisten sind die Leistungsträger des Neoliberalismus getreten, und Burn-out wird als eine Krankheitsfolge subjektivierter Arbeit und des Bestrebens nach Selbstoptimierung gesehen (vgl. Farber 2000, Thunman 2012), das sich historisch in eine Reihe mit der »Neurasthenie« und der »Managerkrankheit« stellen lässt (Kury 2012).

2. Psychosoziale Belastungen in der Arbeit

Die Zunahme psychischer *Erkrankungen* ist nicht mit der Zunahme psychischer *Belastungen* und *Beanspruchungen* in der Arbeit gleichzusetzen. Zum einen können psychische Erkrankungen ihre Ursachen sowohl in als auch außerhalb der Arbeit haben, wobei die Bedingungen der Arbeit allerdings verstärkend, mildernd oder moderierend wirken können. Zum anderen können psychische Belastungen in der Arbeit von den Beschäftigten so verarbeitet werden, dass hieraus keine Erkrankung resultiert, oder im Vordergrund der Erkrankung können somatische Beschwerden stehen, die zwar psychisch (mit)bedingt sein können, aber nicht als psychische Erkrankung behandelt werden. Kurzschlüsse von psychischen Belastungen zu psychischen Erkrankungen sind also zu vermeiden.

Folgt man dem arbeitswissenschaftlichen Belastungs-Beanspruchungs-Modell, so kann zwar aus Belastungen nicht unmittelbar auf Gesundheitsfolgen geschlossen werden, da anregende (z. B. Eustress) und beeinträchtigende (z. B. Disstress) Beanspruchungen unterschieden werden müssen und zwischen Belastungen und Beanspruchungen die Merkmale der Person, ihre Ressourcen und ihr Gesundheitsverhalten moderieren. Gleichwohl lassen sich Profile der Gefährdung identifizieren. Oppolzer (2010) unterscheidet zwischen Risikofaktoren im Bereich der Arbeitssituation und der Arbeitsbedingungen, der Arbeitsaufgabe, der Arbeitsorganisation und Arbeitszeit, der Arbeitsumgebung, der sozialen Beziehungen im Betrieb und der betrieblichen Rahmenbedingungen. Diese können sich in den psychischen Fehlbeanspruchungen von Stresszuständen, psychischer Ermüdung und ermüdungsähnlichen Zuständen, wie Monotonie und herabgesetzter Wachsamkeit, niederschlagen.

Auf Basis der Erwerbstätigenbefragungen des Bundesinstituts für Berufsbildung (BIBB) (2008) und des Instituts für Arbeitsmarkt- und Berufsforschung (IAB) bzw. der Bundesanstalt für Arbeitsschutz und Arbeitsmedizin (BAuA) (vgl. Beermann/Brenscheidt/Siefer 2007) sowie der Befragungen zum DGB-Index (aktuell: Institut DGB-Index Gute Arbeit 2015) kommen Lenhardt/Ertel/Morschhäuser (2010) zu dem Ergebnis, dass psychische Belastungen inzwischen im Vordergrund belastender Arbeitsbedingungen stehen.

Das betrifft vor allem die Intensität der Arbeit, Länge und Lage der Arbeitszeiten, den häufigen Wechsel und die Überkomplexität inhaltlicher

Arbeitsanforderungen. Gewachsene Handlungsspielräume und Transparenz in der Arbeit wirken sich ambivalent aus, weil sich mit ihnen Anforderungen und Eigenverantwortung, aber auch Souveränitätsspielräume in der Arbeit erhöhen, die als Gesundheitsressourcen betrachtet werden können. Etwa die Hälfte der Beschäftigten in Deutschland fühlt sich psychischer Belastung ausgesetzt, die psychisch beeinträchtigende Beanspruchung und Stress verursacht (vgl. Joiko/Schmauder/Wolff 2010, S. 15).

Nicht nur aus bestimmten Arbeitsbedingungen, sondern auch aus einem subjektiven Sinnverlust der Arbeit können sich psychische Belastungen ergeben. Wenn Beschäftigte ihre berufliche Identität infrage gestellt sehen, weil ihre Fachlichkeit von Ökonomisierungsimperativen in den Hintergrund gerückt und durch Berichtspflichten, formalisierte Kommunikations- und Beurteilungsweisen bürokratisiert wird, dann können sich hieraus erhebliche Anerkennungs- und Identitätskonflikte ergeben (vgl. Reindl 2012).

Hinzu kommen veränderte Anforderungen an die Subjektivität der Arbeitenden. Die Arbeitnehmer sind in subjektivierten Arbeitsformen an eine Eigenverantwortung gekettet, die es ihnen schwer macht, sich psychisch zu entlasten. Sie müssen die Ursachen für ihren Erfolg oder ihr Scheitern allein bei sich selbst suchen. Arbeitnehmer, die ihre Arbeit als psychisch belastend erleben, schreiben die Verantwortung für die Reduzierung dieser Belastungen häufig nicht den Unternehmen, sondern sich selbst zu (vgl. Menz/Dunkel/Kratzer 2011). Das erfahrene Ungenügen in der Realisierung individueller Selbst-Ansprüche wird zur psychischen Belastung (vgl. Ehrenberg 2004).

Dieser Subjektdisposition entsprechen moderne Formen indirekter Steuerung (vgl. Krause et al. 2012), in denen bewertet wird, ob vom Unternehmen vorgegebene, implizit erwartete oder erst im Nachhinein definierte Ziele erreicht wurden, während die Arbeitsausführung selbst der Selbstorganisation der Beschäftigten überlassen ist. Da Anforderungen und Grenzen der Arbeit hier unbestimmt bleiben, können die Beschäftigten unter dem Gefühl permanenten Ungenügens leiden und durch die Zuweisung von Eigenverantwortung für die Resultate ihrer Arbeit psychisch überfordert werden (vgl. Menz/Dunkel/Kratzer 2011; auch Rau 2010).

Wenn sich individuelle Selbst-Ansprüche mit Formen der Leistungssteuerung und veränderten Verantwortungszuschreibungen verbinden, ist es nur noch schwer möglich, arbeitsbedingte (»externe«) Verursachungsfaktoren psychischer Beanspruchungen von individuellen (»internen«) Dispositionen zu unterscheiden. Insofern wird es noch schwieriger, zwischen verursachenden und auslösenden Erkrankungsfaktoren zu differenzieren. Hinzu kommt, dass bestimmte Arbeitsstrukturen spezifische Verhaltensweisen im Umgang mit Belastungen fördern und in einem Prozess negativer Passung Persönlichkeitsmuster mit Arbeitsstrukturen verknüpft werden, ein Phänomen, das man aus der Forschung zur Arbeitssucht kennt (vgl. Wolf/Meins 2003; Heide 2010).

Bei der Ursachenforschung psychischer Erkrankungen muss also darauf geachtet werden, die Frage nach dem Verhältnis von arbeitsplatzbezogenen und lebensgeschichtlichen Kausalfaktoren der betroffenen Arbeitnehmer nicht voreingenommen zu beantworten. Modelle werden benötigt, die das Zusammenwirken beider Faktorengruppen berücksichtigen, ohne sie wahlweise aufeinander zu reduzieren. Dementsprechend ist es auch wichtig, ein Verständnis von »Salutogenese« zu vermeiden, das die externen Krankheitsverursacher aus dem Blickfeld rückt. Zu Recht wird einem pathogenen Verständnis von Krankheiten, dem zufolge ein Zustand der Gesundheit durch externe Faktoren gestört wird und durch medizinische Maßnahmen wiederherzustellen ist, ein salutogenes Verständnis (vgl. Antonovsky 1997) entgegengestellt, das den Blick darauf richtet, was Menschen dazu befähigt, auch angesichts gesundheitlicher Risikofaktoren gesund zu bleiben.

Vorbereitet durch eine seit den 1970er Jahren intensivierte Diskussion um Prävention und die Entwicklung verschiedener Konzepte, die auf gesundheitsdienliche Personenmerkmale fokussierten, wie »Selbstwirksamkeitserwartung«, »Widerstandsfähigkeit« oder »dispositioneller Optimismus« (Bengel/Strittmatter/Willmann 2001), stellte der Paradigmenwechsel (vgl. Udris 2006) von der Patho- zur Salutogenese zweifellos einen Fortschritt dar (vgl. Thiel/Mayer 2016). Er trägt allerdings auch die Gefahr in sich, die Verantwortung für Erkrankungen den Individuen zuzuweisen.

Ein systematischer Überblick (16 Längsschnittstudien mit insgesamt mehr als 63.000 Arbeitnehmern) über arbeitsplatzbedingte Depressionsrisiken (vgl. Bonde 2008) belegt, dass überfordernde Arbeitsbedingungen die Wahrscheinlichkeit erhöhen, an depressiven Symptomen zu erkranken (ähnlich Mohr 2005). Rau (2005, S. 47 f.) zufolge kann allerdings eine persönlichkeitsbedingte Fehleinschätzung eigener Kontrollmöglichkeiten dazu führen, dass bestehende Verhaltens- und Kontrollspielräume nicht erkannt und nicht genutzt werden.

Verschiedene prognostische Modelle versuchen, die depressionsförderliche Wirkung von Überforderung zu erklären. Neben dem Anforderungs-Kontroll-Modell (Karasek/Theorell 1990) und seinen Weiterungen (vgl. Demerouti et al. 2001), das Arbeitsanforderungen und Bewältigungsressourcen (Entscheidungs- und Handlungsspielräume, soziale Unterstützung durch Vorgesetzte und Kollegen) ins Verhältnis setzt und in der Größe der Diskrepanz einen validen Prädiktor für Depression, Burn-out und Herz-Kreislauf-Erkrankungen nachgewiesen hat (vgl. Stansfeld/Candy 2006; De Lange et al. 2003), ist es vor allem das Modell beruflicher Gratifikationskrisen (vgl. Siegrist 1996), das bislang die größte Evidenz aufzuweisen hat.

Ihm zufolge beinhalten Arbeitsverträge eine Reziprozitätsverpflichtung: Arbeitnehmer erwarten, dass sie für den Arbeitseinsatz, den sie erbringen, angemessen belohnt werden. Enttäuschte Erwartungen erleben sie als Gratifikationskrise, die zu Disstress führt, was das Risiko erhöht, depressiv zu erkranken. Als Gratifikationen berücksichtigt das Modell nicht nur Lohn oder Gehalt, sondern auch berufliche Aufstiegschancen und Arbeitsplatzsicherheit sowie soziale Anerkennung (vgl. Siegrist et al. 2004).

Der aktuelle Forschungstand zum Zusammenhang von Gratifikationskrise und Depressions- bzw. Burn-out-Risiko (zum Überblick Burisch 2010; Rösing 2003) kann sich neben anderem auf die Ergebnisse aus sechs groß angelegten epidemiologischen Untersuchungen berufen. Im Mittel verdoppelt eine Gratifikationskrise das Depressionsrisiko, wobei Größe und Dauer der Diskrepanz das Risiko steigern (vgl. Pikhart et al. 2004; Godin et al. 2005). In den untersuchten Stichproben sind es zwischen zehn und 25 Prozent der Arbeitnehmer, die sich in einer solchen Krise befinden. Aufgrund ihrer hohen Komorbidität ist das Depressionsrisiko zudem immer auch ein kardiovaskulärer Risikofaktor (vgl. Ferketich et al. 2000).

Forschungen zur genderspezifischen Betroffenheit von psychischen Belastungen und zu genderspezifischen Unterschieden im Gesundheitsverhalten kommen zu recht unterschiedlichen Ergebnissen, bei denen bisweilen auch geschlechtstypische Zuschreibungen eine Rolle zu spielen scheinen (vgl. Gümbel/Nielbock 2012). Zum einen ergeben sich unterschiedliche Betroffenheiten schon daraus, dass Männer und Frauen nach wie vor in erheblichem Maße in unterschiedlichen Tätigkeitsfeldern beschäftigt und damit auch verschiedenen Arbeitsanforderungen und -belastungen ausgesetzt sind. So bringen etwa schwere körperliche Arbeiten bestimmte Gesundheitsgefährdungen mit sich, die sich von den eher psychischen Belastungen unterscheiden, die kennzeichnend für die Emotionsarbeit in interaktiven Dienstleistungsarbeiten sind, in denen Frauen überproportional beschäftigt sind.

Burchell et al. (2007) zufolge relativieren sich jedoch die Unterschiede in den Arbeitsbedingungen in vielen Bereichen, wenn man die Daten der europäischen Beschäftigtenbefragungen genauer betrachtet. Beermann/Brenscheidt/Siefer (2007), Resch (1998) und Kannengießer (2005) identifizieren spezifische, vorrangig von Frauen benannte psychische Belastungen, wie »Multitasking«, ständiges Freundlichsein und Belastungen durch fehlende Work-Family-Balance.

Über diese bekannten, zugegebenerweise klischeehaft zugespitzten Unterschiede der Belastungen und Gefährdungen in männer- und frauendominierten Beschäftigungsbereichen greift die Genderdimension psychischer Belastungen und Erkrankungen jedoch hinaus. Denn Arbeiten werden in unterschiedlicher Weise geschlechtlich gerahmt, indem sie etwa als typisch weiblich oder typisch männlich gelten. Damit verbunden gibt es geschlechtlich geprägte Vorstellungen spezifischer Kompetenzen, Anforderungen und Belastungen und differierende normative Erwartungen, welche Anforderungen als zumutbar oder als Ausweis von Leistungsfähigkeit in den jeweiligen Bereichen gelten.

Damit korrespondierend existieren geschlechtliche Rahmungen verschiedener Krankheitsformen – typische Frauen- und Männererkrankungen und spezifische Unterschiede des Gesundheitsverhaltens. Wissenschaftliche Untersuchungen unterstreichen diese Unterschiede teilweise. So weist Faltermaier (2008) darauf hin, Männer neigten zu gesundheitlich riskanteren Verhaltensweisen, während Frauen stärker motiviert seien, für ihre Gesundheit aktiv zu werden. Entsprechend werden Präventionsangebote der Krankenkassen wesentlich häufiger von Frauen wahrgenommen.

So haben im Jahr 2003 vor allem Frauen im Alter von 15 bis 45 Jahren solche Maßnahmen genutzt. Dagegen sind Männer am häufigsten aufgrund von Krankheiten des Muskel-Skelett-Systems rehabilitativ behandelt worden (Rolland 2005, S. 980). Gesundheit könnte für Männer häufig weiblich konnotiert sein, das gilt besonders für psychische Belastungen und Erkrankungen, weil diese nicht einmal im Sinne eines somatischen »Maschinendiskurses« (Stöver 2010, S. 209) über den Körper thematisiert werden können.

3. Betriebliche Gesundheitsförderung und Wiedereingliederung im Bereich psychischer Belastungen und Erkrankungen

Mit dem Paradigmenwechsel von der Patho- zur Salutogenese ging eine Aufwertung der Betrieblichen Gesundheitsförderung einher. Sie erhielt einen besonderen Anstoß durch die Ottawa-Charta der Weltgesundheitsorganisation 1986, in der Gesundheit nicht mehr als Abwesenheit von Krankheit definiert wurde, sondern als Zustand allgemeinen Wohlbefindens, das von den Beteiligten aktiv hergestellt werden soll. Sowohl den Individuen als auch den Betrieben wird damit die Aufgabe zugewiesen, nicht nur krankheitsverursachende Faktoren abzustellen, sondern zur Herstellung und Bewahrung von Gesundheit beizutragen.

Betriebliche Gesundheitsförderung und betriebliches Gesundheitsmanagement wurden in den letzten Jahren in immer mehr Unternehmen zu einer zentralen Aufgabe, die konzeptuell weiter ausgearbeitet wurde (vgl. Bertelsmann Stiftung/Hans-Böckler-Stiftung 2004; Badura et al. 2010; Lenhardt 2005; Busch/AOK Berlin 2004; Oppolzer 2010; BMAS 2011). Fragen der Prävention wurden in letzter Zeit vermehrt zum Gegenstand der Forschung, so z. B. in den BMBF-Projektverbünden »Präventiver Gesundheitsschutz in diskontinuierlichen Erwerbsverläufen« (PRAGDIS) (Klatt/Neuendorff 2010; Dill/Straus 2010) und »Partizipatives Gesundheitsmanagement« (PARGEMA) (siehe hierzu Kratzer et al. 2011).

Betriebliche Gesundheitsförderung und Prävention umfassen sowohl eine Verhaltens- als auch eine Verhältnisprävention. So sinnvoll auch die am individuellen Gesundheitsverhalten ansetzende Verhaltensprävention ist, so wichtig ist doch für eine nachhaltige Gesundheitsförderung die Gestaltung der Arbeitsbedingungen und -anforderungen sowie der Leistungspolitik (Verhältnisprävention). Zwischen beiden besteht zwar nicht notwendigerweise, aber doch insofern ein latenter Konflikt, als die Orientierung auf eine der beiden Seiten zur Vernachlässigung der anderen und zu einer entsprechenden Verantwortungszuschreibung führen kann.

Mit der Reform des Arbeitsschutzgesetzes im Jahre 1996 wurde die betriebliche Eigenverantwortung gegenüber zwingenden Regelungen aufgewertet, was zu einer Verbetrieblichung des Arbeitsschutzes geführt hat. Der Arbeitgeber ist nun zur Gefahrenermittlung am Arbeitsplatz angehalten, was sich in der für den Arbeitsschutz zentralen Institution der Gefährdungsbeurteilung nach § 5 Arbeitsschutzgesetz (ArbSchG) niederschlägt.

(Vgl. zu Potenzialen und Praxisdefinitionen der Gefährdungsbeurteilung Becke 2010; Becker et al. 2011; Satzer 2011; Gümbel/Nielbock 2012; BAuA 2014.) Psychische Belastungen müssen Teil der Gefährdungsbeurteilung sein.

Um den Anforderungen des Arbeitsschutzes zu genügen, sich auf gesicherte arbeitswissenschaftliche Erkenntnisse zu beziehen, sind in neuerer Zeit allerdings beträchtliche Fortschritte in der Normung im Bereich psychischer Belastungen in der Arbeit gemacht worden (vgl. Bamberg 2002; Joiko/Schmauder/Wolff 2010). Insgesamt haben sich die Messbarkeit und Bewertbarkeit psychischer Belastungen unter der Verbreitung des Burn-out-Begriffs zu einem stark vertretenen Forschungsbereich entwickelt. Bereits 1981 erstellten Maslach/Jackson mit dem MBI (Maslach Burnout Inventory) ein Messinstrument, das bis heute in der Burn-out-Forschung verwendet wird.

Seither wurde ein Großteil der Burn-out-Forschung mittels des adaptierten MBI erhoben (vgl. Rösing 2003). Das gegenwärtig populärste Forschungsfeld im Kontext arbeitsbedingter psychischer Erkrankungen versucht, Belastungsfaktoren zu identifizieren und daraus Präventivmaßnahmen abzuleiten. Pröll/Gude (2003) untersuchten gesundheitliche Auswirkungen flexibler Arbeitsformen und erstellten »Risikoabschätzung und Gestaltungsanforderungen«. Siegrist/Dragano (2008) erfassten die psychosozialen Belastungen und Erkrankungsrisiken im Erwerbsleben mittels standardisierter Messverfahren.

Zusammenfassend stellen sie fest, dass mit den Arbeitsstressformen eine Risikoverdoppelung für die Ausprägung der untersuchten Erkrankungen einhergeht und eine verstärkte Beachtung und Erfassung der identifizierten Risikobedingungen im Erwerbsleben, insbesondere im Rahmen der betriebsärztlichen Tätigkeit, erforderlich sind. Richter/Schatte (2009) erstellten mit »BASA II« (Psychologische Bewertung von Arbeitsbedingungen Screening für Arbeitsplatzinhaber II) ein Screeningverfahren, das im Rahmen betrieblicher Gefährdungsbeurteilungen eingesetzt werden soll, um förderliche und beeinträchtigende Bedingungen der Arbeit zu ermitteln.

Allerdings ist nicht zu übersehen, dass mehr noch als für die Praxis der Gefährdungsbeurteilung im Allgemeinen gerade bei psychischen Belastungen Defizite zu konstatieren sind. Sie sind zum einen auf den allgemeinen »Finanzierungsvorbehalt« (Becker et al. 2011, S. 264), zum anderen aber, wie Langhoff/Satzer (2010) betonen, auch auf die fehlende Akzeptanz und Beteiligung der Beschäftigten zurückzuführen – wobei die Identifikation von psychischen Belastungen mit psychischen Störungen eine nicht geringe Rolle spiele. Demgegenüber sei die Frage der arbeitswissenschaftlich korrekten und präzisen Messung eher zweitrangig.

Die Wiedereingliederung in die Arbeit ist die Bewährungsprobe dafür, dass psychische Erkrankungen, die mit der Arbeitssituation in Verbindung stehen, dauerhaft überwunden werden oder dass die Betroffenen doch zumindest mit ihnen einigermaßen umgehen können, auch wenn das prämorbide subjektive Wohlbefinden und die prämorbide Leistungsfähigkeit nicht völlig wiedererlangt werden sollten. Seit 2004 ist mit dem § 84 Abs. 2 Sozialgesetzbuch (SGB) IX gesetzlich vorgeschrieben, dass der Arbeitgeber bei Beschäftigten, die innerhalb eines Jahres länger als sechs Wochen ununterbrochen oder wiederholt krankgeschrieben waren, in Abstimmung mit dem Betriebsrat und der Schwerbehindertenvertretung prüfen muss, wie die Wiedereingliederung ermöglicht und eine Gefährdung des Beschäftigungsverhältnisses vermieden werden kann. Dieses »Betriebliche Eingliederungsmanagement« (BEM) bedarf der Einwilligung des/der Betroffenen.

Über die Umsetzung und den Erfolg des BEM gibt es bereits eine Reihe von Untersuchungen, denen zufolge nach und nach entsprechende Verfahren Verbreitung finden, auch wenn der Erfolg von Experten häufig noch zurückhaltend bewertet und insbesondere das Fehlen geeigneter Arbeitsplätze als Problem identifiziert wird (vgl. Niehaus et al. 2008; Giesert/Weßling 2012). Allerdings stellen sich bei psychischen Erkrankungen besondere Anforderungen.

In den letzten Jahren hat sich eine Diskussion um die »integrierte Versorgung« entwickelt, bei der Kooperation und Integration spezialisierter medizinischer Akteure im Mittelpunkt stehen (vgl. Kühn 2001). Die Diskussion fokussiert hier vor allem auf die bessere Vernetzung von stationären und ambulanten haus- und fachärztlichen sowie psychotherapeutischen Leistungserbringern (vgl. Barmer GEK 2011). Durch die Einführung von DRG (Diagnosis Related Groups), die tendenziell zu einer Verkürzung und Begrenzung stationärer Leistungen führt, hat die Debatte über integrierte Versorgung eine zusätzliche Bedeutung erfahren. Im psychiatrischen und psychosomatischen Bereich wird gegenwärtig das »Pauschalierende Entgeltsystem Psychiatrie und Psychosomatik« (PEPP) eingeführt. Durch diese Veränderungen wird die Gefahr gesehen, dass sich verstärkt Lücken zwischen stationärer und ambulanter ärztlich-therapeutischer Versorgung auftun, die überbrückt werden müssen.

Richtet man den Blick auf den Zusammenhang von *Arbeit* und Gesundheit, so ist darüber hinaus – und aus den genannten Gründen gerade bei psychischen Erkrankungen – wichtig, dass stationäre und ambulante medizinisch-psychotherapeutische Leistungen besser mit den *betrieblichen* medizinischen und anderen Akteuren abgestimmt und vernetzt werden. Im Behandlungs- und Wiedereingliederungsprozess muss sich eine bessere Kooperation der Akteure des Gesundheitssystems untereinander, aber gerade auch mit denen des Arbeitsbereichs entwickeln (vgl. Kühnlein/Mutz 2008, S. 344). Aufbauend auf die gesetzliche Verankerung des BEM wurden verschiedene Modelle schrittweiser Reintegration, zum Beispiel das »Hamburger Modell« (§74 SGB V, §28 SGB IX) entwickelt (vgl. Giraud/Lenk 2016).

Insgesamt fokussiert der Forschungsstand zur Wiedereingliederung psychisch Erkrankter und zur Bedeutung integrierter Versorgung in diesem Zusammenhang auch dann, wenn er sich mit dem Verhältnis von Gesundheitssystem und Betrieb befasst, vor allem auf die *institutionelle* Vernetzung. Befragungen zur Wirkungsweise und zum Erfolg des BEM gerade bei psychischen Erkrankungen haben bislang nur die betrieblichen Experten einbezogen, nicht aber die Erfahrungen und Bewertungen der Betroffenen selbst. Unterbelichtet ist darüber hinaus die Integration der verschiedenen Perspektiven und der kommunikativen Anschlüsse im Zusammenwirken der Akteure klinischer und ambulanter Gesundheitsversorgung mit den Akteuren der Betriebe.

4. »Arbeit« in der Psychotherapie

Es scheint zunächst nicht verwunderlich, dass kaum Daten zur Bedeutung der Erwerbsarbeit im Kontext der Psychotherapie vorliegen, erhebt Letztere doch den Anspruch, die jeweils konkrete Lebens- und Krisensituation des Patienten in den Blick zu nehmen. Dies ließe sich schwer mit Vorgaben über »Therapiethemen« vereinbaren. Im Rahmen diagnostischer Richtlinien spielt Erwerbsarbeit keine Rolle. Der Begriff »Arbeit« oder Erwerbsarbeit oder inhaltlich verwandte Begriffe kommen im ICD-10-GM

(Internationale statistische Klassifikation der Krankheiten und verwandter Gesundheitsprobleme, Version 2013) im Bereich F Psychische und Verhaltensstörungen (F00 bis F99) so gut wie nicht vor (vgl. ICD-10, eigene Recherche).

Zudem grenzt sich Psychotherapie als Leistung der gesetzlichen Krankenversicherungen auch von arbeitsbezogenen Maßnahmen ab (vgl. die Richtlinien der Kassenärztlichen Bundesvereinigung zu Psychotherapie, KBV 2011, § 1). Die stabilisierende Bedeutung der Erwerbsarbeit für das subjektive Wohlbefinden kann ex negativo aus Befunden von Altenberichten oder Berichten über psychosoziale Folgen von Arbeitslosigkeit erschlossen werden, in denen erhebliche psychische Auswirkungen fehlender Erwerbsarbeit in der nachberuflichen Phase identifiziert werden (Mohr/Richter 2008; Bundespsychotherapeutenkammer 2010).

Untersuchungen zur Wirkung von Psychotherapie (vgl. Petzold/Märtens 2000) richten ihren Fokus nicht auf die Relevanz von Erwerbsarbeit in der Therapie. Aufmerksamkeit wird vielmehr häufig den sogenannten »Arbeitsstörungen« (vgl. Hoffmann/Hofmann 2009) gewidmet. Gemeint sind hiermit keine Störungen, die man aufgrund von Arbeit erleidet, sondern Störungen der Arbeitsfähigkeit selbst. Zur Behebung dieser Symptomatik dienen unter anderem ergo- bzw. arbeitstherapeutische Maßnahmen (vgl. Köhler/Steier-Mecklenburg 2008; Längle/Welte/Niedermeier-Bleier 1997, S. 481 ff.).

Hier wird das Feld der Erwerbsarbeit also explizit Gegenstand des therapeutischen Settings, ohne dass aber der Blick auf die Gesundheitsbelastungen durch oder im Kontext von Arbeit gerichtet wird. Verhaltenstherapeutische Ansätze zielen auf die konkreten Alltagsschwierigkeiten, ohne deren zugrunde liegende mögliche Ursachen zu befragen. Patienten sollen darin geübt werden, sich selbst nicht zu überfordern, Ziele realistischer zu vereinbaren (vgl. Hoffmann/Hofmann 2009). Der externe Kontext wird kaum zum Thema, im Zentrum der therapeutischen Maßnahmen steht der Patient mit seinen Fähigkeiten.

Psychotherapeutische Konzepte, so kann vermutet werden, tendieren dazu, die Bedeutung von Arbeit im Krankheitsgeschehen eher aus der Persönlichkeitsstruktur, der psychischen Disposition und dem Beziehungsverhalten der Individuen abzuleiten. Dann steht das Arbeitsverhalten der Betroffenen im Mittelpunkt, die Arbeit wird als Anforderung betrachtet, der sich Menschen in unterschiedlicher psychisch, charakterlich bestimmter

Weise stellen und die für sie eine je besondere Bedeutung besitzt. Arbeitsbeziehungen sind in dieser Perspektive vor allem soziale Beziehungen und können im Lichte des allgemeinen Beziehungsverhaltens analysiert werden (vgl. König 2011). Das schließt nicht aus, Arbeitsbedingungen und Beanspruchungen durch Arbeit ernst zu nehmen, doch steht der Umgang der Individuen mit ihnen im Vordergrund. Eine Verbesserung wird auf diese Weise in einer Veränderung des Umgangs mit den Arbeitsanforderungen gesehen, weniger in einer Veränderung der Arbeit selbst.

Aus psychoanalytischer Perspektive wird die Arbeit in der Perspektive von Beziehungen betrachtet (vgl. Hirsch 2000). Arbeit und die Probleme mit ihr werden dann meist unter zwei Gesichtspunkten verhandelt: Angst und Schuld (beispielsweise Schuld aus Vitalitätsbestrebungen oder Trennungsschuldgefühle). Mehrheitlich wird darauf verwiesen, dass Arbeitsstörungen, wie das Aufgeben »kurz vorm Ziel« oder auch Prüfungsängste, immer im Zusammenhang mit dem unbewussten Bestreben zu verstehen seien, einen Elternteil (ödipal beispielsweise den Vater bei einem männlichen Patienten) zu übertreffen, was Schuldgefühle auslöse. Therapeutisch wird Arbeit hier also thematisch, wenn es darum geht, die unter der Störung liegende Beziehungsdynamik aufzudecken und durch Bewusstwerdung möglichst aufzulösen.

Dabei wird aus psychoanalytischer Perspektive auch zu bedenken gegeben, dass eine hochfrequente Psychoanalyse durch die damit einhergehende zu erwartende Regression die Patienten noch arbeitsunfähiger mache, weswegen eine Kurzzeittherapie zunächst fokussiert die Arbeitsstörung angehen solle, um dann bei Besserung eine analytische Psychotherapie anzuschließen (vgl. König 1998). Die Erwerbsarbeit als solche verschwindet dann aber wieder aus dem Blick.

5. Fazit

Der Überblick über den Stand der Forschung macht deutlich, dass in den einzelnen Forschungsfeldern durchaus eine Reihe von Erkenntnissen vorliegt. Was jedoch bislang fehlte, ist eine Forschung, die die Analyse des Verhältnisses psychisch Erkrankter zu ihrer Arbeitssituation und ihre Erfahrungen mit den dort relevanten Belastungen mit einer Untersuchung der Rolle der Arbeitssituation in der Diagnose und Ursachendeutung von

Ärzten und Therapeuten sowie in der Behandlung psychischer Erkrankungen verbindet und diese für die Analyse der Wiedereingliederung psychisch Erkrankter in die Arbeit und für die Verbesserung der Beziehung von Therapie und Betrieblichem Eingliederungsmanagement fruchtbar macht. Der interdisziplinären Analyse dieser Zusammenhänge und der Probleme in der Zusammenführung dieser unterschiedlichen Perspektiven sowie der Anschlüsse an den Schnittstellen der Systeme hat sich unsere Untersuchung gewidmet.

Dabei können wir auch auf eigene Vorarbeiten zurückgreifen, denn die Mitglieder des Forscherteams beschäftigen sich mit dem Themenfeld bereits seit längerer Zeit und können daher auf Erfahrungen und Befunde aus anderen Untersuchungen zurückgreifen. In mehreren Untersuchungen, die sich mit den psychischen Folgen des Wandels der Arbeitswelt befasst haben, wurden insbesondere die Erfahrungen von Supervisoren systematisch ausgewertet (vgl. Haubl/Hausinger/Voß 2013; Haubl et al. 2013). Das Phänomen des Präsentismus stand im Fokus einer Untersuchung, die dieses Phänomen im Kontext neuer, insbesondere entgrenzter Arbeit beleuchtete und hierbei auf Ambivalenzen betrieblichen Gesundheitsmanagements hinwies (vgl. Kocyba/Voswinkel 2007a und 2007b; Voswinkel 2009; Voswinkel/Kocyba 2005). Probleme und Herausforderungen von »Selbstsorge« in entgrenzten Arbeitsformen wurden in einer qualitativen Untersuchung von Bankmitarbeitern im Vertrieb analysiert (vgl. Flick 2013a) und die Rolle der Psychotherapie in der therapeutischen Kultur professionssoziologisch untersucht (vgl. Flick 2013b).

Literatur

Adler, David A./McLaughlin, Thomas J./Rogers, William H./Chang, Hong/Lapitsky, Leueen/Lerner, Debra (2006): Job performance deficits due to depression. In: American Journal of Psychiatry 163, S. 1569–1576.

Ahola, Kirsi/Honkonen, Teija/Isometsä, Erkki/Kalimo, Raija/Nykyri, Erkki/Aromaa, Arpo/Lönnquist, Jouko (2005): The relationship between job-related burnout and depressive disorder. Results from the Finnish Health 2000 study. In: Journal of Affective Disorders 88, S. 55–62.

Antonovsky, Aaron (1997): Salutogenese. Zur Entmystifizierung der Gesundheit. Tübingen: Dgvt.

Badura, Bernhard/Schröder, Helmut/Klose, Joachim/Macco, Katrin (Hrsg.) (2010): Fehlzeitenreport 2009. Arbeit und Psyche: Belastungen reduzieren. Wohlbefinden fördern. Heidelberg: Springer.

Bamberg, Ulrich (2002): Normung zur psychischen Belastung – aus Sicht der Arbeitnehmer. In: DIN-Mitteilungen 81, H. 8, S. 529–533.

Barmer GEK (Hrsg.) (2011): Barmer GEK Report Krankenhaus 2011. Schwerpunktthema: Der Übergang von der stationären zur ambulanten Versorgung bei psychischen Störungen. St. Augustin: Asgard.

Barmer GEK (2015): Gesundheitsreporte 2011 bis 2015, https://firmenangebote.barmer-gek.de/barmer/web/Portale/Firmenangebote/Gesundheitsangebote-fuer-Beschaeftigte/Gesundheit-im-Unternehmen/Gesundheitsfakten/Gesundheitsreport/Gesundheitsreport-2015.html (Abruf am 26.7.2016).

BAuA (Bundesanstalt für Arbeitsschutz und Arbeitsmedizin) (Hrsg.) (2014): Gefährdungsbeurteilung psychischer Belastung. Erfahrungen und Empfehlungen. Berlin: Erich Schmidt.

Becke, Guido (2010): Betriebliche Gesundheitsförderung in der Wissensökonomie. Zwischen »halbierter Modernisierung« und nachhaltiger Arbeitsqualität. In: Keupp/Dill 2010, S. 187–217.

Becker, Karina/Brinkmann, Ulrich/Engel, Thomas/Satzer, Rolf (2011): Gefährdungsbeurteilungen als Präventionsspiralen zur Gestaltung von Arbeit. In: Kratzer et al. 2011, S. 261–285.

Beermann, Beate/Brenscheidt, Frank/Siefer, Anke (2007): Arbeitsbedingungen in Deutschland. Belastungen, Anforderungen und Gesundheit. In: Bundesanstalt für Arbeitsschutz und Arbeitsmedizin (Hrsg.): Gesundheitsschutz in Zahlen 2005. Dortmund, Berlin, Dresden, S. 28–45.

Bengel, Jürgen/Strittmatter, Regine/Willmann, Hildegard (2001): Was erhält Menschen gesund? Antonovskys Modell der Salutogenese. Diskussionsstand und Stellenwert. Hrsg. Bundeszentrale für gesundheitliche Aufklärung. Forschung und Praxis der Gesundheitsförderung Bd. 6. Köln.

Bertelsmann Stiftung/Hans-Böckler-Stiftung (Hrsg.) (2004): Zukunftsfähige betriebliche Gesundheitspolitik. 2. Auflage, Gütersloh: Bertelsmann Stiftung.

BKK-Gesundheitsreport 2015: Knieps, Franz/Pfaff, Holger (Hrsg.) (2015): Langzeiterkrankungen. Zahlen, Daten, Fakten. Berlin: Medizinisch-Wissenschaftliche Verlagsgesellschaft.

BMAS (Bundesministerium für Arbeit und Soziales), Ausschuss für Arbeitsmedizin (2011): Psychische Gesundheit im Betrieb. Arbeitsmedizinische Empfehlung, Bonn.

Bonde, Jens Peter (2008): Psychosocial factors at work and risk of depression: a systematic review of epidemiological evidence. In: Occupational and Environmental Medicine 65, S. 438–445.

Bundesinstitut für Berufsbildung (BIBB) (2008): BIBB/BAuA-Erwerbstätigenbefragung 2006 – Ergebnisse online, https://www.bibb.de/de/8353.php (Abruf am 20.3.2017).

Bundespsychotherapeutenkammer (2010): Sechster Bericht zur Lage der älteren Generation in der Bundesrepublik Deutschland. Bericht der Sachverständigenkommission an das Bundesministerium für Familie, Senioren, Frauen und Jugend, http://www.bptk.de/uploads/media/2010 1124_sechster-altenbericht.pdf (Aufruf am 28.7.2016).

Burchell, Brendan/Fagan, Colette/O'Brien, Catherine/Smith, Mark (2007): Working Conditions in the European Union: The Gender Perspective, Dublin: The European Foundation for the Improvement of Living and Working Conditions.

Burisch, Matthias (2010): Das Burnout-Syndrom. Theorie der inneren Erschöpfung. 4. Auflage, Berlin: Springer.

Busch, Rolf/AOK Berlin (Hrsg.) (2004): Unternehmensziel Gesundheit. München, Mering: Hampp.

DAK-Gesundheitsreport 2016: Marschall, Jörg/Hildebrandt, Susanne/Sydow, Hanna/Nolting, Hans-Dieter (2016): Gesundheitsreport 2016. Hamburg, https://www.dak.de/dak/download/Gesundheitsreport_2016_-_Warum_Frauen_und_Maenner_anders_krank_sind-1782660.pdf (Abruf am 26.7.2016).

De Lange, Annet H./Taris, Toon W./Kompier, Michiel A./Houtman, Irene L./Bongers, Paulien M. (2003): »The *Very* Best of the Millennium«: Longitudinal Research and the Demand-Control-(Support) Model. In: Journal of Occupational Health Psychology 8, H. 4, S. 282–305.

Demerouti, Evangelia/Bakker, Arnold B./Nachreiner, Friedhelm/Schaufeli, Wilmar B. (2001): The job demands–resources model of burnout. In: Journal of Applied Psychology, 86, H. 3, S. 499–512.

Dill, Helga/Straus, Florian (2010): Entgrenzt statt entfremdet. Arbeit ohne Ende? Ergebnisse der qualitativen retrospektiven Fallstudien im Projekt pragdis. In: Keupp/Dill 2010, S. 143–168.

Ehrenberg, Alain (2004): Das erschöpfte Selbst. Depression und Gesellschaft in der Gegenwart. Frankfurt am Main, New York: Campus.

Faltermaier, Toni (2008): Geschlechtsspezifische Dimensionen im Gesundheitsverständnis und Gesundheitsverhalten. In: Badura, Bernhard/Schröder, Helmut/Vetter, Christian (Hrsg.): Fehlzeiten-Report 2007. Heidelberg 2008: Springer, S. 36–45.

Farber, Barry A. (2000): Introduction: Understanding and treating burnout in a changing culture. In: Journal of Clinical Psychology 56, S. 589–594.

Ferketich, Amy K./Schwartzbaum, Judith A./Frid, David J./Moeschberger, Melvin L. (2000): Depression as an antecedent to heart disease among women and men in the NHANES I Study. In: Archives of Internal Medicine 160, S. 1261–1268.

Flick, Sabine (2013a): Leben durcharbeiten. Selbstsorge in entgrenzten Arbeitsverhältnissen. Frankfurt am Main, New York: Campus.

Flick, Sabine (2013b): Paradoxien der Psychotherapie. Psychotherapeut_innen und die Kultur des Therapeutischen. In: Freie Assoziation 16, H. 3–4, S. 111–128.

Friemel, Susanne/Bernert, Sebastian/Angermeyer, Matthias C./König, Hans-Helmut (2005): Die direkten Kosten von depressiven Erkrankungen in Deutschland. In: Psychiatrische Praxis 32, S. 113–121.

Giesert, Marianne/Weßling, Adelheid (2012): Betriebliches Eingliederungsmanagement in Großbetrieben. Betriebs- und Dienstvereinbarungen. Fallstudien. Frankfurt am Main: Bund-Verlag.

Giraud, Bernd/Lenk, Erich (2016): Stufenweise Wiedereingliederung. In: Rieger et al. 2016, S. 279–296.

Godin, Isabelle/Kittel, France/Coppieters, Yves/Siegrist, Johannes (2005): A prospective study of cumulative job stress in relation to mental health. In: BMC Public Health 5, S. 67–77.

Gümbel, Michael/Nielbock, Sonja (2012): Die Last der Stereotype. Geschlechterrollenbilder und psychische Belastungen im Betrieb. HBS edition 267. Düsseldorf: Hans-Böckler-Stiftung.

Haubl, Rolf/Hausinger, Brigitte/Voß, G. Günter (Hrsg.) (2013): Riskante Arbeitswelten. Zu den Auswirkungen moderner Beschäftigungsverhältnisse auf die psychische Gesundheit und die Arbeitsqualität. Frankfurt am Main, New York: Campus.

Haubl, Rolf/Voß, G. Günter/Alsdorf, Nora/Handrich, Christoph (Hrsg.) (2013): Belastungsstörung mit System. Die zweite Studie zur psychosozialen Situation in deutschen Organisationen. Göttingen: Vandenhoeck & Ruprecht.

Hauß, Friedrich/Oppen, Maria (1985): Krankenstand als Ergebnis von Definitions- und Aushandlungsprozessen in Gesellschaft und Betrieb. In: Naschold, Frieder (Hrsg.): Arbeit und Politik. Frankfurt am Main, New York: Campus, S. 339–365.

Heide, Holger (2010): Ursachen und Konsequenzen von Arbeitssucht. In: Badura et al. 2010, S. 83–91.

Hirsch, Mathias (Hrsg.) (2000): Psychoanalyse und Arbeit. Kreativität, Leistung, Arbeitsstörungen, Arbeitslosigkeit. Göttingen: Vandenhoeck & Ruprecht.

Hoffmann, Nicolas/Hofmann, Birgit (2009): Arbeitsstörungen. Ursachen, Therapie, Selbsthilfe, Rehabilitation. 2. Auflage, Weinheim/Basel: Beltz.

Institut DGB-Index Gute Arbeit (2015): DGB-Index Gute Arbeit. Der Report 2015. Berlin, http://index-gute-arbeit.dgb.de/veroeffentlichungen/jahresreports/++co++bf0decf0-942a-11e5-82bf-52540023ef1a (Abruf am 26.7.2016).

Institut DGB-Index Gute Arbeit (2016): DGB-Index Gute Arbeit kompakt 2016, H. 2, http://index-gute-arbeit.dgb.de/veroeffentlichungen/kompakt/++co++60354670-fd65-11e5-b291-52540023ef1a (Abruf am 26.7.2016).

Jacobi, Frank (2009): Nehmen psychische Störungen zu? In: report psychologie 34, H. 1, S. 16–28.

Joiko, Karin/Schmauder, Martin/Wolff, Gertrud (2010): Psychische Belastung und Beanspruchung im Berufsleben. Dortmund: Bundesanstalt für Arbeitsschutz und Arbeitsmedizin (BAuA).

Kannengießer, Ulrike C. (2005): Arbeitsschutz für Frauen. Ein Leitfaden für die Praxis. Düsseldorf: Hans-Böckler-Stiftung.

Karasek, Robert/Theorell, Töres (1990): Healthy work. Stress, productivity and the reconstruction of working life. New York: Basic Books.

Kaschka, Wolfgang P./Korczak, Dieter/Broich, Karl (2011): Modediagnose Burnout. In: Deutsches Ärzteblatt 108, H. 46, S. 781–787.

KBV (Kassenärztliche Bundesvereinigung) (2011): Richtlinie des Gemeinsamen Bundesausschusses über die Durchführung der Psychotherapie (Psychotherapie-Richtlinie) in der Fassung vom 19. Februar 2009, veröffentlicht im Bundesanzeiger Nr. 58 (S. 1399) vom 17. April 2009, in Kraft getreten am 18. April 2009, zuletzt geändert am 15.10.2015, veröffentlicht im Bundesanzeiger (AT 05.01.2016 B3).

Keupp, Heiner/Dill, Helga (Hrsg.) (2010): Erschöpfende Arbeit. Gesundheit und Prävention in der flexiblen Arbeitswelt. Bielefeld: transcript.

Klatt, Rüdiger/Neuendorff, Hartmut (2010): Prävention in der Wissensökonomie. Eine neue Herausforderung für die Arbeitsforschung. In: Keupp/Dill 2010, S. 21–40.

Kocyba, Hermann/Voswinkel, Stephan (2007a): Krankheitsverleugnung: Betriebliche Gesundheitskulturen und neue Arbeitsformen. Arbeitspapier 150 der Hans-Böckler-Stiftung. Düsseldorf: Hans-Böckler-Stiftung.

Kocyba, Hermann/Voswinkel, Stephan (2007b): Krankheitsverleugnung. Das Janusgesicht sinkender Fehlzeiten. In: WSI-Mitteilungen 60, H. 3, S. 131–137.

Köhler, Kirsten/Steier-Mecklenburg, Friederike (Hrsg.) (2008): Arbeitstherapie und Arbeitsrehabilitation. Stuttgart: Thieme.

König, Karl (1998): Arbeitsstörungen und Persönlichkeit. Bonn: Psychiatrie-Verlag.

König, Karl (2011): Arbeit und Persönlichkeit. Frankfurt am Main: Brandes & Apsel.

Korczak, Dieter/Kister, Christine/Huber, Beate (2010): Differentialdiagnostik des Burnout-Syndroms. Köln: DIMDI.

Kratzer, Nick/Dunkel, Wolfgang/Becker, Karina/Hinrichs, Stephan (Hrsg.) (2011): Arbeit und Gesundheit im Konflikt. Berlin: edition sigma.

Krause, Andreas/Dorsemagen, Cosima/Stadlinger, Jörg/Baeriswyl, Sophie (2012): Indirekte Steuerung und interessierte Selbstgefährdung: Ergebnisse aus Befragungen und Fallstudien. Konsequenzen für das Betriebliche Gesundheitsmanagement. In: Badura, Bernhard/Ducki, Antje/Schröder, Helmut/Klose, Joachim/Meyer, Markus (Hrsg.): Fehlzeiten-Report 2012. Berlin, Heidelberg: Springer, S. 191–202.

Kühn, Hagen (2001): Integration der medizinischen Versorgung in regionaler Perspektive. WZB discussion paper P01/202. Berlin: Wissenschaftszentrum Berlin für Sozialforschung (WZB).

Kühnlein, Irene/Mutz, Gerd (2008): Psychotherapie im gesellschaftlichen Wandel. In: Psychotherapeutenjournal, H. 4, S. 338–347.

Kury, Patrick (2012): Der überforderte Mensch. Eine Wissensgeschichte vom Stress zum Burnout. Frankfurt am Main, New York: Campus.

Längle, Gerhard/Welte, Wolfgang/Niedermeier-Bleier, Manuela (1997): Berufliche Rehabilitation psychisch Kranker. In: Mitteilungen aus der Arbeitsmarkt- und Berufsforschung 30, H. 2, S. 479–490.

Langhoff, Thomas/Satzer, Rolf (2010): Erfahrungen zur Umsetzung der Gefährdungsbeurteilung bei psychischen Belastungen. In: Arbeit 19, H. 4, S. 267–282.

Lenhardt, Uwe (2005): Gesundheitsförderung. Rahmenbedingungen und Entwicklungsstand. In: Sozialwissenschaften und Berufspraxis 28, H. 1, S. 5–17.

Lenhardt, Uwe/Ertel, Michael/Morschhäuser, Martina (2010): Psychische Arbeitsbelastungen in Deutschland: Schwerpunkte – Trends – betriebliche Umgangsweisen. In: WSI-Mitteilungen 63, H. 7, S. 335–342.

Maslach, Christina/Jackson, Susan E. (1981): The measurement of experienced burnout. In: Journal of Occupational Behavior 2, H. 2, S. 99–113.

Menz, Wolfgang/Dunkel, Wolfgang/Kratzer, Nick (2011): Leistung und Leiden. Neue Steuerungsformen von Leistung und ihre Belastungswirkungen. In: Kratzer et al. 2011, S. 143–198.

Mesmer-Magnus, Jessica R./DeChurch, Leslie A./Wax, Amy (2012): Moving emotional labor beyond surface and deep-acting: a discordance-congruence perspective. In: Journal of Occupational Psychology Review 2, H. 1, S. 6–53.

Meyer, Markus/Böttcher, Mandy/Glushanok, Irina (2015): Krankheitsbedingte Fehlzeiten in der deutschen Wirtschaft im Jahr 2014. In: Badura, Bernhard/Ducki, Antje/Schröder, Helmut/Klose, Joachim/Meyer, Markus (2015): Fehlzeiten-Report 2015. Neue Wege für mehr Gesundheit. Qualitätsstandards für ein zielgruppenspezifisches Gesundheitsmanagement. Heidelberg: Springer, S. 341–400.

Mohr, Gisela (2005): Forschungsstand und Forschungsperspektive aus arbeitspsychologischer Sicht zum Zusammenhang zwischen Erwerbsarbeit und Depressivität. In: Bundesanstalt für Arbeitsschutz und Arbeitsmedizin (2005): Arbeitsbedingtheit depressiver Störungen. Schriftenreihe der BAuA, Tagungsbericht 138. Dortmund, Berlin, Dresden, S. 58–65.

Mohr, Gisela/Richter, Peter (2008): Psychosoziale Folgen von Erwerbslosigkeit und Intervention. In: Aus Politik und Zeitgeschichte, H. 40–41, S. 25–32.

Niehaus, Mathilde/Marfels, Britta/Vater, Gudrun E./Magin, Johannes/Werkstetter, Eveline (2008): Betriebliches Eingliederungsmanagement

Studie zur Umsetzung des Betrieblichen Eingliederungsmanagements nach § 84 Abs. 2 SGB IX. Köln: Universität zu Köln.

Oppolzer, Alfred (2010): Psychische Belastungsrisiken aus Sicht der Arbeitswissenschaft und Ansätze für die Prävention. In: Badura et al. 2010, S. 13–21.

Peters, Klaus (2011): Indirekte Steuerung und interessierte Selbstgefährdung. In: Kratzer et al. 2011, S. 105–122.

Petzold, Hilarion/Märtens, Michael (Hrsg.) (2000): Wege zu effektiven Psychotherapien, Bd. 1, Modelle, Konzepte, Settings. Wiesbaden: Leske + Budrich.

Pikhart, Hynek/Bobak, Martin/Pajak, Andrzej/Malyutina, Sofia/Kubinova, Ruzena/Topor, Roman/Sebakova, Helena/Nikitin, Yuri/Marmot, Michael (2004): Psychosocial factors at work and depression in three countries of Central and Eastern Europe. In: Social Science and Medicine 58, S. 1475–1482.

Pröll, Ulrich/Gude, Dietmar (2003): Gesundheitliche Auswirkungen flexibler Arbeitsformen: Risikoabschätzung und Gestaltungsanforderungen. Dortmund: Bundesanstalt für Arbeitsschutz und Arbeitsmedizin.

Rau, Alexandra (2010): Psychopolitik. Macht, Subjekt und Arbeit in der neoliberalen Gesellschaft. Frankfurt am Main, New York: Campus.

Rau, Renate (2005): Zusammenhang zwischen Arbeit und Depression – ein Überblick. In: Bundesanstalt für Arbeitsschutz und Arbeitsmedizin (BAuA) 2005, S. 38–57.

Rau, Renate/Gebele, Niklas/Morling, Katja/Rösler, Ulrike (2010): Untersuchung arbeitsbedingter Ursachen für das Auftreten von depressiven Störungen. Dortmund: Bundesanstalt für Arbeitsschutz und Arbeitsmedizin.

Reindl, Josef (2012): Paradoxe Freiheit, gestörter Sinn. Verstehende Prävention in der modernen Arbeitswelt. Berlin: edition sigma.

Resch, Marianne (1998): Frauen, Arbeit und Gesundheit. In: Arbeitskreis Frauen und Gesundheit im Norddeutschen Forschungsverbund Public Health (Hrsg.): Frauen und Gesundheit(en) in Wissenschaft, Praxis und Politik. Bern et al.: Hans Huber, S. 89–100.

Richter, Dirk/Berger, Klaus (2013): Nehmen psychische Störungen zu? Update einer systematischen Übersicht über wiederholte Querschnittsstudien. In: Psychiatrische Praxis 40, S. 176–182.

Richter, Gabriele/Schatte, Martin (2009): Psychologische Bewertung von Arbeitsbedingungen. Screening für Arbeitsplatzinhaber II (BASA II). Validierung, Anwenderbefragung und Software. 1. Auflage, Dortmund: Bundesanstalt für Arbeitsschutz und Arbeitsmedizin.

Rieger, Monika/Hildenbrand, Sibylle/Nesseler, Thomas/Letzel, Stephan/ Nowak, Dennis (Hrsg.) (2016): Prävention und Gesundheitsförderung an der Schnittstelle zwischen kurativer Medizin und Arbeitsmedizin. Landsberg: ecomed.

RKI (Robert-Koch-Institut) (Hrsg.) (2006): Gesundheitsberichtserstattung des Bundes: Gesundheitsbedingte Frühberentung. Berlin: Robert-Koch-Institut.

Rösing, Ina (2003): Ist die Burnout-Forschung ausgebrannt? Analyse und Kritik der internationalen Burnout-Forschung. Heidelberg: Asanger.

Rolland, Sebastian (2005): Vorsorge und Rehabilitation in Deutschland 2003. Wirtschaft und Statistik 9/2005. Wiesbaden: Statistisches Bundesamt.

Satzer, Rolf (2011): Die vorausschauende Gefährdungsbeurteilung als neues Instrument partizipativer Gestaltung von Arbeitsbedingungen. In: Kratzer et al. 2011, S. 287–304.

Siegrist, Johannes (1996): Soziale Krisen und Gesundheit. Göttingen: Hogrefe.

Siegrist Johannes/Dragano, Nick (2008): Psychosoziale Belastungen und Erkrankungsrisiken im Erwerbsleben. In: Bundesgesundheitsblatt – Gesundheitsforschung Gesundheitsschutz 51, S. 305–312.

Siegrist, Johannes/Starke, Dagmar/Chandola, Tarani/Godin, Isabelle/Marmot, Michael/Niedhammer, Isabelle/Peter, Richard (2004): The measurement of effort-reward imbalance at work: European comparisons. In: Social Science and Medicine 58, S. 1483–1499.

Stamm, Klaus/Salize, Hans-Jörg (2006): Volkswirtschaftliche Konsequenzen. In Stoppe, Gabriela/Bramesfeld, Anke/Schwartz, Friedrich-Wilhelm (Hrsg.): Volkskrankheit Depression. Bestandsaufnahme und Perspektiven. Berlin, Heidelberg: Springer, S. 109–120.

Stansfeld, Stephen/Candy, Bridget (2006): Psychosocial work environment and mental health. A meta-analytic review. In: Scandinavian Journal of Work Environmental Health 32, S. 443–462.

Steinke, Mika/Badura, Bernhard (2011): Präsentismus. Ein Review zum Stand der Forschung. Dortmund, Berlin, Dresden: Bundesanstalt für Arbeitsschutz und Arbeitsmedizin.

Stöver, Heino (2010): Im Dienste der Männlichkeit: Die Gesundheitsverweigerer. In: Paul, Bettina/Schmidt-Semisch, Henning (Hrsg.): Risiko Gesundheit. Wiesbaden: VS-Verlag, S. 203–211.

Thiel, Ansgar/Mayer, Jochen (2016): Gesundheitsverständnisse. In: Rieger et al. 2016, S. 108–122.

Thunman, Elin (2012): Burnout as a social pathology of self-realization. In: Distinktion. Scandinavian Journal of Social Theory 13, H. 1, S. 43–60.

TKK-Gesundheitsreport 2016: Grobe, Thomas/Steinmann, Susanne: Gesundheitsreport (2016): Gesundheit zwischen Beruf und Familie. Hamburg, https://www.tk.de/centaurus/servlet/contentblob/855594/Datei/84957/TK-Gesundheitsreport-2016-Zwischen-Beruf-und-Familie.pdf (Abruf am 26.7.2016).

Twardowski, Ulita (1998): Krankschreiben oder krank zur Arbeit? Strategien im Umgang mit gesundheitlichen Beschwerden im Spannungsfeld zwischen Gesundheit und Arbeit. Marburg: Metropolis.

Udris, Ivars (2006): Salutogenese in der Arbeit – ein Paradigmenwechsel? In: Wirtschaftspsychologie 8, H. 2–3, S. 4–13.

Vogt, Joachim/Badura, Bernhard/Hollmann, Detlef (2010): Krank bei der Arbeit: Präsentismusphänomene. In: Böcken, Jan/Braun, Bernard/Landmann, Julian (Hrsg.): Gesundheitsmonitor 2009. Gütersloh: Bertelsmann Stiftung, S. 179–202.

Voswinkel, Stephan (2009): Betriebliche Gesundheitskulturen und neue Arbeitsformen. In: Pape, Klaus (Hrsg.): Wandel der Arbeit und betriebliche Gesundheitsförderung. Hannover: Offizin, S. 49–62.

Voswinkel, Stephan/Kocyba, Hermann (2005): Entgrenzung der Arbeit. Von der Entpersönlichung zum permanenten Selbstmanagement. In: West-End. Neue Zeitschrift für Sozialforschung 2, H. 2, S. 73–83.

Weiherl, Philipp/Emmermacher, André/Kemter, Petra (2007): Gesundheitsmanagement, Präsentismus und Core Self-Evaluations. In: Richter, Peter G./Rau, Renate/Mühlpfordt, Susann (Hrsg.): Arbeit und Gesundheit. Lengerich: Pabst, S. 305–323.

Wolf, Sabine/Meins, Stephan (2003): Betriebliche Konsequenzen der Arbeitssucht. HBS-Arbeitspapier 72. Düsseldorf: Hans-Böckler-Stiftung.

Methodische Anlage der Untersuchung

Bei unserer Untersuchung handelt es sich um eine multiperspektivische Forschung. Wir versuchen, verschiedene Perspektiven auf den Zusammenhang von Erwerbsarbeit und psychischen Erkrankungen zu kombinieren. Das betrifft zum einen die Kooperation verschiedener fachlicher und disziplinärer Herangehensweisen, vor allem der arbeitssoziologischen, der professionssoziologischen und der psychoanalytischen. Zum anderen betrachten wir individuelle Fälle von Erkrankungen in ihrem Verlauf. Um diese multiperspektivische Forschung durchzuführen, haben wir verschiedene methodische Instrumente genutzt.

Grundsätzlich kam für unsere Untersuchung nur ein qualitatives Untersuchungsdesign in Betracht. Weder wollten wir im Rahmen großer Fallzahlen Korrelationen finden noch eine objektivierende Außensicht einnehmen. Vielmehr wollten wir Selbstbeschreibungen gesundheitlicher Beeinträchtigungen und deren Verursachungs- und Kontextbedingungen erheben und analysieren. Es galt zu rekonstruieren, wie die Erkrankten selbst ihre Beschwerden wahrnehmen und welche Auslöser und Ursachen sie für gegeben erachten. Von besonderem Interesse war dabei, welche Bedeutung sie der Erwerbsarbeit zumessen, sowohl retrospektiv als auch mit Blick auf ihre zukünftige Entwicklung. Zudem wollten wir wissen, was sich die Patienten von ihrem Klinikaufenthalt, stationär oder teilstationär, erwartet haben und was aus diesen Erwartungen im Laufe der Therapie geworden ist. Vergleichbare Fragen galten den Therapeuten: Welche Themenschwerpunkte haben die Therapien gehabt? Stimmen die Deutungen der Experten mit denen ihrer Patienten überein? Haben psychisch belastende Arbeitsbedingungen im Erkrankungs- wie im Genesungsprozess die Relevanz, die wir vorab vermutet haben?

1. Das Sample der interviewten Patientinnen und Patienten

Im Zentrum der Untersuchung steht ein Sample von 23 Gesprächspartnern, die wir in ihrer Rolle als Patienten, die wegen einer psychischen Erkrankung eine psychosomatische Klinik aufsuchten, in verschiedenen Phasen des Krankheitsprozesses interviewt haben. Die Patienten wurden im Zusammenhang mit dem Erst- bzw. Aufnahmegespräch, das vor bzw. zu Beginn des Aufenthalts in den Kliniken stattfand, von den Therapeuten danach gefragt, ob sie zur Teilnahme an unserer Studie bereit seien. Sie erhielten ein Informationsblatt, in dem sie über die Zielsetzungen des Projektes informiert wurden, und erklärten gegebenenfalls ihre Bereitschaft, dass wir die verfügbaren Kontaktdaten erhielten, um uns mit ihnen in Verbindung zu setzen. Wesentliches Kriterium für die Ansprache durch die Ärzte bzw. Therapeuten war, dass diese im Gespräch den Eindruck gewannen, die Erwerbsarbeit sei für die Erkrankung von Bedeutung.

Grundsätzlich ausgeschlossen wurden damit Patienten, die nicht abhängig erwerbstätig sind oder deren Erwerbstätigkeit für sie nur eine geringe Relevanz hat: Menschen, die im eigenen Haushalt arbeiten, Selbstständige, Rentner, Studierende, Nebenerwerbstätige und andere mehr. Ebenso ausgeschlossen wurden solche Erkrankte, die besonders schwerwiegende psychische Erkrankungen hatten, also etwa Traumapatienten oder Psychosekranke. Alle einbezogenen Patienten unterzeichneten zu Beginn des ersten Interviews eine Einverständniserklärung, konnten freilich jederzeit ihr Einverständnis auch wieder zurückziehen, was aber in keinem Fall erfolgt ist.

Aufgrund der Art der Ansprache war es nicht möglich, das Sample gezielt so zusammenzustellen, dass verschiedene Berufe, Qualifikations- und Bildungsgrade, Beschäftigungsstatus, Beschäftigte verschiedener Organisationstypen, unterschiedliche Altersgruppen repräsentativ vertreten wären. Insofern handelt es sich um ein eher gelegenheitsgeneriertes Sample, da die Ansprache weitgehend nach der Reihenfolge der Aufnahmegespräche stattfand. Die Samplestruktur entspricht damit am ehesten der Patientenstruktur der beteiligten Kliniken. Wir haben allerdings zu dem Zeitpunkt, als sich eine Überrepräsentanz der Frauen unter den Patienten abzeichnete, in den Kliniken darum gebeten, nunmehr bevorzugt geeignete männliche Patienten anzusprechen, sodass wir am Ende eine ausgewogene Zusammensetzung im Hinblick auf das Geschlecht erreichen konnten.

Tabelle 1: Struktur des Samples der interviewten Patientinnen und Patienten nach Alter und Geschlecht

Altersgruppen	**männlich**	**weiblich**	**gesamt**
20–30 Jahre		2	2
31–40 Jahre	7	5	12
41–50 Jahre	2	4	6
≥ 51 Jahre	2	1	3
gesamt	11	12	23

Quelle: eigene Berechnung

Insgesamt wurden 23 Patientinnen und Patienten einbezogen. Zwölf waren weiblich, elf männlich. Der Schwerpunkt liegt in der Altersgruppe der 31- bis 40-Jährigen (Tabelle 1).

Tabelle 2: Struktur des Samples der interviewten Patientinnen und Patienten nach Berufen und Branchen

Berufe	**Branchen**	**Zahl**
Servicemitarbeiter	Einzelhandel/Verkehrsdienstleister	4
Lagerleiter	Handel	1
Sekretärin	Unternehmensberatung, Spedition	2
Buchhalter	Unterhaltungshandel	1
Betriebswirtschaftler/IT	Bank, Steuerberatung	3
Ingenieur	Verkehrsdienstleister, Automobilzulieferer	2
Marktforscher	Marktforschung	1
Sozialarbeiterin, Integrationsassistentin	Non-Profit-Organisationen	2
Sachbearbeiterin, Juristin	öffentlicher Dienst, Krankenversicherung	3
Pfleger/in	Altenpflege	2
Ärzte	Klinik	2
Summe		23

Quelle: eigene Berechnung

Das Sample umfasst sehr unterschiedliche Berufe und Branchen. Es ist ein breites Spektrum verschiedener Qualifikationsniveaus und -arten sowie unterschiedlicher Tätigkeiten vertreten (Tabelle 2). Allerdings fehlen typische Arbeiterberufe. Insgesamt darf aber als gesichert gelten, dass wir nicht nur Patienten mit einem hohen Bildungsgrad oder mit Tätigkeiten, die eine Nähe zum therapeutischen Feld aufweisen, im Sample berücksichtigt haben.

2. Forschungsgespräche

Um verschiedene Perspektiven auf die jeweiligen Fälle aufnehmen und interpretieren zu können, wurden mit allen Patienten mehrere Gespräche geführt. (Vgl. hierzu auch den »Methodenfahrplan« im Methodenglossar.)

- Wir haben angestrebt, mit jedem Patienten und jeder Patientin drei Gespräche zu führen. Das erste Gespräch fand vor dem Klinikaufenthalt oder zu dessen Beginn statt, das zweite kurze Zeit vor der Beendigung des Klinikaufenthalts und das dritte einige Zeit später, in der Regel etwa vier Monate nach Beendigung des Klinikaufenthalts. Im ersten Gespräch standen die Selbstbeschreibungen der Patienten sowie deren Erwartungen an die Therapie im Mittelpunkt. Das zweite Gespräch fokussierte auf die Erfahrungen mit der Therapie, eventuelle Veränderungen der Krankheitsdeutung und Erwartungen an die Zukunft. Das dritte Gespräch schließlich sollte die Erfahrungen mit der Rückkehr in die Arbeit bzw. den diesbezüglichen Hindernissen und Umorientierungen sowie dem weiteren Verlauf der Erkrankung erheben.
- Mit den behandelnden Therapeuten und Ärzten fanden pro Fall in der Regel ein bis zwei Gespräche statt. In diesen Gesprächen, die wir als »Supervisionen« bezeichnet haben (siehe dazu das entsprechende Stichwort im Methodenglossar), ging es um die professionelle klinische Beurteilung der Fälle, wobei uns besonders Differenzen zwischen der Selbstbeschreibung der Patienten und der Fremdbeschreibung durch die Experten interessiert haben.
- Mit den Ärzten bzw. Therapeuten der kooperierenden Kliniken wurden Gespräche über ihr therapeutisches Selbstverständnis geführt. Im

Fokus standen insbesondere die Relevanz der Erwerbsarbeit für psychische Krankheit und Gesundheit sowie allgemeine Kriterien für einen Therapieerfolg.

- Mit den Sozialarbeitern der Kliniken fanden Gespräche über ihre Tätigkeitsschwerpunkte und dabei insbesondere über Probleme des Entlassungsmanagements sowie der Nachsorge statt.
- Bereits zu Beginn unserer Untersuchung haben wir mit den Akteuren des Betrieblichen Eingliederungsmanagements in verschiedenen Organisationen gesprochen, aus forschungsethischen Gründen freilich nicht in den Organisationen, in denen unsere Patienten beschäftigt sind.

Tabelle 3 gibt eine Übersicht über die Zahl der insgesamt geführten Gespräche.

Tabelle 3: Zahl der geführten Gespräche

Interview	**Anzahl**
Erstgespräch mit Patienten	23
Zweitgespräch mit Patienten	20
Drittgespräch mit Patienten	15
Fallbezogenes Gespräch mit Ärzten/Therapeuten	27
Expertengespräch mit Arzt	9
Gespräch mit Sozialarbeiterinnen	2
Gespräch mit Beteiligten des BEM (z. T. Gruppengespräch)	10

Quelle: eigene Berechnung

Nicht in allen Fällen konnten alle drei Gespräche mit den Patienten geführt werden. Drei Zweitgespräche kamen nicht zustande, weil die Patienten den Klinikaufenthalt nach kurzer Zeit beendeten. Weitere fünf Drittgespräche fanden aus unterschiedlichen Gründen nicht statt: Eine erneute Kontaktaufnahme kam nicht zustande, bzw. ein Interesse am Drittgespräch bestand beim Patienten nicht mehr, oder aber er befand sich erneut in einer Klinik.

Alle Gespräche wurden (mit Einwilligung der Gesprächspartner) aufgezeichnet und vollständig transkribiert. Für jedes Gespräch fertigten die

Interviewer ein »Postskript« an (siehe dazu das entsprechende Stichwort im Methodenglossar).

Allen Gesprächen mit Patienten ist gemeinsam, dass sie eine biographisch-narrative Struktur haben. Dies kommt besonders in der Erhebung einer »Biographiekurve« (siehe dazu das entsprechende Stichwort im Methodenglossar) zum Ausdruck. Die Gespräche fanden zu unterschiedlichen Zeitpunkten des Krankheitsverlaufes statt und haben deshalb naturgemäß verschiedene thematische Schwerpunkte: Im Erstgespräch war der gesamte bisherige Lebenslauf der Patienten Thema, inbegriffen das bisherige Arbeitsleben.

Das zweite Gespräch thematisierte insbesondere die Wahrnehmung der Klinik, Therapieerfahrungen und projektive Zukunftsvorstellungen. Im dritten Gespräch kamen insbesondere die Rückkehr in den Alltag und die Wiedereingliederung ins Arbeitsleben zur Sprache. Die Erstgespräche dauerten in der Regel ca. zwei bis drei Stunden, die Zweit- und Drittgespräche waren in der Regel kürzer: ca. eine bis zwei Stunden. Vgl. zum Charakter der Gespräche das Stichwort »qualitative Interviews mit den Patienten« im Methodenglossar.

Die Gespräche mit den Ärzten und Therapeuten sowie mit den BEM-Verantwortlichen sind themen- und problemzentrierte »Expertengespräche« (siehe dazu das entsprechende Stichwort im Methodenglossar). Was die therapeutische Seite betrifft, so waren die Kliniker gehalten, von ihren konkreten Patienten ausgehend generalisierbare Erfahrungen zu formulieren.

Angereichert wurden die Gesprächsdaten in einem Teil der Fälle durch die Analyse von Dokumenten aus den Kliniken und durch die Protokolle einer »OPD-Diagnostik« (siehe dazu das entsprechende Stichwort »OPD-2-Interviews« im Methodenglossar).

3. Auswertung

Die transkribierten Interviews wurden in mehreren Schritten und parallel zueinander ausgewertet. Zunächst wurden die Ergebnisse der Gespräche mit den BEM-Verantwortlichen entlang den Themenstellungen in den Leitfäden in einem Protokoll festgehalten. Dabei ging es sowohl um die Informationen über Verfahren, Probleme, Erfahrungen und Verbesserungsmöglichkeiten des BEM als auch um das eigene Rollenverständnis als

Betriebsangehöriger. Die Befunde liefern eine Hintergrundfolie für unsere Fallanalysen.

Die Patienteninterviews wurden erst als Einzelfälle interpretiert (vertikale Hermeneutik) und dann miteinander verglichen (horizontale Hermeneutik), sodass nach und nach eine Matrix entstand, in der jeder interpretierte Fall seine relationale Verortung erhielt. Da wir pro Patient drei aufeinanderfolgende Gespräche zur Verfügung hatten, konnten wir auch Verläufe in den Blick nehmen, was bisher allerdings noch nicht abschließend geschehen ist. Grundprinzip war ein prospektiv-retrospektives Vorgehen, das heißt: Im Erstinterview wurden nicht nur Interpretationen festgeschrieben, sondern prospektiv Fragen für das Zweitinterview formuliert. Im Zweitinterview wurde diesen Fragen nachgegangen und von da aus auf das Erstinterview zurückgeblickt. Und so weiter. Auf diese Weise wurde fallspezifisches Wissen kumuliert. Wichtig war uns zudem, nicht bei manifesten Bedeutungen zu verbleiben, sondern Andeutungen und Sprechweisen zu nutzen, um latente Bedeutungen mit zu erfassen.

Als technisches Hilfsmittel wurde die Software MaxQDA eingesetzt.

Zentraler Ort der Auswertung waren regelmäßig stattfindende »Interpretationsgruppen« (siehe dazu das entsprechende Stichwort im Methodenglossar), in denen sich die Teammitglieder zusammenfanden. Diese Treffen realisierten unseren multiperspektivischen und interdisziplinären Anspruch. Dabei haben wir systematisch kontroverse Lesarten gefördert, um vorschnelle – stereotype – Bedeutungszuschreibungen zu verhindern. Manche der Kontroversen ließen sich beilegen, andere nicht, was deutlich macht, wie mehrdeutig Bedeutungszuschreibungen bleiben – und das nicht nur für die Forscher, sondern für alle, die an Interpretationsprozessen beteiligt sind.

Die Auswertung aller Materialien war ein langwieriger Prozess, der schließlich in ein starkes (momentanes) Evidenzgefühl gemündet ist. Da wir beabsichtigen, unsere Befunde den mitwirkenden Ärzten und Therapeuten in einem Workshop zugänglich zu machen, wird sich herausstellen müssen, wie anregend, erhellend und nützlich diese Befunde sind.

Perspektive 1

Erwerbsarbeit und psychische Erkrankungen

Psychisch belastende Arbeitssituationen und die Frage der »Normalität«

Stephan Voswinkel

Asbest schädigt die Lungen, hoher Lärm führt zu Beeinträchtigungen der Hörfähigkeit und zu nervösen Störungen, mangelhafte Sicherungsmaßnahmen erhöhen die Unfallgefahren auf der Baustelle. Solche kausalen Zusammenhänge haben den ergonomisch ausgerichteten Arbeitsschutz herkömmlich geprägt. Es ging um die Reduzierung arbeitsbedingter Unfallgefahren und Gesundheitsschädigungen. Dem entsprach ein pathogenes Krankheitsverständnis, dem zufolge äußere Schädigungen Krankheiten verursachen. Die Verantwortung war damit klar verteilt: Diejenigen, die über die Gestaltung von Arbeit zu bestimmen hatten, mussten für die Reduzierung von Gesundheitsgefährdungen sorgen und konnten nur dadurch entlastet werden, dass die Verhältnismäßigkeit zwischen Aufwand und Nutzen im Hinblick auf Kosten und Finanzkraft der Organisation geprüft wurde.

Vieles spricht dafür, dass in der modernen Arbeitswelt, in subjektivierter, entgrenzter Arbeit und in Dienstleistungstätigkeiten psychische Anforderungen zunehmen und damit auch die Gefahr psychischer Erkrankungen wächst. Diese aber (so jedenfalls der Eindruck, den man zu gewinnen glaubt, wenn man die psychosomatische Perspektive außer Acht lässt) lassen sich weniger plausibel auf eindeutige »äußere« Kausalfaktoren zurückführen, sie sind weniger klar an ihren Symptomen zu identifizieren. Bei vielen somatischen Erkrankungen liegen die Verhaltenskonsequenzen oft auf der Hand: Der Beinbruch hindert am Gehen, der Bandscheibenvorfall am Heben, der Herzinfarkt verbietet Aufregung und fordert Schonung. Auch die Ursachen sind hier leichter identifizierbar: der Fall die Treppe hinunter, die Verschiebung von Wirbeln und die Arteriosklerose.

Der Arbeitgeber kann vorbeugen: Treppen sichern, Gabelstapler anschaffen und Arbeitsdruck reduzieren. Alles das ist nicht einfach und erfolgt auch keineswegs immer, aber man kann es in Arbeitsschutzbestimmungen festlegen und überprüfen. Bei psychischen Erkrankungen scheint die Verantwortung weniger eindeutig beim Arbeitgeber zu liegen, die Ursache weniger klar identifizierbar und die Verhaltenskonsequenz weniger evident zu sein.

Tatsächlich aber sind die Unterschiede nicht so klar. Denn auch in der industriellen Arbeitswelt ist die Praxis des Arbeitsschutzes keineswegs so einfach »pathogen« zu verstehen, die Beschäftigten sind auch hier nicht nur passive Objekte der Gefährdungen. Auch mit physischen Belastungen gehen Beschäftigte verschieden um, sie verhalten sich unterschiedlich präventiv, resilient oder salutogen.[1] Und Arbeitgeber führen formell Arbeitsschutzmaßnahmen ein, erwarten aber informell von ihren Beschäftigten Belastungsbereitschaft oder zahlen hierfür Prämien.

So ist es vielleicht nicht nur der Unterschied zwischen somatischen und psychischen Erkrankungen, der die gewachsene Bedeutung der Verhaltens- gegenüber der Verhältnisprävention, der Stressbewältigung gegenüber der Stressreduktion, der Resilienz gegenüber gesundheitsförderlicher Arbeit erklären kann. Vielmehr können auch veränderte Steuerungsformen in Organisationen und andere Formen des Arbeitens hierbei eine Rolle spielen.

Wenn indirekte Steuerung an die Stelle direkter Anordnungen tritt, dann scheinen die Beschäftigten ebenso wie für die Arbeitsleistung auch für ihren Gesundheitsschutz in höherem Maße selbst verantwortlich (vgl. Peters 2011). Vielleicht liegt gerade hierin ein Problem: dass die Arbeitsgestaltung als »indirekter« Kausalzusammenhang aus dem Blick gerät.

Damit spitzt sich ein Problem zu, das für das Verhältnis von Krankheitsfaktoren und Krankheitseintritt immer charakteristisch ist (außer in solchen Fällen, in denen schicksalhafte Unfälle, externe Angriffe von Viren, Bakterien und Schadstoffen als Ursachen unübersehbar sind): Die Ursachen sind komplex, in ihnen verbinden sich äußere und innere. Im Hinblick auf die Arbeit bedeutet das: Meist ist sie ein Faktor unter mehre-

1 | Wenn körperlich belastende Arbeiten mit Prämien kompensiert werden, ist das für viele ein Grund, sie auf sich zu nehmen. Manche ziehen Selbstwertgefühl und Anerkennung aus ihrer Belastbarkeit, die sie befähigt, anstrengende Arbeiten zu bewältigen. (Vgl. hierzu die biographische Studie mit Industriearbeitern von Giegel/Frank/Billerbeck 1988.)

ren. Unter gleichen Arbeitsbedingungen erkranken nur einige, vielleicht nur ein Einzelner. Was also scheint näher zu liegen, als zu fragen, welche psychischen Dispositionen und Strukturen des Einzelnen einer psychischen Erkrankung zugrunde liegen?

1. Die Frage der Kausalität

Auch die von uns untersuchten Fälle legen eine solche Fragestellung nahe. Sie ist auch keineswegs unangemessen. Je tiefer man sich in die Analyse des Einzelfalls begibt, die verschiedenen Interviews und die Gespräche mit Ärzten und Therapeuten heranzieht, die Lebensgeschichte, oft tragische und bedrückende Beziehungsgeschichten aus Kindheit, Jugend und Erwachsenenleben nachvollzieht, desto mehr scheint die Bedeutung der Arbeit in den Hintergrund zu treten. Auch wir folgten in der Analyse immer wieder dem allseitigen Mechanismus der Individualisierung des Falles, den wir für alle Akteure konstatieren. Nicht zuletzt die Betroffenen selbst fragen nach ihren Anteilen an der Erkrankung, denn nur an diesen können sie kurzfristig, zumal im therapeutischen Setting, etwas ändern.

Aber offensichtlich spielt doch in allen Fällen die Arbeit eine nicht zu unterschätzende Rolle. Die Frage, inwieweit sie Ursache oder Bühne des lebensgeschichtlichen Dramas ist, verliert an Relevanz, ist doch auch dann, wenn die Arbeit »nur« zur Problematik beiträgt, die Frage berechtigt, wie sich dieser Beitrag verändern ließe, und ist es doch bereits dann notwendig, zu verstehen, worin er besteht. Die Frage, welche Lebensbereiche welchen Anteil am Krankheitsgeschehen tragen, wird vor allem dann aufgeworfen, wenn Verantwortung zu- oder vielleicht eher abgewiesen werden soll.

Natürlich erkranken nur wenige unter gleichen psychisch belastenden Arbeitsbedingungen. »Ob der Stressor krankmachend wirkt oder nicht, hängt auch von der Auseinandersetzung des Subjekts mit den Anforderungen ab, ob die Wirkung selber wieder ein Stressor, eine Belastung für den Einzelnen und für seine Kollegen wird, ebenso« (Reindl 2012, S. 164). Das relativiert auf den ersten Blick die Kausalität zwischen Arbeit und Erkrankung. Aber auf der anderen Seite erkranken auch nur einige derjenigen, die einen gewalttätigen Vater hatten, nur einige derjenigen, die gegenüber Geschwistern sich zurückgesetzt fühlten oder die von ihren Eltern emotional nicht angenommen wurden.

Die Arbeit ist oftmals Auslöser »tiefer liegender«, in der Beziehungsgeschichte begründeter Konflikte. Aber sie bleibt dann doch der Auslöser. Und dass Menschen mit bestimmten psychischen Dispositionen sich bestimmte Arbeiten suchen, die für ihre psychische Struktur eine Funktion erfüllen, ist zweifellos richtig. Aber dass Organisationen sich diese Dispositionen bewusst oder faktisch zunutze machen, ist ebenso richtig. Eine Untersuchung der Bedeutung von Arbeit für die psychische Erkrankung unserer Beschäftigten erfordert also einen Ansatz, der das Zueinander, die Verschränkung von Arbeitsbedingungen, psychischen Dispositionen und sozialem Kontext in den Mittelpunkt stellt.

Damit rücken wir zunächst davon ab, bestimmte Arbeitsbedingungen generalisierend als krankheitsverursachend zu verstehen. Ebenso aber wenden wir uns gegen die individualisierende und »psychologisierende« Betrachtung, wonach der oder die Einzelne »schuld« an der Erkrankung sei, weil er oder sie zu wenig resilient sei, weil er oder sie eine bestimmte Lebensgeschichte habe. Beide Perspektiven sind nicht falsch, und sie haben auch ihre Berechtigung: Arbeitsbezogene Prävention muss verallgemeinerbare Gefährdungspotenziale identifizieren, die etwa in Gefährdungsbeurteilungen eingehen; therapeutische Maßnahmen müssen nach psychischen Mechanismen fahnden, um dem einzelnen Erkrankten bei der Gesundung zu helfen; in der in diesem Aufsatz eingenommenen Perspektive geht es uns jedoch um die Verknüpfung, um die Verbindung von Arbeitsbedingung und psychischer Vulnerabilität, also die Anfälligkeit des Einzelnen für eine Erkrankung.

Wir beanspruchen mit unserem qualitativen fallbezogenen Herangehen nicht, strenge Kausalitäten zu begründen, sondern versuchen, typische Beziehungen von Arbeitsbedingungen und psychischen Erkrankungen im Zusammenhang mit psychischen Dispositionen verstehbar zu machen. Dazu bietet sich der Begriff der »Arbeitssituation« an.

2. Das Konzept der Arbeitssituation

Eine soziale Situation ist eine konkrete Einheit von Gegebenheiten und der sich darauf beziehenden Subjekte, ihrer Deutungen und Wertungen. Sie ist mehr als eine Episode, schon deshalb, weil auch die Episode – also eine bestimmte Handlungseinheit verschiedener Interagierender, etwa ein gemeinsames Mittagessen – auf über sie hinausreichende Zusammenhänge verweist – etwa Esssitten, Statusbeziehungen der Beteiligten, Stellenwert des Essens im Tagesablauf (zum Beispiel als Mittagspause im Arbeitstag). Von Situationen sprechen wir auch in einem umfassenderen Sinne, wenn wir – wie im Falle unserer Untersuchung – die Arbeitsbedingungen, ihre Deutungen und sozialen Kontexte in einem bestimmten Arbeitsumfeld meinen.

Die Situation kann man nicht dadurch erfassen, dass man von den Deutungen der Subjekte absieht. Vielmehr sind, so das für die Soziologie grundlegende »Thomas-Theorem«, die Deutungen der Situation durch die Subjekte real, wenn und weil sie zu realen Konsequenzen führen.[2] Situationen werden also erst durch die Subjekte – selbstverständlich unter Bezug auf die vorfindlichen Bedingungen und auf die eingeübten Klassifikationen – konstituiert.

Bezogen auf die Arbeit können wir also von einer »Arbeitssituation« sprechen, weil ein bestimmtes Setting in der Arbeit von den Beteiligten vor dem Hintergrund vorfindlicher Arbeitsbedingungen und hergebrachter Klassifikationen in einer bestimmten Weise definiert und gedeutet wird. Dies ist ein sozialer Vorgang, der nicht nur individuell zu verstehen ist – als reine Situationsdeutung des Einzelnen. Dieser begegnet in der Arbeitssituation vielmehr bereits Situationsdeutungen der anderen Akteure – darüber, was zu tun ist, welche Probleme es gibt, ob Erwartungen angemessen oder unzumutbar sind, ob die Arbeit zu schwer oder die Chefin rücksichtsvoll und das Management unglaubwürdig ist. Mit diesen setzt der Einzelne sich auseinander, übernimmt sie oder auch nicht, kann sie aber nicht ignorieren.

Diese Analyse der Perspektivenverschränkung können wir mit unserem empirischen Material nicht leisten. Wir schauen auf die Arbeitssituation ausschließlich durch die Perspektive, die Darstellungen unserer Gesprächspartnerinnen.[3] Wir können aber auch in unserer »subjektiveren« Analyse feststellen, dass für die Erkrankung unserer Gesprächspartnerinnen[4] nicht

2 | »If men define situations as real they are real in their consequences« (Thomas/Thomas 1928, S. 572); vgl. auch Thomas/Znaniecki 1927, S. 68.

3 | Es wäre im Prinzip wünschenswert, ein vielseitigeres Bild der Arbeitssituation zu erlangen; aus den im Methodenkapitel erläuterten, nicht zuletzt forschungsethischen Gründen war dies in unserer Untersuchungsanlage nicht möglich.

4 | Bei Verwendung der femininen ist wie bei derjenigen der maskulinen Form das andere Geschlecht in der Regel mitgemeint.

die Arbeitsbedingungen »an sich« wirksam sind, sondern deren Wahrnehmung durch die Betroffenen.

Natürlich ist, darauf weist Renate Rau (2005, S. 47) zu Recht hin, »gerade im Falle von psychischen Störungen [...] die Gefahr fehlerhafter Wahrnehmung aufgrund der Störung unverhältnismäßig hoch«. Auch wir haben uns mehrfach gefragt, für wie »glaubwürdig« oder »paranoid« wir bestimmte Schilderungen der Gesprächspartnerinnen halten sollen. Die Antwort müssen wir manchmal schuldig bleiben. Oft ergibt sie sich aus der Gesamtbetrachtung der Gespräche und Informationen über die Gesprächspartnerinnen. Doch auch wenn die Wahrnehmung der Betroffenen getrübt sein mag, so ist es doch die ihre, und wir können daraus immerhin schließen, welche Dimensionen von Arbeitssituationen sie als bedrückend, beängstigend, deprimierend erleben.

Arbeitssituationen haben drei Dimensionen:

- Die Seite der Arbeit umfasst die Arbeitsbedingungen, -anforderungen und -belastungen (in der Wahrnehmung der Betroffenen).
- Die Seite der Subjekte meint die Dispositionen und Vulnerabilitäten der Beschäftigten.
- Die Seite des sozialen Kontextes erfasst die sozialen Beziehungen zu Vorgesetzten und Kolleginnen und die Position der Organisation.
- Alle drei Dimensionen erfassen wir – nur – durch die Gespräche mit den Betroffenen und durch die (Supervisions-)Gespräche mit den Ärztinnen und Therapeutinnen, in denen medizinische und psychologische Expertise deutlich wird. Das ist zugegebenermaßen unzureichend, um Aussagen über die komplexe Realität des einzelnen Falles zu machen. Es ermöglicht aber Aussagen über Problemwahrnehmungen von Arbeit.

3. Formen psychisch belastender Arbeitssituationen

Im Folgenden werden nicht 23 Einzelfälle vorgestellt. Zwar ist jeder Fall spezifisch in der Kombination von Merkmalen der Situationsdimensionen. Aber wir wollen eine mittlere Verallgemeinerung vornehmen, die nicht durch quantitative Korrelationen von Massendaten erfolgt, sondern durch eine Darstellung wiederkehrender und plausibler Merkmale und ihrer Kombinationen. Diese Fälle psychisch belastender Arbeitsbedingungen in

Arbeitssituationen sind aus dem Material gewonnen, bestimmte Merkmale und ihre Verbindungen wurden jedoch nach Gesichtspunkten innerer Stimmigkeit, des Kontrasts und der Ähnlichkeit typisierend zusammengefasst; in diesem Sinne handelt es sich um begrenzte Abstraktionen von den individuellen Arbeitssituationen.

Grundlegend unterscheiden wir zwischen Fällen der »verhinderten Aneignung der Arbeit« und Fällen der »erschwerten Abgrenzung von der Arbeit«. Beide Gefährdungsformen weisen auf subjektive Umgangsweisen mit der Arbeit hin; aber die Arbeit selbst bietet ungünstige Bedingungen und Voraussetzungen für eine Aneignung der Arbeit oder für die Abgrenzung von der Arbeit. Auf diese Weise ergibt sich ein Modell, in dem ungünstige Bedingungen bei einer hohen Vulnerabilität der Beschäftigten die Chance der Erkrankung erhöhen, während günstige Bedingungen helfen können, trotz Vulnerabilität nicht zu erkranken, und eine geringe Vulnerabilität auch bei ungünstigen Bedingungen die Erkrankung unwahrscheinlicher macht. Einbezogen werden müsste stets auch der soziale Beziehungskontext in der Arbeitssituation, den wir allerdings nur begrenzt in den Blick bekommen konnten.

Wenn wir »verhinderte Aneignung« und »erschwerte Abgrenzung« als zentrale Kategorien der psychisch belastenden Arbeitssituationen herausstellen, dann beruht dies auf der normativen Vorstellung, dass ein gesundes Verhältnis zur Arbeit darin besteht, sich die Arbeit anzueignen und sich zugleich von ihr abgrenzen zu können. Dieser liegen zwei Bestimmungen der Arbeit zugrunde: Auf der einen Seite kommt der Arbeit eine wesentliche positive Bedeutung für die Identität, die gesellschaftliche Zugehörigkeit, die Anerkennung und das Selbstwirksamkeitsgefühl von Menschen jedenfalls in unserer Arbeitsgesellschaft zu.

Um diese Bedeutung erfüllen zu können, muss sie so gestaltet sein, dass sie ihre Aneignung nicht verhindert; in einer arbeitsteiligen Marktgesellschaft ist es nicht selbstverständlich, dass Menschen sich die Arbeit aneignen können. Vielmehr handelt es sich bei der Aneignung um einen selten widerspruchsfreien Prozess, die strukturelle Fremdheit gegenüber der Arbeit zu überwinden, was vor allem aneignungsfähige Arbeitsformen erfordert.[5] Auf der anderen Seite sind Menschen soziale Wesen, die in vielfältige soziale Zusammenhänge eingebunden sind, deren Leben also nicht

5 | Vgl. zum Konzept der Aneignung von Arbeit Frey 2009.

nur aus Arbeit bestehen sollte. Deshalb kommt es zugleich darauf an, dass sie sich von der Arbeit auch abgrenzen können.

Anders formuliert: Menschen sollten sich nicht mit ihrer Berufsrolle überidentifizieren, sondern die Fähigkeit zur Rollendistanz bewahren. Auch das setzt Arbeits- und Organisationsformen voraus, die eine solche Abgrenzung ermöglichen. Aneignung und Abgrenzung sind also nicht nur Leistungen der Subjekte, sondern ihre Möglichkeit ist in der Arbeit angelegt oder auch nicht. Sowohl verhinderte Aneignung als auch erschwerte Abgrenzung stehen der Entwicklung eines »Kohärenzgefühls« entgegen, das Antonovsky (1997) als wesentliche salutogene Grundlage von Gesundheit begreift.

Neben den Fällen verhinderter Aneignung und erschwerter Abgrenzung konnten wir noch Arbeitssituationen identifizieren, in denen extern bedingte Überlastungen oder Ängste um den Arbeitsplatz krankheitsförderlich waren. Auch diese Fälle sind natürlich mit einer verhinderten Aneignung oder erschwerten Abgrenzung verbunden. Aber die Belastung ist der eigentlichen Arbeitssituation gewissermaßen vorgelagert. Im Falle externer Überlastung handelt es sich um eine Form von Disstress, die zwar als Belastung sehr im Vordergrund stehen und krankheitsverursachend sein kann, aber das innere Verhältnis zur Arbeit nicht unbedingt beeinträchtigen muss, besonders dann, wenn sie als vorübergehend angesehen wird – was allerdings eine (Selbst-)Täuschung sein kann.

Da es uns in diesem Aufsatz darum geht, in erster Linie die Seite der Arbeit bei der Arbeitssituation zu betrachten, folgt die Darstellung in erster Linie dieser Dimension. Die meisten Gesprächspartnerinnen wurden von uns mehreren belastenden Arbeitssituationen zugeordnet, weil mehrere Belastungsformen bei ihnen zusammentreffen.

3.1 Verhinderte Aneignung der Arbeit

Erwerbstätige Menschen verbringen einen Großteil ihrer Lebenszeit in der Arbeit. Diese ist für ihre Identität, ihren Status, ihre Anerkennungserfahrungen und ihre soziale Einbindung von elementarer Bedeutung. Zugleich begeben sie sich in der Arbeit unter Zwänge, die von der Herrschaftsstruktur von Organisationen oder von den Zwängen des Marktes ausgehen; sie vollziehen Teilarbeiten im Zusammenhang organisationaler oder gesellschaftlicher Arbeitsteilung, die es ihnen nur bedingt erlaubt, die Funktion, den Stellenwert und den Sinn ihrer Arbeit zu erfassen. Arbeiten sind oft nicht so gestaltet, dass sie ihre Arbeit sinnvoll und so sachgerecht machen können, wie sie es im Lichte ihrer beruflichen Werte erwarten.

Auch im Sozialisationsprozess ist schon die Berufswahl oft keine Folge freier Wahl, und auch wenn sie dies ist, muss sich die Wahl nicht dauerhaft als sinnvoll für die Subjekte herausstellen. Welche Arbeit sie auf dem Arbeitsmarkt finden, ist ebenso wenig immer eine freie Wahlhandlung. Mit anderen Worten: Menschen stehen der Arbeit bis zu einem gewissen Grade zunächst fremd gegenüber. Deshalb müssen sie sich die Arbeit subjektiv aneignen. Gelingt ihnen dies nicht, so könnte man von fortbestehender Entfremdung von der Arbeit sprechen.

Die Aneignung der Arbeit ist zum einen ein subjektiver Prozess, die Beschäftigten müssen entsprechende Fähigkeiten, Kompetenzen, psychische Dispositionen und Bereitschaften mitbringen. Die Aneignung ist aber zum anderen auch abhängig von den Bedingungen der Arbeit selbst, von ihren Aneignungspotenzialen. Diese liegen in der Arbeitsform selbst, in der Organisation und in den sozialen Kontexten der Arbeit bzw. werden von diesen verhindert (vgl. hierzu Voswinkel 2015).

Wir konnten in unseren Fällen sechs Arbeitssituationen identifizieren, in denen die Bedingungen und Kontexte der Arbeit unseren Gesprächspartnern die Aneignung ihrer Arbeit erschwerten. (Wie gesagt, in ihrer Wahrnehmung und mit bestimmten »Eigenanteilen« ihrer Dispositionen und Vulnerabilitäten.) Es handelt sich um

- sinnlose Arbeit,
- moralische Konflikte in der Arbeit,
- Missachtungserfahrungen und Gratifikationskrisen in der Arbeit,
- unterwertige Beschäftigung und Statusprobleme in der Arbeit
- unbestimmte Erwartungen und Anforderungen in der Arbeit, verbunden mit defizitärer Führung und
- übermäßige Kontrolle in der Arbeit.

Oftmals kommen mehrere dieser Belastungen zusammen.

3.1.1 Sinnlose Arbeit

Vier unserer Gesprächspartner empfinden ihre Arbeit als sinnlos. Sie können sich mit ihr nicht identifizieren, weil sie ihnen nutzlos, überflüssig erscheint oder weil sie von ihrer Umgebung, von anderen Abteilungen im Unternehmen nicht als hilfreich angesehen wird, sodass sie auf Ablehnung stoßen, hinhaltendem Widerstand begegnen und keine Ergebnisse erzielen können, die sie zufriedenstellen. Sinnlose Arbeit umfasst im Einzelnen also unterschiedliche Phänomene, denen gemeinsam ist, dass die Betroffenen ein Gefühl der Sinnlosigkeit und Vergeblichkeit entwickeln, das dazu beiträgt, dass sie sich zu ihrer Arbeit zwingen, ihre Frustration und ihren Ärger unterdrücken müssen und der sinnhafte Bezug zu ihrer Arbeit verloren geht oder sich nicht entwickeln kann.

Ein Gesprächspartner arbeitet nach dem Ende seiner Tätigkeit an einer Universität nun in einem Marktforschungsinstitut. Seiner Wahrnehmung nach hat der Standort, an dem er tätig ist, im Unternehmensverbund keine ausreichende Aufgabe. Deshalb werden Aktivitäten unternommen oder simuliert, die seines Erachtens unnötig sind. Er sieht sich dadurch gezwungen, alltäglich Aktivität darzustellen und auch im Verhältnis unter den Kollegen immer wieder Fassadenarbeit zu betreiben. Unter einer anderen Art von Sinnlosigkeit leidet ein junger Arzt, der seinen Patienten Heilungsmöglichkeiten darstellen muss, die er in seinem Bereich selbst nicht wirklich sieht. Weil dort kaum mehr eine Heilung möglich erscheint, empfindet er seine Arbeit als sinnlos.

Sinnlose Arbeit kann auch als eine Form der Kaltstellung empfunden werden. Diese Erfahrung macht ein IT-Mitarbeiter in einem großen Unternehmen, der Abläufe im Informations- und Datensystem seines Unternehmens auf die Wahrung der Anonymität prüfen muss; in der Firma werde diese Abteilung als »Alibigruppe« angesehen, die keinen »Nährwert« bringe und nur »Kostenfaktor« sei. Was sie machten, sei, so der Gesprächspartner, »eigentlich völlig wurscht«. Nach Auflösung seiner früheren Abteilung habe die Firma ihn irgendwo »unterbringen« müssen, nachdem er sich mit mehreren Kollegen und mit Unterstützung des Betriebsrats erfolgreich geweigert hatte, outgesourct zu werden. Nach einer mehrmonatigen Phase sinnloser Beschäftigung (»Wir sind jeden Tag hingegangen, wir haben jeden Tag Bücher gelesen, im Internet gesurft usw., einfach nur stur«) sei ihm die derzeitige »Aufgabe« übertragen worden.

Einem anderen Gesprächspartner wird die geringe Relevanz, die seinem Tätigkeitsfeld (Arbeits- und Brandschutz in einem Unternehmen) von den anderen Abteilungen zugerechnet wird, dauernd demonstriert, indem seine Arbeit regelmäßig ignoriert werde. Auch dass ein Kollege, der seiner

Ansicht nach aus einem anderen Bereich des Unternehmens »abgeschoben« werden sollte, in sein Zweierbüro gesetzt wurde und dort demonstrativ Desinteresse an der Arbeit zeigen kann, zeigt ihm das Image seines Arbeitsbereichs als »Schonbereich«.

In diesen Fällen wird auch deutlich, warum gerade diese Beschäftigten unter der Sinnlosigkeit der Arbeit leiden und nicht in der Lage sind, sich die Arbeit anzueignen. Im einen Fall sind es das vorherige hohe Engagement beim Aufbau der Arbeitsschutzabteilung und der in früher familiärer Konstellation begründete tiefe Wunsch nach Versorgtwerden, die statt zu Widerstand zur Depression führen, in einem anderen Fall sind es zeitgleiche tief bedrückende Erfahrungen eines schweren Siechtums des Vaters, die Phänomene des Identitätsverlustes auslösen, die sich mit dem Gefühl sinnloser Arbeit verbinden.

Ein geringes Selbstwertgefühl und ein unstillbares Bedürfnis nach positivem Feedback machen es demjenigen, der es seinem Vater nie recht machen konnte und kompensierend von seiner Mutter stets entschuldigt wurde, unmöglich, seine eigene Leistung einschätzen und dem Gefühl des Ungenügens entkommen zu können. Ist es hier äußere Bestätigung, die nie ausreichend ist, so ist es in einem anderen Fall das als ungenügend empfundene innere Gefühl von Leidenschaft für die Arbeit, das es unmöglich macht, dass sich der Gesprächspartner mit der Arbeit identifizieren kann.

3.1.2 Moralische Konflikte

Die moralischen Konflikte, die sich bei drei Patientinnen als Belastungen in der Arbeit zeigen, sind recht unterschiedlicher Art. Allgemein zeichnet moralische Konflikte aus, dass Beschäftigte Arbeiten ausführen müssen, die sie im Lichte ihrer moralischen Überzeugungen ablehnen, bzw. Arbeiten unterlassen müssen, die sie für moralisch erforderlich halten. Es kann sich dabei um Aufgaben handeln, die ihrem Verständnis der beruflichen Rolle nicht entsprechen, die in diesem Sinne also auch innerhalb der Berufsrolle illegitim sind,[6] oder es können solche Aufgaben sein, die mit der Berufsrolle mehr oder weniger verknüpft sind, vom Subjekt aber als illegitim betrachtet werden. Im ersten Falle kann die Berufsrolle gegen illegitime Erwartungen in Anspruch genommen werden, im zweiten Falle wäre eine Aneignung des Berufs generell unmöglich.

6 | Vgl. zu Belastungen durch »illegitime Aufgaben« auch Semmer et al. 2013.

Manchmal ist das moralische Verhältnis zur Arbeit aber komplexer, weil der moralische Status der Arbeit nicht eindeutig ist oder weil die Beschäftigten eine Aufgabe zwar für moralisch notwendig halten – sie vielleicht deshalb sogar den Beruf gewählt haben –, in der Arbeitspraxis diese Moralität jedoch nicht gewahrt werden kann oder ihre Klienten der Arbeit moralische oder habituelle Abwehr auslösen.

Die letzte Konstellation finden wir bei zwei Gesprächspartnerinnen. Im ersten Falle fühlt sich die Gesprächspartnerin von dem fordernden und anmaßenden Verhalten ihrer Klienten herausgefordert, deren Anträge und Anliegen sie bei einer städtischen Einrichtung auch im direkten kommunikativen Kontakt zu bearbeiten hat. Hierauf reagiert sie mit Abwehr und zunehmender Entwertung der Antragsteller, mit denen sie, wie sie sagt, »letztendlich um einen Platz in dieser Gesellschaft konkurriere«. Hierbei spielt eine Rolle, dass sie ihre eigene schwierige familiär-private und psychische Situation mit der Lebenssituation der Klienten vergleicht und sich oftmals in einer schwierigeren Situation sieht (»weil ich so viel kämpfen musste und weil ich hier geboren bin!«).

Im anderen Fall ist die Ambivalenz deutlicher. Eine Sozialarbeiterin ist in einer Einrichtung in der Betreuung von Drogenabhängigen tätig. Im Gespräch berichtet sie davon, dass sie immer mehr »kalt« werde, jegliche Empathie für ihre Klienten verloren habe. Sie erlebt sie als Bedrohung (Krankheiten, aggressives Verhalten). Zunehmend lehnt sie deren Verhalten moralisch ab: Sie würden immer der Umwelt, den anderen die Schuld geben und für sich Rücksichtnahme beanspruchen; die Veränderungsbereitschaft fehle, man habe sich der Sucht ergeben. Ein weiterer Aspekt der moralischen Konflikte in ihrer Arbeit bestehe nun aber auch darin, dass sich die Kollegen von den Klienten nicht genügend abgrenzen würden, mit ihnen gemeinsam ein Bier trinken und einige sie sogar bei sich zu Hause »schwarz« beschäftigen würden. Das mache es ihr selbst zugleich schwer, sich angemessen abzugrenzen, weil sich die Kollegen hierin nicht einig seien.

In beiden Fällen wirken Statusinkonsistenzen (vgl. unten) beim Ablehnungsverhalten mit, und die Gesprächspartnerinnen stellen selbst Zusammenhänge mit ihren belasteten Eltern-Kind-Beziehungen her: Die wahrgenommene Lieblosigkeit der Klienten beim Wohnungsamt gegenüber ihren Kindern empört vielleicht gerade deshalb so sehr, weil die Gesprächspartnerin sich selbst von ihrer Mutter lieblos behandelt fühlte. Eigene psychische Vernachlässigung durch Mutter bzw. Eltern können zur Berufswahl, aber auch zu den ambivalenten Beziehungen den Klienten gegenüber beigetragen haben; Furcht davor, selbst suchtanfällig zu werden, oder eigenes Aggressionspotenzial wird durch Abgrenzung bearbeitet.

Etwas anders gelagert sind die moralischen Konflikte einer Sachbearbeiterin in einer Krankenversicherung. Sie muss über die Genehmigung bzw. Ablehnung von Arzneimitteln für schwer erkrankte Patienten entscheiden bzw. den Versicherten diese Entscheidung kommunizieren. Auch sie beklagt, dass es ihr »nicht mehr leidtun« konnte, wenn sie Ablehnungen gegenüber verzweifelten Versicherten vertreten und sich am Telefon mit Vorwürfen (»Wenn ihr Mann jetzt stirbt, dass ich das dann schuld sei, und so Dinger«) auseinandersetzen musste. Vorgabe in ihrem Arbeitskontext sei es, dass sie Einsparungen realisieren müsse. Hier stehe sie unter großem Druck. Die daraus resultierenden moralischen Konflikte seien nicht thematisierbar, insbesondere der Chef lache über solche Skrupel. Diese Gesprächspartnerin hat sich zur Bekämpfung ihrer Depression entschlossen, den Arbeitgeber und die Branche zu wechseln.

Die Fälle zeigen Ähnlichkeiten auf zu den Tätigkeiten, die von der frühen Burn-out-Theorie, etwa Freudenbergers (1974), als typischerweise anfällig für Burn-out ausgefasst wurden: die helfenden Berufe. Anders als dort akzentuieren unsere Fälle hier jedoch nicht die Folgen des »Ausbrennens« aufgrund Überengagements und fehlender psychischer Abgrenzungsfähigkeit, sondern den Aspekt der moralischen Konflikte, der gerade in moralisch stark besetzten Tätigkeiten von besonderer Relevanz sein dürfte. Anders als in der frühen Burn-out-Theorie geht es uns hier nicht um die fehlende Abgrenzung, sondern um die misslingende Aneignung.

3.1.3 Missachtung und Gratifikationskrise

Aneignung von Arbeit ist darauf angewiesen, dass Beschäftigte in ihrer Arbeit Anerkennung erfahren, dass ihnen kommuniziert wird, wie wichtig ihre Arbeit ist und wie gut sie diese leisten. Manchmal allerdings bleibt diese Anerkennung aus, manchmal erleben sie stattdessen ausgesprochene Missachtung ihrer Arbeit oder ihrer Person. Dass Gratifikationskrisen durch ein Missverhältnis von Arbeitsengagement und erfahrener Gratifikation entstehen und gravierende gesundheitliche Folgen zeigen können, ist durch die Untersuchungen von Johannes Siegrist (1996) belegt.

Wir können natürlich bei unserem empirischen Material nur davon sprechen, dass die Betroffenen Nichtanerkennung oder Missachtung wahrnehmen. Mangelnde Anerkennung kann sich in verschiedener Weise äußern: in abwertenden Kommunikationen, im Entzug von Unterstützung und üblichen Rechten oder in Arbeitseinsätzen, die als Entwertung empfunden werden. Als Ausdruck mangelnder Wertschätzung können die Arbeitsaufgabe selbst, unangemessene Bezahlung, dauernd zum Ausdruck gebrachte Unzufriedenheit ebenso wie Desinteresse an der Arbeit des Einzelnen empfunden werden.

Für zehn unserer Patienten ist mangelnde Anerkennung eine der zentralen Belastungen in der Arbeit. Diese hohe Zahl ist auch darauf zurückzuführen, dass mangelnde Anerkennung oft mit anderen Belastungen verbunden ist und diese in besonderer Weise identitätsbedrohend werden lässt. So ist die Zuweisung sinnloser Arbeit auch deshalb so problematisch, weil sie als Ausdruck von Missachtung erlebt wird. Und wer sich aufgrund moralischer Konflikte sträubt, die an sie gerichteten Erwartungen zu erfüllen, muss dafür mit Missachtung durch die Kolleginnen rechnen.

Wenn die Arbeit in der Revision der Bank von den geprüften Kollegen als Störung angesehen wird und die eigenen Kollegen der Revision die Detailversessenheit des Gesprächspartners missbilligen, wird dies als fehlende Anerkennung erfahren. Als Missachtung werden übermäßige Kontrolle und eine Überzahl von Verhaltensvorschriften für die Arbeit an der Supermarktkasse erlebt. Dies gilt auch, wenn ein langjähriger Beschäftigter eines Unternehmens sich vom jung-dynamischen Management an den Rand gedrängt fühlt und wenn einem Mitarbeiter die Tür zu seinem Büro ausgehängt wird, während die anderen geschlossene Büros haben.

Häufige Gründe für empfundene Anerkennungsdefizite und Gratifikationskrisen sind die als ungerechtfertigt wahrgenommene Nichtberücksichtigung bzw. Benachteiligung bei der Besetzung von Aufstiegspositionen oder die Behandlung als Nichtzugehöriger durch eine Gruppe »Alteingesessener«. Ständige Kontrolle der Pünktlichkeit oder Versuche der Abgruppierung wegen angeblich fehlender Kreativität sind Instrumente, die als Strategien verstanden werden, Missliebige aus dem Unternehmen zu drängen.

Missachtungserfahrungen können sich auch auf die Fachlichkeit und den Status der Betroffenen beziehen. So erfährt sich eine bei einer Fremdfirma beschäftigte Integrationsassistentin immer wieder von den Lehrerinnen der Schule, an der sie eingesetzt wird, als nicht relevant behandelt, als nicht zugehörig zum Lehrkörper. Obwohl die Integrationsassistentinnen für den schulischen Prozess von großer Bedeutung seien, würden sie nicht informiert und müssten sogar dafür kämpfen, im Lehrerzimmer wenigstens ein Fach zu erhalten.

Für Erfahrungen fehlender Anerkennung und von Missachtung in der Arbeit sind die Menschen unterschiedlich vulnerabel. So sind auch bei unseren Gesprächspartnerinnen jeweils spezifische eigene Anteile an dem Leiden an Missachtung erkennbar. Ein Patient sieht sich sein Leben lang als von seinen Adoptiveltern äußerst schlecht behandeltes Kind und identitätsunsicheren Außenseiter, der zudem aufgrund eines gewalttätigen Vaters nicht mit Autoritätsbeziehungen umgehen kann und Angst vor seinem eigenen Aggressionspotenzial hat.

Die Lebensgeschichte einer anderen Gesprächspartnerin weist seit ihrer Kindheit eine erschütternde Kontinuität tief greifender Missachtungserfahrungen auf, die sie einerseits auch für einen helfenden Beruf motiviert haben dürften, aber andererseits auch ein hohes Bedürfnis gefördert haben, Anerkennung zu suchen, indem sie sich aufopfert. Familiäre Statusunsicherheiten und geringes Selbstwirksamkeitsgefühl machen es schwer, sich gegen Demütigungen durch den Chef zu wehren oder selbst positives Feedback als ausreichende Anerkennung anzunehmen. Besonders Statusinkonsistenz (ein akademischer Abschluss, aber langjährige Arbeit an der Supermarktkasse) steigert die Empfindlichkeit gegen demütigende Kontrollen.

3.1.4 Unterwertige Beschäftigung

Menschen werden unterwertig beschäftigt, wenn sie nicht ihren Fähigkeiten und Qualifikationen entsprechend in der Arbeit eingesetzt werden. Wie der Terminus »unterwertig« schon sagt, handelt es sich hierbei aber nicht nur um ein Problem suboptimaler Allokation von Arbeitskraft und Arbeitsaufgabe. Vielmehr werden die Beschäftigten durch die Beschäftigung selbst »entwertet«. Das ist zum einen ein Aspekt von Missachtung. Unterwertige Beschäftigung beinhaltet aber auch ein Statusproblem für die Betroffenen. Denn aus der unterwertigen Beschäftigung resultiert eine Statusinkonsistenz: Auf der einen Seite bildet der erworbene, der Qualifikation entsprechende Status den Horizont des Selbstbildes, auf der anderen Seite bewegen sich die Einzelnen auf der Statusebene, die durch die aktuelle faktische Tätigkeit markiert wird. Daraus resultiert die Anforderung, die diskrepanten Status miteinander zu vereinbaren; eine Anforderung, der nicht nur die Einzelnen ausgesetzt sind, sondern auch ihr Umfeld.

Unterwertige Beschäftigung kann als selbst verursacht, als Zeichen des Gescheitertseins verstanden werden. Dies kann, wie bei der Kassiererin mit akademischem Abschluss, dazu führen, dass sich die Betroffene, obwohl sie Kontrollen und Verhaltensvorschriften als »kindergartenmäßig« und unwürdig erlebt, nicht legitimiert fühlt, sich gegen die von ihr empfundene Entwertung zu wehren. Sie kommuniziert ihre Missbilligung durch demonstratives kommunikatives Schweigen, mit der sich allerdings ihre kommunikativen Probleme in der Organisation reproduzieren. Eine Sachbearbeiterin fühlt sich mit ihrem Studium der Sozialpädagogik in ihrer aktuellen Tätigkeit unter Wert eingesetzt, was sie dazu zu veranlassen scheint, sich von ihren Klienten abzugrenzen, was sie aber zugleich psychisch belastet. In anderen Fällen aber kann unterwertige Beschäftigung auch als gezielte Missachtung durch die Organisation gesehen werden.

Offensichtlich bezeichnet unterwertige Beschäftigung ein Missverhältnis zwischen dem Status der Beschäftigung und den Statusansprüchen der Betroffenen. Sie ist also nur im Zueinander von Arbeit und Beschäftigten als Belastung identifizierbar. Wie sie damit umgehen können, hängt sowohl von dem Symbolgehalt ab, der in der Arbeitssituation mit der Unterwertigkeit der Beschäftigung verbunden ist, aber auch mit ihrer Fähigkeit, mit Statusinkonsistenz umzugehen.

3.1.5 Unbestimmte Erwartungen und Führungsdefizite in der Arbeit

Die Aneignung der Arbeit durch die Beschäftigten kann auch dadurch erschwert werden, dass die Anforderungen der Arbeit unbestimmt sind, sodass den Beschäftigten das rechte Maß dafür fehlt, wann ihre Arbeit gut genug ist, wann sie genug geleistet haben. Die Erwartungen der Vorgesetzten sind undurchschaubar und vielleicht auch einfach unklar. Das bezeichnet ein gewisses Führungsdefizit. Mit diesem Belastungstyp ist ein Phänomen angesprochen, das in der entgrenzten Arbeitswelt weit verbreitet ist. Mit der in vielen Bereichen vollzogenen Umstellung von direkten Steuerungen der Arbeitsausführung zur indirekten Steuerung über Arbeitsergebnisse, bei der die Art, diese Ergebnisse zu erreichen, den Beschäftigten überlassen bleibt, sind zwar auch Freiheitsgewinne verbunden, da jedoch die Ergebnisse bewertet werden, ist häufig das Risiko groß, dass sich die Arbeit als ungenügend erweist. Den Vorgesetzten ermöglicht dies, sich legitimatorisch von einer Führungs- in eine Moderatorenrolle zurückzuziehen. Aus dieser heraus haben sie die Möglichkeit, Ergebnisse zu kritisieren, ohne selbst hierfür Verantwortung zu übernehmen.

Nicht alle der hier zugeordneten Fälle sind auf Formen indirekter Steuerung zurückzuführen. Sie illustrieren jedoch eine Belastungsform, die bereits häufig als typische psychische Belastung in entgrenzten Arbeitsformen bei indirekter Steuerung diagnostiziert worden ist (vgl. Menz/Dunkel/Kratzer 2011; Kahlert 2013). Was in diesen Steuerungsformen strukturell nahegelegt ist, findet sich natürlich auch in anderen organisationalen Kontexten, insbesondere dann, wenn Vorgesetzte ein unklares Führungsverhalten zeigen.

Einige Gesprächspartner beklagen unklare Erwartungen ihrer Vorgesetzten, ein Mitarbeiter am Service-Counter leidet darunter, dass seine Chefin die Beschäftigten in Konflikten mit Kunden nicht zuverlässig stütze, man auf sie nicht zählen könne, sondern bei Problemen noch mit Vorwürfen von ihr rechnen müsse. Unbestimmte Erwartungen treten auch dann als Belastung auf, wenn sich der Sinn der Arbeit nicht erschließt oder wenn deutlich ist, welcher Perfektionsgrad der Arbeit erwartet wird – etwa hinsichtlich der Genauigkeit und Ernsthaftigkeit der inneren Revision.

Auch hier ist offensichtlich, dass gerade die Gesprächspartnerinnen hiervon besonders psychisch belastet sind, die mit unsicheren Erwartungen schlecht umgehen können und sich in ihrem unsicheren Selbstwirksamkeitsgefühl Sicherheit dadurch zu geben versuchen, dass sie klare Anweisungen erwarten und einen hohen Perfektionsgrad anstreben.

3.1.6 Übermäßige Kontrolle

Im Kontrast zu den unbestimmten Erwartungen stehen Belastungen durch übermäßige Kontrolle. Hier bedrücken besonders die detaillierten Vorgaben und die penible, manchmal jedes zumutbare Maß übersteigende Kontrolle nicht nur der Arbeit, sondern des Verhaltens der Beschäftigten.

Eine Verkäuferin eines großen Selbstbedienungsgeschäfts berichtet von den (nicht sexuell zu verstehenden) Nachstellungen ihres Chefs: »Er war sehr grenzüberschreitend; also mit bis nach in den Aufenthaltsraum. Hat immer geguckt, wenn wir nicht im Laden waren, wo wir sind. Hat die Zeit gestoppt, wie lange wir auf Toilette waren. […] Hat auch immer hinter einem gestanden, also wenn man irgendwas gemacht hat; so mit ein bisschen Distanz hat er da immer beobachtet, wie man es macht und wie schnell oder wie genau.«

Da habe sie »das erste Mal die Bekanntschaft mit Angst und Depression gehabt«. Ähnlich die Kassiererin im Supermarkt: »Wir dürfen zum Beispiel an der Kasse nicht aus der Flasche trinken, wir müssen einen Becher benutzen«, was ihr in hektischen Situationen zusätzlich Stress verursacht. Neuerdings dürfen sie auch kein Täschchen (für Taschentücher u. Ä.) mehr an der Kasse dabeihaben, obwohl sie dort bis zu vier Stunden durchgehend sitzen müssten. Sie müssten die Schürzen hinten und nicht vorn zubinden.

Es darf vermutet werden, dass derartige Kontrollformen gerade im Bereich einfacher Dienstleistungen keineswegs selten sind (vgl. die Ergebnisse bei Staab 2014), allerdings selten als Zumutung artikuliert werden – was natürlich keineswegs bedeutet, dass sie kein Leiden verursachen.

3.2 Erschwerte Abgrenzung von der Arbeit

Zeichnete die bisherigen Fälle aus, dass die Patienten nicht in der Lage und von den Arbeitsbedingungen gehindert sind, sich die Arbeit anzueignen, so lassen sich die nun dargestellten Fälle dadurch charakterisieren, dass den Betroffenen die Abgrenzung von der Arbeit nicht oder unzureichend gelingt. Sie sind – aus verschiedenen Gründen – überidentifiziert. Die Arbeitssituation beinhaltet Bedingungen, die eine Abgrenzung von der Arbeit erschweren. Organisationen machen sich die fehlende Abgrenzungsfähigkeit manchmal gezielt oder de facto zunutze, sei es, dass entgrenzte Verfügbarkeit offen oder stillschweigend verlangt ist, sei es, dass es keine Mechanismen oder Regeln gibt, die einer Überidentifikation der Beschäftigten entgegenwirken. Die Abgrenzung kann erschwert sein, weil die Arbeit oder die Anerkennung, das Erfolgserlebnis, das man hier erzielen kann, für Beschäftigte sehr attraktiv ist, oder weil das Privatleben – etwa weil die Betroffenen sozial ziemlich isoliert sind – so defizitär ist, dass die Arbeit diese Leere füllt und die Möglichkeit bietet, sich Beziehungskonflikten zu entziehen (vgl. King 2013, S. 149 ff.).

Unter unseren empirischen Fällen haben wir vier typische Arbeitssituationen identifiziert, in denen es den Betroffenen erschwert ist, sich von der Arbeit abzugrenzen:

- die entgrenzte Arbeit,
- die Arbeit mit Kunden,
- die Aufopferung,
- die Nähe zu Leiden und Tod.

Auch hier treten in einigen Fällen mehrere dieser Belastungen kombiniert auf.

3.2.1 Entgrenzte Arbeit

Moderne Arbeitsverhältnisse zeichnen sich grundsätzlich dadurch aus, dass in ihnen eine Grenze von Arbeitsrolle und Person, zwischen Organisationsmitglied und Subjekt und zwischen Arbeitszeit und Freizeit institutionalisiert ist. Beschäftigte sind in eine Organisation nicht total, sondern nur partiell inkludiert. Zwar ist die Vorstellung, man gebe die Person bei Aufnahme der Arbeit beim Pförtner ab und wende dann nur mehr seine Arbeitskraft an, immer schon falsch gewesen, aber die Trennung bietet doch grundsätzlich eine normative Grundlage dafür, Erwartungen aus dem Bereich der Arbeit abzuwehren, die sich darauf richten, die Arbeit auf Kosten der Freizeit auszuweiten, sich als Person mit der Arbeitsrolle übermäßig zu identifizieren und sich die Ziele der Organisation auch außerhalb der Mitgliedschafts- und Arbeitsbeziehung zu eigen machen zu müssen.

Nun haben sich mit der Flexibilisierung der Arbeit zunehmend derartige Grenzen zwar nicht aufgelöst, aber flexibilisiert. Die Arbeitszeiten werden variabel, viele Beschäftigte sollen vermehrt ihre Subjektivität in die Arbeit einbringen und diese im Rahmen indirekter Steuerung selbst organisieren – und sie wollen dies auch, weil sie darin ein Mehr an Autonomie in der Arbeit erblicken. Die Grenzen der Organisation werden flüssig – in Netzwerken, in virtuellen Arbeitszusammenhängen. Mit dem »Arbeitskraftunternehmer« und dem »unternehmerischen Selbst« sind Sozialfiguren entstanden, die als neue Leitbilder des modernen Arbeitnehmers fungieren, auch wenn, wie ein Blick in die Empirie zeigt (Hürtgen/Voswinkel 2014 und 2016; Kratzer et al. 2015) die Realität und die Selbstverhältnisse der Beschäftigten diesem Leitbild bei Weitem nicht entsprechen.

Im Diskurs über den »Burn-out« spielt die Entgrenzung von Arbeit eine zentrale Rolle in der Erklärung psychischer Belastungen durch Arbeit (Voß/Weiss 2013; Kury 2012; S. 279 ff.), insofern ist es interessant, dass wir nur vier unserer Fälle speziell entgrenzten Arbeitssituationen zugeordnet haben, wenngleich Entgrenzungsphänomene auch bei anderen Konstellationen eine gewisse Rolle spielen, ohne doch aber im Vordergrund der Belastungen zu stehen. Das ist kein Argument gegen die verbreitete These von der zentralen Bedeutung der Entgrenzung, es weist vielmehr darauf hin, dass andere Arbeitssituationen ebenfalls eine wesentliche Rolle bei der Entstehung psychischer Erkrankungen spielen.

Eine Sekretärin in einer Unternehmensberatung ist wohl der Fall in unserem Sample, der dem klassischen Modell am nächsten kommt. Ihre Arbeit lässt sich als eine Gewährleistungsarbeit bezeichnen, also als eine Arbeit, mit der die »eigentliche« Arbeit – hier: des Unternehmensberaters – gewährleistet, ermöglicht wird. Sie steht im Schatten der Arbeit des Unternehmensberaters, Anerkennungschancen hat sie nur insofern, als sie funktioniert, um den Arbeitsablauf des Beraters im Hintergrund gut zu organisieren.

Ihre Arbeit ist reaktiv, sie kann kein eigenes Arbeitsprogramm verfolgen, sondern reagiert auf die Anforderungen des Beraters. Sie ist zwei Geschäftsführern zugeordnet, die zumeist an anderem Ort, häufig im Ausland (und damit auch manchmal in anderen Zeitzonen) im Einsatz sind. Arbeitswünsche kommen ad hoc und dann mit artikulierter Dringlichkeit. Das führt dazu, dass die Gesprächspartnerin nicht nur fast regelmäßig Überstunden macht, sondern mit zunehmender Intensität auch nach der Arbeit noch mit der Sorge lebt, irgendetwas übersehen oder unbefriedigend gemacht zu haben. Sie entwickelt Konzentrationsstörungen und bricht eines Tages zusammen.

Ein Buchhalter in einer Firma des Medienhandels ist in einer Vielzahl von Projekten gleichzeitig aktiv, deren Zahl durch eine Erweiterung des regionalen Geschäftsbereichs in der letzten Zeit noch einmal zugenommen hat, ohne dass weiteres Personal eingestellt wurde. Er sieht sich oft recht alleingelassen und kann seine Arbeit nur reaktiv gestalten. Das führt zu unkalkulierbaren Arbeitskonjunkturen, sodass der Gesprächspartner beispielsweise klagt, dass er »seit Jahren […] einfach auch Urlaub auf Abruf, das heißt immer relativ kurzfristig« mache und kaum etwas langfristig planen könne. Projekte bringen stets Zeitdruck mit sich, und der Arbeitstag »sieht eigentlich relativ unstrukturiert aus. Das heißt im Endeffekt: Ich warte auf die Katastrophen, die da einfallen.« Diese Assoziation zu einem Heuschreckenschwarm zeigt die Hilflosigkeit, die er den entgrenzten Anforderungen gegenüber offenbar empfindet.

Etwas anders gelagert ist der Fall der Sozialarbeiterin in der Drogenhilfe. Hier besteht die Entgrenzung in der zehnstündigen Rufbereitschaft und dem Umstand, dass die Arbeit in Anwesenheit der Klienten stattfindet. Symbolisiert wird die Entgrenzung hier zusätzlich dadurch, dass sie, pendelnd zwischen zwei Arbeitsstätten, kein eigenes festes Büro mehr hat, sodass die Klienten stets um sie sind.

Dass Entgrenzung nicht immer eine objektiv bestimmbare Belastung ist, sondern dass die entgrenzte Arbeitssituation eine Relation von Bedingungen und Subjekt ist, macht der Fall eines Ingenieurs deutlich, dessen Arbeit ein hohes Maß an Konzentration und Präzision erfordert; oft arbeitet er den ganzen Tag mit Plänen und Tabellen, in dieser Arbeit ist er sehr zufrieden und scheint hierfür besonders befähigt zu sein, insofern er Züge des Asperger-Syndroms zeigt. Kennzeichnend für diese Störung ist, dass die Betroffenen in oft überdurchschnittlichem Maße befähigt sind, Arbeiten effektiv auszuführen, die hohe Konzentration und Präzision erfordern, etwa im Umgang mit Zahlen und Formeln.

Allerdings ertragen sie selbst einfache Störungen geregelter Abläufe und ein »Durcheinander« von Menschen kaum. Die Probleme dieses Gesprächspartners treten nun auf, als der Termindruck zunimmt und immer wieder Aufgaben zwischen die regelhaften Arbeitsvorgänge eingeschoben werden. Da der Termindruck durch das Gefüge miteinander verknüpfter Arbeitsvorgänge andere mitbetrifft, kann er sich dem schwer entziehen, reagiert mit körperlichen Symptomen wie Durchfall und Schwindel und sucht für mehrere Wochen eine Klinik auf.

Im Drittgespräch einige Monate nach seiner Entlassung scheinen seine gesundheitlichen Probleme nach Veränderungen im Projektmanagement und der Einstellung neuen Personals weitgehend behoben zu sein; in der Folge erhält er sogar eine Leistungsprämie. Wir sehen an diesem Fall, dass Beschäftigte mit Entgrenzungsphänomenen unterschiedlich gut umgehen können und es in bestimmten Fällen angemessen sein kann, der Entgrenzung besonders starke Grenzen zu setzen.

Auch in den anderen Fällen ist die Bedeutung der Seite des Subjekts nicht zu übersehen. Betroffene können aufgrund ihrer Lebensgeschichte (etwa bereits im Kindes- oder Jugendalter erforderliche Verantwortung für andere Personen oder ein gegenüber Schwächen verständnisloser Vater) ihr Selbstwertgefühl einseitig daraus beziehen, dass sie problemlos funktionieren, und sie können sich auch für das Funktionieren der Personen in ihrem

Umfeld verantwortlich fühlen. Wenn Betroffene nur über wenige private Beziehungen verfügen, kann ihre Leistungsfähigkeit in der Arbeit für die psychische Stabilität und Anerkennung so wichtig werden, dass sie ihrer Überlastung nicht frühzeitig genug Grenzen setzen können.

3.2.2 Arbeit mit Kunden und Klienten

Viele Arbeiten finden im Kundenkontakt statt. Dadurch tritt ein dritter Akteur neben Organisation und Beschäftigten auf, der ein Faktor von Belastungen sein kann. Vielfach (vgl. Hochschild 1990; Dunkel 1988; Rastetter 2008) ist beschrieben worden, dass Kundenarbeit häufig eine Arbeit mit den eigenen Emotionen erfordert, sei es, dass man eigene der Situation nicht angemessene Gefühle unterdrücken oder überspielen, sei es, dass man Gefühle darstellen oder in sich hervorrufen muss, die man spontan nicht empfindet.

Arbeit mit Kunden ist in vielen Bereichen zugleich dadurch gekennzeichnet, dass die Beschäftigten sich mehreren Kunden gleichzeitig zuwenden und bisweilen Konflikte unter diesen zu managen haben (Voswinkel 2005, S. 255ff.). Zudem können sie sich der Unterstützung durch ihre Vorgesetzten nicht sicher sein, die oftmals nach dem Motto »Der Kunde ist König« handeln zu müssen glauben. Aus diesen Dimensionen der Arbeit mit Kunden und Klienten können Belastungen resultieren.

Eine Mitarbeiterin an einer Infotheke in einem großen Selbstbedienungsgeschäft ist hierfür ein einschlägiges Beispiel. Oft sind nur zwei bis drei Verkäufer auf einer riesigen Fläche sowie zwei Kassiererinnen und eine Person an der Infotheke tätig. Kunden ließen ihren Ärger bevorzugt an der Infotheke ab. Oftmals müsse die Mitarbeiterin damit umgehen, dass dort mehrere Kunden mit unterschiedlichen Anliegen darüber streiten, wer an der Reihe oder welches Anliegen dringlicher sei, was sie häufig total überfordere. Unterstützung vom Marktleiter könne sie nicht erwarten, der mit übermäßigen Kontrollen die Belastung weiter erhöhe. Konflikte am Service-Schalter eines Flughafens über Übergepäck, Annullierungen oder andere Fragen wirken sich ähnlich aus. Manche Kunden würden, so ein Gesprächspartner, sogar übergriffig; auch hier sind riskante Entscheidungen nötig und wird ausreichendes Backing von der Vorgesetzten vermisst.

Die Anteile der Subjekte an der Arbeitssituation sind auch hier nicht zu übersehen: Mangelnde Fähigkeit, eigene Forderungen zu vertreten, Unfähigkeit, mit Spannungen umzugehen, grundsätzliches Misstrauen gegenüber anderen Menschen, übermäßige Schuldgefühle und »altruistische Abtretung« – alles dies wird aus der Lebens- und oft Leidensgeschichte heraus verständlich und erhöht die psychischen Belastungen durch die Arbeitssituation.

3.2.3 Aufopferung

Die erforderliche Abgrenzung gegenüber der Arbeit ist besonders erschwert, wenn es sich um Berufe handelt, die ein hohes Maß an Aufopferung erfordern, also an Verhaltensweisen, bei denen aufgrund der moralisch stark besetzten Zwänge und Anforderungen der Tätigkeit die Unterordnung eigener Bedürfnisse und Gefühle nicht nur organisatorisch erschwert, sondern moralisch als verwerflich empfunden wird. Drei unserer Gesprächspartnerinnen, zwei Altenpfleger und eine Integrationsassistentin, können wir hier zuordnen.

Derartige Tätigkeiten besitzen in der Gesellschaft kein hohes Prestige. Anerkennung erfahren sie vielmehr gerade aufgrund ihres moralischen Charakters. Die Kranken- und Altenpflege ist historisch lange Zeit als Ausfluss christlicher Nächstenliebe, als Liebesdienst (Rieder 1999) verstanden worden; die Professionalität wurde von dieser moralisch entgrenzten Zuschreibung überwölbt. Aufopferungsbereitschaft wird insofern in gewissem Maße erwartet, und Beschäftigte versprechen sich Anerkennung gerade hierdurch. Das kann die innere Abgrenzung wesentlich erschweren.

Besondere Konstellationen können diese Problematik noch verstärken. Eine Pflegerin, die seit 20 Jahren im Beruf, seit zwei Jahren in der Altenpflege tätig ist, hat zusätzlich eine Zeit lang ihren Ehemann bis zu seinem Tod zu pflegen. Ein anderer Gesprächspartner berichtet, dass er in einer früheren Tätigkeit in einer stationären Altenpflegeeinrichtung trotz längerer Arbeitszeiten weniger innere Abgrenzungsprobleme gehabt habe. Demgegenüber nähmen seine Beschwerden zu, seit er zu einem ambulanten Pflegedienst gewechselt sei.

Hier sind die zeitlichen Belastungen und die Hektik in seinem Falle zwar reduziert, aber nun trägt er in seinem individuellen Arbeiten eine Verantwortung, die er nicht mit anderen teilt und die er noch mehr empfindet, weil er nun eine formale Ausbildung abgeschlossen hat. Er macht sich in seiner Freizeit Gedanken über das Befinden der Klienten, die nun ohne Betreuung sind, er fürchtet, dass er sie beim nächsten Mal in Schwierigkeiten vorfinden könnte, denen er zunächst allein gegenüberstehen würde. Aufgrund des noch stärker persönlichen Verhältnisses zu den Pflegebedürftigen fällt es ihm schwerer, auch eigentlich unangemessene Sonderwünsche abzuweisen.

Wir können nicht beurteilen, ob die beschäftigenden Organisationen explizit Aufopferungsbereitschaft einfordern; es ist jedoch damit zu rechnen, dass sie in gewissem Maße zur impliziten »Kultur« des Feldes gehört, manchmal von Angehörigen erwartet wird, aber auch »in der Natur« der Anforderungen des Arbeitsalltags liegt: Eine Pflegebedürftige leidet an Schmerzen, braucht Trost, ist gestürzt, Ekelgefühle müssen überwunden werden usw. Diese Situationen können kaum ignoriert werden, und wenn man sie nicht gut und empathisch bewältigt, können sich moralische Selbst- oder Fremdvorwürfe ergeben.

Oftmals sind in solchen Arbeitsfeldern Menschen tätig, die aufgrund von Ereignissen, Erfahrungen und Traumata in ihrer Lebensgeschichte in besonderer Weise zur Aufopferung disponiert sind. Die Lebensgeschichte der Integrationsassistentin zeigt eine bedrückende Folge eigener Missachtungs- und Leidenserfahrungen. Ohne Rachegefühlen und Aggression Raum zu geben, kann sie diese Erfahrungen möglicherweise gerade dadurch zu bewältigen versuchen, dass sie ihr Leiden an anderen wiedergutmachen, ausgleichen will. Eine Altenpflegerin ist Mitglied einer christlichen Sekte, in der der Liebesdienst und die Selbstverleugnung moralisch eine große Rolle spielen. Sie, die aus einem asiatischen Land stammt, ist sehr streng, auch mit viel Gewalteinsatz aufgewachsen und empfindet es als moralische Verpflichtung ihrer Mutter gegenüber, die selbst stark gelitten hat, ihrerseits Leiden auszuhalten.

So finden wir hier eine Passung von Anforderung und »Bereitschaft« zur Aufopferung, die Abgrenzung kaum möglich macht.

3.2.4 Nähe zu Leiden und Tod

Bei den Altenpflegern ist die Aufopferung eng verbunden mit der Nähe zu Leiden und Tod. Auch ein Arzt in einer onkologischen Station und eine Mitarbeiterin in der Drogenhilfe sind in ihrer Arbeit mit Leiden und Tod konfrontiert. Analytisch ist es sinnvoll, die arbeitsalltägliche Konfrontation mit Leiden und Tod als eigene psychisch belastende Arbeitssituation zu verstehen.

Altenpflege insbesondere dementer Personen, die Betreuung schwerstbehinderter Kinder – dies sind offenkundig Aufgaben, die mit Leiden und immer wieder auch mit Tod und Todesnähe verbunden sind. Ähnliches gilt für einen Arzt, der auf einer onkologischen Kinderstation eingesetzt ist und sich immer wieder gezwungen sieht, niederdrückende Informationen zu vermitteln oder aber Hoffnungen zu wecken und Motivationen aufrechtzuerhalten, auch wenn er selbst hieran nicht glauben kann. Dass die Nähe zu Leiden und Tod eine enorme psychische Belastung ist, wird auch von unseren Gesprächspartnern formuliert. Hinzu kommt die große Verantwortung, die empfunden wird. Sie kann auch mit Machtphantasien einhergehen, da die Beschäftigten die Abhängigkeit der Klienten erfahren und von ihrem Handeln manchmal Leben und Tod abhängen können. Auch diese psychologischen Grenzbereiche (die zudem tabuisiert sind) können erhebliche psychische Belastungen darstellen.

Da die Nähe zu Leiden und Tod strukturell zu diesen Arbeiten gehört, kann es nicht darum gehen, sie auszuschließen oder wegzuorganisieren. Umso wichtiger ist aber die Möglichkeit der Thematisierung und der Entlastung im Arbeitsbereich, aber auch in der Freizeit. Die Belastungen spitzen sich zu, wenn die Betroffenen hier alleingelassen und wenn sie auch noch im privaten Bereich mit Leiden konfrontiert sind.

3.2.5 Sich abgrenzen lernen – eine individualisierende »Lösung«

Es ist eine der wiederkehrenden Formeln, mit denen Patientinnen ihre Problematik ausdrücken und mit der sie zugleich den Weg zur Überwindung gefunden zu haben hoffen: Ich kann mich nicht abgrenzen, und ich muss lernen, mich besser abzugrenzen! Sehr verbreitet wird dies auch als Ziel der Therapie formuliert, von Betroffenen und von Therapeuten (vgl. auch Ute Engelbachs Aufsatz in diesem Buch, »›Ich muss nur besser Nein sagen lernen‹ – Psychodynamische Überlegungen zu einer pragmatischen Lösung«). Oftmals scheint diese Formel uns allerdings vereinfachend zu sein, weil sie nicht nach den Bedingungen fragt, die in der Arbeit selbst die Abgrenzung erschweren.

Mit einer besseren Abgrenzung wird das Problem sozial gesehen vielleicht nur verschoben. Wenn sich die eine Beschäftigte erfolgreich gegen Verfügbarkeitszumutungen der Arbeit gewehrt hat, verlagern sich diese möglicherweise nur auf Kolleginnen. Das kann auf die zunächst Betroffenen zurückschlagen, wenn bald die nächste Kollegin erkrankt oder weil sich die Stimmung im Team verschlechtert.[7] Die Abgrenzung des Einzelnen verändert also noch nicht die Arbeitssituation. Und schließlich muss eine verbesserte Abgrenzungsfähigkeit nicht dazu führen, dass die Betroffenen zugleich befähigt werden, sich ihre Arbeit anzueignen. Übermäßige Abgrenzung kann vielmehr die Fremdheit gegenüber der Arbeit auch verstärken.

3.3 Überlastungen

Viele Patientinnen und Patienten fühlen sich durch einen starken Arbeitsanfall und Arbeitsdruck zumindest phasenweise sehr überlastet. Dies wird als Ergebnis externer Einflüsse gesehen, also nicht als ein Problem, das mit der Arbeit selbst oder dem eigenen Verhältnis ihr gegenüber verbunden ist; in diesen Fällen steht die quantitative Dimension gegenüber der qualitativen im Vordergrund. Dies entspricht dem geläufigen Stressdiskurs, dem zufolge ein extern auf das Individuum einwirkender Druck durch zu viel Arbeit zu psychischen Belastungen führt, ein Konzept, das mit dem hergebrachten pathogenen Erkrankungs- und Arbeitsschutzverständnis kompatibel ist. Selbstverständlich tragen Überlastungen zur erschwerten Abgrenzung von der Arbeit und zur verhinderten Aneignung der Arbeit bei, aber sie sind in den hier gemeinten Fällen nicht der wesentliche Aspekt, sondern sie spitzen belastende Situationen eher zu.

Auch wenn Überlastungen, die allein extern und sachzwangartig bedingt sind, selten sein dürften, gibt es doch derartige Fälle; in der Krankheitsgeschichte stellen sie allerdings eher so etwas wie den Tropfen dar, der das Fass zum Überlaufen bringt, sodass die Widerstandskraft von Körper und Psyche dem Druck nicht mehr standhalten kann. Solche Phänomene finden wir etwa, wenn eine Ärztin in einer Klinik die Überlastung beklagt, die aus dem Personalmangel resultiert und sie gerade in brenzligen Situationen ärztlichen Handelns unter starken Stress setzt; wenn ein Beschäftigter in einem Kaufhaus derart viele Überstunden leisten muss, dass er mehrere Wochen zwölf Stunden täglich einschließlich Samstag arbeitet, weil sein Chef und mehrere Kollegen wegen Dienstreisen und Krankheiten

7 | Vgl. zum Verhältnis von individueller Selbstsorge und Kollegialität Hürtgen/Voswinkel 2014, S. 270ff.; Flick (2013) plädiert dafür, Selbstsorge grundsätzlich als relational zu begreifen.

ausfallen. Er bricht weinend zusammen und muss eine Klinik aufsuchen, als er dann noch einen Sonderauftrag erhält. Gerade ein solcher Fall zeigt jedoch, dass zwischen Auslöser und belastender Gesamtsituation unterschieden werden muss – und zwar auch deshalb, weil es ein Irrtum wäre, eine Lösung von der Ausschaltung des Auslösers allein zu erwarten.

Konzeptionell sind Überlastungen relativ leicht einzudämmen. Das heißt natürlich nicht, dass Veränderungen unter gegebenen Machtverhältnissen in Organisationen leicht durchzusetzen wären. Aber auch wenn die Durchsetzung schwierig ist, liegt die Lösung gewissermaßen auf der Hand: Etablierung eines durchsetzungsfähigen Betriebsrats, Regelung von Arbeitszeiten, faire Arbeitsverteilung, Verringerung des Personalmangels, sinnvolle Arbeitsplanung.

3.4 Ängste um den Arbeitsplatz

Ängste um den Arbeitsplatz sind eine starke psychische Belastung, die es auch erschwert, andere Belastungen zu verarbeiten.

Bei unseren Gesprächspartnern ist die Angst um den Arbeitsplatz mit anderen Belastungen verbunden, oder sie resultiert erst aus diesen. Es ist offensichtlich, dass zum Beispiel Missachtungserfahrungen Ängste um den Arbeitsplatz aktivieren. Wir haben oben gesehen, dass Maßnahmen wie die Zuweisung unterwertiger Beschäftigung oder das Aushängen der Bürotür wenn nicht als Versuch, die Betroffenen aus der Firma zu drängen, intendiert, so doch auf jeden Fall von diesen so verstanden werden.

In anderen Fällen ist es die psychische Erkrankung selbst, die Ängste um den Arbeitsplatz zur Folge haben kann. Fehlzeiten und vermuteter bzw. befürchteter Leistungsabfall lösen einen sich wechselseitig verstärkender Prozess von psychischer Erkrankung und Angst um den Arbeitsplatz aus. Aber auch wenn nicht explizit der Verlust des Arbeitsplatzes in Aussicht gestellt wird, bringt die Entwicklung einer Krankheit für viele Betroffene Sorgen um den Arbeitsplatz mit sich, die zur eigenen Quelle depressiver Dynamiken werden können.

Das betrifft die Beschäftigten in unterschiedlichem Grade; insbesondere fortgeschrittenes Lebensalter, finanzielle Probleme, etwa durch Verschuldung, Versorgungspflichten (für Kind und Familie) oder aber auch eine relativ gute finanzielle Situation und Absicherung, deren Verlust man bei einer anderen Arbeitsstätte befürchten müsste, tragen zur Angst um den Arbeitsplatz bei. Sie machen es den Betroffenen schwer, auch bei gesundheitlichen Belastungen eine Arbeitssituation zu verlassen, und bringen das Gefühl mit sich, der belastenden Situation ausgeliefert zu sein, deren Verlust man aber zugleich fürchten muss.

4. Resümee

Ich möchte nun unsere empirischen Befunde über psychisch belastende Arbeitssituationen zusammenfassen.

Arbeitssituationen sind zu verstehen als ein Gefüge von Arbeitsbedingungen sowie von Deutungen und Wahrnehmungen der Subjekte. Es handelt sich um eine Interaktion von psychischen Dispositionen mit dem sozialen und dem Arbeitskontext. Psychische Belastungen in Arbeitssituationen sind also als Teil eines solchen Gefüges zu verstehen. Wir konnten verschiedene Formen psychisch belastender Arbeitssituationen identifizieren, die in vielen Fällen kombiniert auftreten.

Grundlegend ist die Unterscheidung von zwei großen Gruppen solcher Arbeitssituationen. In der ersten gelingt es den Beschäftigten nicht, sich die Arbeit anzueignen, in der zweiten ist es ihnen erschwert, sich von der Arbeit abzugrenzen. Beide Formen sind nicht nur eine Problematik der einzelnen Beschäftigten, sondern sie resultieren auch aus Bedingungen und Strukturen der Arbeit, die Aneignung und Abgrenzung erschweren. Wir haben im Einzelnen folgende Fälle identifizieren können, in denen die Arbeit Aneignung oder Abgrenzung beeinträchtigt.

Aneignung von Arbeit wird verhindert, wenn die Arbeit sinnlos ist, mit ihr moralische Konflikte verbunden sind, die Beschäftigten Missachtungserfahrungen machen und in Gratifikationskrisen geraten, unterwertig beschäftigt sind, unbestimmten Erwartungen und Anforderungen in der Arbeit gegenüberstehen oder übermäßiger Kontrolle ihrer Arbeit ausgesetzt sind. Die Abgrenzung von der Arbeit wird erschwert, wenn die Arbeit entgrenzt ist, wenn Arbeit im Kundenkontakt mit Konflikten und fehlender Unterstützung in der Organisation verbunden ist, wenn in der Arbeit eine Moral der Aufopferung nahegelegt wird oder sie mit einer Nähe zu Leiden und Tod einhergeht. Hinzu kommen und verschärfend wirken sich Arbeitsüberlastungen und Ängste um den Arbeitsplatz aus.

Die Betroffenen haben mit ihren Dispositionen einen Anteil an der Entstehung und Auswirkung der Belastung. Häufig zeigen sich die folgenden Dispositionen: Die Betroffenen beziehen ihren Selbstwert daraus, dass sie immer funktionieren oder dass sie sich aufopfern. Sie sind sich ihrer Identität und ihrer Bedürfnisse unsicher, benötigen übermäßig positives Feedback, um sich ihrer Leistung sicher zu sein; sie leiden unter Statusproblemen oder Statusinkonsistenz, haben Schwierigkeiten, mit Autorität – eigener und fremder – umzugehen. Sie weisen der Arbeit eine zu hohe Bedeutung für ihre Anerkennung zu, wollen eine innere Leere damit füllen oder soziale Isolation kompensieren. Sie haben einen erhöhten Strukturierungsbedarf von außen. Finanzielle Probleme, Ängste um den Arbeitsplatz und die Befürchtung, auf dem Arbeitsmarkt nur geringe Chancen zu haben, können objektiv oder subjektiv Alternativen verstellen.

Häufig werden Entstehung und Verursachung der Krankheiten individualisiert, also den einzelnen Erkrankten (allein) zugerechnet. Unsere Untersuchung zeigt: Dieser Vorstellung können wir nicht folgen! Vielmehr spielt die Arbeit ganz offensichtlich eine wesentliche Rolle im Gefüge der belastenden Arbeitssituation. Auch die »Heilung« der psychisch belastenden Arbeitssituation kann nicht durch die einzelnen Betroffenen allein erfolgen. Selbst wenn sie für sich selbst durch veränderten Umgang mit den Belastungen eine Verbesserung erzielen können, bleiben die Anteile der Arbeitsbedingungen an der belastenden Arbeitssituation bestehen. Insbesondere die Orientierung, sich abgrenzen zu lernen, verschiebt oft nur die Belastungen in der Arbeitssituation auf andere und verändert damit nicht die Arbeitssituation.

5. Die Bedeutung der Normalität

Arbeitssituationen stellen sich also als ein Gefüge von Arbeitsbedingungen, subjektiven Dispositionen und sozialen Kontexten dar, und dementsprechend sind auch psychisch belastende Arbeitssituationen weder ausschließlich aus den Arbeitsbedingungen abzuleiten noch aus den psychischen Strukturen. Was bedeutet das nun für die Diskussion um die Verantwortlichkeiten und Beiträge für eine gesunde Arbeitswelt? Weder kann man ausschließlich den Arbeitsbedingungen – und damit den Organisationen – die Verantwortung für Erkrankungen allein zuweisen noch den

Betroffenen. Verschwindet also die Verantwortung im Bermuda-Dreieck von Wechselwirkungen und Bedingungsgefügen?

Wenn aus dem Umstand, dass nicht alle, sondern nur Einzelne unter gleichen belastenden Bedingungen erkranken, gefolgert wird, dass die Ursache bei den Einzelnen liege, die den Anforderungen nicht gewachsen, nicht stressresistent seien, sich nicht abgrenzen könnten, eine übermäßige Aufopferungshaltung an den Tag legten oder in einem Übermaß anerkennungsbedürftig seien, so würde in der Konsequenz einseitig auf Verhaltensprävention gesetzt und die Gesundung der individuellen Veränderung und Therapierung zugewiesen. Die Arbeitsbedingungen und -kontexte müssten nicht verändert werden, und die Organisationen träfe somit keine Verantwortung, die über eine gewisse Fürsorgeverpflichtung hinausginge. Die Einzelnen würden als Sonderfälle behandelt.

Wenn die einzelnen Erkrankten als Sonderfälle behandelt werden, dann impliziert das zugleich, dass die Arbeitsbedingungen als normal angesehen werden, dass hieran nichts änderungs- und verbesserungsbedürftig oder dass hieran nichts veränderbar sei. Mit anderen Worten: Verhältnisprävention wäre unnötig oder unmöglich. Das ist eine verbreitete Sicht der Dinge, und zwar aus unterschiedlichen Perspektiven:

Die Organisationen betrachten die Bedingungen, unter denen die Beschäftigten arbeiten, als »normal«, weil sie »immer schon« so waren, weil es bei anderen Organisationen nicht anders zugeht oder weil Verbesserungen zwar möglich wären, aber Kosten oder Folgen mit sich brächten, die andere oder weitere Nachteile (Verlust der Wettbewerbsfähigkeit, Wecken unrealistischer Ansprüche bei den Beschäftigten usw.) mit sich brächten.

Die Beschäftigten (und manchmal auch die Interessenvertreter) selbst sehen, dass andere Kollegen mit den Bedingungen zurechtkommen oder dass sie doch diesen Eindruck erwecken. Sie suchen die Ursachen also bei sich, sehen sich selbst als »Sonderfälle«. Wird eine psychische Erkrankung attestiert, rückt sie das aus ihrer Sicht ohnehin in den Bereich des »Un-Normalen«. Und schließlich wollen sie unter Umständen nicht, dass auf sie eine besondere Rücksicht genommen wird (vgl. hierzu den Aufsatz von Stephan Voswinkel in diesem Buch, »Betriebliches Eingliederungsmanagement: Verfahren und Problemsichten«).

Auch die Therapeuten nehmen ihre Patienten als Einzelfälle in den Blick, schon deshalb, weil ihre Aufgabe zunächst darin besteht, die Einzelne zu heilen, ihren Zustand zu verbessern. Außerdem verfügen sie in der

Regel über zu wenig Kenntnis der Arbeitsbedingungen und des Arbeitskontextes (vgl. auch den Aufsatz von Sabine Flick in diesem Buch, »›Das würde mich schon auch als Therapeutin langweilen‹ – Deutungen und Umdeutungen von Erwerbsarbeit in der Psychotherapie«).

Individualisierung der Erkrankung und Normalisierung der Arbeitsbedingungen sind also zwei Seiten einer Medaille. Damit ist eine weitere Implikation verbunden: Unterstellt wird nämlich ein »normaler« Arbeitnehmer, eine »normale« Arbeitnehmerin, die mit den jeweiligen Arbeitsbelastungen zurechtkommt. Ist der Erkrankte ein Sonderfall, so ist der Nichterkrankte ein Normalfall. Ein »normaler« Arbeitnehmer aber ist letztlich eine Fiktion, in zumindest zweierlei Hinsicht: Zum einen sind die real existierenden Individuen unterschiedlich, sie haben verschiedene Stärken und Schwächen, unterschiedliche Persönlichkeiten, unterschiedliche Arten von Belastbarkeit – und eben auch unterschiedliche gesundheitliche Dispositionen.

Und zum Zweiten verändert sich jeder Mensch im Laufe seines Lebens und in sich wandelnden privaten und beruflichen Kontexten: Wer heute, getragen von einer funktionierenden Ehe und stabiler Gesundheit, alle Herausforderungen mühelos meistert, kann morgen die Arbeit zurückstellen wollen, weil er sich der Kindererziehung widmen möchte oder weil die Ehe gescheitert ist. Jeder wird älter, seine Bedürfnisse ändern sich, seine privaten Kontexte auch. Seine physische Leistungsfähigkeit und damit unter Umständen auch sein Selbstbewusstsein nehmen ab. Normal ist die Veränderung.

Hinzu kommt: Der »normale« ist in der Regel der »ideale« Arbeitnehmer, derjenige, der mit der Arbeit zurechtkommt. Es ist gerade nicht der durchschnittliche Arbeitnehmer. Gegenüber dem »idealen« haben fast alle »real existierenden« Arbeitnehmer irgendein »Defizit«: Alter, mangelndes Sprach- und Kommunikationsvermögen, private Sorgen und Verpflichtungen. Die einen haben einen kranken Rücken, bei den anderen schwindet das Hörvermögen, die Dritten entwickeln eine Depression. Die einen pflegen ein ausschweifendes Freizeitverhalten, sie lösen Konflikte aus wegen ihrer Hautfarbe oder Religion, erweisen sich als übermäßig kritikempfindlich usw. Da »Defizite« zu haben normal – üblich – ist, orientiert sich das »Normalitäts«-Verständnis eigentlich am Idealzustand (vgl. hierzu Goffman 1975, S. 158).

Wird jedoch der »normale« als »idealer« Arbeitnehmer behandelt, so kann dies dazu führen, dass es hingenommen wird, wenn die Anforderungen, unter denen er arbeitet, steigen, weil sie für »normale« Arbeitnehmer als »normal« gelten. Die resultierenden gesundheitlichen Probleme zu individualisieren kann bedeuten, die Bedingungen, unter denen sie entstehen, für unproblematisch zu halten. Das kann auch zur Folge haben, dass diejenigen, die darunter leiden, dieses Leiden nicht artikulieren, sei es, dass sie den Mut hierzu nicht haben, weil sie fürchten, als »schlechter« Arbeitnehmer zu gelten, sei es, weil sie dieses Leiden selbst nicht auf die »normale« Arbeit zurückführen. Dadurch können eine Arbeit erst (recht) pathogen und die Leistungsfähigkeit der Beschäftigten langfristig beeinträchtigt werden.

Aber ich möchte ein noch grundsätzlicheres Argument hinzufügen: Auch wenn es richtig ist, salutogene Arbeitsbedingungen im Interesse der Beschäftigten als Leistungskräfte – und damit auch der Leistungskraft der Organisation – anzumahnen, so sollen Beschäftigte doch nicht ausschließlich als Leistungskräfte behandelt werden. Vielmehr ist jeder Beschäftigte ein Mensch mit physischen und psychischen Bedürfnissen, Stärken und Schwächen, der ein Recht darauf hat, dass auf seine Gesundheit Rücksicht genommen wird.[8] Organisationen profitieren davon, dass Beschäftigte nicht nur als Arbeitskräfte »Dienst nach Vorschrift« machen, sondern auch Aspekte ihrer Persönlichkeit in die Arbeit einbringen, daher müssen sie auch darauf Rücksicht nehmen, wenn ihre psychische Situation die Arbeitsleistung einmal beeinträchtigt.

Jede psychisch Erkrankte ist ein Einzelfall. Die Zunahme psychischer Erkrankungen zeigt indes, dass es viele Einzelfälle sind. Eine gesundheitsdienliche Arbeitsgestaltung bedeutet, diese Unterschiede zu berücksichtigen. Sie würde es nötig machen, der Gestaltung von Arbeit und dem Personaleinsatz nicht die »normalen« (und erst recht nicht die »idealen«) Arbeitnehmerinnen zugrunde zu legen, sondern einzubeziehen, dass es vielfache Arten (zeitweise) begrenzter Leistungsfähigkeit gibt. Arbeitssituationen sind in dieser Perspektive nicht schon dann gesund, wenn die meisten nicht erkranken, sondern wenn die Erkrankten dort arbeiten und (relativ) gesund werden können.

8 | Jedenfalls soweit dies im Rahmen der sozialen Zusammenhänge und Kooperationen der Einzelnen unter den Kollegen möglich ist.

Literatur

Antonovsky, Aaron (1997): Salutogenese. Zur Entmystifizierung der Gesundheit. Tübingen: dgvt.

Dunkel, Wolfgang (1988): Wenn Gefühle zum Arbeitsgegenstand werden. In: Soziale Welt 39, H. 1, S. 66–85.

Elias, Norbert (1993): Etablierte und Außenseiter. Frankfurt am Main: Suhrkamp.

Flick, Sabine (2013): Leben durcharbeiten. Selbstsorge in entgrenzten Arbeitsverhältnissen. Frankfurt am Main, New York: Campus.

Freudenberger, Herbert J. (1974): Staff Burn-Out. In: Journal of Social Issues 30, S. 159–164.

Frey, Michael (2009): Autonomie und Aneignung in der Arbeit. München, Mering: Hampp.

Giegel, Hans-Joachim/Frank, Gerhard/Billerbeck, Ulrich (1988): Industriearbeit und Selbstbehauptung. Opladen: Leske+Budrich.

Goffman, Erving (1975): Stigma. Über Techniken der Bewältigung beschädigter Identität. Frankfurt am Main: Suhrkamp.

Haubl, Rolf/Hausinger, Brigitte/Voß, G. Günter (Hrsg.) (2013): Riskante Arbeitswelten. Frankfurt am Main, New York: Campus.

Hochschild, Arlie R. (1990): Das gekaufte Herz. Zur Kommerzialisierung der Gefühle. Frankfurt am Main, New York: Campus.

Hürtgen, Stefanie/Voswinkel, Stephan (2014): Nichtnormale Normalität? Anspruchslogiken aus der Arbeitnehmermitte. Berlin: edition sigma.

Hürtgen, Stefanie/Voswinkel, Stephan (2016): Ansprüche an Arbeit und Leben und Beschäftigte als soziale Akteure. In: WSI-Mitteilungen 69, H. 7, S. 503–512.

Kahlert, Benjamin (2013): »Macht mal, wie ihr es hinkriegt«. Führungskompetenz. In: Haubl/Hausinger/Voß 2013, S. 35–42.

King, Vera (2013): Zeitgewinn und Selbstverlust in verdichteten Arbeits- und Lebenswelten. In: Haubl/Hausinger/Voß 2013, S. 140–158.

Kratzer, Nick/Dunkel, Wolfgang/Becker, Karina/Hinrichs, Steffen (Hrsg.) (2011): Arbeit und Gesundheit im Konflikt. Berlin: edition sigma.

Kratzer, Nick/Menz, Wolfgang/Tullius, Knut/Wolf, Harald (2015): Legitimationsprobleme in der Erwerbsarbeit. Berlin: edition sigma.

Kury, Patrick (2012): Der überforderte Mensch. Eine Wissensgeschichte vom Stress zum Burnout. Frankfurt am Main, New York: Campus.

Menz, Wolfgang/Dunkel, Wolfgang/Kratzer, Nick (2011): Leistung und Leiden. Neue Steuerungsformen von Leistung und ihre Belastungswirkungen. In: Kratzer et al. 2011, S. 143–198.

Peters, Klaus (2011): Indirekte Steuerung und interessierte Selbstgefährdung. In: Kratzer et al. 2011, S. 105–122.

Rastetter, Daniela (2008): Zum Lächeln verpflichtet. Emotionsarbeit im Dienstleistungsbereich. Frankfurt am Main, New York: Campus.

Rau, Renate (2005): Zusammenhang zwischen Arbeit und Depression – ein Überblick. In: Bundesanstalt für Arbeitsschutz und Arbeitsmedizin (Hrsg.): Arbeitsbedingtheit depressiver Störungen. Workshop vom 1. Juli 2004 in Berlin. Tagungsbericht Tb 138. Dortmund, Berlin, Dresden, S. 38–57.

Reindl, Josef (2012): Paradoxe Freiheit, gestörter Sinn. Verstehende Prävention in der modernen Arbeitswelt. Berlin: edition sigma.

Rieder, Kerstin (1999): Zwischen Lohnarbeit und Liebesdienst. Weinheim, München: Juventa.

Schmidt, Klaus-Helmut/Neubach, Barbara (2007): Selbstkontrollanforderungen: Eine vernachlässigte spezifische Belastungsquelle bei der Arbeit. In: Zentralblatt für Arbeitsmedizin, Arbeitsschutz und Ergonomie 57, S. 342–348.

Semmer, Norbert K./Jacobshagen, Nicola/Meier, Laurenz L./Elfering, Achim/Kälin, Wolfgang/Tschan, Franziska (2013): Psychische Beanspruchung durch illegitime Aufgaben. In: Bundesanstalt für Arbeitsschutz und Arbeitsmedizin (Hrsg.): Immer schneller, immer mehr. Wiesbaden: Springer, S. 97–112.

Siegrist, Johannes (1996): Soziale Krisen und Gesundheit. Göttingen, Bern, Toronto, Seattle: Hogrefe.

Staab, Philipp (2014): Macht und Herrschaft in der Servicewelt. Hamburg: Hamburger Edition.

Thomas, William I./Thomas, Dorothy S. (1928): The Child in America. Behavior Problems and Programs. New York: Knopf.

Thomas, William I./Znaniecki, Florian (1927): The Polish Peasant in Europe and America. Vol. 1. New York: Knopf.

Voß, G. Günter/Weiss, Cornelia (2013): Burnout und Depression – Leiterkrankungen des subjektivierten Kapitalismus oder: Woran leidet der

Arbeitskraftunternehmer? In: Neckel, Sighard/Wagner, Greta (Hrsg.): Leistung und Erschöpfung. Burnout in der Wettbewerbsgesellschaft. Frankfurt am Main: Suhrkamp, S. 29–57.

Voswinkel, Stephan (u. M. v. Korzekwa, Anna) (2005): Welche Kundenorientierung? Anerkennung in der Dienstleistungsarbeit. Berlin: edition sigma.

Voswinkel, Stephan (2015): Sinnvolle Arbeit leisten – Arbeit sinnvoll leisten. In: Arbeit 24, H. 1–2, S. 31–48.

Krankenrolle und Stigmatisierung bei psychischen Erkrankungen

Stephan Voswinkel

Normalerweise haben Menschen den Wunsch, nicht krank zu sein. Kaum eine Feststellung scheint unumstrittener. Doch kennen wir auch die Rede vom »Krankfeiern«: Hier wird unterstellt, dass krank zu sein mit Freude einhergehen kann. Man kann etwas mehr Klarheit schaffen, wenn man zwischen dem subjektiven Befinden, dem Unwohlsein und dem sozialen Status des Krankseins unterscheidet. Beziehen wir uns auf den Status des Kranken, so ist die Frage, ob es gut oder schlecht ist, krank zu sein, und ob Menschen krank sein wollen oder nicht, nicht ganz so einfach zu beantworten.

Denn nun kann man von Menschen sprechen, die den Status eines Kranken haben, aber sich wohlfühlen, und von Menschen, die sich nicht wohlfühlen, aber auch keine Kranken sind. Wir können uns Fälle vorstellen, in denen sich Kranke zwar nicht wohl-, aber doch besser fühlen, als wenn sie nicht als Kranke behandelt würden. Vom »primären Krankheitsgewinn« wird dann gesprochen, wenn Krankheitssymptome es einem Individuum ermöglichen, sein fehlendes Wohlbefinden zu erklären und als Krankheit zu objektivieren. Es fühlt sich dann zwar nicht wohl, aber innerlich entlastet von der Diffusität des Unwohlseins und von Verhaltenszwängen und -konflikten, denen es sich aktuell nicht gewachsen sieht. Deshalb kann Krankheit ein Eskapismus sein, der Betroffene flieht in die Krankheit. Als »sekundären Krankheitsgewinn« bezeichnen wir dann diejenigen Vorteile, die mit der Einnahme der Krankenrolle verbunden sind: die soziale Erlaubnis, sich gesellschaftlichen Pflichten zu entziehen, und die Aufmerksamkeit und Rücksichtnahme der Umwelt, mit denen man als Gesunder nicht hätte rechnen können.

Die Unterscheidungsmöglichkeit zwischen Unwohlsein und Schwäche einerseits, Krankheit andererseits setzt allerdings voraus, dass Krankheit sozial nicht unbedingt diskreditierend und stigmatisierend wirkt, dass die mit ihr verbundene Schwäche nicht zu Ausgrenzung führt und es nicht unmöglich macht, sein Leben zu reproduzieren. Krank zu sein muss eine gesellschaftliche Institution geworden sein, die von Verpflichtungen entbindet und kompensatorische Hilfe mobilisiert.

1. Die Krankenrolle

Talcott Parsons (1958, S. 16ff.) hat diese Institution als »Krankenrolle« bezeichnet und mit vier institutionalisierten Erwartungen definiert: Erstens werden Kranke von gesellschaftlichen Rollenerwartungen befreit – also zum Beispiel von der Verpflichtung, zur Arbeit zu gehen. Wegen der damit verbundenen Vorteile muss der Anspruch, krank zu sein, legitimiert werden – das geschieht durch den Arzt als Experten, der unparteiisch, kompetent und sachlich eine Krankheit diagnostiziert.

Zweitens ist der Betroffene an der Erkrankung schuldlos bzw. wird als schuldlos behandelt. Es geht – jedenfalls in der Situation der eingetretenen Krankheit – nicht darum, seine Einstellung, sondern sein Befinden zu verändern. Drittens wird vom Erkrankten erwartet, die Krankheit als unerwünscht zu behandeln und sie baldmöglichst beenden zu wollen. Viertens schließlich soll der Kranke fachkundige Hilfe in Anspruch nehmen und mit dem Experten, meist dem Arzt, bei der Behandlung kooperieren. Die Krankenrolle definiert also die Legitimation einer Ausnahmesituation, die bald beendet werden soll und die institutionell von den »normalen« Rollen des Individuums unterschieden ist, nach Mechanismen und Kriterien, die gesellschaftlich reguliert sind.

Die Krankenrolle nach Parsons hat zwei unterschiedliche Bezugsbereiche: den Arzt, dem gegenüber die Kranken- eine Patientenrolle wird und der Arztrolle korrespondiert. Sodann die anderen Rollen des Patienten und seine relevanten anderen, denen gegenüber er von normalen Verhaltenserwartungen entlastet wird und an die er Erwartungen – etwa der Rücksichtnahme – richten kann. Gekoppelt werden beide Bezugsbereiche dadurch, dass die Einnahme der Krankenrolle diejenige der Patientenrolle impliziert. Auch die Krankschreibung setzt voraus, dass der Betroffene einen Arzt konsultiert und sich dessen Anweisungen unterwirft. Eine besondere Bedeutung kommt dabei der Diagnose des Arztes zu: Sie ist Ergebnis der Arztkonsultation und sie präzisiert die Krankheit nach außen, indem sie gesundheitliche Beeinträchtigungen den akzeptierten Krankheitsdefinitionen zuordnet und damit erst zur Krankheit macht.

Parsons behandelt die Krankenrolle als Aspekt des Problems sozialer Kontrolle. Die Krankenrolle begründet die Möglichkeit eines sekundären Krankheitsgewinns, und dieser muss begrenzt werden durch die mit der Krankenrolle verbundenen Verpflichtungen und Kontrollen durch den Arzt. Rechte und Pflichten sind deshalb eng verknüpft. Noch in der Krankenrolle wird daher die Normalität der Arbeitsverpflichtung bestätigt.

Die Krankenrolle steht offensichtlich in Konkurrenz oder Konflikt (»Inter-Rollen-Konflikt«) mit anderen Rollen (vgl. Borgetto/Kälble 2007, S. 170): des Beschäftigten oder – allgemeiner gesagt – desjenigen, der sich aus eigener Kraft reproduzieren muss, auch mit den Rollen als Partner, Vater oder Mutter, Schüler oder Arbeitsuchendem. Die mit diesen verbundenen Verpflichtungen werden außer Kraft gesetzt. Aber dadurch werden gleichwohl Erwartungen der Arbeitgeber, der Kollegen, der Ehepartner oder der Kinder durchaus enttäuscht – Konflikte sind keineswegs ausgeschlossen.

Trotz der institutionalisierten Krankenrolle müssen Kranke mit Nachteilen und unter Umständen auch mit Stigmatisierung rechnen. Denn sie signalisiert Schwäche, fehlende Fähigkeit zur Erfüllung von Rollenerwartungen. Daher ist die Entscheidung, sich krankschreiben zu lassen, das Ergebnis eines Aushandlungs- und Abwägungsprozesses des Patienten zwischen sich selbst, dem Arzt und dem betrieblichen und privaten Kontext (vgl. Twardowski 1998, S. 42 f.; Hauß/Oppen 1985).

Krank zu sein beinhaltet überdies eine Veränderung des Selbstverhältnisses des Menschen. Er muss sich damit auseinandersetzen, in seinen Handlungs- und Leistungsfähigkeiten eingeschränkt zu sein, Hilfe zu benötigen. Das kann dazu führen, dass er Unwohlsein und gesundheitliche Einschränkungen hinnimmt, solange sie ihn noch nicht handlungsunfähig machen, um die Definition als Kranker zu vermeiden. Mit einer solchen Haltung lehnt er es ab, die Rechte des Kranken zu nutzen, um die Pflichten nicht auf sich nehmen zu müssen. Diese aber sollen ja gerade zur Erhaltung und Wiederherstellung von Gesundheit beitragen.

»Die Fähigkeit, krank sein zu können, kann […] einen Schutz vor psychischer Selbstzerstörung bieten, ein lebensrettendes Regulativ sein.« So formulierte Gerd Overbeck (1984, S. 50) den nur scheinbar paradoxen Zusammenhang von Krankheitsfähigkeit und Gesundheit. Tatsächlich kann die Fähigkeit, vor sich selbst krank zu sein und anderen gegenüber die Krankenrolle einzunehmen, als gesundheitsförderlich gesehen werden. Die Krankenrolle ist deshalb nicht nur die Legitimation einer Ausnahmesituation, sondern besitzt eine präventive und salutogene Funktion. Das allerdings setzt voraus, dass sie sozial akzeptiert ist.

»Die Fähigkeit, krank zu sein« beinhaltet auch die zeitweilige Annahme einer Krankheitsidentität. Hier kommt der Diagnose des Arztes wieder eine zentrale Bedeutung zu (Kirchgässler 1985). Sie definiert die Beschwerden als Krankheit und begründet damit bestimmte Verhaltenserwartungen. Sie erschwert es dem Individuum, die Einsicht ins Kranksein zu verweigern, aber sie kann auch die mit Beschwerden verbundenen Sorgen vor dem Ungewissen, vor dem, was »ich haben könnte«, mindern, weil sie Gewissheit vermittelt (Groenemeyer 2008, S. 121 ff.).

Mit der Krankheitsidentität ist auf der einen Seite das Selbstverhältnis des Einzelnen angesprochen, also die Frage, inwieweit er die Krankheit als (zeitweiligen) Teil seiner Identität integriert. Auf der anderen Seite die soziale Identität, also die Frage, inwieweit die Krankheit von anderen als Teil der Identität gesehen wird. Diagnosen können als Identitätsmarker fungieren. Gerade deshalb gehen Patienten mit Diagnosen durchaus strategisch um. Wenn sie nicht wollen, dass die Krankheit Teil ihrer sozialen Identität wird, dass sie also über ihre Krankheit identifiziert werden (Lettke et al. 1999, S. 17), wird der Umgang mit Diagnosen zum Aspekt ihrer »Techniken der Informationskontrolle« (Goffman 1994, S. 116 ff.).

2. Krankenrolle und Entgrenzung von Arbeit

Parsons ging noch davon aus, dass der Zustand der Krankheit relativ klar von dem der Gesundheit abzugrenzen und deshalb die Krankenrolle eindeutig bestimmbar ist. Sein idealtypisches Modell bezieht sich offensichtlich auf die aktuelle somatische Erkrankung. Schon chronische Erkrankungen werfen die Frage auf, in welchem Sinne man davon sprechen könnte, der Patient habe zur baldigen Beendigung der Erkrankung beizutragen. Vielmehr geht es hier oft eher darum, eine Normalisierung der Krankheit in dem Sinne zu erreichen, dass die Erkrankten und ihre Umwelt mit der

Krankheit zu leben und die Rücksichtnahme auf die Krankheit mit der begrenzten Übernahme sozialer Erwartungen zu verbinden lernen.

Die Krankenrolle kommt jedoch im Hinblick auf die Arbeitswelt, also in ihrem Verhältnis zur Berufsrolle, in der Gegenwart von vier Seiten unter Druck. Erstens führen die Veränderungen von Arbeitsanforderungen, die als Entgrenzung von Arbeit bezeichnet werden, dazu, dass die Grenze zwischen Arbeitsfähigkeit und -unfähigkeit unbestimmter wird. Unter Entgrenzung von Arbeit verstehen wir zunächst, dass die Grenze von Arbeits- und Freizeit sich verflüssigt. Wie die Arbeit in die Freizeit – und auch die Freizeit in die Arbeit – hineinragt, indem Beschäftigte auch in ihrer nominellen Freizeit verfügbar sind (beispielsweise über Smartphone oder E-Mail) und bei Termin- und anderem Arbeitsdruck ihre Arbeitszeit verlängern (müssen), so können sie auch häufig ihre Arbeitszeit privaten Wünschen in gewissem Maße anpassen.

Das bedeutet, dass sie (oder ihre Arbeitsumwelt) Krankheitszeiten manchmal als Freizeit und nicht als verlorene Arbeitszeiten behandeln, indem diese zum Beispiel über das Arbeitszeitkonto abgewickelt werden. Hinzu kommt, dass viele moderne Arbeitsformen es auch möglich machen, zu arbeiten, wenn man nicht mit dem ganzen Körper einsatzfähig ist: Mit gebrochenem Bein etwa kann man Schreibtisch- und Bildschirmarbeit (eventuell auch von zu Hause aus) erledigen.

Zweitens kommt die Krankenrolle unter Druck, weil in der Arbeit Schonzeiten und -räume verschwinden. Das betrifft zum Beispiel länger andauernde oder chronische gesundheitliche Einschränkungen. Fehlende Personalreserven und die Einsparung von Arbeitsaufgaben, die geringere Belastungsfähigkeit erfordern, bedingen, dass dauerhafte Krankheiten schneller die Frage aufwerfen, ob sie mit der Ausübung einer Beschäftigung vereinbar sind. Aus diesem Grunde aber steigt auch die Sorge, sich mit der Einnahme der Krankenrolle als nicht ausreichend belastbar zu zeigen, und damit die Neigung zur »Krankheitsverleugnung« (Kocyba/Voswinkel 2007).

Hinzu kommt drittens, dass Beschäftigte es in manchen Fällen nicht als Erleichterung empfinden, der Arbeit fernzubleiben. Zum einen kann die Sorge vor den Folgen der Absenz ihrerseits das Befinden beeinträchtigen, der Gang zur Arbeit kann zum anderen auch von den Beschwerden ablenken. Das Selbstwertgefühl würde eventuell noch mehr leiden, würde man der Arbeit fernbleiben. Damit ist ein weiterer Aspekt der Entgrenzung von Arbeit angesprochen, die Verflüssigung der Grenze zwischen Arbeit und Person. Beschäftigte wollen und sollen ihre Subjektivität stärker in die Arbeit einbringen, diese selbst organisieren, sich eventuell auch in der Arbeit verwirklichen. Vor diesem Hintergrund wird ihre Leistungsfähigkeit in der Arbeit in noch höherem Maße, als dies in der modernen Gesellschaft generell der Fall ist, wichtig für ihr Selbstverhältnis und ihre Identität. Daher tun sie sich schwer damit, eine Erkrankung anzunehmen und in ihr Selbstbild zu integrieren.

Untersuchungen zum Phänomen des Präsentismus (Steinke/Badura 2011; Schmidt/Schröder 2010) illustrieren diese Entwicklung. Der Krankenstand ist zwar seit 2006 geringfügig wieder auf 5,2 Prozent (im Jahre 2014) angestiegen, diese Entwicklung konterkariert aber den wesentlich prägnanteren langfristigen Rückgang von Mitte der neunziger Jahre bis 2006 nicht (Meyer/Böttcher/Glushanok 2015, S. 345 ff.). Die Zahl psychischer Erkrankungen hat zwischen 2004 und 2014 um 44 Prozent zugenommen (ebd., S. 368 f.).

Verschiedene Erhebungen zeigen, dass etwa drei Viertel der Beschäftigten angeben, im Laufe eines Jahres mindestens einmal krank zur Arbeit gegangen zu sein, beinahe ein Drittel sogar gegen den ausdrücklichen Rat der Ärzte (Steinke/Badura 2011, S. 24). In der Literatur wird davon berichtet, dass psychische stärker als physische Krankheiten zu Präsentismus führen. Hierfür wird die Ursache in der Furcht psychisch Erkrankter vor der Entdeckung ihrer Krankheit und daraus resultierender Stigmatisierung vermutet (vgl. ebd., S. 93; vgl. auch Gerich 2015, S. 44 f.).

Ein vierter Aspekt setzt die Akzeptanz der Krankenrolle unter Druck: Die Förderung der Gesundheit ist zur Anforderung an moderne Arbeitnehmer geworden, ihre Arbeits- und Beschäftigungsfähigkeit zu erhalten. Präventionsmaßnahmen, die von Arbeitgebern angeboten werden, beinhalten die Aufforderung, sie auch wahrzunehmen, und implizieren so, dass denjenigen eine (Mit-)Verantwortung für eine Erkrankung zugewiesen wird, die gleichwohl erkranken (vgl. Brunnett 2009, S. 304 ff.; Lettke et al. 1999, S. 78 ff.). Es ist aber gerade eine Voraussetzung für die problemlose Einnahme einer Krankenrolle, dass die Erkrankung als nicht selbst verschuldet gilt.

Alle diese unterschiedlichen Faktoren führen zu einer größeren Unbestimmtheit der Grenze zwischen Gesundheit und Krankheit und somit zu einer unsicheren Akzeptanz der Krankenrolle. Das ist nicht grundsätzlich neu, aber die Entgrenzungsbereiche weiten sich deutlich aus.

Wir haben in unserer Untersuchung ein weiteres Phänomen beobachten müssen: Die Entgrenzung zwischen Arbeit und Krankheit beinhaltet auch, dass es nicht mehr unüblich ist, Erkrankte während ihres Klinikaufenthalts von der Arbeit aus zu kontaktieren. Erreichbarkeit ist durch Smartphones und E-Mail gegeben, und es scheint nahezuliegen, bei arbeitsbezogenen Fragen mit dem Erkrankten Kontakt aufzunehmen. Manchmal sollen mit der Kommunikation während der Erkrankung auch Anteilnahme und Interesse an der Person des Mitarbeiters bekundet werden, manchmal wird aber auch erörtert, wann denn mit der Rückkehr zu rechnen sei und wie es insgesamt weitergehen solle.

Auch die Patienten suchen ihrerseits manchmal Kontakt zur Arbeit, zu Vorgesetzten oder Kollegen. Weil sie von sich erwartet hätte, bei einer Aufnahme in die Tagesklinik »jeden Abend, wenn ich nach Hause gehen würde, [...] in X [ihrem Supermarkt]« zu stehen, hat sich Frau V, 20-jährige Verkäuferin in einem Supermarkt, quasi aus Selbstschutz zur stationären Aufnahme entschlossen. Viele Patienten telefonieren häufig auch ihrerseits mit Kollegen.

Im Falle psychosomatischer Kliniken kommt anscheinend hinzu, dass diese manchmal von Außenstehenden als eine Art Kur vorgestellt werden. Ein Therapeut berichtet sogar von einem Fall, bei dem ein Mitarbeiter der Firma der Patientin das Handy so eingerichtet hat, dass sie dort auch die Geschäfts-E-Mails lesen konnte.

> »Wir haben öfter die Situation, dass die Firmen hier so invasiv irgendwie da an den Mitarbeitern ziehen, hab' ich das Gefühl. [...] Ich bin auch der Meinung: Wenn man krank ist, kann man da [auf die Arbeit, bezieht sich auf Beispielfälle] nicht hinzitiert werden. [...] Warum soll ein Patient, der in der chirurgischen Station ist, arbeitsrechtlich anders behandelt werden, der nicht laufen kann meinetwegen, anders behandelt werden als einer, der auf der psychosomatischen Station ist? Damit machen wir doch unsere Patienten mit dem Gedanken eigentlich weniger krank.«

Auch Patienten behandeln manchmal die Grenzen psychosomatischer Kliniken als recht durchlässig. Herr N nimmt etwa während des stationären Aufenthalts einen Gerichtstermin wahr. Es kann auch eine Rolle spielen, dass die Patienten unsicher sind, wie sie mit ihrer Diagnose dem Arbeitgeber und dem Kollegen gegenüber umgehen sollen. Diese Problematik von Status und Grenzziehung psychosomatischer Kliniken und damit der Definition der Krankenrolle sollte in Zeiten der Entgrenzung Gegenstand der therapeutischen Arbeit in der Klinik selbst sein; der Klinik kommt hier auch die Aufgabe zu, die Patienten vor äußeren Interventionen zu schützen.

3. Stigmatisierung psychischer Erkrankungen

Die Krankenrolle ist bei psychischen Erkrankungen in ihren Grenzen besonders unbestimmt. Denn diese Krankheiten sind in der Regel nur schwer an eindeutigen Symptomen erkennbar. Jedenfalls gilt das für den Laien und somit für die allermeisten Vorgesetzten und Kollegen der Betroffenen. Die Übergänge zu einem alltäglichen Verhalten, das als wunderlich und abweichend empfunden wird, sind fließend. Gerade psychische Erkrankungen schließen es auch nicht offensichtlich aus zu arbeiten, wie dies jedenfalls bei vielen somatischen Krankheiten der Fall ist. Daher steht schnell der Verdacht im Raum, der Betroffene simuliere und beanspruche somit die Krankenrolle illegitimerweise. Die Gefahr der Simulationsvermutung wiederum veranlasst viele Betroffene, sich lange Zeit nicht krankschreiben zu lassen und sich auch selbst nicht mit ihren Beschwerden als Krankheit auseinanderzusetzen.

Psychische Erkrankungen sind in mehrfacher Hinsicht mit der Gefahr der Stigmatisierung verbunden. Sie resultiert erstens aus dem Verdacht, die Erkrankung sei nicht authentisch, sondern werde simuliert, oder der Betroffene sei überempfindlich. Diese Art der Stigmatisierung gilt im Grunde also nicht der psychischen Erkrankung, sondern der vermuteten Simulation. Symptome können die Krankheit nicht ausreichend beweisen. Hilfreich können hier ärztliche Diagnosen sein. Der Arzt bzw. Therapeut als anerkannter Experte bekräftigt die Legitimität der Krankenrolle, indem er die Ernsthaftigkeit der Erkrankung bestätigt und sie mit einer medizinischen Diagnose identifizierbar macht. Allerdings ist Voraussetzung hierfür, dass der Psychotherapeut selbst in der Gesellschaft als Experte und dass psychische oder psychosomatische Erkrankungen als Krankheiten anerkannt sind. Insgesamt scheint die Akzeptanz psychischer Störungen als Erkrankungen deutlich gestiegen zu sein.

Zweitens resultiert Stigmatisierung bei psychischen Erkrankungen daraus, dass die Störungen unmittelbar mit der Persönlichkeit des Betroffenen verbunden scheinen. Gerade sein Bezug auf die soziale Identität aber macht ein Stigma aus (Goffman 1994). Die von anderen negativ bewerteten Eigenschaften treten gegenüber den anderen Aspekten der Identität in den Vordergrund. Mit anderen Worten: Die Krankheitsidentität dominiert die soziale Identität der Betroffenen und scheint mit dieser zwingend verbunden. Damit wird die Beendbarkeit der Krankenrolle tendenziell infrage gestellt.

Die Betroffenen geraten hier also in ein Dilemma: Werden ihre gesundheitlichen Probleme als psychische Krankheiten diagnostiziert, so können sie damit die eine Quelle der Stigmatisierung austrocknen: den Verdacht der Simulation. Zugleich aber lassen sie die andere Quelle sprudeln: die Stigmatisierung wegen der Erkrankung. Dieses Dilemma erklärt die ambivalente Haltung unserer Patienten gegenüber der ihnen gegebenen Diagnose: Sie fühlen sich entlastet, weil sie nun eine ärztliche Bestätigung der Ernsthaftigkeit ihrer Erkrankung und deren begriffliche Präzisierung erhalten. Aber sie fürchten das Bekanntwerden und die Dauerhaftigkeit der entsprechenden Etikettierung.

Für sie stellt sich damit das Problem des Umgangs mit dieser Information, insbesondere gegenüber ihrem Arbeitgeber und ihren Kollegen. Outen sie die Diagnose, so sind sie damit zumindest potenziell (in den Worten Goffmans) diskreditiert. Verschweigen sie diese, so bleiben sie doch diskreditierbar. Diese Informations- ist häufig zugleich eine Identitätspolitik (vgl. ebd., S. 153 ff.), weil die Betroffenen damit zugleich ihre eigene Beziehung zu ihrer Erkrankung regulieren.

Eine Form der Identitätspolitik ist die Selbststigmatisierung oder die »Charismatisierung«. In der Selbststigmatisierung setzen sich die Subjekte Stigmatisierungen forciert aus und übernehmen sie in ihr Selbstbild. Die Betroffenen verstehen sich als Opfer tragischer Lebensgeschichten, demütigender oder untragbarer Arbeitsbedingungen und erhalten auf diese Weise einen spezifischen Krankheitsgewinn durch diese Aufwertung ihrer Person. Dieser Vorgang kann in eine (Selbst-)Charismatisierung übergehen, wenn Stigmatisierte »in Heilsbringer und Führergestalten verwandelt werden« (Lipp 1985, S. 83). Die Geschichte ist voll von Umschlägen des Stigmas in Charisma. Gerade die christliche Religion hat in der Gestalt des Märtyrers eine positive Sozialfigur hervorgehoben, die als Vorbild fungieren soll. Die Wunden Jesu sind die Stigmata, die gerade sein Charisma ausmachen.

Psychisch Erkrankte können sich als Opfer und zugleich Mahnung sehen, die auch andere aufrütteln kann.

Eine andere Form der Identitätspolitik ist demgegenüber die Normalisierung: Die Betroffenen versuchen, ihr Stigma zu verbergen und ihre Krankheit in den Alltag auch der Arbeit zu integrieren. Eine Variante der Normalisierung besteht darin, die psychische als eine Krankheit wie jede andere zu behandeln und darzustellen. Diese Strategie ist diejenige, die dem heute verbreiteten Diskurs am ehesten entspricht: Mit der Integration psychischer Erkrankungen ins Gesundheitssystem – auch durch die verbreitete Medikamentalisierung – und zugleich in die üblichen Regularien betrieblicher Gesundheitspolitik ist die Erwartung verbunden, sie auf diese Weise aus der besonderen Stigmatisierungsgefahr zu lösen. Meist werden Elemente verschiedener Identitätspolitiken zugleich verfolgt. Daraus resultieren eine oft zu beobachtende Ambivalenz und Inkongruenz der jeweiligen Verhaltensweisen.

Will man Stigmatisierungsprozesse verstehen, so muss man auch die Nichterkrankten betrachten. Die Interaktion zwischen Stigmatisierten bzw. Stigmatisierbaren und »Normalen« ist durch beidseitige Unsicherheit im Umgang gekennzeichnet: Die Erkrankten sind unsicher, wie Kollegen und Vorgesetzte auf ihre Erkrankung reagieren und diese bewerten. Sie fürchten unter Umständen, dass diese auch »normale« Fehlleistungen als Zeichen der Erkrankung interpretieren. In ihrem Verhalten reagieren sie eventuell antizipativ auf die vermutete Bewertung der anderen. Die »Normalen« ihrerseits sind ebenfalls unsicher, wie sie den Erkrankten behandeln sollen: Ist Rücksichtnahme angesagt, kann man die Krankheit in der Interaktion ignorieren, sollte man sie thematisieren, welche Empfindlichkeiten zeigen gerade psychisch Erkrankte? Nicht erst Feindseligkeit und Ablehnung, sondern auch Unsicherheit bei gutem Willen machen die Beziehungen mit psychisch Erkrankten schwierig. Die Schwierigkeiten im Umgang mit (der Gefahr) der Stigmatisierung psychisch Erkrankter werden im Aufsatz über die Betriebliche Wiedereingliederung weiter erörtert.

An dieser Stelle der Überlegungen kommen wir wieder auf die Frage der Beendbarkeit der Krankenrolle zurück. Im Alltagsverständnis werden psychische Erkrankungen häufig als nicht abgeschlossen behandelt, weil man vorurteilshaft davon ausgeht, dass sie nicht endgültig geheilt werden können. Insofern psychische Erkrankungen demgegenüber mit der Persönlichkeit verbunden scheinen, setzen sich Zuschreibungen an die Persönlichkeit bei psychischen Erkrankungen (wenn diese bekannt waren) möglicherweise länger fort.

Manche psychischen Erkrankungen werfen noch aus einem anderen Grund ein besonderes Problem für das Konzept der Krankenrolle auf. Diese geht nämlich von der Bereitschaft und Fähigkeit des Kranken aus, seine Erkrankung beenden zu wollen und hierfür alles ihm Mögliche zu tun. Gerade eine Depression aber beeinträchtigt die Fähigkeit des Betroffenen, wieder das Selbstbewusstsein zu erreichen, das für seine Rückkehr in ein »normales« (Arbeits-)Leben erforderlich ist.

Depressiven fehlt es häufig gerade hieran, weil Antriebslosigkeit bis hin zur Bewegungsunfähigkeit zu den Symptomen der Erkrankung zählen, die es den Kranken erschweren, Veränderungen herbeizuführen. Es können sich Ängste vor Versagen bei einer Rückkehr an den Arbeitsplatz entwickeln oder davor, vor anderen bzw. mit anderen zu interagieren (vgl. Jäger/Jacobi 2014; Wittchen et al. 2010, S. 12f.) Deshalb ist es häufig die Erkrankung selbst, die es den Betroffenen erschwert, zu ihrer Beendigung beizutragen. Gerade dies aber ist eine der mit der Krankenrolle verbundenen Pflichten.

4. Empirische Beispiele im Umgang mit Krankenrolle und Stigma psychischer Erkrankungen

Ich werde nun diese verallgemeinerten Darstellungen an einigen empirischen Beispielen verdeutlichen. Sie sollen zeigen, wie unsere Patienten mit der Krankenrolle umgehen, wie sie sie akzeptieren, be- oder entgrenzen, sie legitimieren und wie sie die Gefahr der Stigmatisierung bearbeiten.

4.1 Präsentismus und die Einnahme der Krankenrolle

Da wir mit unseren Gesprächspartnern im Zusammenhang mit ihrem Klinikaufenthalt, also im Rahmen ihrer Kranken- und Patientenrolle, gesprochen haben, gibt es in unserem Sample natürlich keine Fälle, in denen die Krankenrolle dauerhaft gemieden oder verweigert wurde. Gleichwohl haben mehrere Patienten zuvor ihre Krankheit längere Zeit verleugnet. So hat Frau A, Sekretärin in einer Unternehmensberatung, lange Zeit weitergearbeitet, obwohl sich gesundheitliche Beschwerden verstärkten, und gerade, weil sie nicht mehr so leistungsfähig war.

»Wenn ich zum Beispiel krank war und hätte eigentlich sagen müssen: Oh, ich hab jetzt Fieber, ich bleib lieber daheim, schon mich ein paar Tage, hatte ich das Gefühl, ich häng in meiner Arbeit sowieso schon so stark nach, das kann ich mir nicht erlauben, ich muss an die Arbeit, um, wie soll ich sagen, irgendwie noch Leistung bringen zu können, und wenn's auch nur ein bisschen was ist, was ich erledige, ahm, aber Hauptsache, ich arbeite noch was.«

Weil sie wegen ihrer Beschwerden in ihrer Leistung eingeschränkt war, glaubte sie, sich keine Schonung, kein zeitweiliges Kranksein erlauben zu können, weil die Arbeit sich dann noch weiter aufgestaut hätte.

Frau A definiert die Krankenrolle sehr streng: »Wenn ich nicht mehr kann, dann muss ich krank sein, und wenn ich da bin, dann muss ich einsatzbereit sein.« Diese Einstellung sei auch in der Firma vorherrschend: Es werde keine Rücksicht auf zeitweilige Schwächen der Beschäftigten genommen, solange sie am Arbeitsplatz sind. Anders verhalte man sich dann, wenn die Krankenrolle durch Fernbleiben von der Arbeit eingenommen wird. Der strikten Definition der Krankenrolle entspricht also eine ebenso strikte Definition der Beschäftigtenrolle, der gemäß immer voller Einsatz erwartet wird.

Gerade wegen dieser strikten Krankenrolle fällt es Frau A jedoch schwer, sie einzunehmen, solange die Beschwerden nicht übermäßig sind. Hinzu kommt, dass sie gefürchtet habe, die Erkrankung werde erst richtig ausbrechen, wenn sie einhalten würde, im »Hamsterrad«, wie sie es nennt, weiterzulaufen. Erst ihrer besten Freundin gelang es eines Tages, sie mit energischen Worten zu überzeugen, dass sie sich krankmelden müsse, als es gar nicht mehr ging.

Auch Herr S schildert, wie er vor seinem ersten »Burn-out« immer noch weitergearbeitet hatte, als er noch im Bekleidungshaus als Substitut beschäftigt war. Er hatte im Januar, dem umsatzstärksten Monat, bei dem noch die Inventur dazukam, inklusive Sonntagsarbeit (Inventur) 110 Überstunden angesammelt. Die Arbeitszeit eines Kollegen war reduziert worden, damit dieser sich auf eine Abschlussprüfung vorbereiten konnte. Sein Abteilungsleiter war auf Einkaufstour, sodass er »mal 'ne Zeit lang für drei arbeiten« musste, wie er zunächst ohne Sorge gemeint habe.

Er sei nicht zu seinem Verkaufsleiter gegangen, um ihn um Unterstützung zu bitten, »weil ich halt für mich immer das, was ich halt vorgenommen habe, geschafft hab«. Nachdem er mehrere Wochen täglich einschließlich Samstag etwa zwölf Stunden gearbeitet hatte, kam Anfang Februar dann noch ein Großauftrag zur Einkleidung einer Bigband hinzu. Dies war der Moment, in dem Herr S zusammengebrochen ist: Da habe er die angesammelte Anspannung bemerkt.

»Ich hab nur gemerkt, der Hals ging zu. Ich hab gemerkt, dass ich wässrige Augen gekriegt hab, und wir hatten unsere Verkaufsfläche im Erdgeschoss gehabt und unser Büro im 1. Stock, ich hab's nur noch geschafft, in den 1. Stock zu gehen, mich ins Büro zu setzen, und da saß halt die damalige Abteilungsleiterin mit einem Vertreter. [...] Und in dem Moment hab ich halt angefangen zu heulen, und ich war halt mit den Nerven vollkommen am Ende. Weil ich halt gesagt hab: Ich bin jetzt, ich weiß nicht, das war die fünfte oder sechste Woche in Folge, wo ich halt wirklich komplett durchgearbeitet hab'.«

Die Abteilungsleiterin hat ihn dann erst einmal für eine Woche nach Hause geschickt. Es bedurfte also einer von ihm selbst nicht mehr abweisbaren und zugleich auch für andere erkennbaren Grenze, deretwegen ihm die Krankenrolle von der Chefin gewissermaßen verordnet wurde.

Frau A und Herr S möchten die Zeit der Krankenrolle aber auch begrenzen. Herr S kam zunächst nach zwei Wochen wieder zur Arbeit, merkte dann aber, dass er noch nicht wieder arbeitsfähig war, und wurde für zwei weitere Wochen krankgeschrieben. Sein Verkaufsleiter rief ihn daraufhin an und habe gemeint, wenn er Probleme mit seiner Arbeit habe, könne er sich »nicht permanent krankschreiben lassen«, sondern müsse mit ihm reden. Als er daraufhin in die Firma ging, habe er zu hören bekommen:

»Herr S, was ist denn los, schaffen Sie Ihre Arbeit nicht, oder was ist jetzt die Sache? Weil, das kann doch nicht sein, dass Sie sich jetzt krankschreiben lassen, wenn's jetzt mal ein bisschen mehr wird.«

Herr S habe wieder »angefangen zu heulen« und aufgezählt, welche Arbeitsbelastung er gehabt habe. Der Verkaufsleiter habe gesagt, davon habe er nichts gemerkt, und nunmehr die Krankschreibung akzeptiert.

Frau A war nach ihrer Krankschreibung und nachdem sie akzeptiert hatte, eine Therapie und einen Klinikaufenthalt zu benötigen, bestrebt, dass dies alles schnellstmöglich erfolgte. Sie wurde ärgerlich, als sich die Aufnahme in die Klinik hinzog. Zunächst hatte sie eine Kur beantragt, über die aber lange Zeit nicht entschieden wurde.

»Um ehrlich zu sein, hätte ich auch eine Kur genommen, ich wollte einfach nur das, was am schnellstmöglichen mir angeboten wird.«

Da stellte sich auch nach Ansicht der Therapeutin, die sie aufgesucht hatte, die Aufnahme in die Tagesklinik als die schnellere Variante heraus. Denn, so Frau A, »ich brauche jetzt akut Hilfe. [...] Das ist ja für mich Zeitverschwendung. Ich will bald wieder arbeiten gehen«. Der Modus ihres Arbeitens, in dem immer alles schnell gehen muss, prägt also auch ihren Umgang mit der Krankenrolle und der Therapie.

4.2 Legitimation der Krankenrolle durch Demonstration der Erkrankung

Nehmen psychisch Erkrankte die Krankenrolle ein, so stellt sich für sie die Frage, ob sie ihre Erkrankung dem Arbeitgeber mitteilen oder sie verschweigen. Im ersten Fall hoffen sie, sich Legitimation durch Information zu verschaffen, im zweiten Fall wollen sie eine Stigmatisierung durch die Erkrankung vermeiden.

Herr B, Lagerleiter in einem Handelsgeschäft, wurde während seines Klinikaufenthalts oft mehrmals am Tag von seinem Vertreter in der Firma auf seinem Handy in der Klinik angerufen, weil dieser Fragen bezüglich der Arbeit hatte. Er merkte dabei allerdings, dass der Vertreter – wohl eine verbreitete Meinung unter den Kollegen wiedergebend – seine Erkrankung nicht für sehr ernsthaft hielt. Er habe ihm mehr oder weniger offen vorgeworfen, sich dort zu erholen, während sich in der Firma die Arbeit türme. Um diesem Eindruck entgegenzuwirken, ist er nach einem Treffen mit seinem Chef auch noch mit diesem in die Firma gefahren. Da er inzwischen in der Klinik heftige Zuckungen, Krämpfe und Tics entwickelt hatte, war der Eindruck, den er dort machte, offenbar eindrucksvoll:

»Dass er auch sieht, wie es ist [...] Und ich glaub', das hat er dann auch sehr schnell eingesehen, dass es im Moment gar nicht geht.« Zugleich sei ihm dabei aber auch klar geworden, dass »ich wahrscheinlich da gehen« muss, was aber auch seinem Wunsch entsprach.

Der Beweis der Legitimität seiner Krankenrolle war ihm hier also wichtiger als die Möglichkeit, die Art seiner Erkrankung weiter geheim zu halten (und gegebenenfalls seinen Arbeitsplatz zu behalten).

4.3 Verschweigen der Krankheitsart aus Angst vor (stigmatisierender) Fürsorglichkeit

Demgegenüber hielt Herr S, inzwischen als Betriebswirt in der Revision einer Bank tätig, die Art seiner Erkrankung geheim, als er zum zweiten Mal psychisch erkrankte und die Klinik aufsuchte, wo wir auch unsere Interviews mit ihm führten. Aus diesem Grund war Herr S erleichtert, dass es zu keinem förmlichen Verfahren im Rahmen des Betrieblichen Eingliederungsmanagements mehr gekommen ist. Seine Befürchtung war, er werde durch das Outing seiner Krankheit einen Stempel der fehlenden Belastbarkeit aufgedrückt bekommen. Hätte er sagen müssen, dass er eine mittelschwere Depression gehabt habe, die auch mit seiner zu perfektionistischen Arbeitsweise und Arbeit on top in den letzten Wochen zu tun gehabt habe, dann, so die Befürchtung von Herrn S, hätte er sicher zu hören bekommen:

»Ach, gut, dass Sie es sagen – dann kriegen Sie ab jetzt nichts mehr on top und kriegen jetzt auch quasi nur noch Sachen, die die Hälfte der Belastung darstellen. [...] Das ist ja immer so ein Gedanke, den man dann hat, wenn man halt sagt: Ich hab jetzt berufsbedingt eine Auszeit nehmen müssen, dass es dann heißt: Ja gut, der ist nicht mehr leistungsfähig, dem brauchen wir eigentlich gar nichts mehr geben. Dass man da halt irgendwo für – ja, auf eine gewisse Art und Weise für schwächlich gehalten wird.«

Herr S hatte eine solche Erfahrung bei seinem ersten Burn-out im Bekleidungshaus gemacht. Ein jüngerer Kollege habe einen Fehler, den er gemacht hatte, Herrn S zuschieben wollen mit Verweis darauf, dass er, Herr S, ja nicht belastbar sei. Zwar habe er diesen Angriff seinerzeit erfolgreich abwehren können, aber er rechne mit derartigen Reaktionen immer. Dies wäre gerade in der aktuellen Situation ärgerlich gewesen, wo ihm in Aussicht gestellt worden sei, für eine Revision zwei Monate lang mit nach New York kommen zu können, eine Chance, die er nicht gefährden wolle.

Offensichtlich sind hier Fürsorge und Stigmatisierung nicht leicht voneinander zu trennen. Was vonseiten der Vorgesetzten oder Kollegen durchaus als Rücksichtnahme, Fürsorge oder Vorbeugung vor Rezidiven gedacht sein kann, kann von den Betroffenen als Einschränkung von Möglichkeiten oder gar als Stigmatisierung erfahren werden.

4.4 Normalisierung der psychischen Erkrankung

Einige Patienten versuchen, die psychische Erkrankung zu normalisieren, um sie nicht zum Teil ihrer Identität werden zu lassen oder auch um einer möglichen Stigmatisierung von außen entgegenzuwirken. Die Selbstdiagnose als »Burn-out« ist ein solcher Weg, da der »Burn-out«, obwohl er als medizinische Diagnose nicht anerkannt ist, im allgemeinen Diskurs als eine Art Volkskrankheit der Gegenwart behandelt wird. Das macht es wie vielen anderen auch Frau A möglich, in der Firma offen über ihre Krankheit zu kommunizieren und damit (nachdem sie einmal die Krankenrolle eingenommen hatte) auch auf Verständnis und Unterstützung zu stoßen. Diese Erkrankung gehört offenbar in bestimmten Bereichen inzwischen in den Bereich der Normalität.

Eine andere Art der Normalisierung der psychischen Erkrankung ist bei Frau E, Integrationsassistentin, zu erkennen. Sie stellt die somatischen Beschwerden und Schmerzen, die für sie in sehr hohem Maße belastend sind, in ihrem gesamten Krankheitsbild vollständig ins Zentrum. Im Interview schildert sie diese ausführlich und berichtet auch von den teilweise starken Medikamenten, die sie hierfür bekommt. Sie habe sich in die psychosomatische Klinik von ihrem Hausarzt nur überweisen lassen, weil dies mit einer Schmerztherapie verbunden wurde, die für sie im Vordergrund stand. Deshalb war sie auch erschüttert und empört, als sie beim Erstgespräch in der Klinik erfuhr, dass auf ihrer Überweisung die Diagnose »Depressives Syndrom« gestanden habe. Sie habe sich bei ihrem Hausarzt beschwert, woraufhin die Überweisung in Richtung Schmerztherapie verändert wurde. Auch während ihres Klinikaufenthalts wehrte sie sich immer wieder dagegen, als psychisch Erkrankte behandelt zu werden:

> »Es war für mich echt der Schock meines Lebens. Ich habe ständig eigentlich systematisch gegen den Oberarzt gekämpft, weil ich immer gedacht hab, er wollt' mir da irgendwie 'ne Psychose ans Bein heften oder 'ne Depression. Und das wär' für mich, also ich hatte da einen extremen, enormen Druck und ich immer wieder gesagt hab': Ich hab' Schmerzen, ich hab's nicht im Kopf irgendwo.«

Frau E wehrt sich zum einen gegen die Diagnose einer psychischen Erkrankung, weil sie hiermit eine Abschreibung als unzurechnungsfähig verbindet, aber auch weil sie damit die Ernsthaftigkeit ihrer Beschwerden gemindert sieht, denn, so sagt sie, mit Batiken und Ähnlichem sei ihr nicht geholfen. Eine genauere Analyse des Falles zeigt allerdings auch, dass sie sich mit dieser Abwehr gegen die Aufarbeitung traumatischer biographischer Erfahrungen sträubt, die mit der Akzeptanz der Diagnose einer psychischen Erkrankung verbunden wäre. Sie will ihre »Pandorabüchse« (eine Formulierung des behandelnden Therapeuten) nicht öffnen oder doch jedenfalls schnell wieder schließen.

4.5 Selbststigmatisierung

Eine der Normalisierung kontrastierende Form der Identitätspolitik ist die Selbststigmatisierung. Ansätze hierzu finden wir bei Frau F, Sachbearbeiterin in einem Amt mit Klientenkontakt. Sie war nach einem Zusammenbruch auf der Arbeit kurzfristig in die Klinik gekommen. Ihre soziale Situation an der Arbeitsstelle beschrieb sie als Mobbing, nachdem sie sich nach einem befristeten Arbeitsvertrag auf eine Stelle bei der Stadt eingeklagt hatte. Auch ihre zahlreichen Beschäftigungsverhältnisse zuvor seien ständig durch Mobbing geprägt gewesen.

Ihre Selbststigmatisierung vollzieht sie auf drei Ebenen. Zunächst stellt sie sich selbst als jemanden dar, der immer wieder Ausschluss provoziert; sie sieht sich also selbst beteiligt an dem abweisenden Verhalten ihrer Umwelt. Als ihr die Diagnose »Borderline« begegnet, übernimmt sie diese in ihr Selbstbild:

»Ich hab ja auch [zunächst] gesagt: Das bin ich nicht, das können Sie vergessen! Ja, also das ist für mich sehr stigmatisierend und schlimm. Ich hab sehr viel Bücher auch in dieser Zeit jetzt, wo ich nach der Klinik war, hab ich mir sehr viele Bücher dazu geholt. Und alles, was ich gelesen habe, trifft wie die Faust auf's Auge. Deswegen sag ich: Ja, stimmt!« Sie entwickelt ein negatives Selbstverhältnis: »Eigentlich mag ich mich nicht, eigentlich komm ich nicht mit mir klar, eigentlich wär' ich nicht gerne ich – und das ist der Punkt, wo ich sag': Das ist das Zentrale: Ich muss zu mir kommen!«

Dieses negative Selbstverhältnis geht mit starken Neidgefühlen gegen diejenigen einher, die es ihres Erachtens besser haben. Sodann bezieht sie ihr diesbezügliches Verhalten auf ihre gesamte schwierige Lebensgeschichte. Sie vermutet nun, dass auch ihre Mutter Borderlinerin war, was erklären würde, warum sie selbst so schlecht behandelt worden sei, mit der Folge großer Probleme in der Jugend, in der Schule, ihr gesamtes Leben lang. Und schließlich beschreibt sie sich auch als jemanden, die von starken Gerechtigkeitsgefühlen getrieben ist und zu Recht anderen Vorwürfe macht und Missstände anprangert. Im Gespräch stellt sie sich als aufsässig auch gegenüber ihren Vorgesetzten dar:

»Ja, dafür bin ich wieder die Böse, weil ich ihn [einen Vorgesetzten] kritisiert habe. [...] Ich sage sehr viel, was ich sehe; ich kann mich mit vielen Sachen nicht abfinden. [...] Mein Problem ist, dass ich viele Sachen auch dann nicht akzeptiere, wenn sie Scheiße sind, und man kann sie nicht ändern.«

Ihre Selbstbeschreibung wechselt zwischen Klagen über ihre eigenen Grenzüberschreitungen und aggressiven Vorwürfen an ihre Umwelt, mit ihrem ausgeprägten Gerechtigkeitssinn nicht zurechtzukommen.

»Ich weiß, dass ich an der Stelle, ich würde sagen, manchmal unter die Gürtellinie gehe. Aber ich mach es nicht sozialverträglich, ich mach es aggressiv. Subtil aggressiv. Das weiß ich.«

4.6 Selbstcharismatisierung

Eine Variante der Selbststigmatisierung ist die Selbstcharismatisierung. Zwei Beispiele mögen illustrieren, was hierunter im Falle psychischer Erkrankungen zu verstehen ist.

Frau E, Integrationsassistentin, leidet unter einer Biographie wiederkehrender Missachtungserfahrungen. Sie hat schwere somatische Beschwerden entwickelt, die sie mit einem Stolz auf ihre Fähigkeit, solches Leiden auszuhalten, erträgt. Frau E, die sehr religiös ist, ist stolz auf ihre Aufopferung in einer Mehrfachbelastung für die Familie, ihren alkoholabhängigen Mann und zwei Kinder sowie die Betreuung eines schwerbehinderten Kindes in der Schule. Die Anerkennung hierfür bleibt indes ihrer Wahrnehmung zufolge aus. Die Integrationsassistenten werden von den Lehrern der Schule nicht angemessen wertgeschätzt und von der Partizipation an vielen auch pädagogischen Fragen ausgeschlossen. Auch der Ehemann würdigt ihren Einsatz nicht, sondern setzt ihre Leistungen wie selbstverständlich voraus. Darunter leidet Frau E, bezieht jedoch hieraus ihren Anspruch auf Würdigung.

Sie nimmt nun bereits während ihres Klinikaufenthalts wahr, dass in den nahezu täglichen Telefonaten mit den Kollegen deutlich werde, dass ihre gesundheitliche Krise auch in der Schule viele zum Nachdenken gebracht habe: »Wenn du, wenn unsere deutsche Eiche fällt, dann müssen wir uns auch Gedanken machen also.« Mit diesen Worten habe die Klassenlehrerin angekündigt, dass sich das ganze Team zusammensetzen und über Änderungen sprechen müsse, wenn sie wieder in der Schule zurück sei. Auch sie selbst stehe mit einem Bein in der Tagesklinik. Tatsächlich berichtet Frau E im Gespräch einige Wochen nach ihrer Rückkehr in die Schule, dass es viele Verbesserungen gegeben habe und sie jetzt eine stärkere Anerkennung erfahre, man sage ihr:

»Deine Beiträge, die sind so wichtig und wertvoll, und ich möchte dir einfach sagen, du bist nicht nur eine Integrationsassistentin, du bist für uns viel mehr. Und das war wirklich dieses, weil diesen Stellenwert musste man sich ja wirklich jahrelang erkämpfen, und das ist ja sowieso unser Problem in der Branche oder in diesem Berufszweig, den es ja eigentlich gar nicht gibt …«

Herr T, IT-Mitarbeiter in einer Bank, beschreibt im Erstgespräch seine Krankheitsgeschichte als Resultat einer kontinuierlichen Strategie der Bank, ihn als Opfer von Rationalisierungs- und Umstrukturierungsprozessen und Mitarbeiter mit längerer Betriebszugehörigkeit an den Rand und möglichst aus der Bank zu drängen. Diesen Versuchen stemmte sich Herr T jahrelang entgegen, was erhebliche psychische Belastungen mit sich gebracht habe, denen er nach einigen körperlichen Erkrankungen nun nicht mehr gewachsen gewesen sei, sodass er in die Klinik gehen musste. Er sieht sich also in der Opfer- oder gar Märtyrerrolle. Diese erhebt ihn auch über seine Kollegen, denen er angepasstes, gleichgültiges Verhalten vorwirft.

»Wenn die da oben sagen: Ist alles gut!, dann reines Jasagertum, keinerlei, und das ist das, warum das vor die Hunde geht, weil jedem privaten Individuum die Bank, ob das Ganze, das große Ganze funktioniert, interessiert kein Schwein, da guckt doch keiner mehr über den Tellerrand hinaus. […] Für mich ist das so irgendwie wie im Dritten Reich so nach dem Motto: Ja, Hitler ist halt da, und keiner sagt was dagegen. So irgendwie. Das ist jetzt vielleicht jetzt überzogen, aber das ist so 'ne Gleichgültigkeit. […] Ich bin da schon eher der Rebell, das geb' ich schon zu.«

4.7 Verstetigung der Krankenrolle in einer Krankheitsidentität

Die Krankenrolle kann sich von einer Ausnahmesituation zu einem dauerhaften Bestandteil der Identität der Betroffenen entwickeln, sodass sie eine Krankheitsidentität ausbilden. Das kann, wie oben dargestellt, ein Symptom der Krankheit selbst sein. Und es kann der Versuch einer Bewältigung der Krankheit sein, in der diese ins Selbstbild integriert wird. Die Übergänge von einer exzeptionellen zu einer verstetigten Krankenrolle können fließend sein und die psychodynamischen Ursachen mannigfaltig.

Bei dem gerade dargestellten Herrn T beispielsweise scheint einer der verursachenden Prozesse aus der Therapie selbst zu resultieren. Die Stütze des Selbstwertgefühls von Herrn T in seiner Selbstcharismatisierung wurde durch die Therapie aufgelöst. Er konnte erkennen, dass es psychische Strukturen und nicht sein Rebellentum waren, die ihm eine Anpassung an die veränderten Bedingungen in der Bank unmöglich machten, psychische Strukturen, die tief in seiner Biographie verankert waren. Dieser therapeutische Prozess verlief bei Herrn T jedoch in einer Weise, dass es ihm nicht gelang, eine neue Basis des Selbstwerts zu entwickeln; vielmehr traf er auf eine Situation sozialer Isolation, in der die Erkenntnis der Beziehungsdynamik zusätzlich zum Abbruch der Kontakte zu seinen Eltern führte.

Herr T war zu der Einsicht gelangt, dass er seine Versuche, sich von der Bank nicht hinausdrängen zu lassen, im Interesse seiner Gesundheit aufgeben sollte, und traf eine Vereinbarung mit seinem Arbeitgeber, die eine längere Freistellung bei Fortzahlung der Bezüge und die Aussicht enthielt, in eine Beschäftigungsgesellschaft aufgenommen zu werden. Auf diese Weise verschwamm jedoch auch die Vorstellung eines Jenseits der Krankenrolle. Er zog sich in die Einsamkeit zurück, seine Depressionen führten zu einer Antriebslosigkeit und zu dem Gefühl, quasi als Kind noch einmal neu anfangen zu müssen.

Frau P, Kassiererin im Supermarkt, hat ein Selbstbild entwickelt, in dessen Zentrum eine seit der Kindheit chronische Depression steht. Die Krankheit erscheint deshalb nicht mehr als eine Ausnahmesituation, sondern als das Zentrum der Identität. »Meine Geschichte« (eine Formulierung, die sich auch bei Frau I findet, einem in dieser Hinsicht ähnlichen Fall) wird für sie zu einer Art lebenslänglichem Untersuchungsgegenstand; sie versucht, sich zu verstehen und die Tragödie ihres Lebens – ihre Unsicherheit, Minderwertigkeitsgefühle, ihr Gefühl der Überflüssigkeit und der wiederkehrenden Ablehnung – sich und anderen, insbesondere Therapeuten, die mit ihr über sie nachdenken, zu verdeutlichen. Auf diese Weise gibt gerade ihre Krankheit ihrem Leben einen Sinn. Umso schwieriger ist es, sich eine Identität nach einer Heilung vorzustellen.

Bei Herrn Q, Marktforscher, werden die Beendigung der Krankenrolle und die Rückkehr in die Arbeit durch ohnehin vorhandene, aber durch die Erkrankung massiv verstärkte Anzeichen einer Sozialphobie unmöglich gemacht. Er entwickelt eine ausgeprägte Angst vor einer Rückkehr in die Arbeitsumgebung, insbesondere zu seinem Chef. Aber wegen seiner Verunsicherung traut er sich auch nicht zu, einen Arbeitgeberwechsel zu bewältigen. Er fürchtet, erneut zu scheitern. Hier macht das Leben nach der Krankheit Angst und erscheint unerreichbar.

In den Aufsätzen von Andreas Samus sowie von Rolf Haubl und Ute Engelbach über die Probleme des Übergangs nach dem Klinikaufenthalt wird ausführlicher dargestellt, dass die Schwierigkeiten der Zeit nach dem Klinikaufenthalt in den Therapien nicht bedacht werden. Man gewinnt häufig den Eindruck eines »Antherapierens«. Das ist weniger ein Defizit der Therapien oder der Therapeuten selbst, sondern der Organisation des Versorgungssystems, in dem die Zuständigkeiten der einzelnen Akteure an ihren Organisations- und institutionalisierten Aufgabengrenzen enden. Diese Konzentration auf die Zeit des Patienten in der Klinik trägt, wie sich zeigt, häufig dazu bei, die Krankenrolle auf Dauer zu stellen.

5. Resümee

Psychische Krankheiten sind, so können wir resümieren, nicht angemessen mit dem klassischen Konzept der Krankenrolle zu erfassen. Ohnehin gerät die Krankenrolle in den verschiedenen Dimensionen der Entgrenzung der Arbeit unter Druck. Wie viele chronische somatische Krankheiten, so werden auch psychische Krankheiten oft als solche wahrgenommen, die nicht endgültig ausheilen. Zudem sind psychische Erkrankungen nicht mit eindeutig erkennbaren Symptomen belegbar. Daraus resultieren große Schwierigkeiten, die Beschäftigtenrolle zugunsten der Krankenrolle auszusetzen.

Für die Betroffenen ergibt sich hieraus das Dilemma, dass sie dem Verdacht des Simulantentums mit offensiver Information begegnen können, damit aber der Gefahr der Stigmatisierung wegen angenommener Persönlichkeitsdefizite ausgesetzt sind. Die Kommunikation über ihre Krankheit und die Diagnose wird daher, gerade auch gegenüber Firma und Kollegen, zu einem heiklen Problem. Wir konnten zwei entgegengesetzte Formen der Stigmabearbeitung identifizieren: In der einen versuchen Betroffene, ihre Erkrankung zu normalisieren, indem sie diese als normale, weitverbreitete Krankheit verstehen oder die somatischen Aspekte in den Vordergrund rücken. In der anderen Form stigmatisieren sie sich selbst und integrieren die Krankheit oder die als Ursache angesehenen Lebensschicksale in ihre Identität. Manchmal geht dies in eine Selbstcharismatisierung über, die ihnen einen spezifischen Krankheitsgewinn wegen ihres Opfer- oder Mahnerstatus vermittelt.

Schließlich ist es oft ein Bestandteil der Krankheit selbst, dass die Betroffenen nicht in der Lage sind, zu einer Beendigung der Krankheit beitragen zu wollen, wie es die Konzeption der Krankenrolle fordert – sei es, dass eine Depression mit Antriebs- und Mutlosigkeit verbunden ist, sei es, dass die Betroffenen Ängste vor der Zeit nach der Krankheit und der Wiederaufnahme der Arbeit entwickeln.

Literatur

Borgetto, Bernhard/Kälble, Karl (2007): Medizinsoziologie. Weinheim, München: Juventa.

Brunnett, Regina (2009): Die Hegemonie symbolischer Gesundheit. Bielefeld: transcript.

Gerich, Joachim (2015): Krankenstand und Präsentismus als betriebliche Gesundheitsindikatoren. In: Zeitschrift für Personalforschung 29, H. 1, S. 31–48.

Goffman, Erving (1994/1963): Stigma. 11. Auflage, Frankfurt am Main: Suhrkamp.

Groenemeyer, Axel (2008): Eine schwierige Beziehung – Psychische Störungen als Thema soziologischer Analysen. In: Soziale Probleme 19, H. 2, S. 113–135.

Hauß, Friedrich/Oppen, Maria (1985): Krankenstand als Ergebnis von Definitions- und Aushandlungsprozessen in Gesellschaft und Betrieb. In:

Naschold, Frieder (Hrsg.): Arbeit und Politik. Frankfurt am Main, New York: Campus, S. 339–365.

Jäger, Anna Maria/Jacobi, Frank (2014): Was sind psychische Erkrankungen? In: Windemuth, Dirk/Jung, Detlev/Petermann, Olaf (Hrsg.): Psychische Erkrankungen im Betrieb. Wiesbaden: Universum, S. 44–67.

Kirchgässler, Klaus-Uwe (1985): Krankheitsidentität und Stigmatisierung: Krankenkarrieren epileptischer Patienten. In: Zeitschrift für Soziologie 14, H. 5, S. 349–362.

Kocyba, Hermann/Voswinkel, Stephan (2007): Krankheitsverleugnung: Betriebliche Gesundheitskulturen und neue Arbeitsformen. HBS-Arbeitspapier 150. Düsseldorf: Hans-Böckler-Stiftung.

Lettke, Frank/Eirmbter, Willy H./Hahn, Alois/Hennes, Claudia/Jacob, Rüdiger (1999): Krankheit und Gesellschaft. Konstanz: UVK.

Lipp, Wolfgang (1985): Stigma und Charisma. Über soziales Grenzverhalten. Berlin: Reimer.

Meyer, Markus/Böttcher, Mandy/Glushanok, Irina (2015): Krankheitsbedingte Fehlzeiten in der deutschen Wirtschaft im Jahr 2014. In: Badura, Bernhard/Ducki, Antje/Schröder, Helmut/Klose, Joachim/Meyer, Markus (Hrsg.): Fehlzeiten-Report 2015. Neue Wege für mehr Gesundheit – Qualitätsstandards für ein zielgruppenspezifisches Gesundheitsmanagement. Berlin, Heidelberg: Springer, S. 341–400.

Overbeck, Gerd (1984): Krankheit als Anpassung. Der sozio-psychosomatische Zirkel. Frankfurt am Main: Suhrkamp.

Parsons, Talcott (1958): Struktur und Funktion der modernen Medizin. Eine soziologische Analyse. In: König, René/Tönnesmann, Margret (Hrsg.): Probleme der Medizinsoziologie. Kölner Zeitschrift für Soziologie und Sozialpsychologie, Sonderheft 3. Opladen: Westdeutscher Verlag, S. 10–57.

Schmidt, Jana/Schröder, Helmut (2010): Präsentismus – krank zur Arbeit aus Angst vor Arbeitsplatzverlust. In: Badura, Bernhard/Schröder, Helmut/Klose, Joachim/Macco, Katrin (Hrsg.): Fehlzeiten-Report 2009. Arbeit und Psyche: Belastungen reduzieren – Wohlbefinden fördern. Berlin, Heidelberg: Springer, S. 93–100.

Steinke, Mika/Badura, Bernhard (2011): Präsentismus. Ein Review zum Stand der Forschung. Dortmund, Berlin, Dresden: Bundesanstalt für Arbeitsschutz und Arbeitsmedizin.

Twardowski, Ulita (1998): »Krankschreiben oder krank zur Arbeit?« Strategien im Umgang mit gesundheitlichen Beschwerden im Spannungsfeld zwischen Gesundheit und Arbeit. Marburg: Metropolis.

Wittchen, Hans-Ulrich/Jacobi, Frank/Klose, Michael/Ryl, Livia (2010): Depressive Erkrankungen. Gesundheitsberichterstattung des Bundes, Heft 51. Berlin: Rudolf-Koch-Institut.

Erwerbsarbeit im Dienste der Selbstheilung

Ute Engelbach und Rolf Haubl

Wer Erwerbsarbeit ausschließlich ökonomisch interpretiert, greift zu kurz. In einer Erwerbsarbeitsgesellschaft, wie es moderne Gesellschaften sind, kommt eine Reihe von psychosozialen Funktionen hinzu. Wir nennen fünf: Erwerbsarbeit bietet erstens eine raum-zeitliche Strukturierung des Alltags und gewährt dadurch einen basalen Halt. Zweitens ist sie das zentrale Medium soziokultureller Integration: Erwerbsarbeit zu haben vermittelt gesellschaftliche Anerkennung und Zugehörigkeit, einschließlich der Zuweisung eines Status. Ohne Erwerbsarbeit zu sein birgt die Gefahr eines Verlustes an Partizipationschancen, der bis zu einem dauerhaften sozialen Ausschluss führen kann. Identitätsstiftung ist eine dritte psychosoziale Funktion: Gesellschaftsmitglieder definieren sich über die Erwerbsarbeit, die sie leisten. Im Vergleich mit anderen hilft sie ihnen, zu wissen und zu fühlen, wer sie sind. Viertens bietet Erwerbsarbeit vielfältige Chancen, sich selbst zu verwirklichen, mithin Fähigkeiten zu erwerben und einzusetzen, die das Bedürfnis befriedigen, sich ständig weiterzuentwickeln.

In psychodynamischer Perspektive ist es die fünfte Funktion, auf die wir hier besonderes Augenmerk richten wollen. In Ermangelung eines besseren Begriffs sprechen wir von der Funktion der Selbstheilung durch Erwerbsarbeit, wobei wir annehmen, dass diese primär unbewusst erfolgt, aber zu Bewusstsein gebracht werden kann, sodass sie anschließend eine bewusste Suche nach Arbeitsbedingungen motiviert, die sie optimal erfüllt.

So gesehen ist damit zu rechnen, dass Menschen die Wahl ihrer Erwerbsarbeit immer auch danach ausrichten, wie weit sie von ihr eine Belohnung erhoffen, die in einem signifikanten Beitrag zu ihrer psychischen Stabilität besteht. Zufrieden wären sie mit ihrer Arbeit dann, wenn sie in diesem Sinne belohnend wäre. Andernfalls entstünde Unzufriedenheit, die dazu führen würde, sich nach einer Arbeit umzusehen, die eine größere Belohnung bereithält.

1. Individuelle lebensgeschichtlich motivierte Gratifikationen

Folgt man der Theorie der Gratifikationskrise (vgl. Siegrist/Dragano 2008), dann nimmt die Gefahr einer krankheitswertigen psychischen Überforderung und anschließenden Überlastung zu, wenn die Diskrepanz zwischen den Verausgabungen am Arbeitsplatz und den Gratifikationen, die es dafür gibt, zunimmt und sich auf hohem Niveau verstetigt.

Die Gratifikationen, die Arbeitnehmer mit ihren Verausgabungen abgleichen, können sehr verschiedener Art sein: Geld, Entscheidungsspielräume, Arbeitszeitsouveränität, Aufstiegschancen und andere mehr. Zwar werden die meisten Gratifikationen solche sein, die alle oder die meisten Arbeitnehmer ähnlich belohnend erleben. Darüber hinaus gibt es aber höchst individuelle Belohnungen, die das Modell der Gratifikationskrisen nicht erfasst. Sie verweisen auf die Lebensgeschichte der Arbeitnehmer und entstammen deren Bedürfnis nach Selbstheilung.

2. Erwerbsarbeit als Resilienzfaktor

Die Patienten, die wir in unserem Projekt getroffen und ein Stück ihres Weges begleitet haben, legen die Abduktion eines Modells nahe, das Selbstheilung als ein Ringen um die Bewältigung von psychostrukturellen Verletzungen begreift, die lebensgeschichtlich entstanden sind.

2.1 Vulnerabilität

Jeder Mensch hat im Laufe seines Lebens eine Vielzahl von Entwicklungsaufgaben zu bewältigen, die für seine soziokulturelle Lebenswelt typisch sind. Misslingt deren Bewältigung, bleiben unbewältigte Traumata und Konflikte zurück, die sich zu einer individuellen Vulnerabilität verdichten. Das heißt: Es entstehen psychostrukturelle Verletzungen, die mehr oder weniger gut vernarbt sind und deshalb auch mehr oder weniger leicht erneut aufbrechen können. Wer generell oder – was häufiger der Fall sein dürfte – nur in einer bestimmten Hinsicht vulnerabel ist, besitzt eine Schwachstelle, die eine eingeschränkte psychosoziale Belastbarkeit zur Folge hat. Wird die Belastungsgrenze überschritten, hängt es von den verfügbaren Ressourcen ab, wie lange der Status quo noch aufrechterhalten werden kann.

2.2 Ressourcen

Um ihre Schwachstellen zu entschärfen, bemühen sich Menschen, an Ressourcen – emotionale, kognitive und praktische – zu gelangen, die dies leisten. Zu diesen Ressourcen rechnen wir auch die Erwerbsarbeit aufgrund ihrer oben genannten Funktionen. Psychisch stabilisierend wirkt sie vor allem dann, wenn sie es einer Person ermöglicht, die Bewältigung ihrer unbewältigten Traumata und Konflikte weiter voranzubringen, zumindest aber zu verhindern, dass sich diese in krankheitswertigen Symptomen manifestieren, die eine zufriedenstellende Lebensführung einschränken oder gar verunmöglichen.

2.3 Krise

Fallen Ressourcen weg, wird ein sich selbst verstärkender Prozess wahrscheinlich: Schwindende Ressourcen reduzieren die Belastbarkeit, und verminderte Belastbarkeit zehrt die restlichen Ressourcen weiter auf. Zu den markanten Anzeichen einer Krise des Arbeitslebens gehört die Erfahrung, dass Arbeitsroutinen versagen. Statt den Arbeitnehmer zu entlasten, erhöhen sie seine Belastung bis hin zu seiner Überlastung. Solange die Krise anhält, ist der Ausgang offen: Um sie beizulegen, bedarf es einer Verbesserung der verfügbaren Ressourcenausstattung, was im Hinblick auf Erwerbsarbeit heißt, Arbeitsbedingungen zu finden oder herzustellen, die die Selbstheilungschancen verbessern.

2.4 De-Stabilisierung

Können die Belastungen nicht hinreichend verringert werden, resultiert eine dauerhafte Überlastung, die vielleicht noch eine gewisse Zeit ertragen werden kann, bis schließlich die psychosomatische Organisation einer betroffenen Person zusammenbricht. Meist geht ein solcher Zusammenbruch mit Ohnmachtsgefühlen einher, welche die Situation ausweglos erscheinen lassen. Dazu gehört die tiefe Verunsicherung, sich die eigene Befindlichkeit nicht überzeugend erklären zu können. Sich selbst fremd geworden, steigt die Bereitschaft, nach schnellen Erklärungen zu suchen, was oft dazu führt, sich in einer Vielzahl von Erklärungen zu verstricken, die sich lebensweltlich bieten. Spätestens an diesem Punkt hilft das Laiensystem mit seinen Erklärungen nicht weiter. Die De-Stabilisierung ist therapiebedürftig geworden.

2.5 Professionelle Re-Stabilisierung

Das Expertensystem wird zu Hilfe geholt, wenn es anderweitig zu keiner Re-Stabilisierung kommt. Diagnose und Therapie bieten einer psychosomatisch erkrankten Person die fehlende Orientierung, indem sie sie – idealtypisch – mit überzeugenden Erklärungen darüber versorgt, was Ursache und Auslöser ihres Zusammenbruchs sind. Hinzu kommt eine Stärkung ihres Gefühls der Selbstwirksamkeit. Freilich immer ohne Garantie. Eine professionelle Re-Stabilisierung kann mit ambulanten, stationären oder teilstationären Therapieangeboten beginnen, nachhaltig wird sie aber nur dann sein, wenn der Patient die institutionelle Hilfe in Selbsthilfe übersetzt. Erwerbsbiographisch heißt dies, Chancen und Risiken der aktuellen Erwerbsarbeit auszuloten, um sie so gesundheitsförderlich wie möglich zu gestalten. Erfolg wird dies freilich nur dann haben, wenn Arbeitgeber ihre Arbeitnehmer darin unterstützen.

3. Fallauswahl

Im Folgenden stellen wir vier in Ausschnitten rekonstruierte Krankengeschichten vor. Sie sollen exemplarisch plausibel machen, dass es die subjektive Bedeutung der Arbeit im Sinne eines unbewussten Motivs der Selbstheilung ist, die zur Wahl einer bestimmten beruflichen Tätigkeit führt, die so lange vor einer psychischen De-Stabilisierung schützt, wie sie ausgeübt werden kann, aber einen Zusammenbruch der psychosomatischen Organisation einleitet, sobald dieser Schutz wegfällt.

Herr B

Herr B ist ein Angestellter mittleren Alters, der sieben Mitarbeiter unter sich hat; zum zweiten Mal verheiratet, eine Tochter. Das Arbeitsklima in seiner Firma beschreibt er als schwierig: Schlechte Zahlen, Verzögerungen und sonstige Misserfolge des Unternehmens werden teilweise seiner Verantwortung zugeschrieben. Die Vorgesetzten machen Druck, die Verkäufer wollen alles immer schneller haben. Insbesondere der Qualitätsmanager falle Herrn B in den Rücken, schwärze ihn beim Chef an. Die Arbeit mache ihm keinen Spaß, Anerkennung erfahre er kaum, Verbesserungsvorschläge würden ohne Begründung abgelehnt. Hinter seinem Rücken werde über ihn geredet. Wegen dieser unerträglichen Situation hat er sich bereits nach anderen Stellen umgesehen.

Herr B kämpft schon fast sein ganzes Leben lang mit Depressionen. Die derzeitigen Arbeitsbedingungen verstärken seine Beschwerden. Er beklagt eine zunehmend lähmende Inaktivität. Hat er zeitweise einen Ausgleich im Fitnessstudio gefunden, so hilft ihm diese Maßnahme auch nicht mehr. Es sei aber keine körperliche Ermüdung, an der er leide, sondern eine psychische. Herr B berichtet von Panikattacken, die es ihm erschweren, das Haus zu verlassen. Er beschreibt ein Gefühl, sein Gehirn nicht richtig abschalten, nicht loslassen und einschlafen zu können. Zwar ist er bereits in ambulanter Therapie bei einer Psychologin, was ihm aber nicht reicht. Deshalb macht er einen Anlauf, einen Klinikaufenthalt zu erhalten. Auf Bitten seiner Kollegen sei er aber weiter arbeiten gegangen. Inzwischen fehle ihm dazu aber jegliche Kraft.

Herr B wurde im Alter von vier Jahren adoptiert. Sein Adoptivvater war für einige Jahre in den USA und hat diese Zeit als sehr positiv in Erinnerung behalten. Herr B glaubt, seine Adoptiveltern hätten sich für ihn entschieden, weil er amerikanisch aussehe. Vor seiner Adoption war er bei anderen Pflegefamilien gewesen, bei denen es ihm nicht gut ging. Stark unterernährt und unter Rachitis leidend, war er zunächst in ein Krankenhaus gekommen und schließlich in ein Kinderheim gegeben worden. Die Zeit in diesem Heim sei schrecklich gewesen, er habe wiederholt seinen Kopf gegen die Wand geschlagen, sei ans Bett gefesselt worden.

Seine leibliche Mutter hatte sieben Kinder von verschiedenen Männern. Oft sind diese Männer amerikanische Soldaten gewesen. Auch sein leiblicher Vater ist Amerikaner. Aus den Jugendamtsunterlagen wisse er, dass seine leibliche Mutter wegen »Unzucht« im Gefängnis gesessen habe.

Kontakt zu seiner Herkunftsfamilie gibt es keinen. Seine leibliche Mutter habe ihn nie sehen wollen.

Das Verhältnis zu seiner Adoptivfamilie beschreibt Herr B als schwierig. Es gibt einen zwei Jahre älteren Adoptivbruder, auf den sich alle Aufmerksamkeit richte, weil er extravertiert und hochbegabt sei. Im Unterschied zu ihm erlebt sich Herr B als introvertiert und in der Familie wenig beachtet.

Seine Adoptivfamilie beschreibt er als strenggläubig. Herr B erinnert, von beiden Eltern geprügelt worden zu sein. Vor allem sein Adoptivater sei sehr hartherzig gewesen. Er habe hohe Ansprüche an ihn gestellt und Fehler nicht nachgesehen, sondern sofort schwer bestraft. Offenbar hat sich die Beziehung zu ihm erst gebessert, nachdem Herr B ausgezogen ist. Heute, so betont er, würden sie sich gut verstehen.

Herr B hält sich für melancholisch. Melancholie habe er, laut seinen Eltern, schon seit seiner Kindheit. Irgendwo hingesetzt, sei er für mehrere Stunden nicht aufgefallen. Überhaupt sei er nie aufgefallen. Und das nicht nur im Vergleich mit dem Adoptivbruder. Er glaubt, seine Adoptiveltern hätten »deswegen« noch ein weiteres Kind adoptiert. Sie entscheiden sich für eine fünf Jahre jüngere, leicht körperlich und geistig behinderte Adoptivtochter. Seinen ersten depressiven Schub datiert Herr B auf den Zeitpunkt ihrer Aufnahme in die Familie, was wohl als Ausdruck einer narzisstischen Kränkung verstanden werden darf.

Muss er bis dahin auf dem Gymnasium ein ganz guter Schüler gewesen sein, so lassen nunmehr seine schulischen Leistungen nach. Es kommt zu Schwänzen und gelegentlichen Schlägereien. Mit Beginn der Pubertät wird er immer aggressiver.

Herr B geht mit dem Hauptschulabschluss von der Schule ab und absolviert eine Lehre als Einzelhandelskaufmann. Danach arbeitet er bei den US-Streitkräften als Militärpolizist. Offensichtlich bekommt er durch diese Tätigkeit seine Aggressionen besser in den Griff. Herr B spricht von seinem »Lieblingsjob«. Als Grund gibt er an, er habe mit Menschen zu tun gehabt, habe seine Arbeitszeit selbst gestalten können und vor allem großen Respekt erfahren. Besonders wichtig sei ihm gewesen, »als Polizist dort viel Macht« gehabt zu haben.

Im gleichen Atemzug beschreibt er die US-Amerikaner im Vergleich mit Deutschen als freundlicher, offener und innovativer. Spürbar ist sein Wunsch, in die USA auszuwandern, ein US-Amerikaner zu werden. Da seine jetzige wie auch seine erste Ehefrau nicht mitgezogen haben, gibt er seinen Traum auf. Und nicht nur das: Seine erste Frau hat sogar durchgesetzt, dass er seine Tätigkeit als US-amerikanischer Militärpolizist aufgibt, vordergründig wegen seiner Schichtarbeit, er vermutet aber eine generelle Ablehnung seiner Identifikation mit der US-amerikanischen Kultur.

In der Folge übernimmt er verschiedene Tätigkeiten, die aber meist nur zwei bis drei Jahre dauern. Er fühlt sich getrieben. Schließlich unternimmt Herr B einen Suizidversuch, der ihn in stationäre Behandlung bringt. Nach seiner Entlassung hat er wiederum wechselnde Tätigkeiten, bis er zu seinem jetzigen Arbeitgeber kommt, wo er bleibt, obwohl das Arbeitsklima schwierig ist.

Seitdem er die US-Streitkräfte verlassen hat, kommt er nicht mehr zur Ruhe. Er wird von traumatisierenden Bildern verfolgt, in denen er einem gewalttätigen Vater ohnmächtig ausgeliefert erscheint, gepaart mit dem Wunsch, selbst diese Position zu übernehmen und sich für alle erlittene Schmach zu rächen.

In puncto Selbstheilung erscheint die Zeit bei den US-Streitkräften von großer subjektiver Bedeutung. Es ist die stabilste Phase des Patienten, sowohl psychisch als auch, was die Dauer seines Arbeitsverhältnisses betrifft. Mag sein, dass ihm der legitime Waffenbesitz als Militärpolizist ein hinreichendes Sicherheitsgefühl vermittelt hat, und zwar zweifach: zum einen als Gefühl, nicht ohnmächtig zu sein, sondern sich gegen Angriffe anderer verteidigen zu können, zum anderen aber auch als Gefühl, selbst angreifen zu können, besser: es selbst in der Hand zu haben, wie er mit seiner Waffengewalt umgeht. Lebensgeschichtliches Zentralthema sind folglich, so darf vermutet werden, die Aggressionskontrolle und die Angst vor Kontrollverlust.

Geht man davon aus, dass sich Herr B durch seine berufliche Tätigkeit als Militärpolizist psychisch stabilisiert hat, ist nachvollziehbar, dass es zu einer Dekompensation kommt, als er gedrängt wird, diese Tätigkeit aufzugeben. Denn nun fehlt ihm der legitime Rahmen für seine Aggressionen. Herr B kann sich generell, besonders aber seiner selbst nicht mehr sicher sein.

So imponiert während der stationären Behandlung ein grassierendes Erleben allseitiger Bedrohung, das deutliche paranoide Züge trägt. Es gibt keine harmlosen zwischenmenschlichen Begegnungen mehr. Jederzeit kann die Abwehr von Aggressionen, mit der sich Herr B hinlängliche

Sicherheit verschafft, zusammenbrechen. Dann tritt sie offen zutage und richtet sich nicht nur gegen andere, sondern auch gegen die eigene Person. Dass Herr B psychisch erschöpft ist, rührt nicht zuletzt daher, dass er alle seine Kräfte benötigt, um sich von seiner Wut nicht fortreißen zu lassen.

Wenn er betont, dass er »keinen Stand in der Gesellschaft« hat, dann gilt dies auch für seinen Stand in der Herkunftsfamilie. Lebenslang kommt er sich minderwertig vor, weil ihm die anderen, wie er es erlebt, Achtung und Beachtung verweigern. Vor diesem Hintergrund ist die Waffe, die er als Militärpolizist getragen hat, das dingliche Symbol der Option, die soziale Resonanz, die er vermisst, gegebenenfalls zu erzwingen.

Herr B kennt den US-Amerikaner, der sein leiblicher Vater ist, nicht. Er weiß nur, dass er ebenfalls bei den US-Streitkräften beschäftigt war. So gesehen mag man vermuten, dass Herr B die unbewusste Phantasie entwickelt hat, sein abwesender leiblicher Vater sei ein starker Vater, der ihn vor seinem anwesenden Adoptivvater hätte schützen können. Mit ihm möchte er sich identifizieren. Die Waffe, die Herr B einst führte, war mit der Durchschlagskraft dieser Vaterimago geladen. Sie abzugeben erschüttert ihn.

Ein Grund könnte sein, dass sich Herr B einer Enttäuschung bewusst wird, die er lange durch die Idealisierung des leiblichen Vaters unbewusst gehalten hat. Denn enttäuscht muss er sein, hat ihn dieser vermeintlich starke Vater doch nicht geschützt, sondern seinen Sohn einem kränkenden Schicksal überlassen. Entweder war sein leiblicher Vater gar nicht so ideal, oder dieser hat ihm ein Selbstbild vermittelt, das ihn glauben machen musste, tatsächlich minderwertig zu sein.

Herr N

Herr N ist Altenpfleger mittleren Alters, verheiratet, keine Kinder. Er arbeitet seit einem Jahr für einen ambulanten Pflegedienst, der es erlaubt, sich viel Zeit für seine Pflegebedürftigen zu nehmen. Lediglich der Schichtdienst und die Bereitschaftszeiten werden beiläufig kritisch angemerkt. Im Grunde verstehe er sich mit seinen Kollegen und seinem Vorgesetzten sehr gut. Sein Beruf hat ihm bislang große Freude bereitet. Wie Herr N beschreibt, ist das seit einem halben Jahr anders.

Immer häufiger muss er plötzlich weinen, gefolgt von einer Traurigkeit über seine Tränen. Hinzu kommen vermehrt Schlafstörungen mit nächtlichen Essanfällen, die zu einer deutlichen Gewichtszunahme führen.

Herr N leidet an einer Adipositas. Seit Jahren quälen ihn Durchfälle ohne somatische Ursache, die meist morgens und zuletzt immer öfter auftreten. Insbesondere kurz bevor er zur Arbeit geht, wird ihm übel. Herr N erlebt sich antriebslos. Auf Drängen seiner Ehefrau hat er sich seiner Hausärztin anvertraut, die ein Burn-out diagnostiziert, was ihm seinen Schilderungen zufolge wie eine Offenbarung vorgekommen ist.

Die psychischen Symptome, die er nennt, sind überwiegend depressiv getönt und lassen sich kaum eingrenzen: Existenzangst, Versagensgefühle, Verlust von Freude, Schuld- und Bestrafungsgefühle, Selbstvorwürfe, innere Unruhe, Entschlussunfähigkeit, das Gefühl von Wertlosigkeit, Energieverlust, schnelle Ermüdung und Erschöpfung, erhöhte Reizbarkeit, Verlust der Libido.

Hinzu kommt die belastende Vorstellung, beobachtet und kontrolliert zu werden, wobei er sich aber distanzieren kann und sehr wohl weiß, dass dieser Vorstellung keine realen Ereignisse zugrunde liegen.

Herr N verspürt Angst, etwas falsch zu machen, scheint völlig verunsichert. Mitunter bekommen seine Erzählungen eine paranoide Tendenz: So sei es seitens des Arbeitgebers zwar durchaus erlaubt, während der Dienstfahrten Raucherpausen einzulegen, er aber versteckte sich inzwischen, wenn er rauchen wolle, in den hintersten Ecken, um nicht gesehen zu werden. Tauche ein Auto in der Farbe seines Arbeitgebers auf, werde er sofort nervös. Die Vorstellung, beobachtet und kontrolliert zu werden, reiche bis in die Privatsphäre. So traue er sich nicht einmal mehr, auf seinem Balkon zu rauchen, weil ihn ja auch dort jemand dabei sehen könnte.

Herr N berichtet von einer schönen Kindheit auf dem Land in der ehemaligen DDR. Er skizziert eine Idylle, in der er sich behütet gefühlt hat. Seine Familie beschreibt er als durchweg positiv. Die Mutter sei eine liebe Frau, die immer versucht habe, das Beste für die Familie zu erreichen, hilfsbereit und rücksichtsvoll. Sein Vater sei »preußisch«: ordentlich, zuverlässig und pünktlich, fleißig bis zum Umfallen. Von ihm habe er immer Unterstützung erhalten. Mit seiner vier Jahre jüngeren Schwester verstehe er sich ebenfalls gut. Seiner Familie sei es immer ein Anliegen gewesen, sich nach außen hin so unauffällig wie möglich zu verhalten.

Nach der Realschule war Herr N wohl eine Zeit lang orientierungslos, was er dem Zeitgeist der neu erlangten Freiheit nach der Wiedervereinigung zuschreibt. So hat er eine Ausbildung zum Datenverarbeitungskaufmann begonnen und nach einem Jahr schon wieder abgebrochen. Eigentlich will er zur Polizei, aber dort gibt es nach bestandener Aufnahme eine Wartezeit von einem Jahr. Um nicht zu Hause herumzusitzen, absolvierte er ein Ökologisches Jahr auf einem Bauernhof, während dessen er sich zwar ausgenutzt fühlte, das »aber trotzdem nicht schlecht« war. Anschließend ist er ins Ausland gegangen, zunächst für zwei Wochen, dann länger, um dort zu arbeiten: anfangs in einem Restaurant, dann als Fahrdienst für eine kommunale Einrichtung für ältere Menschen, schließlich kurzfristig in einem Musikladen. Auf Bitten von Freunden und Familie kehrt er aus dem Ausland zurück.

Inzwischen hat er das Interesse an der Polizei verloren. Stattdessen macht er eine Ausbildung zum Einzelhandelskaufmann für Lebensmittel. Aber auch diese Wahl hat keinen Bestand. Und so bewirbt sich Herr N bei der Bundesmarine. Aber auch dort hat er nach einem erfolgreichen Eignungstest mit langen Wartezeiten zu rechnen. Deshalb beginnt er eine Ausbildung zum Krankenpfleger, die er aber ebenfalls nicht abschließt. In den folgenden Jahren arbeitet er ohne Abschluss in ambulanten Pflegediensten und als Pfleghelfer im Heim. Später entschließt er sich zu einer Ausbildung als examinierter Altenpfleger, die er dann auch zu Ende bringt.

Sucht man nach psychodynamischen Konfliktmustern, die sich in der aufgelisteten Vielzahl von Symptomen manifestieren und die ihn letztlich in die Klinik gebracht haben, dann ist ein Versorgungskonflikt wahrscheinlich, der ihn dazu gebracht hat, sich in seinen pflegerischen Tätigkeiten bis zur Erschöpfung zu verausgaben. Eine solche altruistische Grundhaltung führt nicht selten zur Berufswahl eines helfenden Berufes. Herr N selbst spricht von einem »Helfersyndrom«. So gesehen wäre es seine eigene abgewehrte Bedürftigkeit, die ihn dazu veranlasst, sich – vermeintlich – selbstlos für andere einzusetzen. Indem er sich ständig vergewissert, gebraucht zu werden, stabilisiert er sich. Herr N, der in einer schier endlosen Suchbewegung durch sein Leben »surft«, gewinnt endlich Halt und Orientierung. Warum aber kommt es zu einer Dekompensation?

Auffallend ist in der Berufsbiographie von Herrn N der Kontrast zwischen der Zeit vor seiner Ausbildung zum examinierten Altenpfleger, in der er ohne Examen zehn Jahre lang relativ selbstständig, zugleich eingebunden in eine Institution, erfolgreich tätig war, und der Zeit nach seinem Examen. Soweit sich das rekonstruieren lässt, erlebt Herr N seine Arbeit ohne Examen vergleichsweise entspannt, da er sich jederzeit auf seinen formalen Status als Nichtexaminierter berufen kann, der ihm in kritischen

Situationen – seiner Wahrnehmung nach – die Übernahme einer vollen Verantwortung erspart.

Herr N beschreibt, dass er im zweiten Ausbildungsjahr eine Veränderung an sich bemerkt hat, die er selbst mit seinem Statuswechsel verbindet. Zunehmend sieht er in den Pflegebedürftigen nicht mehr Menschen, sondern Arbeitsgegenstände: »wie eine Arbeit halt und nicht wie eben Menschen«. Dagegen scheint er sich innerlich zu wehren, denn er berichtet zugleich, dass es ihm inzwischen schwerfällt, nach getaner Arbeit abzuschalten.

Überraschenderweise verliert Herr N mit zunehmender Professionalisierung an Distanz, wo doch Professionalisierung auf die Fähigkeit angelegt ist, sich situationsgerecht distanzieren zu können.

Herr N beschreibt seinen Statuswechsel metaphorisch: »vom Stein zum Schwamm«. Was mag er mit diesem rätselhaften Bild wohl meinen?

Als Professioneller wird von ihm erwartet, abstinent zu sein, was heißt: auf die vorrangige Befriedigung eigener Bedürftigkeit zu verzichten, weil dies als Missbrauch gilt. Versteht man Professionalisierung nicht zuletzt als eine Zunahme an Bewusstheit über die Psychodynamik der Arbeitsbeziehungen, dann wird Herr N durch sein Zertifikat auf das Ethos der Abstinenz verpflichtet. Er kann nun nicht mehr so tun, als wüsste er von dieser Psychodynamik nichts. Die Metapher des Steines ist so gesehen ein Bild für seine scharfe Abgrenzung gegenüber den Pflegebedürftigen. Anders gewendet: Herr N ahnt, dass er deren Pflege für seine eigene Stabilisierung benötigt, genau diese Einsicht muss er aber abwehren. Kommt ihm dic latente subjektive Bedeutung seiner Tätigkeit zu Bewusstsein, riskiert er eine De-Stabilisierung.

Wenn sich Herr N nach seiner Zertifizierung metaphorisch als Schwamm beschreibt, wählt er ein Bild, das auf die bedrohliche Einsicht verweist: Er ist wie ein Schwamm, der die Zuwendungen der Pflegebedürftigen aufsaugt, so eigennützig aber nicht sein darf, will er ein professioneller Altenpfleger sein. Als solcher wird er von Vorgesetzten, Kollegen und der Öffentlichkeit beobachtet und kontrolliert, ob er diesen Standard einhält.

Wenn Herr N paranoide Tendenzen zeigt, dann deshalb, weil er fürchtet, man werde herausfinden, dass es seine eigenen Bedürfnisse sind, die er uneingestanden, vielleicht sogar unbewusst in seiner Arbeit befriedigt. Und es erschöpft ihn, seine eigene Bedürftigkeit vor anderen und vor sich selbst zu verbergen.

Herr R

Seine Krankengeschichte beginnt, als er mit schweren Herzrhythmusstörungen, die ihn sehr ängstigen, in die Notaufnahme kommt. Die Klinikärzte machen sich auf die Suche nach somatischen Ursachen und empfehlen ihm letztlich, sich einen Event-/Loop-Recorder implantieren zu lassen, der ein kontinuierliches EKG schreibt. Offenbar greift die Maßnahme: Die Messungen bleiben ohne Befund, es tritt keine weitere Synkope auf, und Herr R ist beruhigt.

Herr R ist mittleren Alters und in einem großen Unternehmen mit etlichen Standorten für Arbeits- und Brandschutz zuständig. Er nimmt seine Aufgabe sehr ernst, nennt sie sogar eine »Herzensangelegenheit«. Konkret hat er Sicherheitsstandards zu prüfen und dafür zu sorgen, dass entdeckte Mängel behoben werden.

In einer kardiologischen Reha, die er in sieben Wochen durchläuft, hat er Gelegenheit, ein paar psychotherapeutische Gespräche zu führen. Sie legen ihm nahe, dass seine Symptome womöglich psychische Ursachen haben, zumal nach Verflüchtigung der Herzbeschwerden eine depressive Verstimmung bleibt, die bis vor deren erstes Auftreten zurückreicht. Deshalb bemüht er sich nach der Entlassung aus der kardiologischen Reha um eine ambulante Psychotherapie.

Probesitzungen bei einer tiefenpsychologischen Psychotherapeutin sagen ihm nicht zu, weshalb er eine Verhaltenstherapie beginnt, von der er anscheinend profitiert. Dennoch kann sie eine zunehmende Erschöpfung nicht verhindern, sodass Herr R eine psychosomatische Tagesklinik aufsucht, in der er die Überzeugung gewinnt, sich intensiver mit seinem Innenleben auseinandersetzen zu müssen. Und so denkt er bereits über das Ende des teilstationären Aufenthalts hinaus an eine Psychoanalyse, die er dann anschließen will.

Seiner eigenen Ursachenforschung zufolge deutet er seine Krankengeschichte als Burn-out. Die letzten Jahre habe er zunehmend mehr gearbeitet, bis keine Zeit mehr geblieben sei, sich zu erholen.

Sucht man in der Lebensgeschichte von Herrn R nach belastenden Ereignissen, dann gibt es mehrere, die zusammengenommen als kumulatives Trauma gewirkt haben könnten.

Als er vor zweiundzwanzig Jahren seine Stelle in dem Unternehmen antrat, in dem er noch heute arbeitet, tat er dies, weil ihm versprochen worden war, alsbald dem alten Chef seiner Abteilung nachzufolgen. Aus erwarteten

Monaten wurden acht Jahre, in denen er sich ständig vertrösten ließ. Er nahm klaglos hin, übergangen zu werden. Denn statt seiner bekam schließlich ein Externer die Stelle. Für Herrn R zum Hohn sei ihm als Begründung nicht nur seine Führungsfähigkeit abgesprochen worden, sondern auch seine Belastbarkeit!

Liest man die Beschreibungen, die Herr R von seinen beiden aufeinanderfolgenden Vorgesetzten gibt, fällt auf, dass er einerseits klaglos hinnimmt, wie übel ihm mitgespielt wird, andererseits aber auch keine Gelegenheit auslässt, die beiden für unmotiviert und unfähig zu erklären.

Genauso nimmt er auch einen gleichrangigen Kollegen wahr, mit dem er seit Jahren das Büro teilt. Dieser Kollege sei pflichtvergessen und sabotiere die Erfüllung ihrer gemeinsamen Aufgaben. Herr R sieht keine Möglichkeit, gegen ihn vorzugehen, zumal er dabei von seinen Vorgesetzten nicht unterstützt werde, da diese ja genauso seien.

Damit sieht sich Herr R Menschen gegenüber, die ihm als das völlige Gegenteil seiner selbst erscheinen – und dafür ungestraft blieben, was, so lässt sich vermuten, seinen eigenen Lebensentwurf infrage stellt oder sogar entwertet. Statt sich zu empören, verachtet er sie, springt aber zugleich für sie ein: Da sie ihren Arbeits- und Brandschutzaufgaben nicht nachkommen würden, entstünden unkalkulierbare Gefahrenherde, die Herr R durch eine Erhöhung seines Arbeitseinsatzes zu beseitigen sucht. Infolgedessen häufen sich seine – unbezahlten – Überstunden, bis er vor Erschöpfung seinen eigenen Ansprüchen nicht mehr gerecht wird.

Zeigt Herr R zeitlebens eine große Leistungsbereitschaft mit den daraus folgenden Leistungserfolgen, so hängen diese Erfolge unter den skizzierten Bedingungen davon ab, seine Bereitschaft immer weiter zu steigern. Seine Entlastungsversuche folgen demselben Muster: Er betreibt seit Jahren Leistungssport. Als Amateur-Radrennfahrer powert er sich körperlich aus, was ihn von seiner Arbeit ablenkt und ihm vermutlich zugleich Zugang zu seinen Aggressionen verschafft, auf deren Hemmung er sonst bedacht ist. Diese Bewältigungsressource verliert er, als ihn ein schwerer Radunfall aus der Bahn wirft. Und mit ihr die sozialen Kontakte, die sich aus dem Sport ergeben haben.

Generell ist Herr R sozial isoliert. War er seit Jahren Single, so hat er vor nicht allzu langer Zeit eine Freundin gefunden, die bei ihm einzieht. Indessen gestaltet sich das Zusammenleben schwierig. In seiner Sicht hält sie, die wohl selbst gehörige Probleme hat, es auf Dauer nicht mit ihm und seinen Problemen aus. Noch während er in der Tagesklinik ist, verlässt sie ihn. Wie Herr R erzählt, stapeln sich in der Wohnung die Umzugskisten, die sie nicht abholt und die auch er nicht wegschafft.

Dieser irritierende Umstand verweist auf ein generelles Muster. Herr R ist unfähig, sich zu behaupten und sowohl seine Arbeit als auch sein Privatleben bedürfnisgerecht zu gestalten. Stattdessen lässt er sich dominieren und verleugnet seine Wut. Dass seine Passivität für andere provozierend sein könnte und sie geradezu einlädt, ihn auszunutzen, realisiert er nicht.

Diese Haltung trägt narzisstische Züge. Er bekommt nicht, was er verdient, weil er nicht wagt, seine Verdienste einzuklagen, denn die werden ihm dann vielleicht gar nicht als Verdienste angerechnet.

Diese Vermutung lässt sich durch einen lebensgeschichtlichen Rückblick stützen: Herr R hat eine ein Jahr jüngere Schwester, die von Kindheit an kränkelt und später an Multipler Sklerose erkrankt. Sie ist der Mittelpunkt der Sorge ihrer Eltern, die ihre ganze Aufmerksamkeit auf sie richten. Herr R nimmt sich demgegenüber ganz zurück, passt sich an und wird ein braves Kind, das durch Leistungsbereitschaft und Leistungserfolge um die elterliche Anerkennung buhlt. Diese Konstellation hat ihn vorderhand genügsam und leise werden lassen, zugleich aber mit der Zeit schmerzlich gelehrt, das Dulden auf die Dauer nicht glücklich macht.

Wie sehr Herr R einen Nachholbedarf an der Entdeckung und Befriedigung vitaler Bedürfnisse hat, wird in der Tagesklinik deutlich. Nach Anfangsschwierigkeiten kann er die Regression genießen, die ihm dort geboten wird. Sein Arzt erlebt ihn wie einen Jugendlichen.

Herr R sieht seiner Entlassung aus der Tagesklinik mit gemischten Gefühlen entgegen. So kann er sich nicht vorstellen, an seinen Arbeitsplatz zurückzukehren, solange sich die Bedingungen nicht verändert haben. Eine aktive Veränderung traut er sich jedoch nicht zu. Das Unternehmen zu verlassen, fehlt ihm ebenfalls der Mut, da er sich nicht sicher ist, einen gleichwertigen Ersatz zu finden.

Lässt man die rekonstruierte Krankengeschichte von Herrn R abschließend Revue passieren, dann erscheint seine Berufswahl durchaus als eine Wahl mit hoher subjektiver Bedeutung, von der er allenfalls ahnt. Ist es ihm eine Herzensangelegenheit, Arbeits- und Brandschutzbestimmungen durchzusetzen, dann darf als Hauptmotiv die Herstellung von Sicherheit vermutet werden: Sicherheit, die er für andere, aber auch – biographisch gewendet – für sich selbst herzustellen sucht. Geht es um Sicherheitsmaßnahmen, die vor Gefahren am Arbeitsplatz, speziell vor Bränden schützen, dann mag dies als symbolischer Ausdruck seiner innerpsychischen Verfasstheit gedeutet werden: Brandschutz, so die Vermutung, bietet für Herrn R eine besondere Gratifikation, weil er anhaltend damit befasst ist, sich selbst – um im Bild zu bleiben – daran zu hindern, vor Wut zu entbrennen.

Herr W

Herr W ist jüngeren Alters und arbeitet als Ingenieur. Ihm obliegt es, elektrische Stellwerke und Signalsysteme zu planen. Die Arbeit befriedigt ihn. Und er erledigt sie offenbar gut, wofür eine kürzlich erteilte Beförderung spricht.

Herr W stammt aus einem kleinen Dorf in Ostdeutschland. Dort hatten die Großeltern ein Haus gebaut, in dem er und seine zwei Jahre jüngere Schwester aufgewachsen sind. Noch heute lebt sein Vater dort. Zu ihm pflegt er eine enge Beziehung. So telefoniert er jeden Tag zu einem festen Termin mit ihm und besucht ihn so oft wie möglich. Seine Mutter sieht er seltener, da Vater und Mutter getrennt leben. Sie hat ihren Mann vor Jahren verlassen, da sie mit seiner wenig kommunikativen Art nicht zurechtkam. Vater und Sohn sind sich darin wohl sehr ähnlich.

Herr W, gefragt, ob ihn die Trennung der Eltern belastet habe, verneint dies. Da sie während seines Studiums stattfand, sei er schon zu alt gewesen, um darunter zu leiden. Da er keine Beziehung zu einer Frau hat und wohl auch noch nie hatte, liegt die psychodynamische Vermutung nahe, dass er in Identifikation mit seinem verlassenen Vater besonders vorsichtig ist, auch wenn er angibt, mit seinem Status als Single zufrieden zu sein und sich keineswegs einsam zu fühlen.

Das Haus der Großeltern und Eltern ist für Herrn W seine Heimat und bleibt es auch, nachdem er in die entfernte Großstadt gezogen ist, um dort zu arbeiten. Er lebt in einem kleinen Appartement, das den Eindruck erweckt, gar nicht Lebensmittelpunkt zu sein, zumal er auch seinem wichtigsten Hobby, dem Reparieren von Spielautomaten in einem Verein von Gleichgesinnten, am Herkunftsort nachgeht. Kam er bisher oft und gerne in sein Dorf zurück, so hat sich die Situation nach und nach verändert, da es zunehmend ausstirbt. Herr W konstatiert dies. Wie sehr es ihn berührt, ist nur zu vermuten. Dass er sich Sorgen macht, diesen Ruhepunkt zu verlieren, kann man sich allerdings gut vorstellen.

Die Krankengeschichte von Herrn W beginnt mit schwerwiegenden Magen-Darm-Problemen, die mit der Angst einhergehen, eine lebensbedrohliche Krankheit zu haben, was ihn mehrfach in die Notaufnahme führt. Auch fürchtet er, einen Schlaganfall zu bekommen. Diese Vorstellung versetzt ihn in Panik. Seine Versuche, sich mittels Informationen aus dem Internet Klarheit zu verschaffen, schlagen fehl. Sie beunruhigen ihn mehr, als dass sie ihn beruhigen.

In diesem Drama kommt ihm sein Hausarzt zu Hilfe. Als alle medizinischen Untersuchungen keinen somatischen Befund erbringen, bietet er ihm die psychosomatische Hypothese einer stressbedingten Somatisierung an: Zu viel Stress führt zu einer psychischen Überlastung, die sich in somatischen Symptomen äußert. Zusätzlich verschreibt er ihm ein Antidepressivum, das auch schlafregulierend wirkt, da der Patient schon immer unter Schlafproblemen leidet, die sich jetzt verstärkt haben.

Die Erklärung wirkt wie ein Wunder. Und auch jetzt sichert sich Herr W durch eine Internetrecherche ab. Das Stresskonzept leuchtet ihm sofort ein, weil es eine einfache Handlungsanleitung parat hält: Stress vermeiden! Und der Stress, der für ihn auf der Hand liegt, ist arbeitsbedingter Stress.

Dass auch die Situation in seinem Vaterhaus ein Stressor sein könnte, kommt nicht zum Tragen, ist aber psychodynamisch plausibel, da seine Panikanfälle vermutlich erstmals dort stattgefunden haben. So schildert er eine dramatische Szene, in der ihn sein Vater in die Notaufnahme bringt.

Nach seiner Arbeitsbiographie gefragt, skizziert Herr W seine Anstrengungen, zu dem zu werden, was er heute ist. Bereits das duale Studium der Elektrotechnik sei belastend gewesen. Und auch jetzt verlange ihm seine Arbeit als erfahrener Signalingenieur sehr viel an Konzentration und Nachdenken ab. Seine Erkrankung falle mit einer zunehmenden Arbeitsverdichtung zusammen, durch die er sich überfordert habe. Er habe seine Planungsprozesse nicht mehr störungsfrei zu Ende bringen können und dadurch folgenreiche Planungsfehler riskieren müssen.

Zwar trage dafür sein Arbeitgeber die Verantwortung, der sei aber selbst daran interessiert, dass gute Arbeit geleistet wird. Erwartet man, dass sich der Patient über die Anordnung permanenter Umplanungen empört, so finden sich kaum Spuren von Kritik. So habe sein Chef schon von sich aus darauf zu achten versucht, dass die Arbeitsverteilung zu keiner Überforderung führt, deshalb seien auch weitere Mitarbeiter eingestellt worden.

Eher sieht Herr W das Problem bei sich: Er habe die Überforderung zu spät bemerkt und deshalb nichts dagegen unternommen, obwohl es möglich gewesen wäre. Ganz in diesem Sinne reduziert er seine Arbeitszeiten, noch bevor er der Empfehlung seines Hausarztes folgt, sich in eine psychosomatische Klinik zu begeben.

In der Klinik hält Herr W sich sechseinhalb Wochen auf, bevor er auf eigenen Wunsch entlassen wird. Danach gefragt, ob ihm geholfen worden sei, gibt er eine Zunahme der Besserung an, die er bereits durch seine Selbsttherapie eingeleitet habe. Was ihm geholfen habe? Die Distanz zur Arbeit. Eine vertiefte Auseinandersetzung mit seiner Innenwelt findet nicht statt, wird von seinen Kliniktherapeuten aber auch nicht forciert.

Was Herr W anstrebt, ist die Entwicklung eines Frühwarnsystems, das ihn erkennen lässt, wann ihm eine Überforderung droht, sodass er mittels Entspannungsverfahren rechtzeitig gegensteuern kann. Hinzu kommt die Vorstellung von einer veränderten Lebensführung, die der Vorbeugung dient: Von sportlichen Betätigungen wie Radfahren über gesunde Ernährung, ausreichend Schlaf, häufige Kurzurlaube und die Vermeidung von zu starken Reizen bis hin zu autogenem Training zieht er alles ins Kalkül.

Dabei fällt auf, dass Herr W sehr technisch mit sich verfährt. Spontane Erlebnisberichte gibt es nicht. Wo andere Personen direkt Stress erleben, sucht er nach Hinweisreizen, die ihn auf Stress schließen lassen. Spricht er von Warnsignalen, dann dürfte dies nicht zufällig sein, besteht doch seine Arbeit als Signalingenieur genau darin, einen störungsfreien und damit sicheren Bahnverkehr einzurichten und zu gewährleisten. Generell behandelt Herr W Beziehungen als logistisches Problem, was seine Mitmenschen, vermutlich nicht erst in seinem Berufsleben, irritiert und ihn schnell zum Außenseiter werden lässt.

Sein Hobby, Spielautomaten zu reparieren, weist in eine ähnliche Richtung. Indem er sie repariert, setzt er deren Zufallsgenerator wieder in Gang. Für jemanden wie ihn dürften Zufallsprozesse eigentlich eher ängstigend sein, weil sie sich der Kontrolle entziehen. Sie wieder in Gang zu setzen bezeugt dagegen seine technische Überlegenheit, was ihm seine Angst nehmen mag.

Die Psychotherapeutin, die Herrn W in der Klinik behandelt hat, vermutet einen Asperger-Autismus, was sie aber weder ihm mitteilt noch in den Arztbrief schreibt. Zugleich ringt sie mit sich, ob sie ihn auf seine Auffälligkeiten ansprechen soll. Sie unterlässt es schließlich, weil sie nicht sicher ist, ob sie ihn bis zum Ende des Klinikaufenthalts emotional erreicht. Hinzu kommen behandlungsethische Bedenken: Ist es legitim, die Lebensführung eines Patienten zu problematisieren, wenn der keinen Leidensdruck (mehr) hat?

Und in der Tat: Am Ende seines Klinikaufenthalts fühlt sich Herr W genesen. Er kehrt mit reduzierter Arbeitszeit an seinen Arbeitsplatz zurück und kann sich dort mithilfe seiner Techniken besser vor einer erneuten Überforderung schützen, zumal es den Anschein hat, dass der Arbeitgeber mitzieht.

Herr W hat sich wieder in die Obhut seines Hausarztes begeben und allmählich sein Antidepressivum abgesetzt. Eine ambulante Psychotherapie lehnt er ab, weil er befürchtet, sie werde Stress für ihn sein, wobei er zu ahnen scheint, dass er sich dann in seine Innenwelt vertiefen müsste. So begnügt er sich mit der Zuversicht, den psychotherapeutischen Prozess jederzeit wieder fortführen zu können, wenn er es benötigt.

Herr W ist pragmatisch und minimalistisch. Er unternimmt nicht mehr, als er muss, um seine geordnete Welt wiederherzustellen. Eine vertiefte Einsicht in die Psychodynamik seiner Lebensführung strebt er gar nicht an. Es genügt ihm, über Techniken zu verfügen, die verhindern, dass seine Welt in Unordnung gerät und er die Kontrolle verliert. Was genau er zu kontrollieren sucht, lässt sich schwer ausmachen, da er sich selbst nicht dafür interessiert. Es mögen Ängste sein, vielleicht auch Wut. Mehr als Spekulationen erlaubt er aber (bisher) nicht. Sein Selbstheilungsversuch besteht in letzter Konsequenz darin, sich Irritationen und Störungen vom Leib zu halten.

4. Erwerbsarbeit als diagnostischer und therapeutischer Fokus

Unterscheidet man im Leben von Patienten vereinfacht zwischen Erwerbsarbeit und Nichtarbeit, dann schließen wir uns der Position an, die Christophe Dejours (2012, S. 11 f.) vertritt:

»Die Hauptschwierigkeit auf der Ebene der Ursachenforschung besteht darin, den Anteil dessen, was in der Ätiologie einer Dekompensation der Arbeit zuzuschreiben ist, abzuwägen gegenüber dem, was der Privatsphäre oder gar Intimsphäre entstammt. […] Denn jene Ursachentrennung ist deswegen so schwer durchzuführen, weil die Kategorien Arbeit und Nichtarbeit zwar materiell und räumlich auseinanderfallen. Für das Seelenleben aber ist diese Trennung ohne Belang.«

Ist die Trennung ohne Belang, dann dürfen beide Ursachenfelder weder theoretisch noch therapeutisch gegeneinander ausgespielt werden. Zwar lässt sich der Fokus auf Nichtarbeit oder Erwerbsarbeit richten. Dabei darf aber nicht vergessen werden, dass es ätiologisch immer um eine Wechselwirkung zwischen den beiden Feldern geht. Wurde dies in der Vergangenheit vernachlässigt, dann meist auf Kosten einer De-Thematisierung des Beitrags, den die Erwerbsarbeit für psychische Gesundheit und Krankheit hat.

Auch in dieser Hinsicht schließen wir uns der Position von Dejours (ebd., S. 53) an und teilen seine Beobachtungen und seine Kritik:

> »Nur allzu oft fehlt in den ärztlichen Unterlagen jeder Hinweis auf konkrete Besonderheiten der ausgeübten Tätigkeit und auf den beruflichen Werdegang, jede genauere Angabe über die subjektive Beziehung zur Arbeit und ihre Entwicklung – abgesehen von der knappen Erwähnung des gegenwärtig ausgeübten Berufs auf dem Bogen mit den Verwaltungsangaben, sofern das überhaupt vorgesehen ist. [...] Abgesehen von besonderen Situationen, in denen Patienten ein psychisches Leiden von vornherein spontan mit Arbeit in Verbindung bringen, wirken die Betroffenen meist selbst daran mit, diesen Zusammenhang auszublenden, da sie der Meinung sind, dass ihr Berufsleben ihren Arzt ›nichts angeht‹, soweit nicht vorübergehende Auswirkungen ihres Gesundheitszustandes auf ihre Arbeitsfähigkeit zu bewerten sind.«

Nimmt man diese Kritik ernst, dann folgt daraus die Notwendigkeit einer sorgfältigen Untersuchung der Erwerbsarbeit eines Patienten. Denn sie ist für dessen gesamtes psychisches Leben relevant. Deshalb gilt es in Anamnese und Therapie herauszufinden, inwieweit die Erwerbsarbeit für einen Patienten ein Risikofaktor oder ein Resilienzfaktor ist. Dabei reicht es nicht, sich ein grobes Bild von seinem Beruf zu machen. Um die latente subjektive Bedeutung einer Erwerbsarbeit zu erfassen, bedarf es einer genauen Vorstellung der »konkreten Besonderheiten der ausgeübten Tätigkeit«. Denn letztlich sind sie es, die im Berufsalltag bewusste und unbewusste Gratifikationen bereithalten.

Gleiches gilt für eine Wiedereingliederung in das Berufsleben. Patienten können nur dann nachhaltig reintegriert werden, wenn sie genau die Gratifikationen erhalten, die sie für ihre psychische Stabilität benötigen. Folglich gilt es, auch in Wiedereingliederungsgesprächen und in einer regelmäßigen Beurteilung der psychischen Gefährdung am Arbeitsplatz darauf zu achten, dass die latente subjektive Bedeutung der konkreten Arbeitstätigkeiten zum Thema wird und Thema bleibt.

5. Erwerbsarbeit: ein zu Unrecht vernachlässigtes Thema in der Psychotherapie

Wird die »Zentralität von Arbeit« (Dejours/Deranty 2010) in Erkrankung und Heilung grundsätzlich anerkannt, dann verlangt dies auch, dass Psychotherapeuten ihre eigene Einstellung zur Erwerbsarbeit selbstkritisch reflektieren. Das schließt eine Reflexion der eigenen Berufswahlmotive ebenso ein wie eine Reflexion der professionellen Deformationen, die aus einer unkritischen Identifikation mit sakrosankten Wissensbeständen resultieren. So teilen wir die Erfahrungen, die Hiller und Hillert (2014, S. 44) beschreiben:

> »In psychoanalytischen oder tiefenpsychologisch fundierten Therapien wurde und wird der Krankheitstheorie entsprechend der Fokus auf die frühe Entwicklung beziehungsweise die in der aktuellen Auslösersituation aktivierten frühkindlichen Konflikte gelegt. Wenn im Beruf Probleme eskalieren, dann liege der eigentliche Grund dafür viel früher. Und wenn der Patient über berufliche Probleme berichte, hätten diese zu einer neurotischen Kompromissbildung sowie zur Aktualisierung der frühkindlichen Konflikte geführt, und er vermeide damit die Auseinandersetzung mit den viel wichtigeren Themen seiner frühen Biographie. Gelegentlich gelten Patienten, denen eine Auseinandersetzung mit ihrer beruflichen Situation wichtig ist, als nicht hinreichend motiviert und introspektionsfähig für eine Psychotherapie.«

Eine solche Haltung wird nicht selten dadurch begünstigt, dass sich viele Psychotherapeuten mit der Erwerbsarbeitsgesellschaft kaum auskennen und deshalb nur rudimentäre Vorstellungen davon haben, welche Gratifikationen sie bietet und wo sie dazu nötigt, psychische Überforderungen und daraus resultierende Überlastungen zu riskieren. Das verwundert letztlich nicht, da solche Themen in den Curricula zur Ausbildung von Psychotherapeuten oder Psychoanalytikern so gut wie nie vorkommen (vgl. den Aufsatz von Sabine Flick in diesem Buch, »›Das würde mich schon auch als Therapeutin langweilen‹ – Deutungen und Umdeutungen von Erwerbsarbeit in der Psychotherapie«).

6. Berufsbezogene Gruppenpsychotherapie?

Erwerbsarbeit und die mit ihr verbundenen psychischen Belastungen fanden in den letzten Jahren durchaus Eingang in psychotherapeutische Behandlungsmanuale. Insbesondere in Rehabilitationsbehandlungen, in denen es zunehmend um die Beurteilung der Arbeitsfähigkeit eines Patienten geht, wurden verhaltenstherapeutische und tiefenpsychologische Gruppenpsychotherapieprogramme konzipiert, die Erwerbsarbeit fokussieren (vgl. Hillert/Koch/Hedlund 2007; Koch et al. 2006; Heitzmann/Helfert/Schaarschmidt 2008; Harrach 2007; Beutel et al. 2002).

Am bekanntesten sind die Programme »Stressbewältigung am Arbeitsplatz« (SBA) und »Berufsbezogene Therapiegruppe« (BTG). Beide wurden in das Programm »Gesundheitstraining. Stressbewältigung am Arbeitsplatz« (GSA) integriert (Beutel et al. 2006b).

SBA ist eine verhaltenstherapeutisch ausgerichtete manualisierte Gruppenintervention. Das Programm wird zusätzlich zur stationären Standardtherapie angeboten und ist auf insgesamt acht Doppelstunden angelegt, von denen jeweils zwei Sitzungen ein inhaltlich homogenes Modul zu den Themen Motivation, soziale Kompetenz, Stress sowie Transfer bilden. Es erfolgen eine Auseinandersetzung mit Funktionen der Arbeit und die Präsentation eines Erklärungsmodells (Belastungskreislauf), aus dem Ansätze zur Belastungsreduktion abgeleitet werden.

Es werden Stressanalysen und Grundlagen der Stressbewältigung vermittelt, hinzu kommt eine Reflexion beruflicher Anspruchshaltungen und Zufriedenheitserlebnisse, einschließlich Pausen- und Erholungsverhaltens. Sozial kompetentes Verhalten und das Führen von Konfliktgesprächen werden anhand konkreter Beispiele der Teilnehmer und mit verschiedenen Techniken, wie zum Beispiel Rollenspielen, erarbeitet. Persönliche berufliche Stärken und Möglichkeiten der Weiterentwicklung sind Thema.

Was die Evaluation des Programms betrifft, so zeigt sich das SBA bei einem Vergleich von Interventions- und Kontrollgruppe in puncto berufsbezogener Behandlungszufriedenheit als überlegen, nicht aber in puncto beruflicher Belastungs- und Bewältigungseinschätzungen. Folglich fehlt ein spezifischer Wirkungsnachweis für die SBA-Intervention. Deutlich überlegen ist sie allerdings in puncto einer Reduktion von Berentungsabsichten (vgl. Koch et al. 2006; Koch/Geissner/Hillert 2007; Hillert/Koch/Hedlund 2007).

Die BTG entstammt der Tradition tiefenpsychologisch fundierter Psychotherapie und stellt bei der Behandlung berufsbezogener Probleme insbesondere die Gruppendynamik der Teilnehmer als wirkmächtig heraus (vgl. Beutel et al. 2002). Die auf vier Wochen konzipierte, zweimal wöchentlich 90-minütige Gruppentherapie beginnt mit einer Motivationsphase, in der das Interesse an einer Auseinandersetzung mit berufsbezogenen Konflikten innerhalb der ersten zwei Termine entwickelt werden soll.

In der folgenden Bearbeitungsphase sollen die Interaktion zwischen den Gruppenmitgliedern stimuliert, eine kathartische Mitteilung von Gefühlen ermöglicht, eigene Konfliktanteile gespiegelt und Übertragungen bewusst gemacht werden. Dabei dient die Therapiegruppe der Re-Inszenierung von Konflikten und bietet den Patienten zahlreiche Möglichkeiten, sich auseinanderzusetzen, die therapeutisch aufgegriffen werden können (vgl. Beutel et al. 2006a). Übertragungsphänomene im Kontakt zu Vorgesetzten und Mitarbeitern sowie biographische Prägungen mit Auswirkungen in der Arbeitswelt werden bearbeitbar.

Eine Schwierigkeit resultiert aus der Doppelrolle des Therapeuten, der nicht nur therapiert, sondern auch eine abschließende sozialmedizinische Beurteilung erstellt. Das verführt dazu, den Therapeuten als Retter zu sehen, der arbeits(un)fähig schreibt, Rentenanträge befördert, Umsetzungen befürwortet.

Als mögliche Widerstände gegen die Bearbeitung berufsbezogener Probleme wurden eine gewisse Erholungs- oder Kureinstellung, einseitige externale Attribuierungen von Konflikten am Arbeitsplatz oder Wünsche nach konkreter Hilfe bei der Durchsetzung von arbeits- oder sozialrechtlichen Ansprüchen beschrieben. Dann werden Gruppenleiter von den Gruppenmitgliedern nicht als Therapeuten adressiert, sondern zum Beispiel als Fachleute für arbeitsrechtliche Probleme.

In berufsbezogenen Gruppen lassen sich dementsprechend besondere Konstellationen von Übertragung/Gegenübertragung beobachten, wie etwa projektive Identifizierungen, mit denen Patienten versuchen, Therapeuten zu ihren »Bundesgenossen« zu machen. Gelingt es ihnen nicht, werden diese sofort zu »Gegnern« und als solche »bekämpft« (Beutel et al. 2002).

Evaluationen des BTG zeigen, dass die Teilnahme an diesem Programm insgesamt zu einer günstigeren Bewertung der Behandlung und einer optimistischeren Haltung bezüglich der Rückkehr an den Arbeitsplatz führt (vgl. Beutel et al. 2006a).

Vom Grundsatz her ist das Angebot einer berufsbezogenen Psychotherapie zu begrüßen. Freilich fragt sich, wie sich die Fokussierung auf Erwerbsarbeit rechtfertigen lässt. Ist das Therapieangebot additiv, besteht die Gefahr einer realitätsfremden Trennung von Arbeit und Privatsphäre, was zumindest reflektiert werden muss, um einer dauerhaften Spaltung vorzubeugen.

Für eine berufsbezogene Gruppenpsychotherapie sprechen Überlegungen, wie sie aus störungsspezifischen Gruppenpsychotherapien bekannt sind. So darf angenommen werden, dass Patienten, die sich mit ähnlichen Problemen abmühen, auf gegenseitiges Verständnis und Akzeptanz treffen, was nicht nur die Gruppenkohärenz erhöht, sondern auch etliche Modelle bietet, wie mit den Problemen praktisch umgegangen werden kann.

Unserer Auffassung nach sind nur dann nachhaltige Therapierfolge zu erzielen, wenn Erwerbsarbeit und (übriges) Leben zusammen in eine biographische Rekonstruktion eingebettet werden, die sich für die latenten subjektiven Bedeutungen der Arbeitstätigkeiten interessiert. Es sind diese Bedeutungen, von denen es bei gegebener Vulnerabilität abhängt, ob sich die Arbeitstätigkeiten als Selbstheilungsversuch eignen oder nicht.

Ein solcher Versuch bleibt stets riskant. Denn eine gelungene Abwehr schützt zwar vor psychischer De-Stabilisierung, aber nur so lange, wie sie greift, wodurch sie überwertig wird. Fallen selbstheilende Arbeitstätigkeiten weg, gerät Erwerbsarbeit zu einer schwer erträglichen psychischen Belastung. Statt zu stabilisieren, labilisiert sie.

Wird als Therapieziel verlangt, Patienten wieder arbeitsfähig zu machen, so darf dieses Ziel nicht verfolgt werden, ohne es für den individuellen Fall zu problematisieren. Denn in einer Gesellschaft, in der sich die Gesellschaftsmitglieder über Erwerbsarbeit definieren, bieten Arbeitstätigkeiten vielfältige Situationen, sich zu bewähren oder zu scheitern. Und das nicht nur äußerlich. Denn die jeweiligen Arbeitstätigkeiten formen die psychische Realität der Arbeitnehmer, so wie sich deren psychische Realität in der Art und Weise manifestiert, wie lust- und leidvoll sie arbeiten.

Literatur

Beutel, Manfred E./Gerhard, Christine/Kayser, Egon/Gustson, Dirk/Weiss, B./Bleichner, Franz (2002): Berufsbezogene Therapiegruppen für ältere Arbeitnehmer im Rahmen der tiefenpsychologisch orientierten psychosomatischen Rehabilitation. In: Gruppenpsychotherapie und Gruppendynamik 38, S. 313–34.

Beutel, Manfred E./Knickenberg, Rudolf J./Krug, Barbara/Mund, Sandra/Schattenburg, Lothar/Zwerenz, Rüdiger (2006a): Psychodynamic focal group treatment for psychosomatic inpatients – with an emphasis on work related conflicts. In: International Journal of Group Psychotherapy 56, H. 3, S. 285–305.

Beutel, Manfred E./Zwerenz, Rüdiger/Hillert, Andreas/Koch, Stefan/Knickenberg, Rudolf J./Schattenburg, Lothar (2006b): Gesundheitstraining Stressbewältigung am Arbeitsplatz (GSA). Ein indikationsübergreifendes Schulungsmodul zur beruflichen Integration in der medizinischen Rehabilitation. Manual. Klinik für Psychosomatische Medizin und Psychotherapie der Universität Mainz und Medizinisch-Psychosomatische Klinik Roseneck, http://forschung.deutsche-rentenversicherung.de/ForschPortalWeb/ressource?key=Manual_%20Gesundheitstraining_am_Arbeitsplatz_GSA.pdf (Abruf am 26.8.2015).

Dejours, Christophe (2012): Psychopathologien der Arbeit. Klinische Fallstudien. Frankfurt am Main: Brandes & Apsel.

Dejours, Christophe/Deranty, Jean-Philippe (2010): The centrality of work. In: Critical Horizons 11, H. 2, S. 167–180.

Harrach, Andor (2007): Psychosomatik der Arbeit – Psychosomatische Berufstherapie. In: Lindner, Joachim/Angenendt, Gabriele/Tschuschke, Volker (Hrsg.): Gruppentherapie in der psychosomatischen Rehabilitation. Grundlagen, Therapiekonzepte und Perspektiven. Gießen: Psychosozial-Verlag, S. 251–276.

Heitzmann, Berit/Helfert, Susanne/Schaarschmidt, Uwe (2008): Fit für den Beruf. AVEM-gestütztes Patientenschulungsprogramm zur beruflichen Orientierung in der Rehabilitation. Bern: Huber.

Hiller, Gabriele/Hillert, Andreas (2014): Berufsbezogene Psychotherapie. In: Der Neurologe & Psychiater 15, H. 1, S. 44–52.

Hillert, Andreas/Koch, Stefan/Hedlund, Susanne (2007): Stressbewältigung am Arbeitsplatz. Ein stationäres berufsbezogenes Gruppenprogramm. Göttingen: Vandenhoeck & Ruprecht.

Koch, Stefan/Geissner, Edgar/Hillert, Andreas (2007): Berufliche Behandlungseffekte in der stationären Psychosomatik. Der Beitrag einer berufsbezogenen Gruppentherapie im Zwölfmonatsverlauf. In: Zeitschrift für Psychiatrie, Psychologie und Psychotherapie 55, S. 97–109.

Koch, Stefan/Hedlund, Susanne/Rosenthal, Susanne/Hillert, Andreas (2006): Stressbewältigung am Arbeitsplatz. Ein stationäres Gruppentherapieprogramm. In: Verhaltenstherapie 16, S. 7–15.

Siegrist, Johannes/Dragano, Nico (2008): Psychosoziale Belastungen und Erkrankungsrisiken im Erwerbsleben: Befunde aus internationalen Studien zum Anforderungs-Kontroll-Modell und zum Modell beruflicher Gratifikationskrisen. In: Bundesgesundheitsblatt – Gesundheitsforschung – Gesundheitsschutz 51, H. 3, S. 305–312.

Soziale Unterstützung durch Vorgesetzte und Kollegen

Anspruch und Wirklichkeit

Rolf Haubl

Psychische Belastungen am Arbeitsplatz resultieren nicht nur aus der primären Aufgabe, sondern auch aus den formellen und informellen Beziehungen, in welche die Aufgabe eingebettet ist. Formelle Arbeitsbeziehungen regeln, wer wem auf wessen Anweisung wie zuarbeitet. Dagegen sind Arbeitnehmer in informellen Arbeitsbeziehungen über Sympathie und Antipathie verbunden. Beide Regelungen können konvergieren, aber auch zu Konflikten führen.

Der Einfachheit halber sei aus der Perspektive eines Arbeitnehmers zwischen Vorgesetzten und Kollegen unterschieden. Zusammen bilden sie ein Netzwerk betrieblicher Integration. Sind die Beziehungen »gut«, so darf angenommen werden, dass sich die psychischen Belastungen am Arbeitsplatz verringern. Dagegen werden sie durch »schlechte« Beziehungen vermehrt.

Wann Beziehungen gut oder schlecht sind, ist dabei freilich immer auch eine Frage des Selbstverständnisses: So mag ein Arbeitnehmer einen Kollegen schätzen, weil der ihn kommentarlos machen lässt, was er will, während es ein anderer Arbeitnehmer in der gleichen Situation gut findet, von seinem Kollegen frühzeitig vor drohenden Fehlern gewarnt zu werden.

Vorgesetzte und Kollegen können drei Arten von sozialer Unterstützung bieten: kognitive, emotionale und praktische. Welche dieser Hilfen ein Arbeitnehmer benötigt, hängt von seiner konkreten Situation am Arbeitsplatz ab. Er kann sie einfordern, aber auch ablehnen, wenn sie ihm angeboten werden. Idealerweise bekommt er, was er braucht. Aber Vorgesetzte und Kollegen können seinen Bedarf auch falsch einschätzen und ihm deshalb eine Hilfe anbieten, die nicht hilft. Es kann sogar sein, dass der Arbeitnehmer selbst nicht genau weiß, was er benötigt, um seine Situation zu verbessern.

1. Vorgesetzte

Vorgesetzte bestimmen maßgeblich mit, wie groß die psychische Belastung eines Arbeitnehmers ist, indem sie ein Matching zwischen Arbeitsanforderungen und Arbeitsfähigkeit – bei vorausgesetzter Arbeitsbereitschaft – anstreben.

Eine solche Passung muss immer wieder neu überprüft und eingerichtet werden. Ernsthaft betrieben, ist sie gesundheitsrelevant. So weisen Arbeitnehmer, die sich von ihren Vorgesetzten hinreichend sozial unterstützt fühlen, ein geringeres arbeitsbezogenes Burn-out-Risiko auf als diejenigen, denen es an einer solchen Unterstützung mangelt (vgl. Hollmann 2010).

Allerdings wissen Vorgesetzte häufig nicht, wie sie Einfluss auf die psychische Gesundheit ihrer Mitarbeiter nehmen können (vgl. Schulte/Bamberg 2002), spielen gelegentlich sogar herunter, dass sie überhaupt über einen solchen Einfluss verfügen. Oft realisieren sie zu wenig, dass ihnen eine Vorbildfunktion zukommt, ob sie wollen oder nicht: Wie sie mit sich selbst und insbesondere mit ihren eigenen psychischen Belastungen (vgl. Kuhnke-Wagner/Heidenreich/Brauchle 2011) umgehen, setzt praktische Standards.

2. Kollegen

Kollegialität ist eine Form praktischer Solidarität, die Konkurrenz nicht ausschließt, aber ruinöse Konkurrenz verhindert. Wenn sich Arbeitnehmer als Kollegen verstehen, dürfen sie von der begründeten Erwartung ausgehen, bei Bedarf die Hilfen und den Schutz, formell wie informell, zu erhalten, die sie benötigen – allerdings nur dann und so lange, wie zu erwarten steht, dass sie in vergleichbaren Situationen bereit sind, ebenso zu handeln.

Von ihrer Gruppendynamik her ist Kollegialität ein arbeitsethisch basierter Gruppendruck, der deviantes Arbeitshandeln erschwert oder es korrigiert. Sie ermöglicht aber auch, Widerstand gegen Vorgesetzte zu mobilisieren, die unzumutbare Forderungen stellen oder sonst wie ihre Macht missbrauchen (vgl. Haubl 2005).

Empirisch betrachtet (Eurofound 2010) hat der Prozentsatz derjenigen Arbeitnehmer, die von regelmäßiger kollegialer Hilfe bei der Arbeit berichten, von 65 Prozent im Jahre 2005 auf 71 Prozent im Jahre 2010 zugenommen. Im selben Zeitraum sind Hilfestellungen durch Vorgesetzte von 58 auf 47 Prozent gesunken.

Kollegialität hat ihre Grenzen: Untereinander darauf zu achten, dass niemand psychisch überfordert wird und sich dadurch psychisch überlastet, ist mehr, als erwartet werden darf.

Frau A

Frau A hat im Abstand von einem Jahrzehnt zwei Gesundheitskrisen erlebt, die sie von sich aus als Burn-out bezeichnet. Die erste Krise, die sich als Erschöpfung mit einer Vielzahl von unspezifischen psychosomatischen Symptomen manifestiert, hat sie ohne professionelle Hilfe durchgestanden. Die zweite Krise, die sie in die Klinik führt, zeigt dasselbe Störungsbild, weshalb sie sich dieses Mal an ihre Hausärztin wendet, die ihren Zustand aber wohl nicht ernst genug nimmt, sodass Frau A erneut allein zurechtkommen muss, was ihr aber nicht gelingt. Erst als eine gute Freundin ihr nachdrücklich rät, sich um professionelle Hilfe zu kümmern, sucht sie eine Psychotherapeutin auf, die sie für eine kurze Zeit ambulant behandelt. Von ihr lässt sie sich überzeugen, einem Klinikaufenthalt zuzustimmen.

Dass es Frau A so schwerfällt, professionelle Hilfe in Anspruch zu nehmen, schreibt sie selbst einem Verhaltensmuster zu, das sie von sich gut kennt. Sie erlebt sich als eine Person, der es vor allem daran gelegen ist, die völlige Kontrolle über sich und ihr Leben zu haben. Und die dementsprechend Angst hat, die Kontrolle zu verlieren. Deshalb, betont Frau A, sorge sie beruflich wie privat – stets dafür, dass andere nicht wirklich realisieren, wie schlecht es ihr geht. Selbst ihrer Hausärztin macht sie etwas vor.

Es hat den Anschein, als versuche sie, ihre Schwäche nicht nur vor anderen, sondern auch vor sich selbst zu verbergen. So geht sie immer wieder krank zur Arbeit, obwohl sie sich sicher ist, dass weder ihre Vorgesetzten noch ihre Kolleginnen dies von ihr erwarten! Mehr noch: Frau A ist sich sicher, dass sie auf volles Verständnis treffen würde, da sie das Betriebsklima in ihrer Abteilung, in der sie seit Langem arbeitet, als sehr gut erlebt.

Da sie krank zur Arbeit geht, kommt es zu Fehlern. Merken es die Kolleginnen, bügeln sie diese Fehler stillschweigend aus. Eine offene Aussprache darüber findet aber offenbar nicht statt, da Frau A den Eindruck erweckt, keinesfalls auf ihre Überlastung angesprochen werden zu wollen. Das lässt ein leistungszentriertes Selbstbild vermuten, das sie dazu zwingt, sich als grenzenlos belastbar darzustellen. Krank zu sein bedeutet für sie, die Kontrolle zu verlieren. Und da sie sich ihre Kontrollillusion erhalten will, darf sie sich nicht eingestehen, krank und deshalb leistungsgemindert zu sein, was aber ihre Überlastung steigert, womit sie in einen Teufelskreis gerät.

»Ich hatte mehr das Gefühl, ich sei in einer Art Hamsterrad, und wenn ich das jetzt zulasse, dass ich aufhöre zu rennen in diesem Rad, bricht alles ein. [...] weil, umso mehr Ruhe ich mir gegönnt hab, umso schlimmer wurde auch der körperliche, ähm, Schmerz, sag ich mal, den man dann auf einmal wahrnimmt. [...] Für mich war das wie eine Art, ähm, Versagen, wenn ich das zugebe, dass ich gesundheitlich nicht mehr kann.«

Wenn ihre Kolleginnen Frau A zwar ansprechen, es aber bei deren Erklärung, es gehe ihr gut, belassen, machen sie ein Dilemma deutlich. Stillschweigend die Fehler auszubügeln ist einerseits Ausdruck ihrer Kollegialität, zugleich halten sie damit aber – ungewollt – einen untragbaren Zustand aufrecht.

»Auch meine beiden Zimmerkolleginnen haben [meine Überlastung] dann irgendwann schon gemerkt. Und haben mich auch angesprochen. Und selbst da wollte ich es immer noch nicht zugeben und auch nicht gerne hören und hab gesagt: ›Okay, macht euch keine Gedanken‹«.

Kollegialität ist noch keine Freundschaft, folglich gibt es vergleichsweise enge Grenzen für persönliches Engagement. Und so verwundert es nicht, wenn es erst eine »gute Freundin« von Frau A wagt, die Situation offen anzusprechen.

Im Unterschied zu manchen Kolleginnen, die ihren Vorgesetzten gegenüber ihre grenzwertige Belastung herausstellen, habe sie, sagt Frau A, das nie getan. Heute wisse sie, »dass es scheinbar ab und zu doch angebracht sein kann, das zu äußern, damit, ähm, der andere zumindest ungefähr 'nen Wind davon kriegt, ähm, wie grad die Lage ist«.

Wer soziale Unterstützung am Arbeitsplatz benötigt, muss sich seinen Bedarf eingestehen, darum bitten und sie schließlich auch annehmen. Wie der Fall von Frau A belegt, ist dies nicht selbstverständlich. Ein überhöhtes Ideal-Selbst kann verhindern, sich rechtzeitig Hilfe zu holen.

»Den Druck mach ich mir auch zum großen Teil selbst, weil meine eigenen Anforderungen, mh, immer sehr hoch sind und ich es dann nicht so erfüllen kann, wie ich es gerne hätte.«

Nachdem sie dem Rat ihrer Freundin gefolgt ist und sich in die Klinik begeben hat, kann Frau A mit ihrer Erschöpfung offener umgehen: Ihre Vorgesetzten und ihre Kolleginnen sind über ihren Klinikaufenthalt informiert, zeigen Verständnis für ihre Situation und bieten ihr an, sie auf dem Laufenden zu halten. So richten sie einen kontinuierlichen E-Mail-Kontakt und auch Besuche ein, an denen sich sogar einer ihrer Chefs beteiligt.

Der Arbeitgeber will sie halten, und auch Frau A selbst lässt keinen Zweifel daran, dass sie beabsichtigt, an ihren Arbeitsplatz zurückzukehren. Wenn sie sich eine Veränderung vornimmt, dann eine Reduzierung der überwertigen Bedeutung, die das Unternehmen für ihr Leben hat:

»Weil, die Firma war zumindest so eine Konstante in meinem Leben, die ich auch immer hoch priorisiert habe. Also die Firma kam quasi direkt nach meinem Ehemann, und erst dann kam ich. Und da hab ich mich immer sehr ins Zeug gelegt, dass zumindest die Firma funktioniert.«

Ob und wieweit es ihr gelingt, ihren guten Vorsatz umzusetzen, bleibt abzuwarten. Denn sie verweist darauf, dass in der Unternehmenskultur, die in ihrer Branche herrscht, viele Arbeitnehmer unterwegs sind, die freiwillig an die Grenze ihrer Belastbarkeit gehen:

»Die Leute treffen dann eben auch ihre eigene Entscheidung und sagen: ›Du kannst mir jetzt fünfmal sagen, ich soll jetzt 'ne Pause machen, ich entscheide es, mein Job, meine Arbeit, ich bleibe jetzt sitzen.‹«

Frau K

Frau K arbeitet in einem Baumarkt, in dem seit Jahren ein Personalabbau stattfindet. Zum einen sind es generell weniger Mitarbeiter, zum anderen werden Fachkräfte zunehmend durch Aushilfskräfte ersetzt. Diese haben eine sehr viel geringere kollegiale Bindung, was sich dadurch bemerkbar macht, dass sie sich bei jeder passenden Gelegenheit der Verantwortung zu entziehen suchen. Dadurch entsteht für Frau K und andere Fachkräfte eine Mehrarbeit, wozu auch gehört, sich mit Kunden auseinandersetzen zu müssen, die verärgert sind, weil sie keine oder nur unzureichende Beratung erhalten. Bei den wenigsten Vorgesetzten findet sie für die daraus resultierende Überforderung die soziale Unterstützung, die sie benötigt. So berichtet sie von einem Vorgesetzten, mit dem sie an einem früheren, aber strukturgleichen Arbeitsplatz konfrontiert war, der keinerlei Pausen zuließ.

»Er war sehr grenzüberschreitend, also [er ist] mit bis in den Aufenthaltsraum [gefolgt]. Hat immer geguckt, wenn wir nicht im Laden waren, wo wir sind. Hat die Zeit gestoppt, wie lange wir auf der Toilette waren, ja, so. Hat auch immer hinter einem gestanden, also wenn man irgendwas gemacht hat, so mit ein bisschen Distanz hat er da immer beobachtet, wie man es macht und wie schnell oder wie genau.«

Aber unabhängig von einem solchen Vorgesetzten ist es die steigende Kundenzahl pro Mitarbeiter, die ausreicht, um überfordert zu sein:

»Also da war ziemlich viel Kundenandrang, kein Personal wie überall. Und ich hab's gespürt, das wird mir zu viel, aber ich hab viel zu spät wieder reagiert. Man denkt ja immer, man muss weitermachen, es wird schon wieder, ja. [...] zu spät um Hilfe gebeten [...] man hätte ja vielleicht sagen können: ›Hier, das ist mit einer Person nicht zu schaffen.‹«

Vorgesetzte frühzeitig zu informieren und soziale Unterstützung einzuklagen, fällt ihr nicht leicht. Da ist zum einen die Angst vor Kündigung: »Wer es nicht schafft, kann gehen«. Zum anderen ist es die Erwartung an die eigene Leistungsfähigkeit, die enttäuscht wird und beschämt: »›Warum schaffst du das nicht, und warum klappt das nicht?‹«

Schlägt die Beschämung in Wut um – »Bei mir ist auch viel Wut, ja« –, dann kann es sein, dass sie sich nunmehr für ihre Wut schämt. Denn sie hat keinen Ort, an dem sie diese äußern könnte. Auf die Frage, wo sie mit ihrer Wut hingehe, antwortet sie resigniert: »in meinen Körper«. Folglich wendet sie ihre Aggressionen gegen die eigene Person.

Die Kollegenschaft erlebt sie nicht als Hilfe. Zwar gebe es Mitarbeiter, die »robuster« seien und auch mal Widerstand leisten würden, – »die lassen sich nichts sagen, die geben gleich Widerworte, die – ja, die treten auch mal mit dem Fuß auf«, die meisten verhielten sich aber genauso eingeschüchtert wie sie selbst: »Aja, weil jeder seinen Job braucht, weil jeder sein Geld braucht, ja.« Und kommt es zu einem Wutausbruch, dann – nimmt man Frau K beim Wort – in einer kindlichen Form. Wer mit dem Fuß auftritt, ist ohnmächtig und verletzt eher sich selbst als den, der die Macht hat.

3. Die Realität sozialer Unterstützung

Das Bild, das unsere Interviewpartner von sozialer Unterstützung entwerfen, ist zwiespältig. So schildern sie Kollegen und Vorgesetzte, die ihre zunehmende psychische Belastung gar nicht wahrnehmen, dann diejenigen, die sie zwar wahrnehmen, aber nicht ernst nehmen oder sogar aus eigenen Interessen heraus schönreden, schließlich diejenigen, die bereit sind, Unterstützung zu bieten, aber nicht wissen, wie sie das bewerkstelligen sollen, ohne die Betroffenen zu kränken.

Fasst man die Aussagen in den Interviews zusammen, so haben sich die meisten Interviewpartner in der Zeit, bevor es zu ihrem Zusammenbruch gekommen ist, zwar soziale Unterstützung von Kollegen und Vorgesetzten gewünscht, aber oftmals Schwierigkeiten gehabt, eine solche Unterstützung auch erfolgreich einzufordern. Damit einher geht eine Unsicherheit, wo denn in den Organisationen der geeignete Ort ist, das Thema der psychischen Überlastung anzusprechen. Relevante Akteure, wie Betriebsärzte und Betriebsräte, tauchen in unseren Interviews – auch auf Nachfrage – nur am Rande auf.

Die meisten unserer Interviewpartner behandeln ihre psychische Überlastung am Arbeitsplatz zunächst als ein individuelles Problem zu geringer psychischer Belastbarkeit. Die Überlastung auf überfordernde Arbeitsbedingungen zurückzuführen, thematisieren sie oft erst dann, wenn sie darauf angesprochen werden. Dementsprechend kommt es in den Fällen einer anstehenden Wiedereingliederung auch so gut wie nicht vor, dass die betroffenen Arbeitnehmer vorhaben, über weniger belastende Arbeitsbedingungen zu verhandeln. Eher beabsichtigen sie, den Arbeitgeber zu wechseln, was ein Hinweis darauf sein mag, dass sie eine solche Verhandlung als beschämend erleben, gepaart mit der antizipierten Enttäuschung, damit sowieso keinen Erfolg zu haben.

4. Familiarisierung

Sind die Beziehungen eines Arbeitnehmers zu seinen Kollegen und Vorgesetzten als Ressourcen sozialer Unterstützung zu betrachten, so bestehen sie nicht losgelöst von deren privaten Beziehungen, vor allem in der Familie. »Gute« familiäre Beziehungen können »schlechte« Arbeitsbeziehungen entschärfen – und umgekehrt. Besonders gefährdet sind Personen, die über keine Kompensationsmöglichkeiten verfügen. Bedrohlich wird es, wenn sich psychische Belastungen aufgrund unbewältigter Beziehungskonflikte in beiden Lebensbereichen wechselseitig verstärken.

Frühe Beziehungserfahrungen eines Menschen schlagen sich in Beziehungsmustern nieder, die dann die kommenden Beziehungen vorstrukturieren. Die Psychoanalyse nennt diesen Vorgang Übertragung (Herold/Weiß 2014). Übertragungen sind konservativ, das heißt: Sie tendieren – gegen die bekundeten Intentionen – dazu, neue Beziehungen so zu gestalten, wie es die vorhergehenden waren. Dadurch werden aber die aktuellen Beziehungen mehr oder weniger stark verkannt.

So kann es am Arbeitsplatz zu einer Familiarisierung (Erdheim 1992) kommen. Wo sie besteht, werden Arbeitsbeziehungen nach dem Vorbild familiärer Beziehungen erlebt und gestaltet. Dadurch können rätselhafte Konflikte auftreten, die man erst versteht, wenn bewusst wird, dass zum Beispiel ein Arbeitnehmer deshalb immer wieder einen Streit mit seinem Vorgesetzten vom Zaun bricht, weil er sich unbewusst an ihm für die Unterwerfung zu rächen versucht, die er durch seinen Vater erlitten hat.

Frau I

Frau I ist Sozialarbeiterin in der Suchthilfe. Sie stammt aus einem Elternhaus, das sie selbst als verwahrlost beschreibt. Bis heute werde sie von ihren Eltern ausgenutzt, ohne deren Aufmerksamkeit und Anerkennung zu bekommen, wonach sie sich aber sehnt, weshalb es ihr nicht dauerhaft gelingt, sich von dieser Vergangenheit zu lösen. In einer der ambulanten Psychotherapien, die sie gemacht hat, wird ihr bewusst, dass sich in ihrer Berufswahl ihre Familiengeschichte spiegelt. Sie sei, wie sie selbst es formuliert, immer auch die Sozialarbeiterin ihrer Herkunftsfamilie gewesen. So sehe sie viele Parallelen zwischen den Verhaltensweisen ihrer Eltern und den Verhaltensweisen ihrer Klientel.

»Dass ich mir so Bereiche suche, wo das immer so an meine Vergangenheit irgendwie so – also, dass ich das so irgendwie in Verbindung bringe. Mir war das bisher nicht bewusst.«

In dem Team, in dem sie arbeitet, findet sie bei den Kollegen keine Unterstützung. Im Gegenteil: Sie beobachtet eine missbräuchliche Verstrickung zwischen ihren Kollegen und deren Klientel.

»[Die Kollegen haben] private Kontakte mit Klienten. Dass die zu Geburtstagen eingeladen werden oder so. [...] die gehen halt alle da zusammen viel Bier trinken, sind auch gerne mal betrunken, gemeinsam. Also manchmal – ich sage es jetzt ganz offen – manchmal habe ich auch [die Vorstellung], also, dass auch die Sucht verbindet.«

Wegen solcher unprofessioneller Verhaltensweisen möchte Frau I eigentlich den Arbeitsplatz wechseln. Auch gibt sie an, ihre Klientel immer schlechter zu ertragen, denn die Süchtigen seien, Krankheit hin oder her, schlicht asozial. Sie würden nicht arbeiten wollen, sondern richteten sich in einer parasitären Existenz ein, weshalb die Sozialarbeit erfolglos bleibe.

Nun läge es nahe, dass sich Frau I an ihre Vorgesetzte wenden würde, um sie über diese Situation und ihre Unzufriedenheit zu informieren. Aber sie sucht das Gespräch mit ihr nicht. Denn in ihrer Wahrnehmung ist die Vorgesetzte keine Vertrauensperson, sondern selbst jemand, der unberechenbar agiert und alle Bemühungen bestraft, die Situation aufzuklären. Genau das, so Frau I, habe eine ihrer Freundinnen erleben müssen.

Für Frau I kommt hinzu, dass die Geschäftsführerin sie an ihre Mutter erinnert, was ihre Hemmung verstärkt, sich Hilfe suchend an sie zu wenden.

»Also jetzt, ohne dass ich wieder vom Elternhaus anfangen will – aber die hat auch so Allüren an sich, die mich schwer an meine Mutter erinnern; und – ach. Aber das ist die Geschäftsführerin, mit der muss ich reden, wenn ich da was ändern will; und seit zwei Jahren schiebe ich das vor mir her, ja, ja, ja, hm.«

Frau I wünscht sich, in der Klinik so mutig zu werden, dass sie sagt, was zu sagen ist, auch auf die Gefahr hin, gekündigt zu werden.

Beschreibt Frau I ihre Situation treffend, befindet sie sich in einem sozialen System, das – von wenigen Ausnahmen abgesehen – geschlossen ist. Ihre Kollegen und ihre Vorgesetzten sind derart miteinander verstrickt, dass sie auf keine soziale Unterstützung von ihnen zu hoffen braucht. Im Gegenteil: Frau I ist diejenige, die als gestört erscheint. Sie fürchtet sich, dagegen vorzugehen, weil ihr dann die Kündigung drohe. Zudem hat sie auch deshalb große Schwierigkeiten, sich zu behaupten, weil sie permanent an ihre Kindheit erinnert wird. So erkennt sie in der wahrgenommenen Asozialität ihrer Klientel und ihrer Kollegen, die sich vor jeder Verantwortung drücken, ihre Eltern wieder, von denen sie sich von Kindheit an ausgenutzt fühlt.

So ohnmächtig und alleingelassen, wie sie sich als Kind in ihrer Familie gefühlt haben dürfte, so ohnmächtig und alleingelassen fühlt sie sich an ihrem Arbeitsplatz. Da alle miteinander verstrickt sind, weiß sie nicht, an wen sie sich wenden kann:

»Also, sagen wir mal, wenn ich jetzt vielleicht mal, wenn wir einen anderen Betriebsrat hätten, hätte ich mich vielleicht schon mal im Laufe der Jahre – also ich hätte zumindest mal eine Beratung, wie ich mich da verhalten soll.«

So quält sie sich mit Phantasien, endlich einmal allen zu sagen, was sie wirklich über deren empörendes Verhalten denkt: »Klar habe ich Aggressionen.« Aber sie traut sich nicht, was dazu führt, dass sie im Hinblick auf ihre Klientel fast schon zynisch erklärt, es sei ihr »Job, das denen nicht zu sagen«. Und so verzichtet sie auf Konfrontationen, aus »Angst, das die mir kündigen«, wenn sie auf Konfrontationskurs ginge, wie es zu ihrem Selbstverständnis als Suchtberaterin gehört. Wenn sie sich für »beratungsmüde« hält, verwundert das in Anbetracht des Dilemmas, in dem sie sich befindet, nicht.

Freilich wird Frau I, solange sie mitspielt, nicht wissen, ob ihre Ängste berechtigt sind. Da sie aufgrund ihrer lebensgeschichtlichen Erfahrungen aber Sanktionen für wahrscheinlich hält, wenn sie nicht mitspielt, scheut sie eine Realitätsprüfung. Vom Klinikaufenthalt erwartet sie sich die soziale Unterstützung für eine Konfrontation, die sie am Arbeitsplatz – wie in ihrer Herkunftsfamilie – scheut.

Frau I ist ein eindrucksvolles Beispiel dafür, dass sich traumatische und konflikthafte Familienverhältnisse am Arbeitsplatz reinszenieren, was es auch für die Betroffenen selbst schwer macht, den Realitätsgehalt ihrer Wahrnehmungen zu ermessen. Frau I hat vermutlich aufgrund ihrer Psychotherapieerfahrungen eine ungefähre Vorstellung von dieser Übertragungsdynamik, bleibt aber vorerst in ihr gefangen. Sich aus dieser Gefangenschaft zu befreien lässt sich als Therapieziel ausmachen: Mut zu fassen und zu zeigen, wer sie ist, wenn sie sich nicht länger verstellt und aufhört, gute Miene zum bösen Spiel zu machen.

5. Stigmatisierung und Selbststigmatisierung

Wie Vorgesetzte und Kollegen mit Arbeitnehmern umgehen, die am Arbeitsplatz erkennbar sozial auffällig werden, weil sie psychisch überlastet oder gar psychisch krank sind, hängt unter anderem von den Vorurteilen ab, die sie haben. Vorurteile sind Vorstellungen, die aus einer Gemengelage von realistischen und verzerrten Erwartungen an das Fühlen, Denken und Handeln der Betroffenen bestehen. Dabei kommt es nicht selten vor, dass ihre Kollegen und Vorgesetzten so mit ihnen umgehen, dass sie nicht anders können, als sich auffällig zu verhalten. Ist das der Fall, liegt eine sich selbst erfüllende negative Prophezeiung vor.

Vorurteile über psychische Überlastungen und Erkrankungen können die Chancen der Betroffenen auf Erfolg im Arbeitsleben erheblich erschweren: bei der Stellensuche, bei der Laufbahnentwicklung und bei der Wiedereingliederung am Arbeitsplatz nach Beendigung eines Klinikaufenthalts.

Leiden Arbeitnehmer an psychischen Überlastungen, dann kommen zu den dadurch verursachten Leistungsdefiziten noch die Angriffe auf ihren Selbstwert hinzu, die von vorurteilsbeladenen Kollegen und Vorgesetzten ausgehen.

- Befragungen von Arbeitgebern zeigen, dass sie psychisch kranke Arbeitnehmer eher nicht einstellen würden, wenn sie um deren Erkrankung wüssten, gleich, wie arbeitsfähig und arbeitsbereit die Betroffenen zum Zeitpunkt der Einstellung sind (Baer 2007).
- Angenommen, zwei gleich gut qualifizierte Arbeitnehmer würden sich auf dieselbe Stelle bewerben, der eine somatisch, der andere psychisch krank, dann bekäme der somatisch Kranke sehr wahrscheinlich den Vorzug (Brohan et al. 2012).
- Dabei bestehen Unterschiede in der Stigmatisierung gemäß dem vorliegenden Krankheitsbild. Während Arbeitgeber bei Bewerbern, die an einer Depression leiden, schon sehr zurückhaltend sind, sinken die Einstellungschancen bei einer Schizophrenie gegen null (Manning/White 1995).
- In vielen Fällen geht die Stigmatisierung von Personen mit einer psychischen Überlastung oder Krankheit mit deren Selbststigmatisierung einher: So würden auch die Betroffenen selbst in der (vorgestellten) Rolle

eines Arbeitgebers keine arbeitsfähigen und arbeitsbereiten Bewerber einstellen, wenn sie von deren Erkrankung wüssten.

- Selbststigmatisierung ist ein Handicap, das den Selbstwert und das Selbstwirksamkeitsgefühl des Betroffenen weiter mindert (Corrigan/Watson/Barr 2006). Oft erzeugt sie eine sich selbst erfüllende negative Prophezeiung, die zu Fehlwahrnehmungen verleitet: Indem die Betroffenen erwarten, diskriminiert zu werden, übersehen sie, dass Diskriminierungen tatsächlich nur in einem Bruchteil der Fälle vorkommen (Stuart 2006).

Alles in allem tragen Stigmatisierung und Selbststigmatisierung, indem sie Defizite betonen, maßgeblich dazu bei, dass die Betroffenen ihr Leistungspotenzial nicht annähernd ausschöpfen können – und es meist auch gar nicht erst versuchen.

6. Selbstenthüllen oder Verschweigen?

Die Angst vor Stigmatisierung kann dazu führen, dass psychisch überlastete und kranke Arbeitnehmer ihre Situation so lange wie möglich zu verbergen suchen. In der Tat besteht ein Dilemma: Die Überlastung offenzulegen kann entlasten, aber auch mehr belasten. Entlastung entsteht zum Beispiel dadurch, dass ein Verhalten, das als Leistungsverweigerung erscheint, nunmehr eine Erklärung findet, die soziale Unterstützung mobilisiert. Eine Offenlegung kann aber auch die psychische Belastung erhöhen, weil nunmehr die stigmatisierenden Vorurteile von Kollegen und Vorgesetzten greifen. Selbst wenn diese nicht sonderlich ausgeprägt sind, kann es zu Verunsicherungen in der Kommunikation kommen.

Einer englischen Untersuchung zufolge würden drei Viertel der befragten Arbeitgeber sich wünschen, um die psychische Überlastung und Erkrankung eines Arbeitnehmers zu wissen (Henderson et al. 2013). Was mit diesen Informationen geschieht, entzieht sich aber der Kontrolle des Betroffenen, weshalb absolute Freiwilligkeit gewährt sein muss.

Und da Arbeitgeber stets daran interessiert sind, ihr Humankapital profitabel einzusetzen – oder anders gesagt: da Arbeitsplätze keine herrschaftsfreien Räume sind –, ist zu Recht Vorsicht geboten. Dies bestätigt eine Befragung von 317 deutschen Psychiatern, die aufgrund ihrer Erfahrungen geschätzt haben, wie es in der Praxis um psychisch kranke Arbeitnehmer steht (Mendel/Hamann/Kissling 2010):

- Nur 16 Prozent der berufstätigen Patienten informieren ihren Vorgesetzten darüber, dass sie an einer psychischen Erkrankung leiden. (Alle Prozentangaben sind Mittelwerte der Schätzungen.)

Denn:

- 27 Prozent der Patienten werden von ihrem Vorgesetzten aufgrund ihrer psychischen Erkrankung stigmatisiert, 31 Prozent von ihren Arbeitskollegen;
- 23 Prozent werden gemobbt;
- 22 Prozent erhalten eine plötzliche Aufgabenänderung ohne Rücksprache mit ihnen;
- 18 Prozent werden gegen ihren Willen in eine andere Abteilung versetzt;
- 39 Prozent der Vorgesetzten zeigen eine mangelnde Bereitschaft, die Arbeitsbedingungen des Patienten an dessen momentane Belastbarkeit anzupassen;
- 18 Prozent der Patienten drängen auf Kündigung.

Deshalb:

- 38 Prozent der befragten Psychiater raten ihren Patienten davon ab, ihre Vorgesetzten am Arbeitsplatz über ihre psychische Erkrankung zu informieren.

Frau F

Frau F hat eine Lebensgeschichte, die in ihrem Rückblick von Vernachlässigungen, physischer und psychischer Gewalt sowie tiefen Enttäuschungen über ihre engen Bezugspersonen geprägt ist. In beruflicher Hinsicht finden sich große Anstrengungen, um sich ständig weiterzuqualifizieren, was in einem abgeschlossenen Studium gipfelt, mit dem sie eine »gehobene Stellung« zu erreichen sucht. Aber es gelingt ihr nicht. Kennzeichnend für ihr Berufsleben ist eine Reihe von mehr oder weniger langfristigen Arbeitsverträgen, die meist vorzeitig enden, weil der Arbeitgeber sie ohne eine

Option auf Weiterbeschäftigung auslaufen lässt oder ihr kündigt. Erhält sie eine Begründung, dann zeigt die stets das gleiche Muster:

»›Sie sind nicht mehr tragbar [...] Sie stören den Betriebsfrieden, Sie verursachen zu viele Gerüchte‹ [...] sie halten mich dafür nicht reif genug und ich würde mich nicht gut benehmen können.«

Frau F selbst fühlt sich ungerecht behandelt und dafür bestraft, dass sie sich als Einzige traue, auf Missstände in den Arbeitsbedingungen hinzuweisen, über die ihre Kollegen hinwegsehen. Aus diesem Verhalten zieht sie einerseits ein gewisses Selbstbewusstsein, andererseits hat sie sich auch nicht unter Kontrolle: Sie sei nun einmal »nicht diplomatisch«.

Die Vorfälle, die Frau F erzählt, sind nicht ohne Plausibilität. In allen Organisationen wird strategisch-taktisch gehandelt, um sich eigene Vorteile zu verschaffen. Offene und verdeckte Konkurrenz ist an der Tagesordnung, Solidarität nicht unbedingt zu erwarten. Diese »dunkle Seite« (vgl. Ortmann 2010) einer Organisation wird aus guten Gründen so lange wie möglich auch in der Dunkelheit belassen, da bedingungslose Aufrichtigkeit die Zusammenarbeit nicht leichter macht, sondern die Komplexität der Interaktionen erhöht. Vor diesen Hintergrund gestellt, vertritt Frau F einen Anspruch, der alle überfordert, weil er den Latenzschutz, den Organisationen einrichten (vgl. Haubl 2010), einzureißen droht. Dass sie dabei auf sich selbst keine Rücksicht nimmt, sondern sich schadet, präsentiert sie als Authentizitätsmarker.

Frau F beklagt, dass ihre Kollegen für ihre feige Anpassung belohnt würden, während man ihren Mut und ihre Leistungen nicht anerkenne. Und das von jeher. So leidet sie an einem kumulierten Anerkennungsmangel, aus dem sie ableitet, endlich die Belohnungen erhalten zu müssen, die sie verdient habe. Sie ist voll ohnmächtiger Wut, um die sie weiß, die sie aber nicht kontrollieren kann:

»Es gibt so einen Zusammenhang zwischen dieser maßlosen Wut über Ungerechtigkeiten, und dann fall ich in ein totales Tief. [...] dass ich mit meiner Wut nicht klarkomme.«

Aus dieser Wut heraus entwertet sie ihre Kollegen und Vorgesetzten permanent, sodass diese auch keinen Grund haben, sich konstruktiv mit ihr auseinanderzusetzen.

Selbst positiven Zuwendungen misstraut Frau F. So berichtet sie etwa, sie sei in einem Fall von einer Personalreferentin nur deswegen eingestellt worden, weil diese sich damit an der Geschäftsleitung habe rächen wollen:

»Die hat mich eingestellt, und sie ist gegangen [...] meine Vermutung war, weil, die hat eine Rechnung mit denen zu begleichen gehabt. [...] Unbewusst. Sie hat mich rausgesucht, weil nämlich anhand meiner Zeugnisse man den Eindruck bekommt, ich bin ein Querdenker und Stressmacher.«

Vermutlich braucht Frau F ihre Wut, um ihre Verzweiflung in Schach zu halten, die sie gepackt hält. Folgerichtig bricht sie dann auch in einem Moment zusammen, kann mit Weinen nicht mehr aufhören, in dem sie keine Hoffnung mehr sieht, dass ihr – so wie sie es erlebt – jemals Gerechtigkeit widerfahren wird.

»Hoffnungen, die ich mal in meinem Leben hatte, sind weg. [...] Und ich glaube nicht mehr dran, dass man jemals anerkennen wird, was ich kann, dass ich wer bin.«

Zu diesem Zeitpunkt hat sie eine Vorgesetzte, der sie halbwegs vertraut, vermutlich deshalb, weil sie weiß, dass es in deren Familie auch jemanden mit einer psychischen Erkrankung gibt. Ihr berichtet sie von ihrer Situation, findet Verständnis und nimmt deshalb deren Rat an, sich in eine Klinik zu begeben.

Dort erhält sie die Diagnose »emotional instabile Persönlichkeit vom impulsiven Typ«, die sie für sich in die Diagnose »Borderline« übersetzt, da sie diese – während einer früheren ambulanten psychotherapeutischen Kurztherapie – recherchiert und für sich als zutreffend erkannt hat:

»Und ich hab das früher befürchtet und wollte das aber nie vertiefen und mich da nie damit beschäftigen. Ich denke, es stimmt. Das macht mich echt fertig.«

Inzwischen ist Frau F aber bereit, sich ernsthaft mit ihren psychischen Problemen auseinanderzusetzen. Hat sie in der früheren Therapie die Deutung ihrer Therapeutin, sie entwerte ihre Vorgesetzten und Kollegen, als »unverschämt« zurückgewiesen und sofort einen Abbruch der Therapie erwogen, nimmt sie sich nunmehr vor, zugänglicher zu sein und anzuerkennen, »dass ich [...] manchmal [mit meiner Kritik] unter die Gürtellinie gehe.

Aber ich mache es nicht sozialverträglich, ich mach es aggressiv. Subtil aggressiv. Das weiß ich.«

Ein Ziel von Frau F wird sein müssen, sich ihrem destruktiven Neid (vgl. Haubl 2014) zu stellen. Denn der bringt sie dazu, Vorgesetzten und Kollegen alle Verdienste abzusprechen und sie als Hochstapler zu entlarven.

»Ich komm damit nicht klar […], ich halte sie [Vorgesetzte und Kollegen] für lang nicht so professionell und qualifiziert und so toll, wie sie auftreten und meinen, dass sie das wären. Und es gibt nicht wenige Leute, die so sind. Grad wenn sie länger in irgendeinem Berufsbereich sind oder in irgendeiner Stelle und merken, sie haben ihre soziale Hierarchie, ihren Platz in dieser Hierarchie, der sehr machtvoll ist, auch gefestigt. Und solche Leute sind für mich die pure Provokation. […] Und wo ich merke, man versucht, mich irgendwie so in eine Struktur hineinzuholen, wo ich so Untergebene sein soll. Aber ich mach das nicht mit.«

7. Führung psychisch kranker Arbeitnehmer

Handelt es sich wie im Fall der hier vorgestellten ich-strukturell gestörten Patientin um eine gravierende psychische Erkrankung, dann ist anzunehmen, dass ein sechs- bis zwölfwöchiger Aufenthalt in einer Klinik nicht ausreicht, um sie zu kurieren. Insofern kehrt ein solcher Arbeitnehmer nicht »nach der Krankheit« an seinen Arbeitsplatz zurück, sondern eher – wie etliche unserer Fälle zeigen – als ein psychisch Kranker, der gebessert und damit wieder leistungsfähiger ist, aber weiterer psychotherapeutischer Begleitung bedarf.

Auf die Arbeitssituation bezogen heißt das: Die Wunschvorstellung greift zu kurz, dass mit dem formalen Abschluss der betrieblichen Re-Integrationsphase kein weiterer Unterstützungsbedarf bestünde. Je schwerer die psychische Erkrankung ist, desto länger anhaltend sind ihre Folgen. Unsere Befunde legen nahe, zwei Phasen zu unterscheiden: die Phase der Reintegration im engeren arbeitsrechtlichen und arbeitstechnischen Sinne und die Phase einer Nachsorge, die in einer achtsamen Begleitung besteht. (Vgl. dazu auch den Aufsatz von Haubl und Engelbach in diesem Buch, »Raus aus der Klinik, rein ins Leben – Überlegungen zum Entlassungsmanagement nach stationärer psychosomatisch-psychotherapeutischer Behandlung«.)

Die Führung psychisch vulnerabler Arbeitnehmer müsste zu den Aufgaben ihrer Vorgesetzten gehören. Soweit unsere Erfahrungen reichen, zählt es aber bislang nicht zu deren Kernkompetenz, mit Betroffenen hinreichend sensibel über bleibende psychische Gesundheitsrisiken zu sprechen.

Wer immer in einem Unternehmen ein aufrichtiges Interesse daran hat, psychisch kranke Arbeitnehmer zu halten, der sollte – neben unbedingter Freiwilligkeit – eine bestimmte Haltung einnehmen und folgende Gesprächsregeln beachten:

- Vermeiden Sie psychosomatische Laiendiagnosen.
- Sprechen Sie konkrete arbeitsbezogene Verhaltensweisen an, die – in jüngster Zeit – negativ aufgefallen sind.
- Vermeiden Sie es, alle diese Verhaltensweisen auf die Erkrankung des Arbeitnehmers zurückzuführen.
- Zeigen Sie Gesprächsbereitschaft, ohne Druck auszuüben.
- Vermeiden Sie eine Bagatellisierung, aber auch eine Dramatisierung der Situation.
- Drohen Sie dem kranken Arbeitnehmer nicht mit Sanktionen, machen Sie ihm aber zu gegebener Zeit klar, was Sie von ihm – auch an Bereitschaft, sich professionell behandeln zu lassen – erwarten.
- Bieten Sie ihm an, dazubeizutragen, die benötigte professionelle therapeutische Hilfe zu finden.

Darüber hinaus ist an Maßnahmen zu denken, die die gesamte Belegschaft betreffen:

- Holen Sie psychisch kranke Arbeitnehmer aus einer drohenden Isolation heraus, indem sie ihrer Belegschaft geeignete Fortbildungsmöglichkeiten anbieten, die deutlich machen, wie viele Menschen von psychischen Erkrankungen betroffen sind.
- Informieren Sie sich und Ihre Belegschaft im Rahmen solcher Fortbildungen darüber, was von einem Arbeitnehmer mit einem bestimmten Krankheitsbild realistischerweise (nicht) zu erwarten ist.
- Bauen Sie langfristig ein Netzwerk von inner- und außerbetrieblichen Institutionen auf, die für Prävention und Rehabilitation als Teil einer salutogenen Organisationskultur zur Verfügung stehen.

Inzwischen gibt es zahlreiche Aufklärungsprogramme, die genutzt werden können. Allerdings sind keine Wunder zu erwarten. Untersuchungen zeigen, dass die vorhandenen Programme nur mäßig erfolgreich sind (Szeto/Dobson 2010). Zu den minimalen Erfolgsbedingungen gehört: Die Programme müssen an den Ängsten ansetzen und dürfen Probleme in der Aufgabenerfüllung wie in der sozialen Integration am Arbeitsplatz nicht herunterspielen.

Literatur

Baer, Niklas (2007): Würden Sie einen psychisch behinderten Menschen anstellen? In: Zeitschrift für Sozialhilfe 1, S. 32–33.

Brohan, Elaine/Henderson, Claire/Wheat, Kay/Malcom, Estelle/Clement, Sarah/Bartley, Elizabeth A./Slade, Mike/Thornicroft, Graham (2012): Systematic review of beliefs, behaviours and influencing factors associated with disclourse of a mental health problem in workplace. In: BMC Psychiatry 12, S. 11.

Corrigan, Patrick W./Watson, Amy, W./Barr, Leah (2006): The self-stigma of mental illness: implications for self-esteem and self-efficacy. In: Journal of Social and Clinical Psychology 25, S. 875–884.

Erdheim, Mario (1992): Kultur und Sozialisation. In: Gruppenpsychotherapie und Gruppendynamik 28, S. 265–278.

Eurofound (2010): Fünfte Europäische Erhebung über die Arbeitsbedingungen 2010, https://www.eurofound.europa.eu/de/surveys/european-working-conditions-surveys/fifth-european-working-conditions-survey-2010 (Abruf am 2.2.2017).

Haubl, Rolf (2005), Risikofaktoren im Machtgebrauch von Leitungskräften. In: Freie Assoziation 8, S. 7–24.

Haubl, Rolf (2010): Latenzschutz und Veränderungswiderstand. Grundfragen psychodynamisch-systemischer Organisationsberatung. In: Schnoor, Heike (Hrsg.): Psychodynamische Beratung. Göttingen: Vandenhoeck & Ruprecht, S. 197–209.

Haubl, Rolf (2014): Neid am Arbeitsplatz. In: Vedder, Günther/Pieck, Nadine/Schlichting, Brit/Schubert, Andrea/Krause, Florian (Hrsg.): Befristete Beziehungen. Menschengerechte Gestaltung von Arbeit in Zeiten der Unverbindlichkeit. München, Mehring: Hampp, S. 61–71.

Henderson, Claire/Williams, Paul/Little, Kirsty/Thornicroft, Graham (2013): Mental health problems in the workplace. Changes in employers' knowledge, attitudes and practices in England 2006–2010. In: British Journal of Psychiatry 202 (suppl. 55), S. 70–76.

Herold, Reinhard/Weiß, Heinz (2014): Übertragung. In: Mertens, Wolfgang W. (Hrsg.): Handbuch psychoanalytischer Grundbegriffe. 4. Auflage, Stuttgart: Kohlhammer, S. 1005–1020.

Hollmann, Detlef (2010): Vorgesetzte können Burnout am Arbeitsplatz reduzieren. Eine Studie im Auftrag der Bertelsmann-Stiftung, http://www.bertelsmann-stiftung.de/de/presse/pressemitteilungen/pressemitteilung/pid/vorgesetzte-koennen-burnout-am-arbeitsplatz-reduzieren/ (Abruf am 2.2.2017).

Kuhnke-Wagner, Iris-Andrea/Heidenreich, Jan/Brauchle, Gernot (2011): Psychosoziale Arbeitsbelastungen und depressive Symptome bei Führungskräften: Ansatz für präventive Strategien. In: Psychotherapeut 2011 56, H. 1, S. 26–33.

Manning, Cressidia/White, Peter D. (1995): Attitudes of employers to the mentally ill. In: Psychiatric Bulletin 19, S. 541–543.

Mendel, Rosmarie/Hamann, Johannes/Kissling, Werner (2010): Vom Tabu zum Kostenfaktor – Warum die Psyche plötzlich ein Thema für Unternehmen ist In: Wirtschaftspsychologie aktuell 2, S. 23–27.

Ortmann, Günther (2010): Organisation und Moral. Die dunkle Seite. Weilerswist: Velbrück Wissenschaft.

Schulte, Mathias/Bamberg, Eva (2002): Ansatzpunkte und Nutzen betrieblicher Gesundheitsförderung aus der Sicht von Führungskräften. In: Gruppendynamik und Organisationsberatung 33, S. 369–384.

Stuart, Heather (2006): Mental illness and employment discrimination. In: Current Opinion Psychiatry 19, S. 522–526.

Szeto, Andrew/Dobson, Keith S. (2010): Reducing the stigma of mental disorders at work: A review of current workplace anti-stigma intervention programs. In: Applied and Preventive Psychology 14, S. 41–56.

Perspektive 2

Therapie und Klinikaufenthalt

»Ich brauche jetzt akut Hilfe!«

Subjektive Krankheitstheorien und Behandlungserwartungen von Patienten einer psychosomatischen Klinik

Nora Alsdorf

Verschlechtert sich der Gesundheitszustand eines Menschen, so bildet er eine Theorie bezüglich seines Leidens und dessen Ursache. Lange bevor jemand in das ärztliche Expertensystem eintritt, hat er mit seinem Alltagswissen versucht, eine Erklärung für seinen Zustand zu finden. In der modernen Gesellschaft gehen in diese subjektiven Krankheitstheorien sowohl soziokulturelle Annahmen über die Krankheit und ihre Wirkungszusammenhänge als auch Versatzstücke abgesunkener wissenschaftlicher Theorien ein. Faller (1993, S. 357) definiert sie »als die gedankliche Konstruktion Kranker über das Wesen, die Entstehung und Behandlung ihrer Erkrankung«.

Als Laientheorien weichen diese subjektiven Krankheitstheorien mehr oder weniger stark von wissenschaftlichen Krankheitskonzeptionen ab (vgl. Furnham 1988). Sie reduzieren verunsichernde Komplexität und suggerieren ein Gefühl von Kontrolle, indem sie Inhalte rationalisieren (vgl. Lavery/Clarke 1996). Subjektive Krankheitstheorien sind insbesondere für das individuelle Gesundheitsverhalten relevant. In dem Maße, in dem Patienten versuchen, den Grundsätzen ihrer Theorie Folge zu leisten, wirken sie auf die Krankheitsverarbeitung als »Gesamtheit der Prozesse, um bestehende oder erwartete Belastungen im Zusammenhang mit Krankheit emotional, kognitiv oder aktional aufzufangen, auszugleichen oder zu meistern« (Muthny 1989, S. 6), ein.

Für Betroffene ist zudem die Sichtbarkeit ihres Leidens von hoher Bedeutung, denn sie entscheidet mit über den Zeitpunkt des Eintritts in das medizinische Expertensystem. Je sichtbarer und bedrohlicher die Anzeichen einer Erkrankung, die Intensität des Schmerzes und die Einschränkung im Alltag sind, desto schneller erfolgt der Eintritt in das Hilfesystem (vgl. Cockerham 1998). Wirken Krankheitssymptome dagegen zu bedrohlich und überfordernd für die vorhandenen psychischen Bewältigungsstrategien, kann es auch zu einer Verleugnung kommen, die den Zeitpunkt der Hilfesuche hinauszögert (vgl. Siegrist 2005).

Durch die Konstruktion einer subjektiven Krankheitstheorie ist ein (kranker) Mensch in der Lage, Vorhersagen über seinen Krankheitsverlauf zu machen und Entscheidungen über den Umgang und die Therapie der Krankheit leichter treffen zu können (vgl. Salewski 2002, S. 159). Diese Bedeutung subjektiver Krankheitstheorien für die therapeutische Praxis steigt mit zunehmender Thematisierung von Gesundheit und Krankheit in der medialen Öffentlichkeit. Besonders via Internet sind Informationen zu Diagnosen und Behandlungen abrufbar, die früher nur eingeschränkt, zum Beispiel durch einen Arztbesuch, verfügbar waren.

Der erleichterte Informationszugang verändert die Haltung gegenüber ärztlichen Diagnosen, da viele Patienten schon eine ausgeprägte Theorie bezüglich ihrer Beschwerden haben, wenn sie sich an einen Experten wenden. In der Behandlung kann dies zur Herausforderung für den Therapeuten werden, denn erfolgreiche Behandlungen zeichnen sich auch dadurch aus, dass Behandler und Patient ein Modell für die Entstehung und den Verlauf der Belastung teilen (vgl. Frank 1987). Das gilt insbesondere für die Erwartung an die Behandlung, die der Patient unausgesprochen an den Therapeuten heranträgt, denn die laientheoretischen Metaphern steuern das Fühlen, Denken und die Handlungsbereitschaft.

In ihrer Summe erzeugen sie ein Feld kollektiver Verständigung, wofür die protowissenschaftliche Kategorie »Burn-out« beispielhaft steht. Mit Eintritt in das Expertensystem werden die Laientheorien überformt, in den seltensten Fällen gänzlich ersetzt; gelegentlich existieren Laientheorie und Expertentheorie auch nebeneinander. Bezieht man dies auf das therapeutische Setting, so lernt der Patient, sich in den Kategorien des Therapeuten zu beschreiben, und der Therapeut versucht, Kategorien zu wählen, die an die Alltagssemantik der Patienten anschließen.

Aus soziologischer Perspektive und vor dem Hintergrund der Diskussion um die »Subjektivierung von Arbeit« (z. B. Moldaschl/Voß 2002; Voswinkel 2001) ist die Rolle der Erwerbsarbeit in subjektiven Krankheitstheorien von Interesse. Werden die psychosozialen Belastungsrisiken spätmoderner Arbeit – steigender Leistungsdruck, Arbeitsverdichtung, zunehmende Befristung von Arbeitsverträgen – zum Thema individueller Verantwortlichkeit gemacht, stehen oftmals Erfahrungen von Erschöpfung und Scheitern an der Stelle einer erfolgreichen Bewältigung.

Für den vorliegenden Beitrag wurden Interviews mit Patienten einer psychosomatischen Klinik geführt und im Hinblick auf die subjektiven Krankheitstheorien ausgewertet. Bestehende Untersuchungen zu subjektiven Krankheitstheorien, die sich auf somatische Beschwerden beziehen (z. B. Leventhal/Nerenz 1985), haben unter anderem die Ursachenzuschreibung als relevanten Parameter subjektiver Krankheitstheorien identifiziert.[1] Auch für psychische Leiden sind diese zunächst retrospektiv angelegten Kausalattributionen von hoher Relevanz, da sie in Gestalt von Erwartungen und Handlungsbereitschaften auch prospektiv Wirkung entfalten. Des Weiteren beschäftigt sich der vorliegende Beitrag mit subjektiven Interpretationen bezüglich des psychischen Zustands und der Tragweite der mit ihm verbundenen Dynamiken: Wie versteht der Patient sein Leiden, seine Erkrankung, und welche Erwartungen oder Widerstände resultieren aus diesem Verständnis?

1. Deutungstypen und Fallbeispiele

Bei der Analyse der Interviews wurde deutlich, dass sich einige Vorstellungen und Zuschreibungen der Patienten ähnelten, während andere sich deutlich voneinander unterschieden. Um diese Vielfalt zu bündeln und auf relevante Merkmalskombinationen zu reduzieren, wurde eine Typisierung vorgenommen (vgl. Kluge 1999). Jedem Typus liegt eine Merkmalskonfiguration zugrunde, die ihn von anderen abhebt, wenngleich es auch zu Überschneidungen kommt. Die Erwartung an die Klinik bietet sich aus der Forschungsperspektive als zentraler Parameter an.

Die von den Betroffenen auf die Klinik gerichteten Hoffnungen sind eng verbunden mit der Kausalattribution ihres Leidens und nehmen Ein-

1 | Subjektive Krankheitstheorien umfassen nach Leventhal/Nerenz (1985) fünf Dimensionen: Kausalattribution, Hypothesen bezüglich der Dauer der Erkrankung und der antizipierten Konsequenzen, Kontrollüberzeugungen, Einschätzungen der Heilungschancen und allgemeine Konsequenzen.

fluss auf den späteren Therapieverlauf, indem sie die Haltung des Patienten im therapeutischen Setting wesentlich prägen. Auf Basis der Interviews lassen sich vier Deutungstypen zur Bedeutung des Klinikaufenthalts unterscheiden: Erholung, Reparatur, Selbstfindung und Krankheitseinsicht.[2]

1.1 Deutung: Erholung

Die Patienten fühlen sich erschöpft und erhoffen sich durch die Klinik eine Auszeit, um sich erholen zu können.

Die Aussage, sich mit dem Klinikaufenthalt eine »Auszeit« zu gönnen, um sich zu erholen und wieder zu Kräften zu kommen, wurde immer wieder getroffen. Hinter der Aussage steht offenbar die Vorstellung, die bevorstehende Therapie sei vergleichbar mit einem Erholungsurlaub oder Kuraufenthalt, und in der Tat wurden diese von den Patienten vielfach parallel beantragt. Vom stationären Setting erhoffen sie sich eine Distanz zu ihren alltäglichen Problemen, die in ihrem Alltag nicht gelingt. Viele der Patienten haben sich vor dem Entschluss, in die Klinik zu gehen, einige Zeit krankschreiben oder beurlauben lassen, um sich zu regenerieren und anschließend gestärkter zu sein. In diesen Fällen war diese Strategie jedoch nicht ausreichend, um die aktuelle Krise zu bewältigen und die Belastung zu reduzieren, weshalb nun doch eine (teil)stationäre Therapie helfen soll.

Der Typ »Erholung« umfasst Patienten, die einen so gravierenden Erschöpfungszustand aufweisen, dass sie zunächst zu Kräften kommen wollen, bevor sie in die eigentliche therapeutische Arbeit gehen möchten (z. B. die Verbesserung der eigenen Abgrenzungsfähigkeit). Diese Patienten zeichnen sich vorrangig durch einen regenerativen Fokus aus und sind in unserem Sample vorwiegend durch Frauen vertreten. Im Durchschnitt waren die Patienten 37,8 Jahre alt.

Erwerbsarbeit war im Leben dieser Patienten insofern bedeutungsvoll, als Anerkennung zwar erhofft, jedoch nicht in zufriedenstellendem Maße empfangen wurde. Die aus dem unerfüllten Anerkennungswunsch resultierende Kränkung hatte ein resignatives Abwenden vom Arbeitsplatz und eine Neuverteilung der Prioritäten zur Folge: Zukünftig soll die Arbeit

2 | Ein Überblick zu den Typen und ihren Merkmalen findet sich in tabellarischer Form am Ende des Artikels.

dem Privatleben untergeordnet und durch weniger Verantwortung Belastungspotenzial reduziert werden.

Die Patienten beklagen sich darüber, seit einiger Zeit unglücklich zu sein und sich aus diesem Zustand nicht wirksam befreien zu können: »Also, ich hab seit fünf Jahren irgendwie keine Glücksgefühle mehr. [...] Und es hat jetzt angefangen mit der Arbeit, also die Arbeit war jetzt so der Hauptgrund, warum das Ganze ausgelöst wurde.« (Herr H) Der Arbeitsplatz wird als Mitverursacher für den Erschöpfungszustand gedeutet, der im Verbund mit alltäglichen Belastungen – etwa Vereinbarkeit von Familie und Beruf oder Pflege Angehöriger – in den Zusammenbruch führte.

Insgesamt soll die Therapie als Erholungsort, aber auch als Motivator für mehr Lebensenergie fungieren. Die Klinik soll zur Verbesserung der aktuellen psychischen Lage beitragen, die Bearbeitung tiefer liegender Konflikte steht zunächst nicht im Vordergrund. Die Wünsche, die sich an die Klinik richten, entsprechen den Belastungsbeschwerden: Die Patienten hoffen darauf, gekräftigt zu werden, mehr Energie und Lebensfreude zu spüren und im besten Fall methodisch geschult zu werden, um zukünftig vor einer solchen Situation bewahrt zu bleiben.

Vor allen Dingen zu Beginn steht dabei eine passive, reaktive Haltung, welche dem Bild der Erholung entspricht: Die Veränderung soll von außen kommen, während die Patienten ihren Beitrag durch eine Schonung der Kräfte, durch eine Auszeit leisten. Zugespitzt formuliert, wird der Therapeut bei einem solchen Therapieverständnis zu einer Art »Refresher«, der die Lebensenergie der Patienten wieder auffrischen soll. Aus therapeutischer Sicht ist eine Haltung gefragt, die Verständnis für den akuten Erschöpfungszustand aufbringt und behutsam mit dem subjektiven Krankheitsverständnis der Patienten umgeht: Die Bereitschaft, tiefer gehend therapeutisch zu arbeiten, muss in solchen Fällen überhaupt erst geschaffen werden.

Fallbeispiel: Frau C

»Ich denk einfach, dass ich ein bisschen überfordert bin mit allem und einfach mal wieder ein bisschen zur Ruhe kommen muss.« (Frau C)

Frau C ist mittleren Alters, Kauffrau und arbeitet seit einem Jahr in einem Industrieunternehmen. Sie ist alleinerziehend und beklagt sich darüber,

Schwierigkeiten bei der Vereinbarkeit von Familie und Beruf zu haben. Sie werde ihrem Sohn, der eigentlich einen erhöhten Betreuungsbedarf habe, nicht mehr gerecht. Zudem sei die Beziehung zu ihrem jetzigen Freund durch dessen Schichtarbeitsdienst beeinträchtigt und eine gemeinsame Zeit durch die familiäre und berufliche Situation nur sehr reduziert möglich. Frau C berichtet, früher sportlich aktiv gewesen zu sein oder Spaziergänge mit ihrem Vater unternommen zu haben, wozu sie aber nicht mehr komme. Inzwischen habe sie das Gefühl, ihr »ganzes Umfeld nicht mehr auf die Reihe zu bekommen«.

Ihre berufliche Situation beschreibt Frau C als anstrengend, oft gebe es Ärger, und es sei sehr stressig. Es falle ihr schwer, Arbeit zu delegieren, Pausen mache sie inzwischen gar nicht mehr. Anerkennung, Unterstützung und Mitgefühl vonseiten der Kollegen oder des Arbeitgebers erhofft sie sich zwar, diese würden ihr aber nicht entgegengebracht.

Die ersten Erschöpfungserscheinungen zeichneten sich bereits vor zwei Jahren ab. Zu diesem Zeitpunkt wurde das Unternehmen, für das sie arbeitete, aufgekauft und umstrukturiert. Zunächst hatte Frau C sich davon neue Aufstiegsmöglichkeiten erhofft, die sich aber recht schnell zerschlugen. Stattdessen verschlechterte sich ihr gesundheitlicher Zustand infolge der neuen Arbeitssituation, Symptome wie Panikattacken nach dem Schlaf, Schweißausbrüche und Herzrasen traten auf. Sie hat daraufhin den Arbeitsplatz gewechselt, aber auch dort sind die Symptome nach einiger Zeit wieder aufgetreten und haben sich teilweise sogar verschlimmert. Im Zuge dessen habe sie sich in den letzten Monaten »komplett abgekapselt« und sei gar nicht mehr aus dem Haus gegangen, Freunde und Familie hätten sich schon Sorgen gemacht.

Frau C beklagt sich über eine anhaltende Antriebslosigkeit, die dazu führe, dass sie nur noch die nötigsten Aufgaben erledige und ein permanentes Bedürfnis nach Erholung verspüre.

Das ausschlaggebende Ereignis für ihre Entscheidung, die Klinik aufzusuchen, sei ein Nervenzusammenbruch mit starken Schweißausbrüchen, Zittern und Erbrechen im Beisein ihres Freundes gewesen, der sie daraufhin gedrängt habe, sich professionelle Hilfe zu holen. Da habe sie die »Notbremse« gezogen und sich um einen Klinikplatz bemüht. Frau C hat sich für die Tagesklinik entschieden, da sie sich um ihren Sohn kümmern muss. Sie beschreibt die Therapie als einen Erholungsort für Gleichgesinnte:

»Das ist halt wie so ein Krankenhaus, ich hab da so Therapien, ich krieg da Massagen und kann mich ausruhen und rede dann halt mal mit ein paar Leuten, denen es auch vielleicht nicht so toll geht wie mir [...].«

In der Klinik, hofft Frau C, werde sie nachhaltig zur Ruhe kommen, um mit neuen Kräften ihr Leben wieder motivierter gestalten zu können:

»Ich erhoffe, dass ich halt vielleicht ein bisschen lerne, dadurch ruhiger zu werden [...] ja, vielleicht, dass ich durch so was irgendwie geweckt werde – ei, jetzt reg dich doch nicht über so was auf, du weißt ja, es gibt ja viel Schlimmeres, bleib mal ruhiger – ja, und durch die Gespräche, denk ich mal, hoffe ich mal, dass ich da irgendwann mal wieder so an den Punkt komme, wo ich mal war – wär schön, sich mal wieder auch auf Sachen zu freuen, mal wieder – ja, Freude dran zu haben, mal was zu unternehmen.«

Für die Zukunft hofft Frau C, entspannter an Stresssituationen herantreten zu können, sie will sich auch schützen, indem sie den anerkennungsarmen, kränkenden Arbeitsplatz verlässt und zukünftig die Anzahl der Arbeitsstunden reduziert. Auch wenn dieser Vorsatz zunächst einen selbstfürsorglichen Gedanken nahelegt, so hat er auch einen passiven, resignativen Anteil. Frau C denkt auch darüber nach, zukünftig eine Tätigkeit zu wählen, bei der sie weniger Verantwortung trägt und dadurch psychisch weniger belastet ist:

»Vielleicht, wenn's halt für den Anfang wirklich was Entspanntes ist und wenn ich halt wirklich nur irgendwo ein paar Regale einräume oder Bestände zähle oder mich halt auch mal an die Kasse setze [...] irgendwas, wo ich halt auch nicht so viel denken muss oder die Angst haben muss, wenn jetzt was schiefgeht: ›Oh mein Gott, das ist ja wieder mit immensen Kosten verbunden, dann kommt dein Chef wieder und dann gibt's wieder Terror‹ [...].«

Ihr Konzept für die zukünftige Lebensführung sieht vor, Überforderung im Umfeld zu reduzieren (oder womöglich ganz zu vermeiden) und gleichzeitig eine innere Haltung anzunehmen, die es erlaubt, entspannter mit auftretendem Stress umzugehen.

Mit den Belastungen am Arbeitsplatz möchte Frau C sich in der Therapie aber explizit nicht beschäftigen:

»Den Punkt will ich jetzt echt mal irgendwie zur Seite schieben und gar nicht drüber nachdenken. Das ist für mich jetzt erst mal irgendwie so ein bisschen zweitrangig; also, jetzt geht es erst mal um mich und meinen Sohn und dass das alles mal wieder so ein bisschen ›glatt‹ wird, sag ich mal.«

Sie möchte sich mehr ihrem Sohn widmen können und mit ihm daran arbeiten, die aufgetretenen Probleme zu mildern. Die Ursache ihres geschwächten Zustands schreibt sie der Arbeit und dem damit verbundenen Stress zu, sodass die Suche nach einer Beschäftigung, die über ein geringes Maß an Verantwortung mehr Energie für das Privatleben übrig lässt, nur folgerichtig erscheint.

1.2 Deutung: Reparatur

Die Patienten haben das Gefühl, nicht mehr zu funktionieren, und erhoffen sich, von der Klinik wiederhergestellt zu werden.

Patienten dieses Deutungstyps haben einen ähnlich hohen Leidensdruck aufgrund ihrer belastenden Symptomatik wie die anderen Patienten, heben sich aber insbesondere dadurch von diesen ab, dass sie die Therapie möglichst zügig hinter sich bringen und schnellstmöglich an ihren Arbeitsplatz zurückkehren möchten. Dieser Typus stellt mit durchschnittlich 32 Jahren die jüngste Altersgruppe.

Die Hoffnungen und Vorstellungen bezüglich des bevorstehenden Klinikaufenthalts sind sachlichen Charakters: »Mit dieser Behandlung hier jetzt vier bis sechs Wochen hat man es vielleicht, auf Deutsch gesagt, wegtherapiert irgendwie, die Symptome.« (Herr W) Die instrumentelle Sichtweise auf die Therapie passt zu der Deutung der Krankheitsursache: Es war einfach nur »zu viel«. Die Patienten haben sich ihrer Darstellung nach selbst überlastet oder nicht über ausreichend wirksame Selbstfürsorgestrategien verfügt.

Generell herrscht ein subjektiviertes Verständnis von Selbstfürsorge und Arbeitsorganisation vor: Dem Arbeitsplatz wird, wenn überhaupt, nur eine Teilschuld im Sinne anspruchsvoller oder anstrengender Anforderungen angelastet. Die Hauptlast der Verantwortung trägt der Arbeitnehmer selbst: »Das hat was mit der Branche zu tun und dadurch, dass jeder so unter Zeitdruck ist. Und da muss sich jeder um sich selbst kümmern.« (Frau A)

Salopp formuliert, soll die Klinik für diesen Deutungstypus »es wieder richten«. Infolge eines erlebten Funktionsverlustes werden Hilfsmaßnahmen eingeleitet. Die pragmatische Haltung führt dazu, dass diese Patienten der Therapie noch mit Vorsicht oder sogar Misstrauen gegenüberstehen:

»Also ich wär ja auch lieber, jetzt sag ich mal, in eine [Schmerz-]Klinik gegangen, wie ich das im Grunde mein Leben lang mache, oder zum Arzt und der verschreibt mir dann irgendwelche Blocker wieder, und dann geht's dann weiter [...] wenn ich mir vorstelle, da acht Wochen zu batiken, mich selbst zu finden, dann bräuchte ich nach einer Woche die, keine Ahnung was, also das pack ich, glaub ich, nicht.« (Frau E)

Das Zitat verdeutlicht, dass Patienten wie Frau E mit einer – vermutlich – somatoformen Störung nicht automatisch zu einer Behandlung mit psychologischem Schwerpunkt bereit sind (vgl. auch Hiller 2005).

Die meisten Patienten befinden sich auf Anraten des Hausarztes in der Klinik, da die bisherigen Maßnahmen nicht (mehr) zu einer Verbesserung des Zustands verhelfen konnten. Joraschky (1998) stellt in diesem Zusammenhang fest, dass psychische Einflüsse umso mehr abgelehnt werden, je stärker die subjektive Krankheitstheorie auf ein somatisches Modell festgelegt ist. Für die Entstehungshintergründe der Symptomatik interessieren sich diese Patienten weniger als für die Symptombehandlung selbst. Sie möchten zudem bessere Selbstfürsorge- oder eher Durchhaltestrategien erlernen: »Ich erwarte mir, na ja, schon viele Tipps und Hilfestellungen.« (Frau A)

Auch wenn Wünsche wie Abgrenzungsfähigkeit und Stressmanagement nicht nur bei diesem Typus zu finden sind, so ist ihre Motivation eine andere. Es geht nicht um die psychische Gesundheit, sondern um die Wiederherstellung der eigenen Funktionsfähigkeit und um die Optimierung noch nicht zufriedenstellender Kompetenzen. Entsprechend der individualisierten Ursachenzuschreibung wird nicht auf der Ebene des Arbeitsplatzes über Veränderungen nachgedacht, sondern dieser wird als unveränderbar empfunden, und der Arbeitnehmer muss sich anpassen.

Für die therapeutische Praxis bedeutet eine solche Erwartungshaltung, dass für den Patienten eine schnelle Linderung der Symptome im Vordergrund steht und die Analyse der Ursache zweitrangig ist. Da kein Zusammenhang zwischen Symptomatik und Psyche hergestellt wird, sind Widerstände in der Behandlung erwartbar. Die Bereitschaft, die Psyche und ihren Schutz miteinzubeziehen, besteht eher im Sinne eines Präventionsgedankens. Im Vergleich zum ersten Typus sind diese Patienten motiviert, an sich zu arbeiten, auch wenn dies auf funktionalistischen Motiven beruht und weniger einer reflexiven als einer instrumentellen Haltung entspricht. Dem Therapeuten kommt in dieser Denkweise die Rolle eines neoliberalen »Tuners« zu, der das »System« wieder zum Laufen bringen soll und im besten Falle optimiert.

Fallbeispiel Frau A

»Ich brauche jetzt akut Hilfe, weil es zieht ja auch immer mehr Zeit vorüber, und es passiert nix. Das ist ja für mich Zeitverschwendung. Ich will bald wieder arbeiten gehen, deswegen hätte ich das gerne alles ein bisschen schneller gehabt.« (Frau A)

Frau A ist mittleren Alters und eine von drei Assistentinnen der beiden Chefs einer großen internationalen Agentur. Ihre Situation deutet sie selbst als »Burn-out« – es sei inzwischen ihr zweiter, vor neun Jahren habe sie schon einmal einen gehabt.

Sie habe sich auf Druck ihrer Freundin für die Klinik entschieden, da sich ihr gesundheitlicher Zustand nicht mehr verbesserte. Frau A leidet unter immer wiederkehrenden Erkältungen und fühlt sich erschöpft. Sie hat sich für die Therapie entschieden, da sie keine weitere Zeit mehr verlieren wollte, denn in zweieinhalb Monaten will sie wieder fit und an den Arbeitsplatz zurückgekehrt sein.

Ihre Arbeitssituation beschreibt sie als schnelllebig und hektisch, verweist allerdings darauf, dass dies ein Charakteristikum der Branche sei. Schwierigkeiten bereitet ihr besonders die Anforderung, auf die unvorhersehbaren Anliegen der ständig verreisten Chefs reagieren zu müssen, die wiederum selbst den Wünschen der Kunden und wirtschaftlichen Entwicklungen zu folgen hätten. Weil sie sich nicht richtig konzentrieren könne, mache sie dabei in letzter Zeit immer wieder Fehler. Dass sich an ihren Arbeitsbedingungen etwas ändern ließe, kann sie sich nicht vorstellen. An ihrem Arbeitgeber übt sie keine Kritik, sondern schildert ihn mitsamt den Kolleginnen und Chefs als insgesamt positiv. Wurde sie am Arbeitsplatz auf ihren Gesundheitszustand angesprochen, tat sie so, als sei sie am Abend zuvor ausgegangen und nur deshalb angeschlagen: »Für mich war das wie 'ne Art Versagen, wenn ich das zugebe, dass ich gesundheitlich nicht mehr kann.«

Sie habe bemerkt, dass sich ihr Zustand nicht besserte, aber Angst gehabt, das »Hamsterrad« zu verlassen. Sie befürchtete, dann würde »alles« zusammenbrechen. Stattdessen lenkte sie sich mit noch mehr Arbeit ab: »Umso mehr Ruhe ich mir gegönnt hab', umso schlimmer wurde auch der körperliche Schmerz, sag ich mal, den man dann auf einmal wahrnimmt.« In dieser Perspektive war die Arbeit zwar überfordernd, aber zugleich das, was einen Zusammenbruch verhinderte.

Andererseits berichtet Frau A, wie schwierig es war, beim Hausarzt mit ihren Beschwerden ernst genommen zu werden und eine Überweisung in die Klinik zu erhalten. Ihr Arzt habe sie zu früh – nach sechs Wochen – nicht mehr krankschreiben wollen und auch ihre Suche nach einer Therapeutin nicht unterstützt. Professionelle Hilfe habe sie sich dann selbst über das Internet gesucht. Eigentlich wollte sie einen männlichen Therapeuten, da sie sich eher als einen »rationalen« Menschen sieht und Bedenken hat, mit einer Frau zu »gefühlsmäßig« arbeiten zu müssen. Doch die Suche erwies sich als schwieriger als vermutet, weshalb sie nun doch bei einer Therapeutin untergekommen ist.

Frau A beschreibt sich selbst als einen Menschen, der immer perfekt sein will: »Ich glaube [dass ich] auch so ein bisschen daran verzweifelt bin, da ich immer alles gerne perfekt gestalten wollte, was aber in der Branche kaum möglich ist, weil das alles so schnell vorangeht, dass man nicht die Zeit hat [...].« Die Erwartungen an die Therapie entsprechen einem Funktionsfähig-gemacht-Werden, um wie bisher weiterarbeiten zu können – mit effektiveren Abgrenzungs- und Selbstfürsorgestrategien. Frau A erhofft sich konkrete »Tipps« und »Hilfestellungen« zum Umgang mit Stress, will zukünftig mehr auf sich selbst achten, sich klarer und abgegrenzter ausdrücken und nicht mehr versuchen, »everybody's darling« zu sein.

Ihrer Deutung zufolge liegt die Verantwortung für eine Verbesserung ihrer Situation bei ihr selbst, ebenso wie die Ursache für die Krise in den eigenen Defiziten liege. Die belastenden Faktoren der Arbeit werden als unvermeidlich angesehen; dass sie im Erkrankungsprozess eine Rolle spielen, wird hingenommen und dethematisiert. Ziele sind die Behandlung der Symptome und die Entwicklung einer wirksamen Strategie, um einen Rückfall zu unterbinden. Eine Analyse möglicher tiefer liegender Themen spricht Frau A nicht an.

1.3 Deutung: Selbstfindung

Die Patienten äußern das Gefühl, sich durch die Arbeit entfremdet zu haben, und möchten in der Therapie wieder zu sich finden.

Patienten dieses Deutungstyps kamen vermehrt mit einer starken Frustration in die Klinik. Die Arbeit war bislang der zentrale Bestandteil ihres Lebens, und die persönliche Aufopferungsbereitschaft war sehr groß. In einigen Fällen wurden über Jahre persönliche Belastungsgrenzen überschritten und der private Lebensbereich vernachlässigt. Familie, Freundschaften und Beziehungen mussten – sofern vorhanden – zurückstecken oder gerieten vollends ins Abseits. Dementsprechend sind private Netzwerke schwach ausgebildet und Anerkennungsräume außerhalb der Arbeit kaum vorhanden.

Die Patienten beschreiben, früher »Spaß« an ihrer Arbeit gehabt zu haben, einige von ihnen seien auch »stolz« gewesen, für ihr Unternehmen zu arbeiten. Im Laufe der Zeit sei jedoch ein Ungleichgewicht zwischen der erbrachten Arbeit und der erfahrenen Gratifikation entstanden. Umstrukturierungen, inkonsistente und willkürliche Regelungen, schwierige Kollegen oder Vorgesetzte und Unterbesetzung sind nur einige der genannten Gründe.

Einige Patienten deuten ihren Arbeitsplatz inzwischen als einen Ort, der krank mache, wenn keine ausgeprägten persönlichen Bewältigungsstrategien vorhanden seien: »Das System krankt irgendwie, und keiner kümmert sich drum. Vielleicht muss man auch irgendwie den Tunnelblick entwickeln [...], aber ich schaff das nicht ...« (Herr D) Andere beschreiben moralische Dilemmata, die darin bestehen, dass die Ausübung der Tätigkeit daran hindert, dem eigenen Selbstbild entsprechend zu agieren.

Allen Fällen ist das Gefühl gemein, sich durch die Arbeit vernachlässigt und von sich selbst entfremdet zu haben, ein Gefühl, das die Patienten verunsichert: »Also, ich werde sozusagen vom Stein zum Schwamm. Und das ist für mich ziemlich ernüchternd und in gewisser Weise auch schockierend.« (Herr N) Dies sind Prozesse, die – den Beschreibungen nach – schleichend eingetreten sind. Häufig wurde, was sich zum belastenden Dauerzustand entwickelt hat, zu Beginn noch als Herausforderung empfunden. Anfangs noch mit Spaß bei der Sache, gerieten die Patienten im Laufe der Zeit in eine Belastungsfalle, aus der sie sich nicht erfolgreich befreien konnten.

Die Hoffnung, die diese Patienten an die Klinik richten, resultiert aus dem Gefühl, sich selbst fremd geworden zu sein, sich in der Arbeit verloren zu haben: Infolge der Kränkung, (zu) viel investiert, jedoch wenig zurückbekommen zu haben, stehen nun Selbstwiederfindung und persönliche Weiterentwicklung im Mittelpunkt. Die Patienten erhoffen sich in der Klinik eine Stabilisierung ihres emotionalen Zustands und darüber hinaus eine Begleitung auf dem Weg, wieder die Person zu werden, die sie früher in sich gesehen haben. Zugleich erkennen sie, dass sie auch gewisse Abgrenzungskompetenzen benötigen, um nicht wieder in eine ähnliche Situation zu geraten.

Ein Großteil der Patienten würde am liebsten den Arbeitsplatz wechseln; einige haben den Entschluss, nicht mehr an ihren bisherigen Arbeitsplatz zurückzukehren, bereits gefasst. Sie haben das Bedürfnis, sich Zeit für sich zu nehmen, sich selbst zu stärken und zu stabilisieren, um eine Balance der Lebensbereiche herzustellen, bevor sie zurück in die Arbeit gehen. Die Arbeit wird – so nehmen sie es sich vor – zukünftig nicht mehr der Lebensmittelpunkt sein, weil der erlebte Selbstverlust zu groß war. Auf die therapeutische Praxis wird in diesen Fällen die Erwartung gerichtet sein, emotional stabilisiert und mit Lebensbewältigungs- und Selbstfürsorgestrategien versorgt zu werden. Die hohe Frustration gegenüber dem Arbeitsplatz verlangt zudem ein vorsichtiges Herantasten an das Thema Wiedereingliederung, da sich Patienten anderenfalls in ihrer Belastung nicht ernst genommen und zu schnell in die Arbeit zurückgeschoben fühlen könnten.

Bildlich gesprochen, kommt dem Therapeuten hier die Funktion eines »Advisers« zu, der den Patienten die Möglichkeit eröffnet, sich selbst zu finden, und ihnen bei Schwierigkeiten mit Ratschlägen und Unterstützung zur Seite steht.

Fallbeispiel: Herr U

»Erwartungen habe ich schon davon, dass ich auf jeden Fall erst mal gefestigter bin, dass ich wieder mehr ich selbst bin.« (Herr U)

Herr U ist mittleren Alters und Buchhalter. Bereits zu Beginn des Interviews betont er, zurzeit in einem äußerst labilen Zustand zu sein und möglicherweise nicht alle Fragen beantworten zu können. Er weint häufig und insbesondere dann, wenn er auf seinen aktuellen Zustand zu sprechen kommt und etwa beschreibt, dass er inzwischen so instabil sei, dass er kaum mehr Telefonate, geschweige denn persönliche Gespräche führen könne, ohne dabei in Tränen auszubrechen.

Herr U ist seit über 13 Jahren bei seinem gegenwärtigen Arbeitgeber. Die ersten Jahre sei sein Arbeitsplatz »super« gewesen: Das Team habe gut funktioniert, jeder habe seinen Aufgabenbereich gehabt, und er als Sachbearbeiter konnte seine Arbeit in einer für ihn zufriedenstellenden Weise erledigen. Die Firma habe sich außerdem bemüht, den Mitarbeitern durch aufwendige Weihnachtsfeiern und gemeinsame Kurzurlaube eine Wertschätzung für die geleistete Arbeit zu zeigen.

Vor etwa drei Jahren hat Herr U die Stelle seines früheren Vorgesetzten übernommen, nachdem dieser sich mit der Firma überworfen hatte. Die neue Position erschien zunächst als positive Entwicklung, denn Herr U habe sich durch sie finanziell verbessern können. Doch zeitgleich expandierte das Unternehmen, und der Zuständigkeitsbereich von Herrn U wuchs beträchtlich, ohne dass weitere Mitarbeiter eingestellt worden wären. Die Arbeitsintensität stieg spürbar, während Sondervergütungen ausblieben.

Herr U sieht die Arbeit als ausschlaggebenden Faktor für seinen Zustand. Der Druck auf der Arbeit sei schwer zu ertragen gewesen, und er habe den Anforderungen nicht mehr gerecht werden können. An allen Ecken habe es »gebrannt«, während weitere Projekte hinzukamen. Irgendwann, so sagt er, habe er sich lediglich den akuten Krisen gewidmet: »Das ist ja nicht ein Problem im Monat, sondern es sind Tausende Probleme pro Tag.« Dieser Zustand habe dazu geführt, dass es Herrn U nicht mehr möglich war, seine Tätigkeiten zu überblicken und zu strukturieren: »Ein Arbeitstag von mir sieht eigentlich relativ unstrukturiert aus. Das heißt im Endeffekt: Ich warte auf die Katastrophen, die da einfallen.«

Er bekomme Tausende von E-Mails pro Woche, habe aber keine Zeit, sie zu bearbeiten. Hinzu kämen vermehrt obligatorische Meetings, die für Herrn U lediglich einen Zeitverlust bedeuten, der nach Feierabend ausgeglichen werden muss. Herr U berichtet, dass keine Planbarkeit mehr möglich sei. Bedingt sei dies durch die internationale Vernetzung, aber auch durch ungeklärte Zuständigkeiten im Standort selbst. Niemand habe für die anstehenden Prozesse die Verantwortung übernehmen wollen, weshalb fortwährend weiterdelegiert wurde. Er beschreibt das Dilemma, mit den täglich zu treffenden Entscheidungen immer eine Gratwanderung machen zu müssen, da Struktur und Ressourcen des Unternehmens nicht den Anforderungen der Expansion angepasst worden seien.

Fasst man die Schilderungen von Herrn U zusammen, so wird deutlich, dass seine größte Belastung in dem Gefühl besteht, nicht mithalten und sich keinem der zahlreichen Projekte und Aufgaben zufriedenstellend widmen zu können. Prägend ist auch seine Angst, dass die fragile Struktur des Unternehmens jederzeit zusammenbrechen könnte. Der Versuch, diesen Druck zu kompensieren, ging auf Kosten seiner Gesundheit: »Ich bin fertig! Ich bin absolut fertig! – Seit Januar gehe ich auf Volllast.« Urlaube seien dagegen kaum möglich gewesen. Urlaub hätte bedeutet, seine Abteilung im Stich zu lassen, weshalb Herr U selbst noch weiterarbeitete, als er bereits spürte, dass es zu viel wurde.

Herr U möchte aktuell nicht zurück an seinen Arbeitsplatz und verhandelt anwaltlich bezüglich einer Abfindung. Er überlegt, ein Jahr zu pausieren und seine Diplomarbeit fertigzustellen, zu der er aufgrund des Jobs nicht kam. Da die Arbeit seiner Deutung nach die Verursacherin seiner aktuellen Lage ist, hat Herr U es nicht eilig, zurückzukehren. Trotzdem sieht er auch eine eigene Teilschuld, da er sich selbst überfordert habe: »Ich setz mich natürlich selber unter Druck […] ich hab immer funktioniert.« Als alternative Tätigkeit schlägt er spontan Landschaftsgärtner vor – einen Beruf, den erstaunlich viele Patienten der Studie benannten. Zum Symbol des Gegenteils der bisherigen Tätigkeit auserkoren, steht dieser Beruf – abgesehen von romantisierenden Vorstellungen von Entschleunigung, Ruhe und natürlichem Wachstum – vor allem für eines: gut zu bewältigende Aufgaben, die sinnstiftend sind und wertgeschätzt werden.

In der Therapie will Herr U seine Stabilität zurückgewinnen. Er will »gefestigter« werden und wieder mehr der Mensch sein, der er noch vor einigen Jahren war: »Ich bin auch so normal ein emotionaler Mensch; aber es ist jetzt nicht so, dass ich immer am Boden zerstört bin und immer rumheule. […] Ich kenne mich so selber nicht. Und das ist für mich halt ganz schrecklich, ja.« Er hat die Hoffnung, in der Klinik die »Basis« schaffen zu können, die es ihm ermöglicht, über den Klinikaufenthalt hinaus auch im Alltag bestehen zu können.

1.4 Deutung: Krankheitseinsicht

Einige Patienten vermuten, dass die Arbeit zwar der Auslöser, aber nicht die Ursache für ihre Situation ist. Diese soll in der Therapie gefunden werden.

Die Patienten dieses Typs haben bemerkt, dass sie in ihrem Leben immer wieder in ähnlich dilemmatische und oftmals psychisch überfordernde Situationen geraten. In der Therapie wollen sie herausfinden, wie es dazu kommt, damit sie zukünftig anders handeln können. Sie sind in unserem Interviewsample durchschnittlich die ältesten Befragten. Mit einem Durchschnittsalter von 46 Jahren sind sie berufsbiographisch und hinsichtlich ihrer Krankengeschichte die erfahrensten Patienten. Viele von ihnen berichten, bereits lange oder sogar »schon immer« unter psychischen Beeinträchtigungen – wie beispielsweise Depressionen oder starken Stimmungsschwankungen – zu leiden.

Einige schildern, unter traumatischen Verhältnissen aufgewachsen zu sein. Alle Patienten dieser Gruppe haben Therapieerfahrung und möchten den Klinikaufenthalt nutzen, um die bisherigen Selbsterkenntnisse zu vertiefen. Auch dieser Deutungstyp beschreibt belastende Arbeitssituationen, die oftmals durch Konflikte mit Kollegen oder Vorgesetzten hervorgerufen wurden. Dabei vermuten sie, dass es etwas mit ihnen selbst zu tun haben könnte, sei es durch eine mangelhafte Abgrenzungsfähigkeit oder, im umgekehrten Sinne, eine konfliktprovozierende Haltung.

In dieser Patientengruppe besteht zunächst eine hohe Bereitschaft gegenüber der therapeutischen Arbeit. Bei einigen therapieerfahrenen Patienten, die zuvor eine Art »Aha-Effekt« in der Behandlung erlebt haben, gibt es die Hoffnung, diesen nun wieder zu erleben oder an ihn anzuknüpfen. So beschreibt eine Patientin, durch den ersten Klinikaufenthalt wieder einen Zugang zu ihren Gefühlen bekommen zu haben. Dies wertet sie als positive Entwicklung, jedoch mit der Einschränkung, dass sie nun noch einen Weg finden müsse, mit diesen Gefühlen umzugehen:

> »[D]as Problem ist jetzt, durch die erste stationäre Therapie sind die Gefühle wieder geweckt worden, ich spüre die wieder, ich spüre den Ärger wieder und die Ungeduld und die Unzufriedenheit, und jetzt muss ich die managen. Und dadurch, dass das so viel ist und diese neuen Gefühle kommen, kam ich nicht damit klar und geriet ganz schnell wieder in, diesmal nicht mit Atemnot, diesmal bekam ich ganz heftige Kreuzschmerzen, Schwindelgefühle.« (Frau P)

Die Auseinandersetzung mit einer als belastend empfundenen, manchmal sogar traumatisierenden Vergangenheit ist nicht leicht und in einem Zeitrahmen von acht bis zwölf Wochen in der Klinik nur begrenzt zu leisten. Auch wenn auf der kognitiven Ebene eine Auflösung der Grundkonflikte gewünscht wird, ist der Prozess an sich nicht widerstandsfrei. Zu diesem Typus gehören auch Patienten, die ein Störungsbild aufweisen, bei dem eine vollständige Genesung ungewiss ist. Im Fokus der therapeutischen Arbeit läge es in solchen Fällen, Möglichkeiten zu finden, den Alltag trotz fortexistierender Probleme gut bewältigen zu können.

Die Patienten haben den Wunsch, Kontrolle über ihr Leben (wieder) zu gewinnen. Zur Krankheitseinsicht gehört die Einsicht, womöglich selbst Mitverursacher der eigenen Lebenssituation zu sein. Dies kann zunächst frustrieren, denn nicht jede Ursache ist gleich gut vor sich selbst oder dem sozialen Umfeld vertretbar oder handhabbar. In solchen Fällen kann es bereits ein Therapieerfolg sein, eigene Bedürfnisse für sich definieren und einklagen zu können oder den Eigenanteil in Konfliktsituationen auszuhalten. Der Therapeut wird, bildlich gesprochen, in diesem Zusammenhang als eine Art »Explorer« adressiert, der gemeinsam mit den Patienten auf die Suche nach den Konfliktursachen geht. Dabei kann es passieren, dass er selbst Teil des Konfliktes wird: Diesen Prozess gemeinsam mit dem Patienten auszuhalten und zu reflektieren kann ein erster Therapieerfolg sein.

Fallbeispiel Frau F

»Also, ich wünsche vor allem, dass ich besser mit meinen Gefühlen klarkommen kann, weil auch auf der Arbeit die Leute darunter, ich will nicht sagen, leiden – die gehen dann weg von mir.« (Frau F)

Frau F ist mittleren Alters und in der Verwaltung tätig. Sie ist in die Klinik gekommen, weil sie »nicht mehr aufhören konnte zu weinen«. Nachdem ihr 19-jähriger Sohn ausgezogen ist und sie sich auf der Arbeit ausgegrenzt fühlt, erleidet sie einen Zusammenbruch, woraufhin ihre Chefin sie an die psychiatrische Ambulanz verweist. Es ist das erste Mal, dass Frau F stationär aufgenommen wird, wenngleich sie bereits Therapieerfahrung hatte und über längere Zeiträume Antidepressiva einnahm. Frau F beschreibt, schon immer unter »depressiven Verstimmungen« gelitten zu haben. Mit 17 Jahren beginnt sie ihre erste ambulante Psychotherapie, mit 25 setzt sie diese wegen ihrer Essstörung fort, mit Anfang 30 unterzieht sie sich einer psychoanalytischen Therapie. Vor etwa vier Jahren folgt eine weitere Kurzzeittherapie als »Krisenintervention«, da sie auf der Arbeit gemobbt wurde. Nach dieser Intervention habe sie es dann »allein schaffen« wollen und habe gegen den Rat der Therapeutin die Therapie nicht fortgesetzt. Nachträglich wertet sie ihre Entscheidung ab: »Aber ich sehe ja, was das Ergebnis war. (Lacht) Ich finde es sehr schwierig, festzustellen, dass ich anscheinend doch schwerer gestört bin, als ich immer dachte.«

Frau F beschreibt eine schwierige Kindheit. Der Vater trennt sich von der Mutter, als Frau F fünf Jahre alt ist, und gründet eine zweite Familie, aus der sie nahezu ausgeschlossen worden ist. Frau F muss bei ihrer unter Depressionen leidenden Mutter bleiben. Die Beziehung zwischen Mutter und Tochter spitzt sich mit der Zeit zu: »Seitdem ich zwölf Jahre alt war, haben wir uns fast jeden Tag geprügelt und angeschrien.« Mit 18 Jahren geht Frau F für ein Jahr in ein Internat und zieht im Anschluss in eine Wohngemeinschaft. Diesem Versuch ist ebenfalls kein Erfolg beschieden: »Und für die [Mitbewohnerinnen] war ich ein Horror. Ich konnte nichts. Ich war voll asozial auch. Ich hab echt alles stehen und liegen lassen, nichts geputzt, anderen Leuten das Zeug weggefressen. Das war mir echt egal.« Nach dem Abitur geht Frau F für ein Jahr ins Ausland, wo sie sich verliebt. Sie kehrte mit dem Mann nach Deutschland zurück, heiratet und wird schwanger. Die Ehe geht schon nach kurzer Zeit in die Brüche, und sie zieht – wie bereits ihre Mutter – ihr Kind alleine auf. Frau F sagt, sie liebe ihren Sohn, aber er habe ihr auch viele Möglichkeiten im Leben genommen.

Im Gesprächsverlauf wird deutlich, dass Frau F bereits einige Beschäftigungsverhältnisse hatte. In allen wurde sie ihrer Selbstbeschreibung nach gemobbt und anschließend entlassen. Sie räumt ein, dass sie an den Ereignissen eine Mitschuld trug, indem sie sich unangemessen gegenüber ihren Vorgesetzen und Kollegen verhalten habe: »[…] also sie [Vorgesetzte] hat gemeint, ich würde Grenzen überschreiten; ich glaube auch, dass ich das manchmal tue; ich bin jemand, die große Probleme hat, Autoritäten zu akzeptieren.«

Ihre momentane Arbeitssituation sei angespannt, obwohl sie sich mit ihrer Vorgesetzten gut verstehe und auch die Kolleginnen weitestgehend »okay« seien. Ihrer Einschätzung nach hat sie sich unbeliebt gemacht, weil sie ihre derzeitige Stelle eingeklagt hat. Ihre Hoffnung, ihren geschädigten

Ruf im Laufe der Zeit durch gute Leistung rehabilitieren zu können, erfüllte sich aber nicht. Nach drei Jahren habe sie feststellen müssen, dass sie das Fremdbild über sich nicht ändern könne. Sie fühlt sich stigmatisiert, ungerecht behandelt und einsam.

Frau F leidet darunter, dass sie sich ungewollt als (Mit-)Verursacherin ihrer immer wieder entstehenden Konflikte erlebt: »Ich vergälle mir damit eben auch damit eigentlich Beziehungen zu Personen, die ich sehr interessant und nett finde und auch mag.« Sie habe Schwierigkeiten, ihre Gefühle zu kontrollieren: »Und ich merk auch, dass dahinter so eine Gewalt und so eine Wut steht und dass ich was loswerden will und dass ich dem anderen was reindrücken will. Und das mach ich unabhängig, wer auch immer das ist. Das ist – kann ich nicht so gut – hab ich nicht gut im Griff.«

In der Klinik möchte Frau F mehr innere Ruhe finden und hofft auf neue persönliche und berufliche Perspektiven. Vor allem aber wünscht sie sich mehr emotionale Stabilität und dass »[ich] vielleicht was über das Verhältnis von mir und anderen irgendwie herausfinde, was vielleicht hilfreich ist für die Zukunft. Dass ich da vielleicht besser mit umgehen kann«.

2. Die Typologisierung in der Übersicht

Nach der Erhebung aller Erstinterviews zeichnete sich ab, dass die Erwartungen an den bevorstehenden Klinikaufenthalt sowie die subjektiven Krankheitstheorien und Kausalattributionen – wie zuvor geschildert – erhebliche Unterschiede aufwiesen. Im Auswertungsprozess wurden die Interviews codiert[3], paraphrasiert und anschließend anhand der zuvor festgelegten Merkmale typisiert. Ziel des angewandten Verfahrens ist, eine möglichst hohe Homogenität innerhalb eines Typs und zugleich eine hohe Heterogenität (Trennschärfe) hinsichtlich einer Abgrenzung zu den anderen Typen zu erhalten (vgl. Kelle/Kluge 2010).

3 | Die Interviews wurden zunächst mittels einer qualitativen Inhaltsanalyse computergestützt codiert und anschießend typologisiert. Die Typisierung entstand anhand einer Codierung und Auswertung gemäß einer Inhaltsanalyse nach Mayring (2008). Die computergestützte Analyse erfolgte mit MaxQDA.

Es wurden Realtypen gebildet, die im Gegensatz zu Idealtypen nicht aus der Theorie hergeleitet, sondern als Abbilder sozialer Realität abduziert wurden (vgl. Reichertz 2013), was bedeutet, dass sie aus den konkreten Patientenerzählungen empirisch gewonnen wurden. Um die Gesamtheit der einem Typ zugeordneten Patienten darstellen und zugleich von den anderen Typen abgrenzen zu können, sind die Typen in ihrer Konzeptualisierung zum Teil prägnanter, als sie im Einzelfall tatsächlich vorkommen. Zudem unterliegen Typisierungen anhand narrativer Interviews der Besonderheit, dass nicht in allen Interviews die gleichen Fragen thematisiert werden, wie es etwa bei einer quantitativen Studie der Fall ist; somit sind in der Auswertung nicht alle Merkmale eines Typs in einem Interview enthalten. Um dennoch eine Typisierung vornehmen zu können, wurde daher nach konstitutiven (notwendigen) und fakultativen (möglichen) Merkmalen unterschieden: Bestimmte Merkmale, wie beispielsweise die, die Erwartungen an die Klinik beschreiben, mussten auf der konstitutiven Ebene stimmig sein, um abschließend einem Typ zugeordnet zu werden.

Abbildung 1: Verteilung der Patientenerwartungen an die Klinik

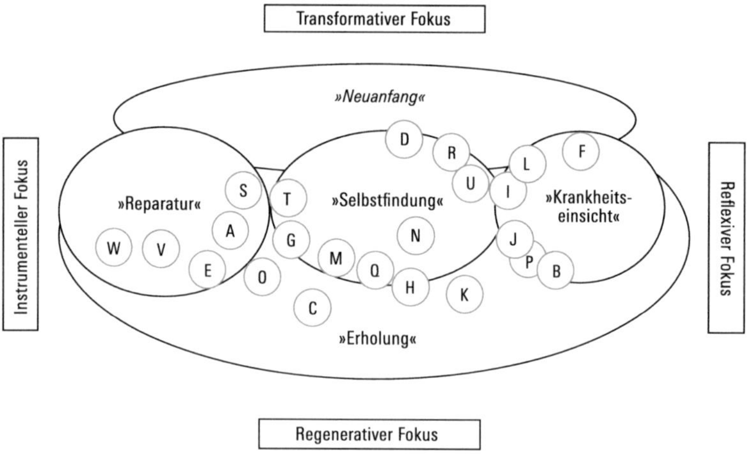

Quelle: eigene Darstellung

Das Schema in Abbildung 1 trägt diesem Umstand Rechnung. Es bildet sowohl die typologisch relevanten Merkmalskonfigurationen ab als auch die Überschneidungen, die sich in Gestalt von Grenzfällen manifestieren. In Abbildung 1 wird deutlich, dass der Typ »Erholung« ein Grundbedürfnis der Patienten bei der Einweisung in die Klinik darstellt. Nahezu alle Patienten beschreiben im Erstinterview einen Erschöpfungszustand und ein Bedürfnis nach Stabilisierung, welche den Wunsch nach Erholung nachvollziehbar machen. Die meisten der Patienten formulieren darüber hinausgehende persönliche Ziele oder Wünsche. Sei es, dass sie sich persönlich optimieren wollen, um zukünftig besser arbeiten zu können (Typ »Reparatur«), dass sie den Fokus zunächst auf sich selbst richten wollen (Typ »Selbstfindung«) oder mehr über den Selbstanteil ihrer Krankheit erfahren wollen (Typ »Krankheitseinsicht«).

Anmerkung: Der Wunsch nach Erholung stellte ein Grundbedürfnis der Patienten bei Betreten der Klinik dar und ist somit ein übergreifendes Merkmal im Interviewsample. Wurden über dieses Bedürfnis hinaus keine weiteren Vorhaben benannt, sei es aus der persönlichen Haltung heraus oder auch aufgrund der akuten Erschöpfung, wurden die Patienten dem Typ »Erholung« zugeordnet. In den meisten Fällen äußerten die Patienten jedoch Erwartungen, die zumindest eine Tendenz zu einem der anderen Typen aufwiesen. Deutlich wird auch, dass ein Großteil der Patienten in »Grenzgebieten« verortet wurde. Hier sind in den Merkmalen Überschneidungen gegeben.

Neben dem regenerativen Fokus des »Erholungstyps« lassen sich auch den anderen Typen spezifische Foki zuweisen: Während der Typ »Reparatur« einer instrumentellen Logik folgt, entsprechen die Typen »Selbstfindung« und »Krankheitseinsicht« einem reflexiven Fokus. In wenigen Fällen wagen die Patienten auch einen Gedanken an einen »Neuanfang«, weshalb dieser als Prototyp schematisch mitgedacht wird, jedoch keine Patientenzuordnung erhält. In Tabelle 4 finden sich die gebildeten Typen in einer tabellarischen Übersicht. In den Zeilen abgetragen sind die Merkmalskonfigurationen der Typenbildung.

Tabelle 4: Subjektive Krankheitstheorien: Deutungstypen und Erwartung an die Klinik

Typus / Merkmal	1. »Erholung«	2. »Reparatur«	3. »Selbstfindung«	4. »Krankheitseinsicht«
Auslöser	Vorübergehende Überlastung	Individuelle Unzulänglichkeit	Langjährige Überlastung	Ungelöste biographische Konflikte
Erwartung an die Klinik	Auszeit	Optimierung	Achtsamkeit	Selbsterkenntnis
Selbstbeteiligung	Passiv: Bedürfnis nach Ruhe	Aktiv: Aneignung von Werkzeugen und Strategien	Aktiv: Veränderungswunsch und -bereitschaft	Aktiv: Konfliktklärung
Erwerbsarbeit als Erkrankungsursache wahrgenommen	Eher ja (Belastung durch Gratifikationskrise)	Eher nein (Belastung aufgrund ineffektiver Bewältigungsstrategien)	Eher ja (Belastung durch Selbstschutz überfordernde Arbeitsbedingungen)	Eher nein (Belastung durch interpersonelle Konflikte)
Fokus	Regenerativ	Instrumentell	Reflexiv	Reflexiv
Kausalattribution bezüglich der Erkrankung	Extern	Intern	Extern	Intern
Rollenerwartung an den Therapeuten	»Refresher«	»Tuner«	»Adviser«	»Explorer«

Quelle: eigene Darstellung

In einer Gesellschaft, in der psychische Leiden immer häufiger werden, kommen Patienten vermehrt mit einem vorgebildeten Krankheitsverständnis und entsprechenden Erwartungen in die Behandlung. Dies erscheint angesichts der eingeschränkten Objektivierbarkeit psychischer Leiden nachvollziehbar, zumal das massenmediale Informationsangebot diese Wissenslücken zu schließen verspricht. Küchenhoff et al. (2004) gehen von der Annahme aus, dass die Diagnostik, aber auch die Behandlung durch diskrepante Vorannahmen und unterschiedliche Ursachenbewertungen von Patienten und Ärzten erschwert werden, weshalb eine Erforschung der subjektiven Krankheitstheorien und der damit verbundenen Therapiemotivation der Patienten[4] hoch relevant ist und deshalb noch intensiver betrieben werden sollte.

Anzunehmen ist darüber hinaus, dass die eingehende Beschäftigung mit der eigenen Erkrankung durch die im Zuge einer subjektivierten Leistungsethik formulierten Postulate nach individuell zu leistender Selbstfürsorge verstärkt wird. Die vorgestellte Typologie zeigt mögliche Parameter solcher subjektiven Krankheitstheorien beispielhaft auf. Deutlich wurde, dass unterschiedliche Interpretationen bezüglich der Krankheitsursache und des Zusammenhangs mit der Erwerbsarbeit bestehen. Allen gemeinsam ist die Erfahrung einer persönlichen Kränkung, sei es im Sinne einer mangelnden beruflichen Anerkennung oder im Kontext biographischer Konflikte. Dies spiegelt sich in unterschiedlichen Therapiewünschen wider: Möchte dieser Patient stabilisiert werden, um schnellstmöglich wieder arbeiten (»Reparatur«) oder um den Lebensalltag bewältigen zu können (»Krankheitseinsicht«), sucht jener einen Raum, um zur »Ruhe zu kommen« (»Erholung«) oder um sich aktiv mit der eigenen Person zu konfrontieren (»Selbstfindung«).

Leiden ist objektiv schwer messbar, besonders wenn es psychisch ist. Es ist ein individuelles und subjektives Phänomen und wirkt sich von Mensch zu Mensch unterschiedlich aus. Jedoch ist die jeweilige Theorie davon, was hilfreich und womöglich »heilend« sein kann, hochbedeutsam. Für einige Patienten ist bereits die Suche nach professioneller Unterstützung als aktive Handlung entlastend und trägt dazu bei, sich aus einer subjektiv empfundenen Hilflosigkeit zu befreien. Andere sehen sich dringend auf die therapeutische Hilfe angewiesen. Wieder andere müssen von der eigenen Hilfsbedürftigkeit erst noch überzeugt werden. Eines gilt dabei in jedem Fall: So unterschiedlich die Erwartungen an die Klinik im Kontext subjektiver Krankheitstheorien sind, so unterschiedlich sind die therapeutischen Strategien und Herangehensweisen, die sie nahelegen.

Um die Laienätiologie in der therapeutischen Arbeit berücksichtigen und den Patienten dementsprechend behandeln zu können, sollte der Therapeut eine Vorstellung davon haben, welche Erwartungen ihm dabei

4 | Ebenso relevant und bedeutsam wäre auch eine Erforschung der Expertentheorien durch die Ärzte und wie diese mit denen der Patienten vereinbar sind. (Hierzu auch der Artikel von Sabine Flick in diesem Buch.)

begegnen können. Die vorgestellten Deutungstypen geben hierbei einen ersten Eindruck, welches Spektrum auftreten kann. Zu berücksichtigen ist jedoch auch, dass die Wünsche, die die Patienten im Interview geäußert haben, auf einer rationalen Ebene getroffen wurden. Dies ist in der tatsächlichen therapeutischen Arbeit nicht immer gegeben. Die Patienten mögen an diesen Wünschen in der Therapie zwar festhalten, können sie aber womöglich gar nicht zulassen.

Hierzu ein kurzes Beispiel: Ein Patient des Typus 4, Krankheitseinsicht, möchte an seiner Beziehungs- und Abgrenzungsfähigkeit arbeiten. Aufgrund traumatisierender Erfahrungen in der Vergangenheit verfolgen ihn Panikattacken, die unerträglich für ihn werden, wenn er in konflikthafte Situationen gerät. In der Therapie möchte er an seinem Trauma arbeiten, um dem Alltag standhalten zu können. Als dort die traumatischen Erlebnisse besprochen werden, erleidet der Patient einen Zusammenbruch, der seine Stabilisierung erforderlich macht und die psychoanalytische Arbeit nur noch sehr bedingt ermöglicht. Das Beispiel zeigt auf, dass sich die Typen auch innerhalb der Behandlung verändern können. Von Bedeutung ist, dass Patient und Therapeut nicht gänzlich konträre Therapie- und Zielvorstellungen aufweisen und auch diese Änderungen gemeinsam reflektieren.

Literatur

Cockerham, William C. (1998): Medical Sociology. London: Prentice Hall.

Faller, Hermann (1993): Subjektive Krankheitstheorien: Determinanten oder Epiphänomene der Krankheitsverarbeitung? Eine methodenvergleichende Untersuchung an Patienten mit Bronchialkarzinom. In: Zeitschrift für Psychosomatische Medizin und Psychoanalyse, 39, H. 4, S. 356–374.

Frank, Jerome D. (1987): Psychotherapy, rhetoric and hermeneutics: Implications for practice and research. In: Psychotherapy 24, S. 293–302.

Furnham, Adrian (1988): Lay Theories: Everyday Understanding of Problems in the social Sciences. Oxford: Pergamon.

Hiller, Wolfgang (2005): Somatisierung – Konversion – Dissoziation: Verhaltenstherapeutische Therapiestrategien/Somatization – Conversion – Dissociation: Strategies of Behavior Therapy. In: Zeitschrift für Psychosomatische Medizin und Psychotherapie, Band 51, Ausgabe 1, S. 4–22.

Joraschky, Peter (1998): Umweltbezogene Gesundheitsbeschwerden. In: Rudolf, Gerd/Henningsen, Peter (Hrsg.): Somatoforme Störungen. Stuttgart: Schattauer, S. 63–75.

Kelle, Udo/Kluge, Susann (2010): Vom Einzelfall zum Typus. Fallvergleich und Fallkontrastierung in der qualitativen Sozialforschung. Wiesbaden: Verlag für Sozialwissenschaften.

Kluge, Susann (1999): Empirisch begründete Typenbildung. Zur Konstruktion von Typen und Typologien in der qualitativen Sozialforschung. Opladen: Leske + Budrich.

Küchenhoff, Joachim/Heller, Pia/Brand, Serge/Huss, Anke/Bircher, Andreas/Niederer, Markus/Schwarzenbach, Simone/Waeber, Roger/Wegmann, Lukas/Braun-Fahrländer, Charlotte (2004): Quantitative und qualitative Analysen bei Menschen mit umweltbezogenen Gesundheitsstörungen. In: Zeitschrift für Psychosomatische Medizin und Psychotherapie, Band 50, Ausgabe 3, S. 288–305.

Lavery, Judy F./Clarke, Valerie A. (1996): Causal attributions, causing strategies, and adjustment to breast cancer. In: Cancer nursing 19, H. 1, S. 20–28.

Leventhal, Howard/Nerenz, David (1985): The assessment of illness cognition. In: Karoly, Paul (Hrsg.): Measurement Strategies in Health Psychology. New York: Wiley, S. 517–555.

Mayring, Phillip (2008): Qualitative Inhaltsanalyse: Grundlagen und Techniken. 10. Auflage, Weinheim: Beltz.

Moldaschl, Manfred/Voß, Günter G. (2002): Subjektivierung von Arbeit. München, Mering: Hampp.

Muthny, Fritz A. (1989): Freiburger Fragebogen zur Krankheitsverarbeitung, FKV. Weinheim: Beltz.

Reichertz, Jo (2013): Die Abduktion in der qualitativen Sozialforschung. Wiesbaden: Springer.

Salewski, Christel (2002): Subjektive Krankheitstheorien und Krankheitsverarbeitung bei neurodermitiskranken Jugendlichen. In: Zeitschrift für Gesundheitspsychologie 10, H. 4, S. 157–170.

Siegrist, Johannes (2005): Medizinische Soziologie. München: Elsevier, Urban & Fischer.

Voswinkel, Stephan (2001): Anerkennung und Reputation: Die Dramaturgie industrieller Beziehungen. Mit einer Fallstudie zum »Bündnis für Arbeit«. Konstanz: UVK.

»Ich muss nur besser Nein sagen lernen«

Psychodynamische Überlegungen zu einer pragmatischen Lösung

Ute Engelbach

Das Thema »Abgrenzung« wurde in der vorliegenden Untersuchung besonders in den Interviews am Ende der Behandlung (t2) von der Mehrzahl der Patienten eingeführt und stellte sich als eine Art Hoffnungsträger heraus, eine zentrale Erkenntnis zur Überwindung ihrer Probleme oder zumindest als der identifizierte Mangel in der Entstehung der aktuellen Krise. In wiederkehrenden Schlagworten, mit denen Patienten ihre Therapieerfolge reflektierten, beschrieben sie sich entweder als noch in der Phase des Erarbeitens neuer Strategien befindlich, »Wie sag ich Stopp?« (Frau E), oder als diesen Schritt bereits vollzogen habend, »Indem ich einfach mal sage: Stopp, jetzt reicht's!« (Herr N)

Es erscheint neben der Selbstakzeptanz als die zentrale Botschaft, die aus der Behandlung extrahiert wird, ob wie bei Frau K zumindest anteilig die Krise in einem »extrem grenzüberschreitenden Chef« attribuiert wird oder bei Frau G, die als Erkenntnis »immer nur für alles Ja sagen« verantwortlich macht, oder als Schlüssel zum Weg in die Veränderung: »Ich will das lernen, mich abzugrenzen« (Frau I), »Du musst da raus, du musst dich abgrenzen, du musst Nein sagen!« (Frau L), »Das muss sicherlich geändert werden, also es müssen früher Grenzen gesteckt werden« (Herr U), »Auf Pausenzeiten achten« (Frau K), »Mich durchzusetzen, Grenzen zu setzen« (Herr H), »Nicht gleich zu allem Ja sagen« (Frau A).

Zu dem Thema lassen sich zahlreiche Ebenbilder in den Arztberichten wiederfinden – zumeist deckungsgleich bei denselben, aber zuweilen auch bei den Patienten, die das Thema nicht eigenständig eingeführt haben. In den Verläufen wird berichtet von Schwierigkeiten in der Abgrenzung zu

Mitpatienten, Reflexionen über mangelnde Abgrenzung als destabilisierenden Faktor vor psychischer Dekompensation, über psychodynamische Überlegungen zu mangelnder Abgrenzung aufgrund der persönlichen Biographie oder Reflexionen über dysfunktionale Grundannahmen dazu, über eine resultierte bessere Wahrnehmung eigener Grenzen im Rahmen der Behandlung bis hin zum Einüben von konkreten Strategien.

»Sichabgrenzen« und »Neinsagen« sind von den Patienten wahrgenommene notwendige Überlebensstrategien, insbesondere in der heutigen (Arbeits-)Welt. Internet und Ratgeberregale sind gefüllt mit Titeln, Tipps und Thesen zu diesem Thema: »Nein sagen ohne Schuldgefühle«, »Nein sagen [...] für Frauen, für Männer, für Kinder [...] im Beruf, im Alltag [...]«. Mitunter wird bei diesen Angeboten der Anschein erweckt, dass es sich in erster Linie um einen Soft Skill im Sinne einer erlernbaren Kommunikationsfähigkeit handeln müsse. Gleichermaßen halten verschiedene Therapieschulen Übungen oder Module vor, die genau diese Bedürfnisse befriedigen bzw. diese Kompetenz trainieren sollen, so zum Beispiel im Sozialen Kompetenztraining (vgl. Alsleben/Hand 2013; Hinsch/Pfingsten 2007), im Fertigkeitentraining im Rahmen der Dialektisch-Behavioralen Therapie (Linehan 1996) oder auch in den Körpertherapien (z. B. Waibel/Jacob-Krieger 2009).

Neben dem Wunsch nach einem souveränen Nein in der Abgrenzung, das sich vermeintlich hinter oben beschriebener Erkenntnis verbirgt, lässt sich über verschiedene Bedeutungen hinter dem Neinsagen spekulieren: Eine Haltung des Neinsagens im Sinne des Trotzes – solche Neinsager könnten alles zum Erliegen bringen. Jasagen und Neinsagen können als ritualisierte Haltung der Entlastung dienen, weil dadurch keine Situationsflexibilität erforderlich ist, das hieße Reduktion von Komplexität und Ersparnis des Nachdenkens. Nein kann als verkapptes Ja fungieren, dem man eigentlich misstraut, ein hilfloses Nein aus Überforderung sein, Nein kann als »fishing for compliments« oder zu politischen, strategisch-taktischen Gründen eingesetzt werden. Die Beweggründe hinter den Worten »Du musst Nein sagen!« bzw. die Schwierigkeiten, die die untersuchten Patienten mit der Abgrenzung innerpsychisch hatten, sollen im Folgenden herausgearbeitet werden.

1. Einzelfallanalysen in Bezug auf das Thema »Abgrenzung«

Für die erste Analyse wurde das Material aus der Einzelfallanalyse einer Patientin ausgewählt, die gewissermaßen eine Art »Prototyp« des Nicht-Nein-sagen-Könnens in der Patientenstichprobe darstellte. Bereits im Erstinterview formulierte sie selbst ihre Abgrenzungsschwäche als zentralen Auftrag an die Behandlung, deren psychodynamischer Fokus vornehmlich auf der Konfliktachse (Arbeitskreis OPD 2006) lag. Kontrastierend dazu wurde eine zweite Analyse eines Patienten ausgewählt, dessen Behandlungsfokus vorrangig im Bereich der Strukturthemen (ebd.) angesiedelt war.

Frau A

Frau A, mittleren Alters, Assistentin zweier Chefs in einer Beratungsorganisation, stellt sich schon im Erstinterview als jemand vor, der viel zu oft »Ja« und viel zu selten »Nein« sagt. Sie formuliert als Wunsch an die Behandlung, sich besser abgrenzen zu können. Dies schließt aus ihrer Perspektive ein, fürsorglicher mit sich umzugehen, besser ihre Leistungsgrenzen seelisch wie körperlich zu spüren und nicht über diese Grenzen hinwegzugehen. Offenkundig erhofft sie sich konkrete Hilfestellungen ähnlich der gängigen Ratgeberliteratur, zum Beispiel, sich klarer, weniger »schwammig« auszudrücken. Sodann, so hofft sie, fordern die anderen nicht noch mehr Freizeit oder Hilfsbereitschaft ein, nimmt sie nicht mehr jede Aufgabe an. Als Gründe für ihre Abgrenzungsproblematik vermutet sie, dass sie niemanden verletzen, immer ganz besonders höflich sein möchte, Angst davor habe, den anderen vor den Kopf zu stoßen, zu enttäuschen, Angst, nicht »everybody's darling« zu sein.

Frau A entwirft von sich das Bild einer Frau, die perfekt sein will, sich keine Schwäche zugestehen kann, dem anderen gefallen oder Dinge recht machen möchte. Schwäche zeigen könnte Kontrollverlust bedeuten. Sie habe bereits ein schlechtes Gewissen bekommen, als sie gemerkt habe, wegen der Erschöpfung statt bis 20 Uhr nur noch bis 18 Uhr voll leistungsfähig zu sein, klar denken zu können. Oft sei sie über ihre Grenzen gegangen, auch wenn der Körper eigentlich müde oder krank ist und nicht mehr will, sich trotzdem dazu gezwungen, noch joggen zu gehen, aufzustehen, zu arbeiten. Dabei scheint sie fortwährend nach Aktionismus zu streben, immer auf der Suche, etwas zu erleben. Stille scheint ihr unangenehm zu sein, gleichbedeutend mit Leere. So muss sie immer Ziele haben, irgendetwas sportlich oder beruflich erreichen. Wenn das Ziel erreicht ist, dann erfährt sie aber keine Befriedigung. Sie beschreibt sich wie in einer Art »Hamsterrad«, bei dem sie fürchtet, wenn sie aufhört zu rennen, dass alles einbricht. Das würde sie als Scheitern erleben, das sie sich nicht eingestehen will, und fürchtet, dann die Kontrolle zu verlieren. In dieser Ahnung sieht sie sich bestätigt, weil sich ihre Beschwerden nach der Krankschreibung verschlimmert haben. Sie kommt aus einer schnelllebigen Branche, wirkt beschleunigt: Auf eine Kur zu warten wäre Zeitverschwendung, sie will bald wieder arbeiten gehen. Es offenbaren sich hohe Erwartungen an die Klinik, gepaart mit Entwertungen gegenüber denjenigen, von denen sie die Fürsorge erwartet.

Frau A beschreibt, sie sei als Einzelkind bei ihren Eltern nach eigenem Dafürhalten sehr behütet aufgewachsen. Die Mutter sei empfindlich, körperlich angeschlagen, leide seit jungen Erwachsenenjahren an Epilepsie mit monatlich mindestens einem Anfall, worüber in der Familie nicht gesprochen, sondern was möglichst vertuscht worden sei. Des Nachts habe Frau A als kleines Mädchen die Mutter aus dem benachbarten elterlichen Schlafzimmer gehört, für sie erschreckend, beängstigend, während der Vater die scheinbar nach Luft ringende Mutter beruhigt habe. In der Familie seien Schwächen nicht gezeigt worden. Der Vater sei ein Kämpfertyp nach dem Motto: Aushalten, durchhalten, das wird schon wieder! Auch er könne schlecht Nein sagen.

Frau A scheint identifiziert mit ihrem Vater, fühlt sich seelenverwandt, schwach wie die Mutter wollte sie unter gar keinen Umständen sein. Im Grundschulalter habe sie dann erstmals einen Anfall der Mutter im Supermarkt miterlebt. Sie habe die Mutter gestützt, das gemacht, was der Vater in solchen Situationen getan habe. Zu Beginn ihrer Ausbildung sei der Vater arbeitslos geworden, eine Schwäche bei dem zuvor identitätsstiftenden Objekt, nun musste beides verschwiegen werden: die kranke Mutter und der arbeitslose Vater.

In der Jugend sei sie mit ihrem Freund und späteren Ehemann zusammengekommen. Niemand habe ihn gemocht. Er sei der »böse Bube« gewesen: laut, aggressiv, viele Schlägereien, rechtsradikal, mit einem Hang zum Alkohol; sie hingegen ein »Engel«, die ihn wohl durch ihre Liebe zu retten und vor allem zu kontrollieren suchte. Vermeintlich besetzte der Ex-Gatte die Rolle eines Alter Egos, so konnte sie die Gute bleiben, die Aggression bei ihm. Die Trennung sei von ihr nach einer Realitätsprüfung der gemeinsamen Zukunft anlässlich einer gemutmaßten Schwangerschaft nach zwölf gemeinsamen Jahren der Partnerschaft abgewogen worden, innerlich alleine mit sich ausgemacht, kalkuliert und in einer gezielten Aktion durchgezogen. Die Fassade scheint bis zuletzt gewahrt, der emotionale Ausdruck vermieden, vermutlich aus Angst vor der aggressiven Auseinandersetzung. Vermutlich wurde das »Nein zur Ehe« so möglich – eine angemessene Auseinandersetzung hätte das Nein eventuell infrage stellen können.

Der frühere Freundeskreis sei zu großen Teilen weggebrochen. Ihre Freizeit gestalte Frau A vornehmlich mit Kollegen oder ehemaligen Kollegen, da – so vermutet sie – sich andere auf ihren Lifestyle mit seiner Schnelllebigkeit und Flexibilität nicht gut einlassen können. Zum Zeitpunkt der aktuellen Verschlechterung hätten zwei Freundinnen noch ihre privaten Probleme bei ihr abgeladen. Sie sei förmlich an den Problemen der anderen erstickt, ihrem Selbstanspruch, Lösungen zu finden, nicht mehr nach- und mit der eigenen Situation nicht mehr klargekommen. Sich die Sorgen und Nöte der anderen anhören erinnert ein bisschen an die Rolle, innerhalb deren sie zwischen ihren Eltern vermittelt hatte. Unterm Strich stelle sie nach solchen Gesprächen fest, eigentlich ging es die ganze Zeit um den anderen, etwas, das sie enttäuscht zurücklässt.

Auch während der Behandlung wiederholt sich dieses Muster im Kontakt zu den Mitpatienten laut Dokumentation: Frau A erlebt sich belastet davon, ununterbrochen negative Lebensgeschichten, Belastungen und Leiden zu hören, kann sich nicht distanzieren, grübelt nachts darüber, kommt in eine altruistische Position, wird erneut zum Kümmerer. Sie beschäftigt sich viel mit den anderen, ihre eigenen inneren Themen kann sie kaum in die Gruppen einbringen. Es fällt ihr schwer – möglicherweise aus Angst –, die Kontrolle zu verlieren, etwas von sich zu zeigen.

Grenzen oder Abgrenzung tauchen wiederholt als Themen in den Therapien auf. In der Einzeltherapie berichtet sie über zwei Episoden von Grenzüberschreitung von Männern, einer davon ihr Praktikumschef, als sie in noch minderjährigem Alter war. In beiden Fällen habe sie erst spät ihr Recht auf Abgrenzung wahrgenommen, sich selbst zu schützen vergessen. Hierüber konnte das Böse und Aggressive in der Therapie kurz thematisch werden, dessen Existenz im Gegenüber schien für Frau A nur schwerlich vorstellbar, Hilflosigkeit auslösend, eine Existenz im Selbst abgewehrt und undenkbar. Denkbar wäre, dass nach den früheren Erfahrungen die Tatsache, zwei Chefs zuzuarbeiten, ihr auch einen gewissen Schutz suggerierte.

Nach der Behandlung ist sie zuversichtlich gestimmt: Sie habe zwar keinen exakten Plan, wann sie »Nein« sagen solle – das müsse aus der Situation entstehen. Sie habe sich vorgenommen, nicht gleich zu allem »Ja« zu sagen, sondern klarer zu entscheiden, achtsamer zu entscheiden, zu priorisieren, was noch heute schaffbar ist. Weiterhin nimmt sie mit, dass sie sich stark über den Kopf steuert, das könne sie ja auch mal in die andere Richtung tun. Sie vergleicht sich zur Entlastung mit Kollegen, die weniger arbeiten, es sei schließlich auch nicht ihr Unternehmen. Sie thematisiert auch Ängste bezüglich der Umsetzung, zum Beispiel Arbeiten nicht verschieben zu können, weil der nächste Tag zu voll sein könnte, oder die Angst, der Chef könnte beleidigt sein, weil er anderes von ihr gewohnt sei.

Letztlich scheint sie einen gewissen Abstand durch die Krankheit und Zeit in der Klinik gefunden zu haben und stellt Überlegungen zu Veränderungen an, nämlich dass sie das jetzt acht Jahre gemacht habe, diese »Party« mitgefeiert, das sei lustig gewesen, aber jetzt wolle sie das nicht mehr. Sie wolle sich demnächst eventuell umorientieren, könne sich etwas im sportlichen oder kreativen Bereich, zum Beispiel Fitness-Kauffrau, oder auch eine Position mit mehr Verantwortung, eine Führungsposition, vorstellen.

In der Rückschau auf beschriebene Episoden lassen sich bei Frau A verschiedene Gründe für ihre Abgrenzungsschwierigkeiten herausarbeiten: Sie selbst benutzt das Bild des Hamsterrades, ihr Aktionismus erscheint wie eine Verausgabung ohne konkretes Ziel, sozusagen ein rasender Stillstand, eine individualisierte Perspektive der dynamischen Stabilisierung (vgl. Rosa 2005). Sich immer mehr mit Aktivitäten zu beladen passt als Gegenteil des Neinsagens zu dem Aktionismus, wirkt innerlich stabilisierend, unterstützt im Grunde die Abwehr der antizipierten Gefühle von Leere oder Langeweile und eventuell dahinterliegender Traurigkeit oder Angst.

Was passiert, wenn acht Jahre Party mutmaßlich im Schutz der kollektiven Abwehr beendet werden? Mit Dejours gesprochen »lässt die ›strategische Geselligkeit‹ Arbeit und Nichtarbeit völlig ineinander übergehen, […] die moderne Form einer berufsspezifischen Lebensweise […]: eine neue Form von Verknechtung« (Dejours 2012, S. 137). »Die vorgebliche Geselligkeit konstituiert eine Kultur der Einsamkeit« (ebd., S. 147). Extreme Beschleunigung dient als Abwehr der Endlichkeit der Zeit, somit der Sterblichkeit und der Todesangst, bedrohliche Themen, für die entsprechend ihrer Biographie kein Raum eröffnet werden konnte.

Gleichzeitig besteht eine Verleugnung der eigenen Begrenztheit, die Illusion der unendlichen Belastbarkeit – ein »Nein« hieße, auch dies zu akzeptieren. Psychodynamisch finden sich bei Frau A zentrale Konfliktmuster um den Selbstwert und die Versorgung (Arbeitskreis OPD 2006), beides biographisch gut verstehbar. Sowohl die notwendige Stabilisierung des Selbstwerts durch den anderen als auch die früh angelegte Verpflichtung zum altruistischen Einsatz verunmöglichen in ihrem bisherigen Konzept ein Nein zum Gegenüber.

Konflikte um Autonomie, Kontrolle und Schuld (ebd.) sind in geringerer Ausprägung erkennbar, werden ebenfalls in die Logik integriert, indem die Autonomie scheinbar darüber hergestellt wird, dass sie zum Beispiel ihr angeratene Pausen nicht wahrnimmt oder aus Angst vor Kontrollverlust und schlechtem Gewissen Präsentismus betreibt. Sie zeigt sich als jemand, der wenig Zugang zu den eigenen Emotionen hat, vor allem die Aggression scheint vollends abgewehrt, im Alter Ego deponiert, eventuell im Schuldgefühl gebunden. Für eine Abgrenzung ist es aber notwendig, Aggression in gesunder, konstruktiver Art differenzieren und mitteilen bzw. nach außen ausleben zu können.

Herr H

Herr H ist mittleren Alters und arbeitet im Kundenkontakt, wie er sagt, in einem Traumberuf für ihn. Er sucht die Klinik nach einem Zusammenbruch auf, während dessen er gar nicht mehr aufgehört hatte zu weinen. Er beschreibt seine aktuelle Arbeitssituation als nicht mehr erträglich, weil seine Vorgesetzte ihn und seine Kolleginnen mobbe, körperlich und verbal Grenzen überschreite. Sie fordere Überstunden ein, gleichzeitig zwinge sie die Mitarbeiter, sich zuvor auszustempeln. Bei Missachtung dessen mahne sie ab. Keiner in der Abteilung traue sich, sich zur Wehr zu setzen, keiner vertraue niemandem. Beim Meeting habe er das angesprochen. Kollegen, die sich zuvor aufgeregt hätten, seien ihm in den Rücken gefallen. Er beschreibt eine rebellische, vielleicht sich opfernde, zuweilen auch brüllende, gewissermaßen sich wehrende oder abgrenzende Seite: Er gehe nach Hause und steche sich bei Überstunden nicht vorzeitig aus. Aber die Chefin sehe das gar nicht gern.

Die beiden kennen sich schon lange, hätten vor zehn Jahren zeitgleich in der Firma hierarchisch auf Augenhöhe angefangen und seien per Du. Die hierarchischen Grenzen werden in seinen Schilderungen zeitweilig unscharf: Mal stellt er sich mindestens auf Augenhöhe, möglicherweise sogar über sie, mal wird er ganz klein, wie ein kleiner Junge, seinen Schilderungen nach mache sie ihn auch vor Kunden oder Mitarbeitern klein. Ein anderes Mal suchte er das Gespräch, dort habe er »angesprochen, was ihr Problem ist«. Sie sei dann gar nicht auf seine Belange eingegangen. Wiederholt erlebt er die Chefin als erbarmungslos, wie seinen Vater, das heißt sehr autoritär und bedrohlich.

Herr H ist der Erstgeborene, der Vater sei immer sehr gewaltbereit gewesen, im Prinzip habe Herr H täglich teilweise brutale Prügel erfahren. Auch die Mutter habe dem nichts entgegensetzen können, sei ebenfalls massiv geprügelt worden. Der Vater wirkt fast sadistisch, Herr H habe miterleben müssen, wie der Vater die Mutter fast umgebracht habe. Aggression wurde anscheinend ausschließlich destruktiv gelebt. Die Schilderungen von Herrn H bleiben aber frei von Rachephantasien, Missachtung oder Anzeichen von Enttäuschungswut. Sie sind eher geprägt durch Vergebung und enttäuschte Traurigkeit, es finden sich vorrangig kindliche Wünsche und Bedürfnisse: Der drei Jahre jüngere Bruder sei besser weggekommen, sei immer kränklich gewesen und habe mehr Aufmerksamkeit bekommen, sei von der Mutter bevorzugt worden. Sie habe ihn später auch zum Geschäftsführer ihres Unternehmens ernannt oder bei seinen Machenschaften gedeckt.

Trotz geschilderter Schwierigkeiten verharrt Herr H auffallend lange in der Familie – wesentlich wegen der Phantasie, die Mutter vor dem gewalttätigen Vater schützen zu können. Dennoch wird er von der Mutter vernachlässigt und hintergangen: zum Beispiel, als sie über ihn einen Kredit aufgenommen habe, ausgewandert sei und ihn mit den Schulden sitzen gelassen habe. Auch sein Bruder habe ihn betrogen, indem er beispielsweise über ihn Bestellungen bei Versandhäusern getätigt und die Ware dann weiterverkauft habe. Inzwischen ist Herr H in der Privatinsolvenz. Letztlich scheint er bis heute nicht richtig gelöst von der Mutter. Im Rahmen der Behandlung wurde dies thematisiert, gab es erste Versuche von Herrn H, sich etwas von ihr zu lösen. Die Mutter reagiert manipulativ auf diese Bemühungen, indem sie ihm gegenüber äußert, dass es ihr deswegen schlecht gehe.

Herr H lebt mit seinem Partner zusammen, eine Beziehung, die in seiner Beschreibung stark durch Objektabhängigkeit und Kontrolle bzw. Machtausübung geprägt ist. Nach anfänglicher Idealisierung der Partnerschaft werden im Verlauf der Behandlung zunehmend schwierige Seiten des Partners deutlich, indem er sich beispielsweise Konfliktsituationen entziehe oder sich tagelang nicht melde. Der Freund sperre ihn ein, sei übergriffig, habe zudem eine App installiert, um immer zu wissen, wo sich Herr H befinde. Er hat in der Beziehung deutliche Schwierigkeiten, seine Bedürfnisse zu kommunizieren oder vielleicht überhaupt sie zu kennen. In seiner Schilderung wirken die Auseinandersetzungen kindlich. Während der Behandlung konnte er die Idealisierung mehr und mehr aufgeben, die Spaltung wurde deutlich.

Dies lenkte den Fokus weg von Arbeit und Chefin als alleiniger Ursache der De-Stabilisierung zunehmend auch auf die konflikthafte Beziehung, in der er unterwürfig sei, oft übergangen werde, sich alles gefallen lasse. Gleichzeitig scheint er sich immerzu abhängig in der Beziehung gefühlt zu haben, auch wegen der finanziellen Abhängigkeit, sodass er in seinem Erleben quasi gar nicht allein existieren kann. Dementsprechend wurden am Anfang der Behandlung angesichts der durch die stationäre Behandlung bedingten Trennung vom Freund, des Heimwehs, der Angst – auch des Freundes –, den anderen wegen der aktuellen räumlichen Trennung oder des Doppelzimmers in der Klinik verlieren zu können, beruhigende Interventionen notwendig. Herr H kümmerte sich in der Gruppe der Mitpatienten viel um die anderen, ließ sich mitreißen und war unterhaltsam, wirkte ausgleichend, war ein geschätzter Mitpatient. Im Konflikt jedoch ließ er sich durch Dominanz schnell einschüchtern, wirkte dann fast devot.

Gleichermaßen scheint Disharmonie zwischen zwei Mitpatienten für Herrn H nur schwer erträglich und sofort Erinnerungen an streitende Eltern und brutale Gewalt zu triggern, löst bei ihm Hilflosigkeit aus und versetzt ihn sozusagen in einen kindlichen Zustand. Er könne gar nicht mehr zuordnen, »was ist jetzt wahr, was ist jetzt nicht mehr wahr, […] habe immer Misstrauen«, beschreibt er sein Empfinden. Objektwelten scheinen sich zu vermischen, erinnern an Muster, die in beobachteten konflikthaften Szenen mit seiner Chefin und einem seiner Kollegen aktiviert wurden. Neben der besonderen Erfahrung, das erste Mal ein Gefühl der Zugehörigkeit zu und Anerkennung von einer Gemeinschaft erlebt zu haben, sind eben die biographische Verknüpfung solcher Ereignisse und das Training der sozialen Kompetenz, zum Beispiel mit Rollenspielen, für Herrn H wichtige Schlüssel in der Behandlung, um nicht im Kontakt zu Autoritäten eine sofortige Vermischung der Objekte zu erfahren und in der Übertragung vollends von kindlichen Anteilen »gesteuert« zu sein. Er hat das Gefühl, dass ihm der Klinikaufenthalt sehr geholfen habe, plant, zurück an seinen Arbeitsplatz zu gehen und sich dort den Herausforderungen zu stellen. Wenn es wirklich gar nicht gehe, müsse er sich eine neue Stelle suchen, schließlich sei es ja am Ende »nur Arbeit«.

Resümierend irritiert Herrn Hs Erkenntnis aus der Behandlung zunächst, dass er lernen müsse, »[s]ich durchzusetzen, Grenzen zu setzen«. Darauf angesprochen erläutert er, dass er nun gestärkt für den belastenden Kampf und gegen die Angst vor Abmahnung, eventuell im Sinne einer Vergeltungsangst, sei. Schließlich erlebt er die Chefin – selbstverständlich in ihrer Funktion versehen mit Autorität – wiederholt im Konflikt wie die Eltern, dann wird der Integrationsgrad bezüglich der Objektwahrnehmung deutlich geringer (Arbeitskreis OPD 2006).

Es entstehen projektive Identifikationen[1] und Bedrohungserleben, worauf sich seine Abgrenzungsthematik bezieht. Seine Wiedergutmachungswünsche sind kaum erfüllbar, Misstrauen scheint zur Sicherheitsstrategie zu werden. Ähnlich ihm, der an der eigenen Realitätswahrnehmung zweifelt, wird auch der Leser misstrauisch, validiert, hinterfragt, deckt Widersprüche auf. Ob Herr H sich wirklich gegen die Chefin zur Wehr setzt oder sich vielleicht doch, wie im Konflikt auf Station beobachtbar, devot verhält? Wurde die Erzählung vielleicht nur ausgestaltet, fraglich eine der dramatischen Geschichten, die in den Interviews zuweilen kontextlos präsentiert werden, oder inszeniert Herr H sich heldenhaft als Einziger, der in der Firma aufbegehrt?

So könnte er im Dienste der Selbstwertregulation die Gratifikation als Opfer erhalten, vermeintlich wie bei seiner Überschuldung, mittels deren er vielleicht der Mutter zu beweisen hoffte, der bessere Sohn zu sein. Abgrenzung scheint bei Herrn H punktuell zu funktionieren, jedoch nicht bei Ansprüchen aus der Familie, von der er sich hintergangen und ausgenommen fühlt. Darüber existiert bei ihm lediglich Schmerz, die zu erwartende Aggression scheint in der Depression gegen das Selbst gerichtet.

1 | Unbewusster Abwehrmechanismus, bei dem Teile des Selbst abgespalten und auf eine andere Person projiziert werden.

Seine fehlende abgrenzende Selbstbehauptung drückt sich in verschmelzenden Beziehungen und unklaren Selbst-Objekt-Grenzen aus, richtet sich im Rahmen projektiver Identifikationen gegen die Objekte, teilweise aber auch unterworfen, am ehesten zu deuten im Rahmen einer mangelnden Triangulierung[2] mit fehlender Ablösung und Autonomieentwicklung.

Exkurs: Das Nein in der kindlichen Entwicklung

Triangulierung kann als eine grundlegende Voraussetzung für die Abgrenzungserfahrung verstanden werden. Lacan (1997) konzeptualisierte in diesem Zusammenhang den Vater in seiner symbolischen Funktion.[3] Im Übergang zur Stufe der Objektbeziehungen kommt es mit zunehmender Aktivität des Kleinkindes zu vermehrten Versagungen, dem folgen Frustration und die affektive Besetzung des verbietenden Neins des Erwachsenen, der aber gleichermaßen als Identifikationsfigur zur Bewältigung der Außenwelt zur Seite steht. Die Nein-Geste, das von René Spitz beobachtete verneinende Kopfschütteln des Kleinkindes ab dem 15. Lebensmonat, stellt ein identifikatorisches Verbindungsglied mit dem libidinösen Objekt dar, sie »dient dazu, innerhalb des Abwehrmechanismus der Identifikation mit dem Angreifer die Aggression auszudrücken« (Spitz 1959, S. 44).

Dem Aggressor oder versagenden Objekt wird nun sein eigenes Nein entgegengeschmettert. Durch die Fähigkeit des Kindes, alles, was ihm begegnet und was es erlebt, zu verneinen, verändert sich sein Verhältnis zur Realität grundlegend, das psychische System erhält ein neues Organisationsniveau, innerhalb dessen gleichermaßen eigene Grenzen erfahrbar und frühkindliche Wünsche nach Grandiosität beschieden werden. Differenz wird erstmals erlebbar, das Ur-Teilen, entsprechend der von Freud (1982) beschriebenen Polarität: Bejahung ist als Ersatz der Vereinigung dem Eros und Verneinung als Nachfolge der Ausstoßung dem Destruktionstrieb zugehörig.

2 | Triangulierung bedeutet, »dass in einem Dreiecksverhältnis das Verhältnis zwischen zwei Polen durch die Bezugnahme auf den dritten Pol reguliert wird« (Grieser 2011, S. 15).

3 | Als »nom du père/non du père« bezeichnet Lacan (1997) das väterliche Gesetz, das das »Nein« zur imaginierten Verschmelzung des Kindes mit der Mutter ausdrückt, wie auch der »Name« des Vaters als Symbol das Kind in die Welt der Symbole und der Sprache einführt.

Um eine eigene Identität auszubilden, muss das kindliche Subjekt Abstand zu seiner primären Bezugsperson bekommen bzw. die Differenz erfahren. Angriffs- oder Zerstörungsbereitschaft, vermeintlich -lust, dienen dabei als Veränderungskraft, sozusagen als offensives Potenzial einer kreativen Grenzziehung des Subjekts oder als Triebkraft für Separation und Individuation. Für die weitere Entwicklung ist es häufig sogar notwendig, über die Grenzen zu gehen oder dieselben zu überwinden.

2. (Abgrenzungs-)Themen der Patienten mit konfliktbezogener therapeutischer Ausrichtung

Betrachten wir nun die anderen Patienten der Untersuchung im Hinblick auf die von ihnen geschilderten Abgrenzungsschwierigkeiten, so lassen sich die in der Einzelfallanalyse von Frau A dargestellten Themen ähnlich, in mancher Hinsicht sogar eindeutiger einem einzelnen Konfliktmodus (Arbeitskreis OPD 2006) zuordenbar finden. Da taucht zum Beispiel das altruistische Motiv augenfällig bei Frau L auf. Sie habe nie vermittelt bekommen, sich um sich selbst zu sorgen. Andere zu versorgen habe sie für das höchste Gut gehalten. Sie äußert entsprechend ihrem zentralen Konflikt: »Es ist in Ordnung, [...] nicht mehr an sich selbst zu denken.« Bereits die Mutter hat ihren Beschreibungen zufolge im Konfliktmodus Versorgung vs. Autarkie (ebd.) gehandelt, wird von Frau L als zu eng und zu klammerhaft beschrieben, »dass ich eigentlich nie so richtig die Chance hatte, mich meiner Mutter gegenüber abzugrenzen«.

Derselbe zentrale Konfliktmodus verhindert bei Herrn N das Neinsagen. Einen diesbezüglichen Erfolg der Behandlung belegend kontrastiert er zu früheren Zeiten, indem er mehrere Geschichten anbietet, zum Beispiel wie er sich nun in der Straßenbahn in seiner Rolle als immer Zuhörender distanzieren konnte, als eine alte Dame ihm einfach das Herz ausschüttete. Er stellt im Sinne der Triangulierung erstaunlich klar heraus: »Dadurch, dass ich mich selbst nie wirklich wahrgenommen hab, konnte ich auch [...] meine Grenzen nie so richtig definieren«, beschreibt sich dabei selbst als durchlässig. Statt mit aggressiver Selbstbehauptung reagiert er mit Rückzug. Aggression ist nach seiner Beobachtung gleichzusetzen mit Gewalttätigkeit »und das hab [...] [ich] aber nie«.

Frau K, die sich beschämt vorwirft, warum sie selbst es nicht schaffe, sich zu wehren, agiert vorrangig in einem passiven Modus des Konfliktes Unterwerfung vs. Kontrolle (ebd.). Sie erzeugt im Gegenüber ein Gefühl, dass man alles ohne Gegenwehr mit ihr machen könne. Anscheinend passiert das nur allzu oft, sie berichtet dieses Unterwerfungsverhalten auch von ihrem Arbeitsplatz. Untergründig spürbar ist die Verärgerung, die aggressiven Energien für einen potenziellen Widerspruch sind in ihrem Modus gebunden, vermeintlich in der Depression gegen das Selbst gerichtet.

Ebenfalls im Konfliktmodus Unterwerfung vs. Kontrolle ist das Abgrenzungsproblem von Herrn M zu verstehen, der bei dominant-gewalttätigem Vater seine aggressiven Gefühle zeitlebens abwehren musste. Im Beruf ließ er sich dominieren, aversive Gefühle sind abgespalten, fanden Ausdruck in einer »dunklen Seite«. Während der Behandlung deuten sich in einem Konflikt mit einer externen Autoritätsfigur kurzzeitig seine eruptiven Potenziale an, werden so thematisierbar, mit der Angst vor Kontrollverlust verknüpfbar. Aggression und Feindseligkeit anzuerkennen bleibt aber schwer.

Ähnlich gestaltet es sich bei Herrn R. Selbst nicht in der Lage, sich zu behaupten, lässt er sich dominieren. Gleichzeitig entwertet er, bekommt nicht, was er meint zu verdienen, klagt nichts ein, beschreibt das Gefühl, sich für die Sache aufzuopfern, versorgend, altruistisch zu sein, kann seinem grenzüberschreitenden arbeitsverweigernden Kollegen nichts entgegensetzen. Seine Beschreibung mutet projektiv an. Dabei sind seine Affekte übersteuert. Es dominieren Wut, Trauer und Enttäuschung, die gleichermaßen kontrolliert, wahrscheinlich zu großen Teilen verleugnet werden.

Frau G bezeichnet sich kategorisch als Jasagerin. Einer gewalttätigen Kindheit mit schlagendem Vater folgt eine deutlich schuldhafte Unterwerfung in wichtigen Beziehungen. Krankmelden oder eine Schicht ausschlagen ist für sie undenkbar wegen eines strengen Vater-Introjekts, dann kommt das »Bild meines Vaters vor Augen, der es mir nicht erlaubt [...] Vielleicht bin ich das irgendwie meiner Mutter schuldig, immer zu funktionieren. Um zu zeigen: Guck mal, ich halte auch durch wie du!« Dabei herrscht wenig Achtung vor den eigenen Bedürfnissen. Wie eine selbstauferlegte Strafe wirkt das durchgängige Sich-schlecht-behandeln-Lassen, in ihren Beschreibungen erscheint sie mehr wie eine Bedienstete denn eine Partnerin für den verstorbenen Partner.

Der Schuldkonflikt (Arbeitskreis OPD 2006) könnte auch bei Frau I eine zentrale Bedeutung für die Abgrenzungsschwierigkeiten haben. Beim

Versuch, Nein zu sagen, »kommt so ein schlechtes Gewissen auf«. Sie hat zudem Angst, wenn sie sich gegenüber ihrer Vorgesetzten für ihre Rechte einsetzt, dass ihr gekündigt werden könnte. Neben dem Schuldkonflikt wird ein Selbstwertkonflikt (ebd.) deutlich. Im Rahmen dessen sind Angst vor Bloßstellung wie auch der Versuch, im helfenden Beruf den Selbstwert zu stabilisieren, verstehbar. Stellvertreterkonflikte bilden sich im Material ab, phasenweise durchlässigere Selbst-Objekt-Grenzen.

Herr D indes tut sich in seiner hochbesetzten Autonomie offenbar schwer mit dem Jasagen. Obwohl er innerlich nie Ja zu seinem Beruf gesagt hat, gerät er gleichzeitig wegen seiner manisch-philobatischen sowie narzisstischen Abwehr mit überhöhten eigenen Leistungserwartungen im Rahmen eines Selbstwertkonfliktes in Abgrenzungsprobleme gegenüber Vorgesetzten.

Auch Herr U hat als zentralen Konfliktmodus einen Selbstwertkonflikt. Ähnlich Herrn D oder auch Frau A sind die unerbittlichen Ansprüche an sich selbst. Abgrenzung heißt Schwäche zeigen, und Schwäche ist intolerabel. Profilierung durch Arbeit dient scheinbar der Regulierung des Selbstwerts und verunmöglicht das Neinsagen. Herr U thematisiert allerdings auch einen anderen wichtigen Aspekt: »Selbst wenn ich Nein gesagt habe, kamen die Arbeiten trotzdem.« Die Reaktion des anderen muss dann auch verkraftet werden. Die Folgen des Nein könnten womöglich nicht bewältigbar sein.

Mit dem Nein beginnt eigentlich eine Interaktion, zumeist wird allerdings nicht weiter ausgeführt, wozu die Patienten Nein, und viel weniger noch, wozu sie Ja sagen, sondern es bleibt reaktiv. Wie Frau G in ihrem kategorischen Ja das Nein ausgeschlossen hat, scheint verschiedentlich im Nein allerdings das Ja, das heißt, sich auf etwas einzulassen, kategorisch ausgeschlossen. Das birgt die Gefahr, dass das Nein zum Klischee wird, eine therapeutische Auseinandersetzung wird dadurch erschwert, die scheinbare Lösung respektive Utopie »Ich muss nur besser Nein sagen lernen« könnte so einem psychodynamischen Erkenntnisprozess zuwiderlaufen. Indem die eine Position, das Nein, derart betont wird, könnte die andere, das Ja, verdeckt werden. Nein zur Fremdbestimmung hieße Ja zur Selbstbestimmung oder eben, sich zu positionieren. Schließlich ist den Patienten trotz unterschiedlichen Konfliktmodus eine Hemmung der Aggression gemeinsam (Herr D mit Einschränkung), oder um mit Herrn N zu sprechen: »Ich wollte natürlich niemanden vor den Kopf stoßen.«

3. (Abgrenzungs-)Themen der Patienten mit strukturbezogener therapeutischer Ausrichtung

Bei Frau J hingegen scheint wie bei Herrn H, auch wenn alle dieselbe Metapher, nämlich nicht Nein sagen zu können, verwenden, Abgrenzung punktuell gut zu funktionieren. Das Gute und das Böse wechseln schnell, mitunter innerhalb derselben Objekte, Größenphantasien schimmern durch, vermeintlich im Dienste der Selbstwertregulierung (Arbeitskreis OPD 2006). In ihrem Selbstbild kann sie sich abgrenzen, den anderen interessiert es aber nicht. Das referiert auf ihre »Erfahrung halt oft in meinem Leben, dass, wenn ich Nein sage, dass das einfach nicht akzeptiert wird«. In ihrer Biographie scheinen Abgrenzungsschwierigkeiten kein durchgängiges problematisches Muster darzustellen, sondern gleichbedeutend mit Schutz gegen Missbrauch zu sein. Aus bestimmten Konstellationen, in denen andere sie zur Bedürfnisbefriedigung missbrauchen, kann sie sich nicht befreien, fühlt sich bedroht, vermischt innerlich mit alten Schemata, was sich auch während der Behandlung reinszeniert.

Im Selbstbild ist ebenfalls Frau E ohne Abgrenzungsproblem, gleichzeitig berichtet sie über eine regulierend eingreifende Vorgesetzte, weil Frau E wiederholt über ihre Grenzen arbeitet; in den Behandlungsprotokollen tauchen Schuldgefühle als Hemmnis für das Neinsagen auf. Größenphantasien, das Gefühl der Unabkömmlichkeit und die Akzeptanz der eigenen Begrenztheit scheinen wichtige Motive für die fehlende Abgrenzung.

Eine mangelnde Selbst-Objekt-Differenzierung (ebd.), insbesondere in Bezug auf das mütterliche Objekt, wird auch bei Frau P deutlich. Ihre Abgrenzungsthematik ist auch klar umschrieben, reinszenierte sich während der Behandlung in den Gruppen, dann schien sie geflutet, Objektwelten schienen sich zu vermischen, sie konnte die Andersartigkeit des anderen nicht dulden. »Es wird deutlich, dass sie es nicht aushalte, wenn die andren sich nicht überzeugen ließen oder etwas Ungerechtes unangesprochen stehen gelassen würde.«

Auch Herr B fühlte sich wiederholt im stationären Setting von anderen real bedroht, hatte das Gefühl, andere gingen über seine Grenzen. Er erträgt es kaum, jemanden räumlich hinter seinem Rücken zu wissen. Grenzen werden in seinen Schilderungen wenig flexibel gestaltet, wenn es dann zur Grenzabsteckung kommt: »Okay, hier ist meine Grenze. Und da hab ich ihm auch einen Finger gebrochen.« Als es dicht in den Therapien wurde, begann er ticartige Zuckungen zu entwickeln, schlug sich und zog sich innerlich zurück.

4. Das Thema »Abgrenzung« im Vergleich: Konflikt vs. Struktur

Folgt man der Kontrastierung, scheinen sich die Beweggründe für die Abgrenzungsproblematik sowie deren Ausgestaltung bei den Patienten mit gut oder mäßig integriertem Strukturniveau respektive einer eher grundsätzlich konfliktbezogenen, therapeutischen Ausrichtung von denen der auf geringer integriertem Strukturniveau befindlichen Patienten mit vorrangigem Strukturfokus (Arbeitskreis OPD 2006) zu unterscheiden. Denkbar wäre natürlich eine gemischte therapeutische Ausrichtung respektive eine Kombination mit einer Tendenz zur einen oder anderen Achse. Während sich die erlebten Schwierigkeiten bezüglich der Abgrenzung bei Ersteren im Rahmen ihres Konfliktmodus zumeist in Verbindung mit einer Aggressionshemmung verstehen ließen, schienen sie bei Letzteren durch Verzerrungen bei den Selbst-Objekt-Grenzen sowie durch internalisierte bedrohliche und verfolgende Objektvorstellungen motiviert. Das Problem stellte sich bei Letzteren punktueller dar. In einigen Bereichen klappte die Abgrenzung nämlich gut, dann kippte es, und das Böse musste meistens projektiv bekämpft werden.

Je deutlicher bei Patienten strukturelle Themen (Arbeitskreis OPD 2006) nach der klinischen Einschätzung im Fokus der Behandlung waren, desto bedrohlicher schienen zuweilen die »Angreifer«, die die Grenzen zu überschreiten drohten, desto mehr galt die Abgrenzung den vermeintlich projektiv identifikatorischen Anteilen. »Der Hauptzweck der Projektion liegt hier in der Externalisierung der ›total bösen‹, aggressiven [...] Selbst- und Objektimagines, und als wichtige Folge dieses Vorgangs entstehen gefährliche vergeltungssüchtige Objekte, gegen die der Patient wiederum sich zur Wehr setzen muß« (Kernberg 1995, S. 51).

Innerhalb der jeweiligen Logik einzelner Konfliktmuster bzw. der Selbststruktur kann zudem im Hinblick auf die Abgrenzungsproblematik zwischen einem Subjekt- und einem Objektpol unterschieden werden: sich der Zumutungen von anderen versus sich der eigenen Ansprüche oder Selbst- und Objektimagines nicht erwehren können.

Auffallend ist auch, dass Neinsagen mitunter im Sinne einer Interaktionsfigur präsentiert wurde, die ein Anerkennen seitens des anderen, nämlich dass ein »Nein« für alle Gültigkeit hätte, impliziert. Eine Reflexion der Interessen anderer oder eine Antizipation ihrer Reaktion fehlt bei dieser Haltung. Wann ist es überhaupt legitim, Nein zu sagen? Wie gestaltet sich dies in Abhängigkeitsverhältnissen? »Kann ich Nein sagen, wenn der Chef Ja sagt?« Was heißt das für die Zusammenarbeit mit Kollegen: »Wenn ich Nein sage, haben die anderen mehr zu tun.« Das heißt, bei steigender Arbeitsbelastung ist das Neinsagen ein Schritt aus der individuellen Perspektive, dem eine Umverteilung der Arbeit im Team folgt.

Das Thema »Abgrenzung« birgt die Gefahr einer reduzierten Sichtweise auf das Problem, ignoriert eventuell interpersonelle Probleme, kann im Interaktionellen zur schnellen Scheinlösung – ähnlich der klischeehaften Anwendung – werden, indem weder versucht wird, eigene Anteile zu hinterfragen, noch das Verhältnis zum Kollegen zu verändern. Letztlich könnte Neinsagen als Identifikation mit dem Therapeuten, gewissermaßen als dessen antizipiertes Therapieergebnis im Sinne einer Konvention umgesetzt werden, ausgedrückt in einem Loyalitätskonflikt: »Nein zum Chef ist Ja zum Psychotherapeuten.«

5. Was heißt das für die Arbeit mit den Patienten?

In den Einzelfallanalysen lassen sich Unterschiede in Bezug auf die als solche wahrgenommene Abgrenzungsproblematik zwischen den Patienten mit eher strukturbezogener therapeutischer Ausrichtung bzw. Schwierigkeiten bezüglich der Selbststruktur und den Patienten mit neurotischen Konflikten herausarbeiten. Möchten Patienten eine bessere Fähigkeit zur »Abgrenzung« – ungeachtet des Diskurses über die Entgrenzung der Arbeitsverhältnisse – erreichen, lohnt es, sich diesem Begriff tiefgründiger zuzuwenden. Die unterschiedlichen Themen, die sich dahinter verbergen, implizieren nämlich auch unterschiedliche Herangehensweisen für eine therapeutische Bearbeitung, die ebenso entsprechende diagnostische psychodynamische Überlegungen vorab nahelegen.

Patienten mit gering integriertem Strukturniveau (Arbeitskreis OPD 2006), die sich gleichermaßen auf der Ebene der Spaltung[4] befinden, prä-

4 | Entsprechend André Green lassen sich drei Abwehrformen als Negationsarbeit zusammenfassen: die Ebene der Verdrängung, die Ebene der Spaltung und Verleugnung und die Ebene der Verwerfung (vgl. Küchenhoff 2013). Auf Letztere wird in den folgenden Überlegungen nicht weiter eingegangen, da die zugehörige

sentierten in unserer Untersuchung als Ursache des Abgrenzungsproblems vorrangig eine Unschärfe in den Selbst-Objekt-Grenzen sowie internalisierte bedrohliche und verfolgende Objektvorstellungen, häufig begleitet von projektiven Identifikationen. Bei Patienten mit gut oder mäßig integrierter Struktur im Sinne der OPD bzw. tendenziell unbewussten Konfliktmustern als Hauptfokus ließen sich die Schwierigkeiten im Rahmen ihres Konfliktmodus zumeist in Verbindung mit einer gewissen Aggressionshemmung verstehen. Die entsprechende Abwehrform kommt der Ebene der Verdrängung gleich, dem Leitmechanismus einer neurotischen Struktur.

Nach Küchenhoff (2013) richtet sich die Verneinung auf der Ebene der Verdrängung vor allem auf Aspekte des abzulehnenden Begehrens, das heißt abgewehrte Motive und Befürchtungen in der Logik des jeweiligen Konfliktmusters. Diese Muster werden vorzugsweise dann der therapeutischen Bearbeitung zugänglich, wenn sich der Konflikt in der Therapie – für eine stationäre Behandlung hieße das in den Beziehungen auf der Psychotherapiestation – und somit im Hier und Jetzt aktualisiert. Die zentralen Elemente des Konfliktes werden mit zunehmender Intensität in Szene gesetzt und können dann vom Therapeuten deutend aufgenommen und bearbeitet werden.

Zu diesem Zweck verhält sich der Therapeut möglichst abstinent gegenüber der unbewussten Re-Inszenierung, mittels derer die Mitmenschen – scheinbar der Sicherheit dienend – in die innere und äußere Welt des Patienten verwickelt werden. In der therapeutischen Beziehung können neue Erfahrungen möglich werden. Dieses konfliktorientierte Vorgehen fokussiert auf die Klärung der »eigentlichen« abgewehrten Motive und Bedürfnisse hinter dem Symptom respektive der Schwierigkeit mit dem Thema »Abgrenzung«.

Unabhängig von dem vorrangigen Konfliktthema war relativ durchgängig eine gewisse Aggressionshemmung im Sinne einer Übersteuerung in der Affektdifferenzierung und -toleranz (Arbeitskreis OPD 2006) beobachtbar. Die Thematisierung von Aggression oder potenzieller Destruktivität bekam in den therapeutischen Beziehungen im Material unserer Untersuchung wenig Raum. Desgleichen blieb wahrscheinlich die wichtige Erfahrung im therapeutischen Prozess unzureichend, dass Separations-

Patientengruppe aufgrund von Ausschlusskriterien nicht vertreten war, sie entspricht der psychotischen Struktur.

und Abgrenzungstendenzen ertragbare Reaktionen in der Beziehung nach sich ziehen können und die Beziehung wahrscheinlich nicht zerstören.

Wird die Aggression im Übertragungskontext aber nicht besprechbar, ist die Möglichkeit für eine diesbezügliche Veränderung alter Beziehungsmuster eingeschränkt. Extreme Haltungen in der therapeutischen Beziehung, wie zum Beispiel ausschließlich die »gute Mutter« zu sein oder die Wut gemeinsam gegen die Eltern auszuagieren, bewirken, dass ambivalente, eventuell auch destruktive Phantasien meist außen vor bleiben. Sicherlich bergen negative Aspekte in der therapeutischen Beziehung jenseits einer spiegelnden Haltung eine psychische Verletzungsgefahr. Zudem ist Neinsagen nicht einseitig der inneren Dynamik des Subjekts zuzuordnen, das heißt, der Therapeut sollte sich als ein Gegenüber anbieten, gerade auch dort, wo die Vernichtung als Thema in die Beziehung kommt. »Die Fähigkeit, Nein zu sagen, und die Fähigkeit, Nein zu hören, spielen ineinander – so dass sie letztendlich nicht einer Seite allein zuzuschreiben sind« (Küchenhoff 2013, S. 108).

In diesem Kontext wäre ein Ziel therapeutischer Arbeit das Anerkennen der Differenz bzw. Andersheit, das heißt, das Fremde oder die Widersprüche im eigenen Selbst ebenso wie die Andersheit des anderen anzuerkennen (ebd.). Die Möglichkeit zur Differenzerfahrung referiert auf gelungene Triangulierungserfahrungen. Diesbezügliche Defizite hemmen vermeintlich ein reifes Anerkennen, eine Entwicklung dessen sollte längerfristig, das heißt über den stationären Kontext hinausgehend wichtiger Bestandteil therapeutischer Arbeit sein.

Patienten mit Störungen der Selbststruktur oder gerade auch traumatisierte Patienten weisen vielfach eine verminderte Fähigkeit auf, Grenzüberschreitungen in beiden Rollen, aktiv wie auch passiv, angemessen wahrzunehmen. Situationen triggern dann unerträgliche emotionale Zustände, die sie aus traumatisierenden Szenen kennen, sodass es zur Flutung von damaligen Ohnmachts-, Verlassenheits-, Schuld- und Schamgefühlen sowie Bedrohungserleben kommt. Manchmal rechtfertigen negative Überzeugungen noch die grenzüberschreitenden Handlungen. Statt einer kraftvollen Umsetzung der durchaus um die Abgrenzungsnotwendigkeit wissenden erwachsenen Anteile kommt es zur Aktivierung früher emotionaler Persönlichkeitsanteile. Die zumeist ohnehin wenig differenzierten Selbst-Objekt-Grenzen vermischen sich, es kommt zur Spaltung, zu Verschmelzungsphantasien, zu projektiven Identifikationen.

Das »Objekt des Begehrens [ist] verzerrt, reduziert auf einen ungemischten Anteil des affektiven Lebens. Zugleich aber muss es die Projektionen aufnehmen, um die mühsam aufrechterhaltene Ordnung weiter zu gewährleisten. Das Objekt wird als schützendes und begrenzendes, nicht mehr als Übertragungsobjekt gesucht.« (Ebd. S. 98)

Ein klares Gefühl für eigene Grenzen zu entwickeln könnte diese Patienten vor Reviktimisierung in Beziehungen schützen. Ein Behandlungsziel wären bei diesen Patienten neben der Differenzierung der Selbst-Objekt-Grenzen das Erkennen der projektiv identifikatorischen Anteile als solcher sowie deren Integration ins eigene Ich, zum Beispiel durch Anerkennung der eigenen abgelehnten Anteile.

Einfache Fähigkeiten, sich selbst zu stabilisieren, sind diesen Patienten oft nicht zugänglich, da sie in früheren, insbesondere traumatisierenden Situationen als nicht zweckmäßig erlebt wurden, es bleibt dann schweigendes Hinnehmen oder innerer Rückzug, ein fehlendes Gespür für klare Selbst-Objekt-Grenzen. Hier kann das Einüben konkreter Techniken ein hilfreicher erster Schritt sein, zum Beispiel durch das imaginative Ausstatten mit robusten Grenzen und die dafür passende Entwicklung von Symbolen, Bereitstellung von »Hilfs-Ich-Funktionen«, sich als Gegenüber zur Verfügung stellen, die Erarbeitung innerer Helferfiguren oder konkrete Distanzierungstechniken vor als unkontrollierbar erlebter, zerstörerischer Wut, um Ärger angemessen äußern zu können (vgl. Rudolf 2004; Wöller 2013). Zudem kann die stationäre Behandlung zu einer Art »gutem Objekt« werden und dadurch eine stabilisierende Erfahrung ermöglichen, hervorgehoben in den Schilderungen der Patienten durch das Gefühl, angenommen zu sein.

Bleibt es im Laufe der Therapie nur bei der oberflächlichen »Bearbeitung« des Sich-Abgrenzens, so bedient dies sicher den häufig zu findenden Wunsch nach der schnellen Lösung des Problems. Sicher hat dies auch eine Berechtigung im Sinne einer vermeintlichen Wiederherstellung oder als Abbau defizitärer Ich-Funktionen mithilfe ressourcenaktivierender Techniken bei traumatisierten oder früh gestörten Patienten. Für eine tiefgreifendere Veränderung durch die Psychotherapie ist es aber nötig, sich dysfunktionalen Mustern, wie zum Beispiel Feindseligkeit oder Entwertungen, sowie den die Übertragungsbeziehung negativ färbenden und durchzuarbeitenden latent negativen Beziehungsaspekten zu widmen. Um das Ich zu etablieren und zu festigen, braucht es eine Integration der aggressiven Selbstanteile, die die Grenzen verteidigt.

Literatur

Alsleben, Heike/Hand, Iver (2013): Soziales Kompetenztraining. Leitfaden für die Einzel- und Gruppentherapie bei Sozialer Phobie. 2. Auflage, Wien: Springer.

Arbeitskreis OPD (2006): Operationalisierte Psychodynamische Diagnostik OPD-2. Bern: Hans Huber.

Dejours, Christophe (2012): Psychopathologien der Arbeit. Klinische Studien. Frankfurt am Main: Brandes & Apsel.

Freud, Sigmund [1925] (1982): Die Verneinung. In: Studienausgabe Band III. Frankfurt: Fischer.

Grieser, Jürgen (2011): Architektur des psychischen Raumes. Gießen: Psychosozial-Verlag.

Hinsch, Rüdiger/Pfingsten, Ulrich (2007): Das Gruppentraining sozialer Kompetenzen (GSK). Grundlagen, Durchführung, Materialien. 5. Auflage, Weinheim, Basel: PVU Beltz.

Kernberg, Otto (1995): Borderline-Störungen und Pathologischer Narzißmus. 8. Auflage, Frankfurt am Main: Suhrkamp.

Küchenhoff, Joachim (2013): Der Sinn im Nein und die Gabe des Gesprächs. Psychoanalytisches Verstehen zwischen Philosophie und Klinik. Weilerswist: Velbrück.

Lacan, Jacques (1997): Seminar III. Die Psychosen (1955–56). Weinheim, Berlin: Quadriga.

Linehan, Marsha M. (1996): Dialektisch-Behaviorale Therapie der Borderline-Persönlichkeitsstörung. München: CIP-Medien.

Rosa, Hartmut (2005): Beschleunigung. Die Veränderung der Zeitstrukturen in der Moderne. Frankfurt am Main: Suhrkamp.

Rudolf, Gerd (2004): Strukturbezogene Psychotherapie. Leitfaden zur psychodynamischen Therapie struktureller Störungen. Stuttgart: Schattauer.

Spitz, René (1959): Nein und Ja. Die Ursprünge der menschlichen Kommunikation. Stuttgart: Klett-Cotta.

Waibel, Martin J./Jakob-Krieger, Cornelia (Hrsg.) (2009): Integrative Bewegungstherapie. Störungsspezifische und ressourcenorientierte Praxis. Stuttgart, New York: Schattauer.

Wöller, Wolfgang (2013): Trauma und Persönlichkeitsstörungen – Ressourcenbasierte Psychodynamische Therapie (RPT) traumabedingter Persönlichkeitsstörungen. Stuttgart: Schattauer.

»Das würde mich schon auch als Therapeutin langweilen«

Deutungen und Umdeutungen von Erwerbsarbeit in der Psychotherapie

Sabine Flick

Das Zentrum psychotherapeutischer Praxis stellen gemeinhin das Leiden der Patienten und dessen Linderung und Heilung dar. Psychotherapie ist schließlich dann indiziert, wenn eine nach dem ICD (International Classification of Diseases, Internationale statistische Klassifikation der Krankheiten und verwandter Gesundheitsprobleme, WHO) diagnostizierte psychische Erkrankung vorliegt. Dabei ist es relevant, welche Krankheits-, Genesungs- und Gesundheitsvorstellungen Therapeuten verfolgen. Mit anderen Worten, welche Krankheitsursache sie identifizieren. Die Ätiologie entscheidet über die Behandlung und den psychischen Zustand, in dem Patienten als »geheilt« entlassen werden.

Wenn sich Patienten in eine stationäre oder teilstationäre Behandlung in einer psychosomatischen Klinik begeben, dann ist der ärztliche Behandlungsauftrag klar geregelt: Behandlungsziel muss neben der Besserung der individuellen Leiden stets die Arbeitsfähigkeit des Patienten sein.[1] Somit ist das zentrale Interesse der Kostenträger die Wiedereingliederung der

1 | Dies regelt für Deutschland beispielsweise die Reichsversicherungsordnung. Arbeitsunfähigkeit liegt dann vor, wenn ein Versicherter infolge des regelwidrigen Körper- oder Geisteszustands nicht oder nur unter der Gefahr, diesen Zustand zu verschlimmern, imstande ist, seiner bisher ausgeübten Erwerbstätigkeit nachzugehen (vgl. Bley 1975). Erwerbsarbeit ist allerdings kein obligatorisches Thema im Anamnesegespräch, welches die Therapeuten routinemäßig ansprechen, es muss vom Patienten angesprochen werden, oder es kommt nicht vor.

Patienten in den Arbeitsmarkt, womit ein überindividuelles Ziel für jede Therapie vorgegeben ist: Arbeitsfähigkeit muss ein Ergebnis der therapeutischen Behandlung sein. Artikuliert der Patient beispielsweise deutlich den Wunsch nach der Frühverrentung, also nach einem Aussteigen aus dem Erwerbsleben, so hat dies Folgen für die Behandler: Es ist nun davon auszugehen, dass im Patienten zweierlei Wünsche wirken, der eine, wieder gesund zu werden, der andere, in diesem Sinne »krank« zu bleiben, um einen Ausstieg aus der als belastend empfundenen Erwerbsarbeit vorzubereiten. Das professionelle Setting der Therapeuten wiederum ist auf die Arbeit mit und an den Patienten beschränkt.

Therapeuten sind also mit einem Dilemma konfrontiert: Sie können den Arbeitsbezug des Leidens, wie er möglicherweise von den Patienten hergestellt wird, nicht diagnostizieren. Ihnen stehen zugleich in der aktuellen Organisation von psychosomatischen Kliniken keine Mittel, vor allem keine therapeutischen Mittel zur Verfügung, auf die Arbeitssituation der Patienten einzuwirken. Darüber hinaus können sie einem Patientenwunsch, aufgrund der übergreifenden Belastung ganz aus dem Erwerbsleben auszusteigen, therapeutisch nicht nachkommen. Was geschieht also mit den Relevanzsetzungen der subjektiven Krankheitstheorien der Patienten?

Generell lassen sich vor dem Hintergrund aktueller gesellschaftlicher Entwicklungen sowie den Ergebnissen der hier in den Blick genommenen Studie zwei Tendenzen aufzeigen: Zum einen greift eine Kultur der Selbstbezüglichkeit auch für die Patienten in der Studie mehrheitlich um sich, die sich durch eine große Bereitschaft zeigt, in der eigenen Deutung der psychischen Krise vieles, wenn nicht alles an sich selbst zurückzubinden. Daneben gibt es aber zum anderen auch eine Gruppe von Patienten (vgl. Nora Alsdorfs Beitrag in diesem Buch, »›Ich brauche jetzt akut Hilfe!‹ – Subjektive Krankheitstheorien und Behandlungserwartungen von Patienten einer psychosomatischen Klinik«, Deutungstypen 1 & 2), die explizit ihre Arbeitsbedingungen und die damit verbundenen Belastungen zum Thema machen und als ursächlich für ihr eigenes akutes Leiden deuten.

Der medial zuletzt stärker aufgegriffene Diskurs um eine überarbeitete und daher erschöpfte Gesellschaft, verbunden mit öffentlichen Bekenntnissen von Leistungsträgern aller Art, an einem Burn-out erkrankt zu sein, trägt sicherlich mit dazu bei, einen Bezug der eigenen Krise zum allgemein etablierten »Leiden an der Arbeit« herzustellen. Ob diese Deutungen der

Patienten nun tatsächlich so sind oder nicht, wird im Folgenden jedoch nicht interessieren, ebenso wenig, ob die therapeutische Deutung tatsächlich den Kern der Krise trifft oder nicht. Vielmehr zeigt sich eine therapeutische Praxis des Deutens und Umdeutens, die in der Folge zweierlei mit sich bringt: Sie verstärkt die vorhandene Tendenz der Selbstbezüglichkeit, anstatt sie ggf. aufzuheben, und Arbeit wird in der Folge der therapeutischen Praxis in diesem Sinne unsichtbar.

1. Die Arbeit der Therapie

Als Grundlage für die Entscheidung, ob der Seelenzustand eines Menschen pathologisch ist, dienen Manuale zur Diagnosestellung. Der Zustand des Krank- oder Gesundseins orientiert sich also nicht ausschließlich am subjektiven Leiden, sondern an den in den Manualen ausformulierten Diagnosen.[2] Das Leiden wird im Prozess der Diagnostik also medizinalisiert und somit behandelbar gemacht.

Die Manuale unterlagen erheblichen Veränderungen in den letzten 50 Jahren. War das ursprüngliche Diagnosekonzept eher biologieorientiert, wird durch die anschließende Prominenz der Psychoanalyse eher das Innere der Person fokussiert bzw. dessen Entstehen durch frühkindliche Sozialisation. Dies wird in den 1970er/80er Jahren abgelöst durch eine eher auf Verhaltensweisen abzielende Krankheitslehre. Diese erfährt vor dem Hintergrund der Dominanz neurowissenschaftlicher Forschung heute eine Ergänzung um genetische und physiologische Aspekte als Ursachen psychischer Erkrankungen (Dellwing 2010). Der Begriff »Krankheit« wird im Kontext psychischer Leiden 1991 abgelöst durch den Begriff der »Störung«, und psychiatrische wie psychotherapeutische Forschung konzentrieren sich mehr und mehr auf subjektive Krankheitskonzepte. Dies korrespondiert mit einem generell veränderten Gesundheitskonzept, wie es die WHO im Laufe der Zeit entwickelt hat: »Health is a state of complete

2 | Es gibt zwei Manuale: ICD und DSM. Die International Statistical Classification of Diseases and Related Health Problems wird von der Weltgesundheitsorganisation herausgegeben, das Diagnostic and Statistical Manual of Mental Disorders ist ein Klassifikationssystem der American Psychiatric Association, die es erstmals 1952 in den USA herausgegeben hat. Aktuell liegt die fünfte Auflage DSM-5 vor, die im Mai 2013 veröffentlicht wurde.

physical, mental and social well-being and not merely the absence of disease or infirmity.« (WHO 1948)

Psychotherapeutische Konzepte betonen heute übergreifend, dass psychische Gesundheit und ihre Störung nur prozesshaft zu verstehen seien und jedem psychischen Leiden eine »gestörte Beziehung zu sich selbst und anderen« zugrunde liege (APA 2016). Psychische Gesundheit definiert die WHO so: »a state of well-being in which every individual realizes his or her own potential, can cope with the normal stresses of life, can work productively and fruitfully, and is able to make a contribution to her or his community« (WHO 2001, S. 1). Psychische Gesundheit ist also ein Zustand, in dem es gilt, Potenziale zu erkennen und auszuschöpfen. Daneben gilt es, produktiv arbeiten und einen Beitrag zur Gemeinschaft leisten zu können.

Auch die arbeitspsychologischen Beiträge unterliegen begrifflichen Konjunkturen. Vor einiger Zeit wurde im Kontext von Arbeit und Psychotherapie vor allem über »Abhängigkeit« gesprochen (Oats 1971; Quinones/Griffith 2015; Andreassen 2014) und als Hauptproblem die Tendenz zum exzessiven und zwanghaften Arbeiten analysiert (Workaholics; Schaufeli/Taris/van Rhenen 2008). Dann folgte eine Phase, in der das Team und seine Schwierigkeiten im Zentrum standen (Stichwort Mobbing; Askew/Schluter/Dick 2013). Heute ist es nun das individuelle Ausgebranntsein, das von (zu viel) Arbeit hervorgerufen werde (Stichwort Burn-out; Maslach/Schaufeli/Leiter 2001). Diese Konjunkturen müssten sich, so sollte man annehmen, in therapeutischer Praxis niederschlagen.[3]

Die Frage nach der Bedeutung von Erwerbsarbeit im diagnostischen und psychotherapeutischen Setting psychischer Erkrankungen ist jedoch bisher kaum untersucht. Auch im Rahmen diagnostischer Richtlinien spielt Erwerbsarbeit keine Rolle. Die Begriffe »Arbeit«, »Erwerbsarbeit« oder inhaltlich verwandte Begriffe kommen im ICD-10-GM im Bereich F Psychische und Verhaltensstörungen (F00-F99) so gut wie nicht vor (ICD-10, eigene Recherche). Arbeit als eigene Dimension von psychischen Diagnosen ist nicht formuliert. Einzig die Pseudodiagnose Burn-out wird

3 | Allein ein kurzer Blick auf die in PubMed gelisteten Veröffentlichungen stärkt diese Lesart: Während 180 Artikel zu Workaholics aufgeführt sind und ca. 550 zu Mobbing (›workplace bullying‹), belegt Burn-out mit über 6000 Artikeln klar den ersten Platz (eigene Recherche der Autorin).

als Zusatzdiagnose Z73 aufgelistet, hat aber wenig klinisch-therapeutische Relevanz.

Dazu gesellt sich der Umstand, dass zwar in den letzten Jahren eine immense Anzahl medizinischer und psychologischer Beiträge zu Burn-out vorgelegt wurden, die aber beinahe alle keine einheitliche Definition von dem vorlegen können, was genau Burn-out eigentlich ist (vgl. Heinemann/Heinemann 2013). Untersuchungen zur Wirkung von Psychotherapie richten ihren Fokus schulenübergreifend nicht auf die Relevanz von Erwerbsarbeit in der Therapie. Die Aufmerksamkeit richtet sich häufig auf die sogenannten »Arbeitsstörungen« (vgl. Hoffmann/Hofmann 2009).

Gemeint sind hiermit jedoch keine Störungen, die man aufgrund von Arbeit erleidet, sondern Störungen der Arbeitsfähigkeit selbst. Hier wird das Feld der Erwerbsarbeit also explizit Gegenstand des therapeutischen Settings, ohne dass aber der Blick auf die Gesundheitsbelastungen durch oder im Zusammenhang mit Arbeit gerichtet wird. Der externe Kontext wird kaum zum Thema, im Zentrum der therapeutischen Maßnahmen steht der Patient mit seinen Fähigkeiten. Was genau aber geschieht in der therapeutischen Praxis?

2. Deuten und Umdeuten

Psychotherapie umfasst freilich sehr viele, unterschiedliche Verfahren, Praktiken und Settings, als dass sie sich als *die* Psychotherapie vorstellen ließe, formal lässt sie sich aber zunächst als ein Kommunikationsraum für Selbstthematisierungen fassen. Psychotherapie ist dabei heute die zentrale Institution, in welcher Individuen sich selbst zum Thema machen können, aber auch sollen (vgl. Schützeichel 2010; Abbott 1988).

Dabei stellt sie einen Raum für Subjektivitätsmuster zur Verfügung, wobei gewisse präferiert werden, insbesondere solche, die auf eine erhöhte Reflexivität und Selbstorientierung der Individuen zielen. »Das Individuum soll Organ seiner Selbsttransformationen sein« (Schützeichel 2010, S. 138). Diese Selbsttransformation als therapeutisch ermöglichte Selbstverwirklichung scheint also heute einer Idee von psychischer Gesundheit zu entsprechen und löst dabei gleichzeitig die Anforderungen der Leistungsgesellschaft ein, wie oben entlang der heutigen Gesundheitsdefinition der WHO deutlich wurde.

Die soziologischen Analysen, die sich mit der Kultur des Therapeutischen auseinandersetzen, extrahieren aus dieser Kultur ein neues Verständnis von Gesundheit. Gesund sein bedeutet dann, sich selbst zu verwirklichen. Eva Illouz beschreibt dies im Anschluss an die Ideen von Carl Rogers und Abraham Maslow wie folgt: »Im Ergebnis lief dies darauf hinaus, eine neue Kategorie von Menschen zu definieren: Wer hinter jenen psychologischen Idealen der Selbsterfüllung zurückblieb, war nun krank [...] Damit war der Zuständigkeitsbereich der Psychologen enorm ausgeweitet, nicht nur verlegten sie sich von psychischen Störungen auf das wesentlich größere Feld des neurotischen Unglücks, sondern nun auch vom neurotischen Unglück auf die Vorstellung, Gesundheit und Selbstverwirklichung seien Synonyme.« (Illouz 2011, S. 270)

In diesem Sinne bietet Psychotherapie den Individuen Möglichkeiten an, ihre Lebensgeschichten in kohärente Narrationen zu transformieren (vgl. ebd.). Dieser Transformation wiederum geht auf professioneller Seite allerdings eine (Um-)Deutung des Leidens des Patienten in medizinische Diagnosen voraus, um das Leiden »behandelbar« – im Sinne des kassenärztlichen Dienstes: abrechnungsfähig – zu machen. Wovon im therapeutischen Setting also auszugehen ist, sind zumindest zu Beginn der Behandlung existierende gegenseitige nicht kongruente Erwartungen bis hin zu möglichen Deutungsmusterkonflikten zwischen Patient und Behandler. Damit ist auch die von Parsons ausformulierte Pflicht des Patienten, die Krankenrolle einzunehmen, angesprochen (vgl. Parsons 1951).

Nicht nur hat der Patient die Pflicht, sich kooperativ in Behandlung zu begeben und deutlich einen Genesungswunsch vorzutragen, er wird auch für seinen gesundheitlichen Zustand nicht verantwortlich gemacht und ist für die Zeit seiner Erkrankung von sozialen Normen befreit. Für den Bereich der Medizin und Psychiatrie sind zu diesen Problemen zu Beginn einer Behandlung bereits viele Analysen vorgelegt worden (vgl. Dellwing 2010). Prominent ist sicherlich die für die Psychiatrie ausformulierte Höllenhund-These: Vor der Klinik sitzen für den Patienten zwei Höllenhunde, die es zu füttern gilt: Krankheitseinsicht (der Patient denkt wie der Arzt) und Compliance (der Patient tut, was der Arzt von ihm verlangt). Nur wer beide »füttert«, erhält die Leistungen des psychiatrischen Systems, so Bock (2003).

Für den Bereich der Psychosomatik, in welchem also leichte bis mittelschwere psychische Erkrankungen, zum Teil mit körperlichen Symptomen behandelt werden, ist der Deutungsmusterkonflikt nicht so drastisch zu illustrieren. Eine Krankheitseinsicht kann vorausgesetzt werden zumindest insofern, als die Patienten freiwillig mit subjektiven Leiden in die Kliniken kommen. Der Konflikt kann sich allerdings entlang der subjektiven Krankheitstheorie des Patienten und der Diagnose und Deutung durch den Therapeuten zeigen. Betrachtet ein Patient sein Leiden als vor allem durch äußere Umstände hervorgerufen, so wird er irritiert auf eine Deutung des Therapeuten reagieren, die seine Probleme in seinem Inneren verortet.

Den Prozess der Deutung durch den Psychotherapeuten kann man auch als Praxis der professionellen Aneignung des jeweiligen Falles beschreiben. In der Deutung bzw. Umdeutung der Leiden wird eine Beschreibung des Leidens hergestellt, die die Behandlung durch einen Psychotherapeuten legitimiert. Diese (Um-)Deutung liegt allerdings quer zur gemeinhin für die Professionen konstatierten nötigen »Übersetzung« der Professionssemantik in die Sprache des Laien, wie beispielsweise für die anwaltschaftliche Praxis beschrieben (vgl. Cain 1983). Vielmehr geht es um ein »Sich-zuständig-Machen« als Profession.

Unabhängig von den konkreten Leidensinhalten der Patienten ist also davon auszugehen, dass dieser Umdeutungsprozess immer stattfindet, sobald sich Patienten ins Medizinsystem begeben.[4] Die Frage nach dem Leiden an der Arbeit stellt allerdings einen besonderen Fall dar, da hier mit der subjektiven Krankheitstheorie des Patienten ja bereits eine Ätiologie konstruiert wird – die Erwerbsarbeit hat krank gemacht –, die die alleinige Zuständigkeit der Therapeuten eigentlich infrage stellt. Coaches oder Betriebsräte wären in dieser Perspektive womöglich ebenso Ansprechpartner. Wie gehen nun aber Therapeuten mit Patienten um, die ihre eigene Arbeitssituation als ursächlich oder auslösend für ihre Krise benennen?

4 | Die Umdeutung/Übersetzung als Überführung eines Gegenstandes in ein spezifisches Wissenssystem findet in diesem Sinne freilich immer statt, auch die der Deutungen in das Verständnis der Soziologie.

3. Rekonstruktionen therapeutischer Deutungen

Die therapeutischen Verfahren in den Kliniken umfassen aufdeckende und stabilisierende, verbale und nonverbale Therapieformen. Kunst-, Musik- oder Achtsamkeitstherapie zielen in erster Linie auf das emotionale Erleben, das nicht versprachlicht wird oder werden kann. Die tiefenpsychologischen Einzelgespräche und Gespräche in einer Gruppe zielen auf Artikulationen der Patienten und ihre Deutungen durch den Therapeuten bzw. die Gruppe, die verhaltenstherapeutisch ausgerichtete Therapie zielt auf Kognition und eine erwünschte Wahrnehmungsveränderung. Parallel zur Analyse der subjektiven Krankheitstheorien der Patienten wurden die arbeitsbezogenen Deutungen der psychotherapeutischen Behandler dieser Patienten rekonstruiert. Diese Rekonstruktionen bilden den Kern der hier vorgestellten Argumentation.

Die Behandler in den psychosomatischen Kliniken sind mehrheitlich Mediziner mit einer psychotherapeutischen Facharztausbildung und psychologische Psychotherapeuten, die nach einem Regelstudium Psychologie eine Ausbildung in einer der drei von den Krankenkassen akzeptierten Psychotherapierichtungen absolviert haben. Die Verfahren, die von den Kassen übernommen werden, sind die Psychoanalyse, die analytische Tiefenpsychologie, die vor dem gleichen Paradigma operiert, und die Kognitive Verhaltenstherapie.

Die Mehrzahl der Therapeuten, die im Projekt beteiligt waren, hat eine ursprünglich psychodynamische therapeutische Ausrichtung und mehrjährige klinische Erfahrung. Im Rahmen ihrer beruflichen Praxis leiten sie gruppentherapeutische Sitzungen und führen mehrmals pro Woche Therapien im Einzelsetting durch. Die behandelten Patienten bleiben im Durchschnitt sechs bis zwölf Wochen in der Klinik, und sie werden meist parallel zu den therapeutischen Sitzungen zu Stabilisierungszwecken medikamentös behandelt (Schlafmittel, Neuroleptika, Antidepressiva).[5]

---

5 | Sechs bis zwölf Wochen umfasst die maximale Behandlungsdauer in Kliniken, die in Deutschland von Kassen finanziert wird. Sie entspricht also nicht den Ergebnissen der jeweils konkreten therapeutischen Situation, sondern hängt vielmehr mit dem Indikations- und in diesem Sinne Begründungsdruck für eine weitergehende Kostenübernahme der Behandlung durch die Krankenkassen zusammen.

3.1 Drei (Um-)Deutungen

Die Ergebnisse der unterschiedlichen Materialanalysen[6] zeigen zunächst Folgendes: Erwerbsarbeit ist kein Thema der psychotherapeutischen Ausbildung. Die Therapeuten haben überwiegend ein naturwissenschaftliches Studium (Medizin/Psychologie) absolviert, bei welchem das neurowissenschaftliche und das lerntheoretische Paradigma dominieren. Mit psychodynamischem Denken sind diejenigen, die mit diesem Schwerpunkt als Behandler tätig sind, erst im Rahmen ihrer psychotherapeutischen Weiterbildung in Berührung gekommen. Auch im Rahmen dieser Ausbildung spielte Erwerbsarbeit als Thema keine Rolle. Nur wenige Therapeuten haben im Studium ein Seminar zu Arbeits- und Organisationspsychologie belegt.

Außer der eigenen klinischen Arbeitserfahrung erhalten die Therapeuten keine Einblicke in aktuelle Arbeitsbedingungen, bilden sich diesbezüglich auch nicht weiter. Mehrheitlich fühlen sich die Therapeuten für ihre Arbeit anerkannt in der Klinik und haben ausreichend Möglichkeiten, sich, wenn nötig, mittels Super- oder Intervision zu entlasten. Sie beschreiben sich als sehr identifiziert mit ihrer Tätigkeit und haben in diesem Sinne ein eher protestantisches, auch grenzüberschreitendes Arbeitsethos, was sie nicht negativ konnotieren.

Die Arbeitssituation der jeweiligen Patienten wiederum wird nicht thematisiert, sofern der Patient dieses Thema nicht in die Sitzungen einbringt. Selbst wenn dies der Fall ist, wird so gut wie nie nach der konkreten Tätigkeit gefragt. Die Therapeuten wissen also wenig über die konkreten Arbeitsbedingungen ihrer eigenen Patienten. Aus diesem Grund, so zeigt sich das insbesondere in den Supervisionen, ist die therapeutische Deutungspraxis in Bezug auf die Erwerbsarbeit in besonderem Maße frei schwebend. In der Gruppentherapie wird Arbeit als eigenständiges Thema selten eingebracht und meist erst dann angesprochen, wenn sich das Ende des stationären Aufenthalts nähert.

Zum Ende des jeweiligen Aufenthalts des Patienten thematisieren die Behandler im Auftrag der Krankenkassen die sogenannte »berufliche Wiedereingliederung«. Dabei verlassen diese Gespräche das traditionelle thera-

6 | Die Erhebungs- und Auswertungsmethoden sowie einige Anmerkungen zum Material finden sich im Methodenglossar am Ende des Bandes.

peutische Setting und beziehen meist die Kliniksozialarbeit mit ein. Das Resultat der Mehrheit dieser Gespräche liegt in der Empfehlung für eine stufenweise Wiedereingliederung, die zeitlich organisiert ist.[7]

Die Ergebnisse der Auswertung, also die generelle Thematisierung von Erwerbsarbeit, lassen sich zu drei Varianten der (Um-)Deutungen verdichten, die folgend dargelegt werden. Jede Variante bzw. jeder Deutungstyp berührt dabei drei nur analytisch trennbare Ebenen. Ebene 1 umfasst die Frage nach der Ursachenanalyse durch die Therapeuten, Ebene 2 zielt auf die normativen Vorstellungen von Arbeit, die in den Deutungen der Therapeuten deutlich werden, auf der Ebene 3 liegt das professionelle Selbstverständnis der Therapeuten im Hinblick auf ihr Wirken in die Gesellschaft.

3.2 Dethematisierung: Infragestellung und Irrelevanzsetzung

Die dominante (Um-)Deutung der Psychotherapeuten im Zusammenhang mit der Arbeitssituation der Patienten beinhaltet eine Infragestellung der Arbeitserzählung, was mit einer gleichzeitigen Irrelevantsetzung arbeitsbezogener Themen einhergeht. Die Schilderungen der Patienten werden in Zweifel gezogen, und die erzählten Arbeitsbelastungen werden bereits als Ausdruck der Pathologie betrachtet. Schildert eine Patientin beispielsweise mehrfach ihr Ungerechtigkeitserleben angesichts des Umstands, dass man im Team stets ihr die unangenehmen Aufgaben überlasse und ihre Urlaubs- und Wochenendzeiten zudem nicht respektiere, so deutet dies der behandelnde Therapeut als »Wunsch, gebraucht zu werden«. Die geläufige Praxis der Entgrenzung durch Vorgesetzte, dass per E-Mail oder Textnachricht tatsächlich permanent Kontakt zum Arbeitnehmer gehalten wird – selbst, wie in der Studie, auch in der Zeit des stationären Aufenthalts in der Klinik –, wird für die therapeutische Arbeit nicht weiter berücksichtigt.

Die Deutung des Patienten, die externe An- und Überforderung seien Grund für sein Leiden, wird also umgedeutet. Nicht selten rekurrie-

---

7 | Dies bedeutet, dass der Patient zunächst nur wenige Stunden pro Tag an seinen alten Arbeitsplatz zurückkehren soll. Diese Empfehlung geht in den meisten Fällen jedoch an der Arbeitsrealität der Patienten vorbei, da entweder ihre konkrete Tätigkeit diese zeitliche Einschränkung nicht zulässt oder Kollegen wie Vorgesetzte sowie die Patienten selbst die zeitliche Beschränkung unterlaufen (vgl. Voswinkel 2016 und »Beitrag Betriebliches Eingliederungsmanagement: Verfahren und Problemsichten« in diesem Buch).

ren die Therapeuten bei der Deutung der Arbeitsbelastung der Patienten in Ermangelung an professionellem Wissen auf ihr eigenes Verhältnis zur Arbeit. Ihre Arbeitshaltung setzen sie als gesund-normal voraus und deuten die Abweichung der Patienten als Teil von deren Pathologie. Dieser Rekurs kommt besonders deutlich in der folgenden Passage zum Ausdruck. Die Therapeutin Dietrich[8] berichtet in der Interviewpassage eigentlich über ihren eigenen Werdegang und kommt dann auf die Patienten zu sprechen.

»Das ist ja schon auch irre: Die sitzen dann manchmal in der Gruppe, zwölf Wochen lang kommen die nicht zur Arbeit; da muss man ja eigentlich auch mal eine Ahnung davon haben, dass das die Kollegen echt annervt, wenn man nicht da ist. Die müssen ja dann die Arbeit mitmachen. – Aber das wird manchmal so ausgeblendet; das ist unglaublich. Aber, ich mein, wir gehen auch jeden Tag arbeiten. Und ich denke mir immer: Warum sehen die das nicht? Dass das ja nicht nur ein Feind ist oder so was. Ich glaube, je kränker man ist, desto feindlicher ist die Arbeit; das würde ich schon sagen.«

Die Umdeutung der Patientenperspektive kommt in diesem Beispiel quasi einer Umkehrung gleich: Während die Patienten sich von der »feindlichen« Arbeit belastet fühlen und glauben, dadurch krank geworden zu sein, dreht die Deutung der Therapeutin diese Kausalität um.

In Fällen, in denen die Deutung des Patienten nicht bezweifelt oder hinterfragt wird, kommt ihr gar keine Aufmerksamkeit zu. Insbesondere die Auswertung der Supervisionen mit den Therapeuten zeigte, dass, selbst wenn der Supervisor nach Arbeitsthemen fragte, es für die Therapeuten einigen Erinnerungsaufwand bedeutete, überhaupt die Arbeitssituation der Patienten zu rekonstruieren. Nun mag man kritisch einwenden, es handele sich bei der therapeutischen Infragestellung um eine generelle Handhabung der therapeutischen Praxis und die Therapeuten seien doch stets mit dem Dilemma konfrontiert, das Tatsächliche, also die realen Anteile der Patientenerzählungen, nicht überprüfen zu können und sich daher schon immer und ausschließlich auf die mit den Schilderungen einhergehenden Gefühle, Phantasien und möglichen Übertragungen konzentrieren zu müssen.

Auffällig für den Fall der Erwerbsarbeit ist allerdings, dass diesen gar nicht nachgegangen wird. Während, um dies zu verdeutlichen, Erzählun-

8 | Alle Namen sind geändert.

gen aus der Vergangenheit, insbesondere der familialen Beziehungserfahrungen, sehr schnell und dominierend in die Deutungen der Therapeuten einfließen, kommt den Berichten aus der Arbeitswelt hier keine Bedeutung zu. Vielmehr noch werden hier, wider die eigentliche therapeutische Praxis der »frei schwebenden Aufmerksamkeit« und der Offenheit für das, was der Patient mitbringt, Themen gesetzt und (um-)gedeutet. Beispielhaft illustriert dies der folgende Dialog aus einem Interview mit Therapeutin Bremer:

Bremer: »Bei dem Patienten ist es so, dass ich es dann immer mal wieder versuche, das Thema Familie reinzuholen; weil das dadurch schon so jede Woche – immer wieder dieselben Probleme – mich auch sonst mit ihm zusammen zermürbt irgendwie.« Interviewer: »Und ist es umgekehrt so, wenn jetzt zum Beispiel Patienten kommen, die überhaupt nicht über die Arbeit sprechen, dass Sie das dann auch aktiv ansprechen?« Bremer: »Ich glaub, so rum würde ich's nicht so zum Thema aktiv machen als jetzt vielleicht andersrum.«

Die Therapeuten berichten mehrheitlich davon, dass sie versuchen, das Thema wieder auf Beziehungsthemen zu lenken. Erwerbsarbeit wird dadurch also als Folge dieser (Um-)Deutung und Umlenkung irrelevant und dadurch dethematisiert.

3.3 Personalisierung und Familialisierung

Sind die Psychotherapeuten offen für die Belastungssituationen der Arbeitswelt ihrer Patienten, so schließen sie, nicht selten in Rückbezug auf sich selbst, dass es nur Verstrickungen sein können, die jemanden freiwillig in solch belastenden Arbeitsbedingungen verweilen lassen:

»Ich denke, wenn die dann hier erzählen von ihren Arbeitsabläufen, da denk ich mir schon: Boah, kann ich voll verstehen – aber psychisch würd ich's anders lösen, ich glaube schon, wer dann bleibt, ist krank«,

beschreibt der Therapeut Stern. Wenn jemand in Arbeitsverhältnissen beschäftigt ist, die ihn so belasten, dass sie ihn dauerhaft leiden lassen, so liegt die therapeutische Frage nahe: Warum gehen Sie nicht, bzw. warum sind Sie bisher geblieben? Diese Frage leuchtet insbesondere ein, wenn es um klassische Beziehungskonflikte geht, setzt aber auch dann die faktische Möglichkeit voraus, die jeweilige Beziehung zu beenden: den Partner verlassen, den Kontakt zu den Eltern abbrechen, die Freundschaft kündigen.

Wer das dann nicht kann, kann es nicht wegen neurotischer Verwicklungen. Wird dieses Wissen nun auf die Arbeit angewandt, dann suggeriert dies ebenfalls, man könne Arbeitsplätze ohne Weiteres wechseln. Dies ist mit Sicherheit auch prinzipiell möglich – was das im Einzelfall jedoch bedeutet und welche strukturellen Verhinderungen dabei auftauchen, wird von den Therapeuten nicht mehr thematisiert. Wer bleibt, so unterstellt das psychotherapeutische Deutungsmuster, sucht aus neurotischen Gründen etwas für sich in diesen belastenden Bedingungen: »Wer bleibt, ist krank.«

Der Fokus der Deutung liegt dann auf den Fähigkeiten/Unfähigkeiten der Patienten und ihren familienbiographischen Ursachen.

»›Wo Arbeit war, soll Ich sein‹, könnte man folgern. Also, wir bearbeiten sozusagen also die Übertragungssituation auf das idealisierte Elternteil, also entweder ich oder der Chef; also ne, das, würde ich sagen, ist unsere Arbeit«,

erklärt Frau Fokke. Die Professionalisierung der Therapeuten und ihr Bezug auf Professionswissen, lässt sie ätiologisch vor allem Beziehungsgeflechte als krankheitsauslösend thematisieren. Diese werden besonders im Falle von psychodynamisch arbeitenden Psychotherapeuten in der Form des Übertragungsgeschehens analysiert. Die Erwerbsarbeit wird als Folge der therapeutischen Deutung zur Bühne, auf der all die tatsächlich vorhandenen Selbstwert- und Beziehungsprobleme lediglich aufgeführt werden, nicht aber, wo sie womöglich auch selbst entstehen.

Das Handwerkszeug insbesondere der Psychodynamiker heißt frühkindliche Beziehungserfahrungen und deren rezente Übertragungen auf aktuelles Beziehungsgeschehen. In diesem Sinne kann man diese Umdeutung als Familialisierung des Leidens bezeichnen. Kommt familiales Geschehen nicht vor, so versucht man, in der therapeutischen Arbeit das Thema darauf zu lenken, denn sonst werde es »langweilig«. Auf die Frage, in welchem therapeutischen Setting über Arbeit gesprochen wird, antwortet beispielsweise Therapeutin Koch:

»Gottseidank jetzt nicht nur im Einzelsetting – ich glaub, das find ich dann auch arg. Also bei dem einen, da war dann schon – am Anfang war also nur Arbeit, und ich schon so: Oh, das wird ja zäh, wenn das jetzt – dann sind wir Gottseidank doch auf so Beziehungsthemen – also, das würd mich schon auch als Therapeutin langweilen, wenn die da – so. Weil natürlich mich natürlich das, Familie und Beziehung, besonders interessieren einfach.«

Hier zeigt sich der Deutungsmusterkonflikt recht drastisch. Der Patient, der hier Erwähnung findet, berichtet von ihn massiv belastenden Bedingungen auf seiner Arbeitsstelle, durch Stellenkürzungen und Druckabgabe nach unten etc. Dies wird hier nun (um-)gedeutet, weil es sie »besonders interessiert«, professionalisierungstheoretisch könnte man aber auch sagen: weil Familie und Beziehung retrospektiv das Material sind, mit dem gearbeitet wird. Die familienbiographischen Erfahrungen sind diejenigen, die die wirklichen Relevanzen setzen, und an diesen muss nun angesetzt werden. Die (Um-)Deutung ermöglicht also die professionelle Aneignung des Falles, der dann mit den psychotherapeutischen Diagnosen, Ätiologie und den aus diesen resultierenden Annahmen für die Therapie behandelt werden kann.

Es wird also nicht eine Gleichzeitigkeit oder Gleichwertigkeit von dem Zusammentreffen einer individuellen familial geprägten Biographie und einer aktuellen, ebenso prägenden Arbeitssituation angenommen, sondern in der Umdeutung in eine Richtung aufgelöst. Dies wiederum ist verbunden mit der Annahme, dass das Aufdecken frühkindlicher Grundkonflikte sich langfristig quasi automatisch auch in einer besseren Arbeitsfähigkeit niederschlägt, ohne dass Erwerbsarbeit dabei selbst thematisiert werden müsste.

Diese Deutung beinhaltet dann eine personalisierende Betrachtung des Leidens des Patienten, da aufgrund der Annahme über die familialen Erfahrungen unterstellt wird, dass der Patient sich selbst wiederholend aktiv in eine spezifische Situation bringt, die das Verhalten der anderen auslöst. Hierzu eine Schilderung von Herrn Markus auf die Frage, wie er genau mit Patienten therapeutisch arbeitet:

> »Wenn er jetzt immer wieder in diese Rolle gerät, dass er so belastet ist und immer wieder und immer wieder, dann einfach zu gucken: Was macht er denn, was ist sein Part dabei? Wie verhält er sich, was gibt er für einen Anlass, dass der sich so verhält, der Chef? So. Also, das ist wirklich so schon häufig Thema.«

Die Patientendeutung eines konflikthaft belastenden Verhältnisses wird hier personalisiert. Zugleich suggeriert diese Deutung, wenn sich das Patientenverhalten ändere, werde sich darüber auch eine Änderung des Verhaltens des Vorgesetzten erreichen lassen. Das strukturelle Abhängigkeits- und Machtverhältnis zwischen Vorgesetztem und Mitarbeiter spielt dabei keine Rolle. Die Personalisierung und Familialisierung erlaubt die professionelle Aneignung des Falles und ermöglicht dabei auch potenziell Veränderungen zu bewirken.

3.4 Normalisierung der Ausnahme

»Arbeit ist heute belastend, aber dagegen muss man sich wehren (können).«

Die dritte (Um-)Deutung bezieht sich stärker auf supportive Verfahren, die gemeinhin dem verhaltenstherapeutischen Spektrum zuzuordnen sind, im Material jedoch fallübergreifend auftauchen. In diesen Deutungen spielen die Schilderungen der Arbeit der Patienten als für sie extreme Belastungsfelder eine Rolle. Es geht zentral um die Analyse konkreter Persönlichkeitsmerkmale des Patienten, um diese zur Förderung seiner Resilienz zu verändern. In der weiteren therapeutischen Deutung verschwindet die Thematisierung der externen Belastung, und die Therapie zielt dann darauf, sich zukünftig besser abgrenzen zu können.

Diese Deutung transformiert also die externen Belastungen in interne Möglichkeitsräume, was sich nicht allein in verhaltenstherapeutischen, sondern auch in theoretischen Konzepten der Selbstwirksamkeit (vgl. Bandura 1997) oder dem Locus of Control (Antonovsky 1987) seit der salutogenetischen Wende in den Gesundheitswissenschaften ähnlich beobachten lässt.[9] Nun gilt es, nicht mehr die krank machenden Bedingungen, sondern vielmehr die gesundheitsförderlichen personalen Ressourcen zur Widerstandsfähigkeit zu identifizieren und zu stärken.

Meist drehen sich die psychotherapeutischen Annahmen dann um das Thema Grenzen und Grenzziehungen, die, so scheint es vor allem in den ärztlichen Behandlungsberichten, das Allheilmittel darstellen.[10] Verhinderte Aneignungen, Entfremdung und sinnlose Arbeit werden dagegen nicht thematisch. Die in der Soziologie prominente These vom Leiden am Postulat der Selbstverwirklichung und seiner gleichzeitigen Verunmöglichung durch heutige Arbeitsverhältnisse findet in diesen Deutungen keinen Ausdruck. Verhinderte Aneignung, verlorener Sinn von Arbeit oder gar Entfremdungsphänomene verschwinden hinter der undifferenzierten Formel »Grenzen ziehen«. Überdies kommt in den grenzziehungsbezogenen Deutungen der Therapeuten die bereits im vorherigen Umdeutungsmuster Personalisierung dargelegte Tendenz zum Ausdruck, die Gründe

---

9 | Zum Begriff der Resilienz und seiner politischen Wirkung siehe Brunner 2014.

10 | In vielen Patientenakten liefert der Behandlungsbericht Beschreibungen zur Fähigkeit/Unfähigkeit der Abgrenzung und empfiehlt, diese in einer ambulanten therapeutischen Weiterbehandlung zu verbessern.

für eine Entgrenzung, also für das Nichtziehen von Grenzen, in der Person zu suchen. So erläutert Herr Ohm:

»Manchmal müssen wir auch konkreter an den Sachen arbeiten, dann geht es schon so darum: Warum trauen Sie sich das nicht zu? Und womit hat es zu tun, wenn Sie es sich nicht zutrauen, dem Chef zu sagen: Hier, das können Sie nicht machen! Oder mit den Kollegen so zu sprechen. Warum ist es so schwierig, diese Portion Aggressivität an den Tag zu legen, um sich da mal – Wie können Sie sich besser abgrenzen? – Da können wir auch an einer ganz konkreten Ebene arbeiten und so ein bisschen Rollenspiele, was weiß ich – also sagen: Wenn ich jetzt Ihr Kollege wär, was würden Sie dann machen? So. Also, da geht's auch um Kommunikationsfertigkeiten und so.«

Bei der in allen Gesprächen auftauchenden Idee, dass man den Patienten vor allem zu einer besseren Abgrenzungsfähigkeit verhelfen müsse, gerät in den Deutungen der Therapeuten aus dem Blick, was diese Abgrenzung möglicherweise an Folgen für die Patienten mitbringt. Überdies ist die Praxis der Abgrenzung dann meist mit einem »Nichttun« verbunden: nicht ans Telefon zu gehen am Wochenende, nicht die überfordernden Aufgaben zu übernehmen. Die Überforderung wird dann nicht mehr thematisiert, schon gar nicht skandalisiert, und auch eine aktive Einbringung und Thematisierung durch den Patienten im Unternehmen, eine Suche nach möglichen Allianzen für ihn, wird dadurch nicht aktiviert. Die alltägliche Ausnahme der Arbeitsbelastung, in welcher sich das Leiden der Patienten und ihre Kritik an diesen Arbeitsbedingungen begründet, gerät zu einem Normalzustand: Das Leiden an der Überforderung wird umgedeutet zu einem Leiden an der mangelnden Abgrenzungsfähigkeit, es wird zum Leiden am Selbst.

Diese (Um-)Deutung mag nun angesichts theoretischer Ansätze in der Tradition von Foucault nicht verwundern. Psychotherapie als gouvernementale Subjektivierung in Normalisierungsgesellschaften bringe, so beispielsweise Foucault (1973), ein spezifisches Selbstverhältnis hervor, und diese Praxis gerade der psychoanalytischen Beichtkultur ziele in erster Linie auf Normalisierung. In der Praxis des Therapeutischen liege die Norm zur eigenverantwortlichen Aktivierung, zum »unternehmerischen Selbst« (Bröckling 2007) oder dem »responsibilisierten Einzelnen« (Rose 1999). Die hier dargelegte (Um-)Deutung zeigt die Normalisierung in einer anderen Dimension: als Folge einer spezifischen Professionalisierung und mit dieser einer Invisibilisierung gesellschaftlicher Bedingungen.

4. Schlussbemerkung

Die eingangs benannte zunehmende Kultur der Selbstbezüglichkeit wird, so das Ergebnis, durch die therapeutische Behandlung nicht etwa aufgehoben, sondern im Gegenteil nun auch für diejenige Patientengruppen, die in ihren subjektiven Krankheitstheorien ihre Arbeitsbedingungen in den Blick nehmen, verstärkt. Zielt psychotherapeutisches Arbeiten dem eigenen Selbstverständnis zufolge auf eine Verbesserung der »Selbstreflexivität« des Patienten, so resultiert aus den hier dargelegten Deutungen vielmehr eine Verstärkung der »Selbstreferenzialität«. Der Unterschied ist folgender: Selbstreflexivität beschreibt eine Selbstbetrachtung, die sowohl interne als auch externe Bedingungen nicht nur zur Kenntnis nimmt, sondern auch differenzieren kann. Das schließt auch die Akzeptanz von Bedingungen ein, die sich nicht durch eine Selbstveränderung ändern lassen.

Selbstreferenzialität hingegen beschreibt eine Selbstbetrachtung der Selbstbezichtigung, die mit dem Ausblenden von Strukturen und der Dethematisierung von überindividuellen Anforderungen einhergeht. Selbstreferenzialität verweist dabei auf die Imagination von Selbstwirksamkeit und Handlungsfähigkeit. Externe oder überindividuelle Strukturen, dem Selbst äußerliche und von ihm zum Teil unbeeinflussbare Strukturen werden in dieser Perspektive zu internen Strukturen umgewandelt (vgl. Flick 2013a).

Dies führt im eigenen Selbsterleben möglicherweise produktiv dazu, dass man nun, da man selbst im Zentrum der Wahrnehmung und der Strukturen steht, sich als handlungsfähig erleben kann. Zugleich korrespondiert Selbstreferenzialität mit Selbstanklage, welche wiederum typisch für depressive Muster ist. Dies inkludiert Schuldgefühle und Ohnmacht in erneuten belastenden Arbeitssituationen, denn schließlich weiß man doch nun, wie man sein sollte.

Wenn die Patienten, anstatt sich sowohl über sich selbst als auch über die Strukturen, in denen sie arbeiten und leben, klar zu werden, nur noch über sich selbst in Beziehungen und ihre Biographie reflektieren, entsteht ein doppelter Effekt: die Dethematisierung des Sozialen als einer externen Struktur mit Eigenlogik und machtvollen Effekten und zugleich die Illusion von Autonomie und Handlungsfähigkeit, wenn die Patienten durch die therapeutische Umdeutung erfahren, dass man sich verändern und/oder aus den Bedingungen herausbewegen kann.

Es zeigt sich, dass eine Ätiologie, die ohne Bezug zur Erwerbsarbeit auskommt, eine therapeutische Behandlung in Gang setzt, die Arbeit nicht als relevante Dimension des Leidens in Betracht zieht, wenngleich die Arbeitsfähigkeit Ergebnis der Behandlung sein soll. Arbeits(un)fähigkeit wird also paradoxerweise behandelt, ohne Arbeit thematisch wirklich in den Blick zu nehmen.

Wie lassen sich diese Ergebnisse nun abschließend verstehen? Zwei Gedanken liefern womöglich Erklärungen. Zum einen ist von einer nach wie vor vorhandenen Professionalisierungsbedürftigkeit der Therapeuten und vor allem dem spezifischen und ihre eigene Tätigkeit stark limitierenden Setting auszugehen. Zum anderen lässt sich die Umdeutungspraxis der Therapeuten womöglich auch als – wenngleich paradoxe – Verwirklichung des therapeutischen Credos deuten, nicht nach Vorgaben zu behandeln.

Zunächst zum ersten Punkt: Das spezifische psychotherapeutische Setting ist auf eine kurze, zeitlich sehr knappe und überschaubare Krisenintervention angelegt, an die sich, so zeigt die Studie, stets die Empfehlung für eine Fortführung der in der Klinik angefangenen therapeutischen Bearbeitung in ambulanter Form anschließt. Als Problem erweist sich der Umstand, dass die den Behandlern zur Verfügung stehende Behandlungsdauer nicht selbst bestimmt und dem jeweiligen Fall gemäß gestaltet werden kann, sondern von den Richtlinien der Krankenkassen limitiert wird. In diesem Sinne lässt sich die Praxis der Therapeuten hier auch als »Antherapieren« bezeichnen.

Somit kommt den Psychotherapeuten in den Kliniken die Rolle derjenigen zu, die die Leiden der Patienten ins Medizinsystem überführen und in diesem Sinne medizinalisieren. Dies ist wiederum mit einem Widerspruch verbunden, der sich angesichts der Grenzen der Richtlinien der Krankenkassen derzeit für die Therapeuten ergibt: Wenn die schnellstmögliche Reintegration ins Erwerbsleben den Behandlungsauftrag der Therapeuten in diesem Sinne klar vorgibt, so schränkt dies den Spielraum für die Behandler stark ein, können sie doch so nicht mehr nach eigenen Standards behandeln und steht ihnen dadurch zudem doch auch nur ein verkürzter Zeitraum zur Verfügung, das Behandlungsziel zu erreichen.

In der Konsequenz, bedingt durch die professionelle Aneignung der jeweiligen Patientendeutungen, lässt sich allerdings eine paradoxe Entwicklung beschreiben: Das Nichtthematisieren bzw. Umdeuten der Erwerbsbezüge der Patienten läuft einer baldigen Reintegration in die Erwerbsarbeit womöglich zuwider. Wenn lediglich am nahenden Endpunkt einer Behandlung die Organisation der Wiedereingliederung begleitet wird, die Arbeitsorganisation selbst aber in diesem Sinne nicht in den Blick gerät, bleiben der Behandlungsauftrag und seine Erfüllung fragwürdig.

Im Wissen um eine eigentlich zu knappe Behandlungsdauer und die starken Vorgaben der Krankenkassen gerät die Arbeit der Therapeuten beinahe zur reinen Dienstleistung für die Kassen. Die Idee der Psychotherapie, den Patienten in seiner Krise in seinem Sinne zu behandeln, wird dadurch nicht nur konterkariert, es entsteht angesichts der hier in den Blick genommenen Studie zudem der Eindruck, dieser extern vorgegebene Rahmen werde mehrheitlich übernommen und nicht mehr hinterfragt. Die Professionalisierung bestünde nun in erster Linie in einer stärkeren Autonomie der Behandler im Rahmen klinischer Settings, die die normative Vorgabe der Kostenträger sowie die limitierte Behandlungsdauer zum einen betreffen, zugleich ließe sich auch in die andere Richtung eine stärkere Professionalisierung denken: Arbeit als Thema in psychotherapeutischen Ausbildungen, Fortbildungen für etablierte Behandler im Bereich Wandel der Erwerbsarbeit etc.

Die Professionalisierung der Psychotherapie selbst, die mit dem Ausschluss anderer Fachrichtungen als den medizinisch-psychologischen verbunden war, mag einen Teil dazu beigetragen haben, dass diese Themen nicht mehr disziplinär eingebracht werden (vgl. Ottersbach 1980). War zumindest im deutschsprachigen Raum vormals auch Geistes-, Erziehungs- und Sozialwissenschaftlern der Zugang zum Therapeutenberuf im Medizinsystem gestattet, sind diese nun aus den Kassenleistungen seit mehr als 15 Jahren exkludiert (vgl. Flick 2013b; 2017).

Demgegenüber ließe sich allerdings auch Folgendes vermuten: Gerade weil es dem psychotherapeutischen Credo zuwiderläuft, im Rahmen der Behandlung eine normative Zielvorgabe, die außerhalb der vom Patienten selbst formulierten Ziele liegt, zu erfüllen – nämlich die schnellstmögliche Reintegration in die Erwerbsarbeit –, lassen sich die hier beschriebenen Umdeutungen womöglich auch als ein Versuch interpretieren, diese Vorgabe zu unterlaufen. Im Versuch, sich dem Patienten individuell zu widmen und sich nicht den Effizienzvorgaben der Kassen zu unterwerfen, läge es nahe, die konkreten Erwerbsarbeitsanforderungen nur als nachrangig zu behandeln, wenn davon ausgegangen wird, die »eigentlichen« Probleme seien anders gelagert und ohnehin nicht in der Kürze der Zeit zu lösen.

Tragisch mutet es jedoch auch in diesem Falle an, wenn dieses Umdeuten als Ausdruck des professionellen Ethos der Psychotherapeuten dann in der Folge Konsequenzen für die Patienten mit sich bringt, die deren Leiden womöglich verlängern, wenn sie im Laufe der Behandlung noch stärker auf sich selbst und noch weniger auf ihre strukturelle Umgebung referieren. Aus dem Blick geraten dadurch zumindest all jene Ansätze, in denen die »Krankheit« der Patienten als Ausdruck ihrer kranken bzw. krank machenden Umgebung verstanden wurde, im Sinne von Rosenhans These: Sie sind »gesund in kranker Umgebung« (Rosenhan 1973). Galt also das Postulat, »dem Leiden Gehör zu verschaffen«, mutet es besonders paradox an, wenn die psychotherapeutischen Deutungen nun einem Behandlungsauftrag der Krankenkassen unkritisch nachkommen müssen. Das Paradigma der Effizienz, der schnellen Lösungen sowie der beschleunigten Selbstverhältnisse, die womöglich das Leiden der Patienten erst hervorgerufen haben, wird dadurch jedenfalls nicht infrage gestellt.

Literatur

Abbott, Andrew (1988): The System of Professions. An Essay on the Division of Expert Labor. Chicago: University of Chicago Press.

American Psychiatric Association (Hrsg.) (2013): Diagnostic and statistical manual of mental disorders. 5. Auflage, Washington, WA.

Andreassen, Cecilie Schou (2014): Workaholism: An overview and current status of the research. In: Journal of behavioral addiction 3, S. 1–11.

Antonovsky, Aaron (1979): Health, Stress and Coping. San Francisco: Jossey-Bass.

Antonovsky, Aaron (1987): Unraveling The Mystery of Health – How People Manage Stress and Stay Well. San Francisco: Jossey-Bass Publishers.

APA (American Psychiatric Association) (2016): Psychology help center. Psychotherapy works. www.apa.org/helpcenter/understanding-psycho therapy.aspx (Abruf am 21.2.2017).

Askew Deborah A./Schluter, Philip J./Dick, Marie-Louise (2013): Workplace bullying – what's it got to do with general practice? In: Australian Family Physician 42, H. 4, S. 186–188.

Bandura, Albert (1997): Self Efficacy: The Exercise of Control. Palgrave: Macmillan.

Bley, Helmar (1975): Sozialrecht. Frankfurt am Main: Metzner.

Bock, Thomas. (2003): Lichtjahre. Psychose ohne Psychiatrie. Krankheitsverständnis und Lebensentwürfe von Menschen mit unbehandelten Psychosen. Köln: Psychiatrie-Verlag.

Bröckling, Ulrich (2007): Das unternehmerische Selbst: Soziologie einer Subjektivierungsform. Frankfurt am Main: Suhrkamp.

Brunner, José (2014): Politik des Traumas. Gewalterfahrungen und psychisches Leid in den USA, in Deutschland und im Israel/Palästina-Konflikt. Frankfurter Adorno-Vorlesungen 2009. Berlin: Suhrkamp.

Cain, Maureen (1983): The General Practice Lawyer and the Client. Towards a Radical Conception. In: Dingwall, Robert/Lewis, Philip (Hrsg.): The Sociology of the Professions. Lawyers, Doctors and Others. London: Macmillan, S. 106–130.

Dellwing, Michael (2010): »Wie wäre es, an psychische Krankheiten zu glauben?«: Wege zu einer neuen soziologischen Betrachtung psychischer Störungen. In: Österreichische Zeitschrift für Soziologie 35, S. 40–58.

Flick, Sabine (2013a): Leben durcharbeiten. Selbstsorge in entgrenzten Arbeitsverhältnissen. Frankfurt am Main, New York: Campus.

Flick, Sabine (2013b): Paradoxien der Psychotherapie. Psychotherapeut_innen und die Kultur des Therapeutischen. In: Freie Assoziation 364, S. 111–128.

Flick, Sabine (2017): Psychotherapeuten als professionelle Dienstleister in Zeiten zunehmender psychischer Krisen. In: Pfadenhauer, Michaela/Schnell, Christiane (2016): Handbuch Professionssoziologie. Wiesbaden (im Erscheinen).

Foucault, Michel [1964] (1973): Wahnsinn und Gesellschaft. Eine Geschichte des Wahns im Zeitalter der Vernunft. Frankfurt am Main: Suhrkamp.

Heinemann, Linda Verena/Heinemann, Torsten (2013): Die Etablierung einer Krankheit? Wie Burnout in den modernen Lebenswissenschaften untersucht wird. In: Neckel, Sighard/Wagner, Greta (Hrsg.): Leistung und Erschöpfung. Burnout in der Wettbewerbsgesellschaft. Berlin: Edition Suhrkamp, S. 197–200.

Hoffmann, Nicolas/Hofmann, Birgit (2009): Arbeitsstörungen. Ursachen, Therapie, Selbsthilfe, Rehabilitation. 2. Auflage, Weinheim: Beltz Psychologie Verlags Union.

Illouz, Eva (2011): Die Errettung der modernen Seele. Frankfurt am Main, New York: Campus.

Maslach, Christina/Schaufeli, Wilmar B./Leiter, Michael P. (2001): Job Burnout. In: Annual Review of Psychology 52, H. 1, S. 397–422.

Oates, Wayne (1971): Confessions of a workaholic: The facts about work addiction. New York: World.

Ottersbach, Hans-Gunter (1980): Der Professionalisierungsprozess in der Psychologie. Weinheim, Basel: Beltz.

Parsons, Talcott (1951): The Social Systeme. London: Routledge.

Quinones, Christina/Griffiths, Mark D. (2015): Addiction to Work: A Critical Review of the Workaholism Construct and Recommendations for Assessment. In: Journal of psychosocial nursing and mental health services 53, H. 10, S. 48–59.

Rose, Nikolas S. (1999): Governing the Soul: The Shaping of the Private Self. 2. Auflage, London: Free Association Books.

Rosenhan, David (1973): On being sane in insane places. In: Science 179, H. 4070, S. 250–258.

Schaufeli, Wilmar B./Taris, Toon W./van Rhenen, Willem (2008): Workaholism, burnout, and work engagement: Three of a kind or three different kinds of employee well-being? In: Applied Psychology: An International Review 57, S. 173–203.

Schützeichel, Rainer (2010): Kontingenzarbeit. Über den Funktionsbereich der psycho-sozialen Arbeit. In: Ebertz, Michael N./Schützeichel, Rainer (Hrsg.): Sinnstiftung als Beruf. Wiesbaden: VS, S. 129–144.

Voswinkel, Stephan (2016): Betriebliches Eingliederungsmanagement bei psychischen Erkrankungen – Probleme und Verbesserungsbedarf. In: Feldes, Werner/Niehaus, Mathilde/Faber, Ulrich (Hrsg.): Werkbuch Betriebliches Eingliederungsmanagement. Frankfurt am Main: Bund Verlag.

WHO (World Health Organization) (1948): Preamble to the Constitution of the World Health Organization as adopted by the International Health Conference, New York, 19–22 June, 1946; signed on 22 July 1946 by the representatives of 61 States (Official Records of the World Health Organization, no. 2, p. 100) and entered into force on 7 April 1948.

WHO (World Health Organization) (2001): Strengthening mental health promotion. Fact sheet 220. Genf: World Health Organization.

WHO (World Health Organization) (2010): International Statistical Classification of Diseases and Related Health Problems. 10th Revision.

Perspektive 3

Zwischen Klinik und Betrieb

Nach der Klinik ohne Arbeit

Defizite in der Nachsorge

Andreas Samus

Nach der Entlassung aus der Klinik schlagen die Patienten in der Regel einen von zwei Wegen ein: Entweder kehren die Patienten unmittelbar nach der Entlassung in die Erwerbsarbeit zurück. oder es beginnt eine Übergangsphase der Nichterwerbsarbeit, in der die Patienten auf ihre Rückkehr in die Berufstätigkeit warten. Die Gründe für eine Wartezeit nach der Klinik sind vielfältig: Eine fortwährende Krankschreibung des Patienten, der Patient möchte nicht an seinen alten Arbeitsplatz zurückkehren und meldet sich arbeitslos, oder ein Aufhebungsvertrag mit dem alten Arbeitgeber beseitigt zeitweise die Notwendigkeit zu arbeiten. Zwar ist die Situation in der Übergangsphase ähnlich der Situation einer klassischen Arbeitslosigkeit, jedoch unterscheidet sie sich in einem wichtigen Punkt: Die Patienten leiden bereits an einer psychischen Erkrankung und sind somit anfälliger für psychische Belastungen, die durch das Fehlen von Erwerbsarbeit entstehen.

Der Fokus dieses Kapitels liegt auf der Übergangsphase zwischen Entlassung aus der Klinik und Wiedereinstieg in den Beruf. Der speziellen Situation der Nichterwerbsarbeit und deren Belastungen für die Patienten soll hier Rechnung getragen werden, während ein besonderes Augenmerk auf dem institutionellen Rahmen in der Übergangsphase liegen soll. Somit dient dieser Aufsatz auch als Grundlage für den folgenden Aufsatz von Rolf Haubl und Ute Engelbach, »Raus aus der Klinik, rein ins Leben – Überlegungen zum Entlassungsmanagement nach stationärer psychosomatisch-psychotherapeutischer Behandlung« in diesem Buch, der sich Ansätzen zur Überwindung der Schnittstellenproblematik widmet.

1. Belastungen durch Arbeitslosigkeit und den Verlust der Institution Klinik

Die Auswirkungen von Arbeitslosigkeit auf die psychische Gesundheit wurden in der psychologischen Forschung ausgiebig untersucht, wobei die Qualität psychosozialer Funktionen der Arbeit für das psychische Wohlbefinden heraussticht. Bereits in den dreißiger Jahren des letzten Jahrhunderts zeigte die in der Sozialforschung berühmte »Marienthalstudie« von Jahoda, Lazarsfeld und Zeisel (1933) die schädlichen Auswirkungen von Arbeitslosigkeit auf die psychische Gesundheit. Jahoda (1983, S. 136) fasst später die psychosozialen Funktionen von Arbeit so zusammen:

> »Sie gibt dem Tag eine Zeitstruktur, sie erweitert die sozialen Beziehungen über Familie und Nachbarschaft hinaus und bindet die Menschen in die Ziele und Leistungen der Gemeinschaft ein [...], sie weist uns sozialen Status zu und klärt die persönliche Identität.«

Eine Reihe von Studien belegt die Kausalität von Arbeitslosigkeit für psychische Beanspruchung. In einer Metaanalyse zeigten Paul und Moser (2001), dass Arbeitslosigkeit psychische Symptome verursacht und diese Symptome den Zusammenhang zwischen Arbeitslosigkeit und psychischer Belastung erklären. Zudem zeigten die Forscher, dass psychisch belastete Menschen länger in der Arbeitslosigkeit bleiben. Im Vergleich zu einem gesunden Arbeitnehmer, der arbeitslos wird, ist die Ausgangssituation der Patienten, die aus der Klinik in die Nichterwerbsarbeit entlassen werden, besonders: Die bereits ausgeprägte psychische Erkrankung könnte die Beanspruchung durch die Abwesenheit der psychosozialen Funktionen von Arbeit verstärken. So zeigen verschiedene Studien, dass ein Teil der Patienten die gesundheitlichen Verbesserungen durch den Klinikaufenthalt nach der Entlassung wieder verliert (für eine Übersicht siehe Kordy et al. 2006).

Die Mehrheit der Patienten in unserem Sample verlässt die Klinik in einem besseren gesundheitlichen Zustand im Vergleich zu dem Beginn des Klinikaufenthalts und kann unmittelbar nach der Entlassung die Wiedereingliederung in den Arbeitsplatz beginnen. Der Teil der Patienten, deren gesundheitlicher Zustand noch nicht ausreicht, um an den Arbeitsplatz zurückzukehren, muss jedoch mit der Entlassung von einem auf den anderen Tag den Verlust der Institution Klinik mit all ihren Ressourcen bewältigen. Denn die Klinik selbst erfüllt einige wichtige psychosoziale Funktionen, auf die die Patienten dann keinen Zugriff mehr haben: einen geregelten Tagesablauf, soziale Kontakte zu Mitpatienten und die medizinische, psychologische und sozialpädagogische Betreuung. Der unmittelbare Anschluss einer ambulanten psychotherapeutischen Behandlung könnte hier den Patienten unterstützen, insbesondere weil viele Patienten nach ihrer Entlassung oft noch nicht vollständig geheilt sind. Jedoch ist es unwahrscheinlich, einen Therapieplatz unmittelbar nach dem Austritt aus der Klinik zu bekommen.

Eine Studie der Bundespsychotherapeutenkammer (2011) zeigt, dass die Wartezeit auf ein Erstgespräch bei einem Psychotherapeuten bei etwa 12,5 Wochen liegt. Die an unserer Studie teilnehmenden Kliniken bieten den Patienten zwar an, einen in ihrem Haus tätigen Sozialarbeiter zu konsultieren, jedoch endet auch hier die Zuständigkeit mit dem Austritt aus der Klinik. Somit können die Sozialarbeiter nur Probleme der Übergangsphase adressieren, die bereits bestehen oder von den Patienten, Therapeuten oder Sozialarbeitern antizipiert werden. Der starke Kontrast zwischen Klinik und Übergangsphase lässt jedoch vermuten, dass Probleme erst mit ihrem Auftreten nach der Klinik interventionsfähig werden.

2. Fallbeispiele

Im vorliegenden Kapitel werden die Probleme und Herausforderungen von vier Patienten in der Übergangsphase zwischen Entlassung aus der Klinik und Wiedereinstieg in die Erwerbsarbeit dargestellt. Zusätzlich sollen Bewältigungsstrategien, die bei der Überwindung dieser Probleme geholfen haben, aufgezeigt werden. Als Datenbasis dient das dritte Interview mit den Patienten, welches bei den hier vorliegenden Fällen fünf bis acht Monate nach der Entlassung aus der Klinik geführt wurde. Die vier Patienten befanden sich zu dieser Zeit alle in der Nichterwerbsarbeit. Zuletzt werden vor dem Hintergrund der beschriebenen Fälle die zentralen Belastungen der Patienten diskutiert.

Herr Q

Herr Q fühlt sich gesundheitlich noch nicht bereit, wieder in das Arbeitsleben zurückzukehren, denn er hat auch im Anschluss an den Klinikaufenthalt psychosomatische Beschwerden, die die Büroarbeit unmöglich machen. Die an den Klinikaufenthalt anschließende Verhaltenstherapie ist bereits fünf Monate nach der Entlassung beendet, und er ist auf der Suche nach einem Therapieplatz bei einem psychoanalytischen Psychotherapeuten. Nach seiner Entlassung verschlechtert sich sein psychisches Wohlbefinden, und erst nach vier Monaten fühlt er sich wieder so gesund wie zu der Zeit seiner Entlassung.

»Weil, ich hab ja auch festgestellt, in der stationären Klinik war – da ging's zwar relativ steil bergauf, aber auf dem Level, auf dem ich da war, da bin ich ja erst mal wieder runtergegangen. Und ich hab relativ lange gebraucht, um da wieder hochzukommen. Und hab dann ja eigentlich gesagt, dass im, ich glaub, Januar [...] war ungefähr der Zeitpunkt erreicht, wo ich wieder auf dem Standpunkt war, wo ich im September nach der Klinik war. Das heißt, außerhalb und innerhalb der Klinik ist immer ein sehr großer Unterschied.«

Herrn Qs ungewisse berufliche Situation ist eine Belastung für ihn, denn er ist sich nicht sicher, ob er an seinen alten Arbeitsplatz zurückkehren möchte: Auf der einen Seite reizt ihn das vertraute Umfeld seines alten Arbeitsplatzes, und eine Alternative hierzu ist nicht vorhanden. Auf der anderen Seite ist sein alter Arbeitsplatz mit sozialen Ängsten verbunden, da er mögliche Konflikte mit seinem Vorgesetzten fürchtet. Zudem ist die Arbeit sinnentleert: Seine Stelle bezeichnet er als »nichts Halbes und nichts Ganzes«, sie ist keine Herausforderung für ihn, es ist nicht genug zu tun, und es fehlt ein kollegiales und strukturiertes Umfeld. Über die Alternativen zu seinem Beruf und darüber, was er machen will, ist er sich aber sehr unsicher und erwägt deshalb, sich von einem Lebenslaufcoach beraten zu lassen. Außerdem hat Herr Q kaum positive Erfahrungen bei der Bewältigung von anspruchsvollen Aufgaben in seinem Alltag, sodass er sich nicht bereit für die Arbeit fühlt.

Herr Q berichtet von guten Phasen, in denen er sich gesund fühlt, die jedoch nur sehr kurz sind. Diese Phasen werden durch Sport, soziale Kontakte und Aktivität ausgelöst. Er schafft sich selber Struktur dadurch, dass er das Aufstehen und Zubettgehen zeitlich regelt und seine Aktivitäten plant: Lesen, Fahrrad fahren, Sportverein und mit Freunden treffen. Außerdem hat er noch Kontakt zu den ehemaligen Mitpatienten: Regelmäßig trifft er sich mit einem Mitpatienten und nimmt an Gruppentreffen teil.

Frau I

Frau I bleibt nach der Entlassung aus der Klinik aufgrund einer Depression krankgeschrieben. Trotzdem fühlt sie sich in den ersten Monaten nach dem Ende des Klinikaufenthalts sehr gut und kann eine Tagesstruktur aufrechterhalten. Frau I möchte nicht an ihren alten Arbeitsplatz zurückkehren und beantragt eine berufliche Rehabilitation bei der Rentenversicherung mit dem Ziel, bei der Wiedereingliederung in einen anderen Arbeitsplatz unterstützt zu werden. Nach etwa fünf Monaten Wartezeit wird der Antrag abgelehnt, und von diesem Zeitpunkt an verschlechtert sich ihr psychisches Befinden. Zudem wartet Frau I lange auf eine Entscheidung des Versorgungsamtes bezüglich ihres Antrags auf Schwerbehinderung. Erst als der Antrag, ebenfalls erst nach einigen Monaten, bewilligt wird, kann Frau I die Gleichstellung zur Schwerbehinderung bei der Agentur für Arbeit beantragen. Dies ist nötig, um die vollumfängliche Unterstützung des Integrationsfachdienstes bei Fragen zur beruflichen Umorientierung zu erhalten.

Nach dem Klinikaufenthalt nimmt der Arbeitgeber in Person der Chefin Kontakt mit Frau I auf und droht mit einer betriebsbedingten Kündigung. Frau I glaubt, dass ihr Arbeitgeber sie aufgrund ihres höheren Alters loswerden möchte. Das Gespräch mit ihrer Chefin ist für Frau I in den nachfolgenden Wochen eine psychische Belastung, die sich auch in Schlafproblemen äußert. Nach der Entlassung aus der Klinik bewirbt sich Frau I im sozialen Bereich auf verschiedene Stellen, die jedoch vom Tätigkeitsfeld ihres alten Berufes in der sozialen Arbeit abweichen. Ablehnungen ihrer Bewerbungen, aber auch Vorstellungsgespräche und Probearbeit zeigen ihr die Schwierigkeiten eines Berufswechsels auf.

Denn in einer neuen Stelle würde sich ihr Gehalt erheblich verschlechtern, und sie müsste ein befristetes Arbeitsverhältnis eingehen, was vor dem Hintergrund ihres Alters für sie nicht infrage kommt. Im Gegensatz hierzu verspürt sie den Drang, in einem ganz anderen Bereich, außerhalb der sozialen Arbeit, zu arbeiten. Denn in der Klinik hat Frau I gelernt, dass ihr kreative Arbeit in ihrem Beruf fehlt. Somit äußert sie den Wunsch, sich selbstständig zu machen. Jedoch glaubt sie nicht, diesen Wunsch verwirklichen zu können, da ihr die nötigen Fähigkeiten fehlen, sich selbstständig zu strukturieren.

»Ich habe irgendwie, also ich habe das Gefühl, ich habe keine andere Wahl [als den Arbeitsplatz innerhalb des Unternehmens zu wechseln]. Wenn ich jetzt 30 wäre, wäre das etwas anderes. Dann würde ich sagen: Okay, dann unterschreibe ich halt einen Auflösungsvertrag. Aber mit, in meinem Alter. Es heißt immer: Huh, ältere Arbeitnehmer sind gerne gesehen, aber halt für sehr wenig Geld.«

Zu den Belastungen, die sich aus ihrer ungewissen beruflichen Zukunft ergeben, kommt eine schwierige finanzielle Situation. Denn mit einem Krankengeld von 1200 Euro im Monat ist sie zu einem sehr sparsamen Lebensstil verpflichtet. Zusätzlich belastet sie die ausbleibende Wirkung des Antidepressivums: Zum einen führt das Medikament, auch mit einer Erhöhung der Dosierung, nicht zu der gewünschten Erhöhung ihres Antriebs, und zum anderen ist es mit physischen Nebenwirkungen verbunden. Ihren Tiefpunkt erlebt Frau I in der Zeit um Weihnachten, denn zu dieser Zeit »wird nichts entschieden, dann geht es irgendwie nicht vorwärts, stagniert dann halt alles so«.

Herr T

Herr T verlässt die Klinik in einer euphorischen Stimmung, die ihn noch etwa zwei Wochen nach seiner Entlassung trägt. Doch den abrupten Verlust wichtiger psychosozialer Funktionen der Klinik kann er in seinem neuen Alltag nicht kompensieren und fällt in ein Stimmungstief. Besonders belastend ist der Verlust von Struktur, Aktivität und sozialen Kontakten. Außerdem verliert er mit dem Klinikaustritt jegliche Form psychologischer Betreuung, denn er findet nach seiner Entlassung keinen Therapieplatz.

»Na ja, nach der Klinik, wie das halt so ist in solchen Kliniken, ist ja euphorisch und alles, ha, und das Leben ist toll, und es wird alles rund und es klappt alles, ja – das hat dann noch irgendwie 14 Tage angehalten, auch mit Sport und mit allem und so weiter. Wobei halt dann der Effekt der Klinik rauskommt; das heißt, in der Klinik hat man diese Geborgenheit, diesen Antrieb, dieses, dass man jeden Tag alles macht – strukturiertes Ding. Dann bin ich heimgekommen, ja – da war nichts mehr mit der Struktur; das heißt, ich hätte sie mir selber machen müssen, ja. Aber das ging dann irgendwie noch – war dann 14 Tage gut, danach sind aber die – ja, also ich sag jetzt mal, die sozialen Kontakte, die man so in der Klinik halt ständig hat – das tägliche Reden und so weiter, das ist ja dann alles da – langer Rede kurzer Sinn: Da fällt man dann sehr schnell in ein Loch; und das bin ich definitiv, so.«

Die Zeit der Nichterwerbsarbeit stellt für Herrn T einen starken Kontrast zu der Zeit der Berufstätigkeit dar: Die meiste Zeit verbringt er zu Hause und versucht sich zu entspannen. Seine psychische Erkrankung führt in seinen Augen zu einer Lethargie und Starre, die es ihm erschwerten, einen geregelten Tagesablauf aufzubauen. Durch das Fehlen von Struktur verliert er auch seinen Schlafrhythmus und bleibt oft bis tief in die Nacht wach, um dann bis mittags zu schlafen. Als er versucht, das zu ändern, ändert sich sein Schlafrhythmus in das Gegenteil: Er steht um fünf Uhr morgens auf und geht bereits um acht Uhr ins Bett. Kleinste Anforderungen, wie zum Beispiel ein Arztbesuch, sind eine große Belastung für ihn. Diese Erfahrungen lassen ihn an einer erfolgreichen Rückkehr in das Arbeitsleben zweifeln.

Eine weitere Belastung ist die fehlende Erfahrung von Anerkennung und Kompetenz. Dies hat Auswirkungen auf die Selbstwirksamkeitserwartungen und das Selbstwertgefühl von Herr T, was wiederum zur Vermeidung von sozialen Kontakten führt. Offenbar bestehen Bewertungsängste aufgrund seiner Inaktivität und Nichterwerbstätigkeit.

»Also draußen fühl ich mich schon sehr minderwertig – wie soll ich das erklären? Also ich sag jetzt mal so: Wenn ich jetzt irgendwo mit anderen Leuten, außerhalb der Klinik, die es jetzt verstehen können oder die vielleicht irgendwo – hab ich immer das Gefühl im Moment so nach dem Motto – na ja, ich weiß zwar, dass ich das nicht haben soll, aber ich hab das Gefühl: Du hast nichts, du kannst nichts, du bist nichts […] Also so nach dem Motto: Mir fehlt der Job im Moment, wo – ich kann nicht mitreden, kann sagen: Ja, ich komm heute auch von der Arbeit. – Nee, ich sitz daheim.«

Herr T denkt über einen Berufswechsel nach, da er in seinem alten Beruf nichts »Produktives« macht. Mit seinem alten Arbeitgeber hat er einen Aufhebungsvertrag geschlossen. Somit bekommt er noch für ein Jahr sein volles Gehalt ausgezahlt und kann im Anschluss in eine Beschäftigungsgesellschaft eintreten. Sollte er eine neue Stelle finden, so würde er den Anspruch auf die Fortzahlung seines Gehalts verlieren. Außerdem würde er voraussichtlich weniger Geld als in seinem alten Beruf verdienen und sich der Gefahr einer Kündigung in der Probezeit aussetzen. Diese Situation mindert seine Motivation, die nötigen Schritte für die berufliche Umorientierung einzuleiten. Neben diesen Umständen attribuiert er seinen fehlenden Antrieb auf den bereits oben beschriebenen Mangel an Selbstwert und Anerkennung sowie die Abwesenheit von Sinnhaftigkeit in seinem Leben als Erwerbsloser. Außerdem hindert ihn die Unsicherheit, welchen Beruf er in Zukunft ausüben möchte, daran zu handeln.

Für Herrn T sind die sozialen Kontakte in der Klinik eine wichtige Quelle seines Selbstwertgefühls. Andere Patienten können sich in seine Situation einfühlen und loben seine Fortschritte in der Therapie. Durch die Kontakte zu den Mitpatienten empfindet er zum ersten Mal in einer langen Zeit wieder Spaß an sozialen Aktivitäten und verspürt positive Emotionen wie Freude. Doch diese für ihn wichtige Quelle von Anerkennung verschwindet mit dem Austritt aus der Klinik. In den ersten Wochen nach dem Klinikaustritt nimmt er zwar an Stammtischen mit einigen ehemaligen Mitpatienten teil. Die Fortführung der Treffen scheitert jedoch daran, dass Stammtischmitglieder, die privat besser sozial eingebunden sind, nach einer Weile das Interesse am Stammtisch verlieren und die Organisation der Treffen durch die Mitglieder selbst nicht funktioniert.

»Das heißt also, die eigentliche – eine Aufwertung durch halt ständigen sozialen Kontakt, das ist schon was. [...] Und diese soziale Komponente, das ist eigentlich das, was mir am meisten gebracht hat; und das ist auch, sag ich mal, der krasseste Absturz, also aus der Klinik raus – weil, man kommt raus, und dann waren die vier Wände, und dann war nix, ja. Und dann war irgendwie – und dieses Gefühl, so nach dem Motto – das, was mir hier eigentlich fehlt auch wieder, psychologisch – dass ich komplett und perfekt hinhaue, wenn ich jetzt irgendwo keine Leute hab und ständig mir jemand sagt: ›Du bist gut!‹ und: ›Dann klappt's schon!‹, und: ›Es geht schon!‹ – Also ohne irgendwie dieses ständige Lob.«

Herr N

Kurz nach seiner Entlassung aus der Klinik wird Herr N von seiner Therapeutin und seinem Hausarzt als wieder arbeitsfähig befunden und wechselt somit seinen Status von krankgeschrieben zu arbeitslos. Herr N ist sich sicher, dass er in seinen alten Beruf nicht zurückkehren kann. Auch auf Empfehlung seines Therapeuten ist eine Umschulung für ihn die einzige Option, und er hat auch schon eine Vorstellung von seinem neuen Beruf. Auf seinen Antrag auf Umschulung reagiert die Rentenversicherung erst nach fünf Monaten mit einem Angebot für eine Rehabilitation. Diese lehnt er aufgrund seiner bereits wiederhergestellten Arbeitsfähigkeit ab und wartet seit diesem Zeitpunkt auf eine Antwort auf seinen Antrag. Zum Zeitpunkt des Interviews befindet sich Herr N mehr als sieben Monate in der Arbeitslosigkeit, und die Euphorie, mit der er die Klinik verlassen hat, ist abgeklungen.

»Und ich – das ist wirklich auch das –, ich meine, ich hab noch den Willen, den unbedingten Willen, was zu machen und, ja, da irgendwie aktiv zu werden und tätig zu werden und raus aus dem Trott, in dem ich mich grad befinde. Aber diese Energie, die ich im letzten Jahr hatte nach meiner Krankenhausentlassung, die ist zum größten Teil weg; die ist aufgebraucht. Die hab ich, ganz ehrlich, zu Hause auf der Couch mit Warten verbracht.«

Besonders frustriert ist Herr N bei der Suche nach beruflicher Umorientierung von der fehlenden institutionellen Verantwortlichkeit für ihn: Das Arbeitsamt fühlt sich nicht zuständig, obwohl es noch Arbeitslosengeld zahlt, die Rentenversicherung reagiert nicht auf seine Briefe, E-Mails oder Anrufe, und die Sozial- und Kirchenverbände können ihm auch nicht weiterhelfen. Eine vorübergehende Arbeitstätigkeit in seinem alten Beruf oder in einem anderen Beruf ist keine Alternative, da er fürchtet, seinen Anspruch auf eine berufliche Umschulung zu verlieren.

»Hätte ich jemanden, der mir meine Fragen beantwortet, würde ich zum Beispiel besser schlafen – zumindest das stelle ich mir vor, also das würde helfen – und das tut es nicht. Und es ist wirklich dieses Gefühl – und das ist was, was ich mit allen meinen ehemaligen Mitpatienten teile –, dieses Gefühl des Alleingelassenwerdens ist ziemlich, ja, beängstigend und desillusionierend und deprimierend! Weil, ich meine: Gut, wir sind alle erwachsene Menschen, die da mit mir waren, und wir wurden eben als geheilt, wie auch immer – oder zumindest stabil – entlassen; aber es ist niemand mehr so in der Stimmung, in der Situation, wie er damals bei der Entlassung war. Alle, sämtliche Mitpatienten, sind wieder in einer ähnlich schlechten Stimmung wie damals, als sie ins Krankenhaus kamen.«

Die lange Wartezeit von sieben Monaten ist eine psychische Belastung für Herrn N: Seine in der Klinik verbesserte psychische Gesundheit verschlechtert sich zunehmend nach der Entlassung. Zum einen fehlt ihm ein geregelter Tagesablauf, und zum anderen grübelt er bis spät in die Nacht über seine Situation und den drohenden Ablauf des Arbeitslosengeldes. Somit schläft er oft bis nachmittags und verliert seinen Tagesrhythmus gänzlich. Dies wiederum führt zu Antriebslosigkeit, was auch seine sozialen Aktivitäten beeinträchtigt.

Eine wichtige Ressource nach der Entlassung aus der Klinik sind für Herrn N ehemalige Mitpatienten. Zu einer Mitpatientin hat er regelmäßigen und zu weiteren zwei bis drei Patienten pflegt er einen losen Kontakt. Aufgrund ihrer gemeinsamen Erfahrung bringen die Mitpatienten viel

Verständnis für seine Situation auf, und er kann sich über seine Therapieerfahrung austauschen. Außerdem tut ihm die Mitgliedschaft in einer politischen Partei gut: Er kann mit anderen Menschen diskutieren, unter anderem auch über die Herausforderungen, die er bewältigen muss.

3. Diskussion

Die vier oben beschriebenen Fälle stellen einen kleinen Teil unseres Samples dar. Viele Patienten aus unserem Sample haben in der Klinik ihren gesundheitlichen Zustand verbessert und gehen gestärkt an ihren Arbeitsplatz zurück, auch wenn bei vielen eine psychotherapeutische Weiterbehandlung indiziert ist. Auffällig ist jedoch, dass der Teil der Patienten, der nicht unmittelbar in die Arbeit zurückkehren will oder kann, eine Verschlechterung der psychischen Gesundheit erfährt. Auch wenn wir die Probleme der Patienten in der Übergangsphase nicht quantitativ erfassen, sind die subjektiven Belastungen während der Übergangsphase ein Ausschnitt aus der Realität eines nicht unerheblichen Teils der Patienten und wichtig für das Verständnis der Ursachen. Insbesondere die Tatsache, dass die Patienten einen großen Teil der Probleme teilen und ähnliche Attribuierungen vornehmen, zeigt, dass eine individuumzentrierte Betrachtung der Probleme nicht ausreichend ist. In unseren Fällen konnten wir vier zentrale Belastungen identifizieren, die die Stabilisierung der psychischen Gesundheit nach der Entlassung aus der Klinik maßgeblich beeinträchtigen.

1. Berufliche Identität in der Krise
2. Gefühl des Alleingelassenwerdens
3. Fehlende Selbstwirksamkeitserwartungen und mangelndes Erleben von Kompetenz und Anerkennung
4. Kontrast zwischen Klinikalltag und Zuhause

3.1 Berufliche Identität in der Krise

Hat der Patient in der Klinik erkannt, dass sein Arbeitsplatz oder Beruf seine psychische Erkrankung bedingt, er aber an der Arbeitssituation nichts ändern kann, ist eine Rückkehr an den alten Arbeitsplatz oder Beruf unwahrscheinlich. Mit dieser Erkenntnis beginnt eine Suche nach Informationen in zwei Richtungen. Zum einen richtet sich der Blick auf Informationen aus der Umwelt, zum Beispiel auf das Angebot des Arbeitsmarktes oder die Unterstützung bei einer beruflichen Umschulung. Hier steht die Frage »Was kann ich machen?« im Vordergrund. Zum anderen richtet sich der Blick in das Innere, auf die Interessen, Fähigkeiten und Ziele, also die Frage »Was will ich machen?«.

Mit dem Blick ins Innere wird auch die Frage nach der eigenen Identität aufgeworfen, die maßgeblich vom Beruf beeinflusst wird. Eine Psychotherapie könnte den Patienten hier unterstützen, ist aber am Beginn der Übergangsphase möglicherweise noch nicht vorhanden. Zudem kann eine Psychotherapie zwar den Patienten bei der Introspektion unterstützen und ihm zu Klarheit verhelfen, sie erfüllt jedoch nicht die Funktion einer Berufsberatung. Im Gegensatz dazu bezieht die Berufsberatung der Arbeitsagentur oder Rentenversicherung zwar eine Berufseignungsdiagnostik mit ein, erfüllt aber nicht den Anspruch an eine auf die psychischen Vulnerabilitäten des Patienten zugeschnittene psychologische Beratung.

Auch deshalb erwägt Herr Q, sich von einem »Lebenslaufcoach« beraten zu lassen. Viele der Patienten stellen die Frage nach der Sinnhaftigkeit ihres Berufs, wenn sie ihre Arbeit als »nichts Halbes und nichts Ganzes« (Herr Q) oder als »nicht produktiv« (Herr T) beschreiben. Zudem kann die Motivation, einen neuen Beruf zu erlernen, durch Antriebslosigkeit (Herr T), das hohe Alter (Frau I) oder finanzielle Implikationen eines Wechsels des Arbeitsplatzes (Herr T und Frau I) beeinträchtigt werden. Besonders belastend für Frau I und Herrn N sind lange Wartezeiten bei Anträgen, die eine Unterstützung bei der beruflichen Umorientierung durch die Rentenversicherung ermöglichen sollen.

3.2 Gefühl des Alleingelassenwerdens

Der Austritt aus der Arbeitswelt ist ein Schritt weg von der Normalität, die sich unsere Patienten wünschen, hin zu einem Leben, in dem sie alltäglich daran erinnert werden, dass sie, in der Definition der Leistungsgesellschaft, kein normales Leben führen. Der Verlust sozialer Kontakte auf der Arbeit ist schwer durch private Kontakte zu kompensieren, da der fest geregelte Alltag von Freunden und Bekannten schlecht mit dem Tagesablauf eines Nichterwerbstätigen zu vereinbaren ist. Außerdem ist es fraglich, ob die Patienten mit ihren Freunden offen über ihre Probleme sprechen können, da sie auf fehlendes Verständnis treffen oder eine Bedrohung durch mögliche Stereotypisierung aufgrund ihrer Krankheit empfinden könnten (Herr T).

In unseren Interviews zeigten sich die Mitpatienten als wichtige soziale Ressource während des Klinikaufenthalts. Durch ihre eigenen Erfahrungen mit Arbeit und psychischer Belastung können Mitpatienten Empathie aufbringen und sich gegenseitig stärken. Somit haben sie möglicherweise einen eigenständigen Therapieeffekt. Für einige unserer Patienten war das Kennenlernen der Mitpatienten von großer Bedeutung, weil sie zum ersten Mal erfuhren, dass sie nicht alleine sind mit ihren durch die Arbeit verursachten psychischen Problemen. Mit dem Austritt aus der Klinik jedoch verschwindet diese soziale Ressource, und Vergleichsprozesse mit Mitpatienten, die in die Arbeit zurückkehren, können das Gefühl der Einsamkeit verstärken. Alle vier Patienten haben versucht, nach dem Klinikaufenthalt den Kontakt mit Mitpatienten zu halten. Jedoch scheitert die Aufrechterhaltung des Kontakts teilweise an organisatorischen Herausforderungen oder der Antriebslosigkeit der Patienten.

Aus den hier beschriebenen Herausforderungen für die Patienten ergibt sich die wichtige Frage nach der institutionellen Verantwortung nach dem Klinikaufenthalt. Mit Klinik, Arbeitsagentur, Rentenversicherung, Krankenkasse etc. haben oft mehrere Institutionen Berührungspunkte mit den Patienten. Jedoch verschreibt sich nach unserem Wissen keine Institution explizit der Nachsorge von Patienten nach einem psychotherapeutischen oder psychosomatischen Klinikaufenthalt. Insbesondere für Patienten, die nach dem Klinikaufenthalt durch die Nichterwerbsarbeit mit vielen neuen Herausforderungen konfrontiert sind, könnte in erster Instanz eine Anlaufstelle mit beratenden Tätigkeiten, ähnlich wie die Sozialarbeiter in unseren kooperierenden Kliniken, eine große Unterstützung sein.

So sahen das auch die Sozialarbeiterinnen in den mit uns kooperierenden Kliniken, deren eigene Handlungsmöglichkeiten bei psychosomatischen Patienten mit dem Ende des Klinikaufenthalts enden.[1] Außerdem hat sich der Einsatz von internetbasierten Nachsorgeangeboten im Anschluss an eine stationäre Behandlung als wirksam erwiesen. Zum Beispiel konnten im Projekt »Internetbrücke« Teilnehmer, die sich für zwölf bis 15 Wochen wöchentlich in einem Chatraum trafen, ihre in der Klinik erreich-

1 | Sofern es sich nicht um psychiatrische Fälle handelt, gibt es offenbar für psychosomatische Patienten kaum Nachsorgeangebote für die Bewältigung des Alltags.

ten positiven Entwicklungen besser aufrechterhalten als eine Vergleichsgruppe (vgl. Kordy et al. 2006).

3.3 Fehlende Selbstwirksamkeitserwartungen und mangelndes Erleben von Kompetenz und Anerkennung

Die Funktion von Arbeit als Quelle von Kompetenzerleben und Anerkennung wird bei unseren Patienten in der Übergangsphase besonders deutlich. Dies ist auch der bereits ausgebildeten und nach dem Klinikaufenthalt fortbestehenden psychischen Erkrankung geschuldet. Immerhin erfahren die Patienten während des Klinikaufenthalts durch Therapeuten und Mitpatienten Anerkennung für ihre Arbeit an sich selbst. Mit der Entlassung aus der Klinik reduzieren sich diese Arbeit und Quelle von Anerkennung oder fallen gänzlich weg. Nachdem die Patienten bereits in der Klinik mehrere Wochen nicht »produktiv« im Sinne ihrer Arbeitsrolle waren, sondern sich »reparieren« mussten, fehlt es jetzt an Aufgaben, die positive Selbstwirksamkeitserwartungen ermöglichen. Diese Erfahrungen sind wichtige Schritte auf dem Weg zurück in die Arbeitsfähigkeit, weil der Patient merkt, dass er sich wiederherstellt und für eine Rückkehr in den Arbeitsalltag bereit ist. So zweifeln Herr Q und Herr T an einer erfolgreichen Rückkehr in die Arbeit, da sie nicht glauben, den Herausforderungen ihrer Arbeit gewachsen zu sein.

Auch wenn die Rückkehr in die Arbeit durch ein BEM begleitet wird, könnte der Patient aufgrund seiner langen Abwesenheit und des Fehlens von Selbstwirksamkeitserwartungen von seinen Arbeitsaufgaben überfordert sein. Denn auch die Begleitung des Wiedereinstiegs in die Arbeit durch ein BEM gewährleistet nicht eine Anpassung der Arbeit an die Vulnerabilitäten der Patienten, da das BEM oft als einzige Veränderung eine zeitweilige Reduktion der Arbeitszeit vornimmt (vgl. auch den Aufsatz von Stephan Voswinkel, »Betriebliches Eingliederungsmanagement: Verfahren und Problemsichten« in diesem Buch).

3.4 Kontrast zwischen Klinikalltag und Zuhause

Mit einem stationären oder teilstationären Aufenthalt sind Patienten zeitlich und emotional sehr stark eingebunden in das Klinikmilieu. Mit der Entlassung werden sie von einem auf den anderen Tag mit einer neuen Situation konfrontiert, die viele Gegensätze zum Klinikalltag aufweist.

Einige dieser Gegensätze sind: Aktivität vs. Inaktivität; strukturierter Alltag vs. unstrukturierter Alltag; psychische Erkrankung als Normalität vs. psychische Erkrankung als Stigma; viele soziale Kontakte vs. wenige soziale Kontakte; Fokussierung auf Probleme des Selbst vs. Fokussierung auf Probleme des Alltags. Die aufgeführten Veränderungen für die Patienten nach der Entlassung können zu den hier beschriebenen Belastungen in der Übergangsphase beitragen. Ein Kontrast, der Verlust eines strukturierten Alltags, sticht jedoch heraus. Ein Tag in der Klinik ist gut organisiert und mit Terminen gefüllt: regelmäßige Mahlzeiten, Gruppentherapie, Einzeltherapie, Musiktherapie, Kunsttherapie und vieles mehr.

Mit dem Ende des Klinikaufenthalts verschwindet diese Struktur und weicht einem Alltag, der vom Patienten selbst mit Terminen gefüllt werden muss. Die fehlende Möglichkeit, durch Gespräche mit Therapeuten oder Mitpatienten zu externalisieren, sowie der neue Problemfokus auf die Umwelt (mit Fragen zur beruflichen Zukunft) führen bei Herrn N dazu, dass er bis spät nachts wach bleibt und somit seinen Tagesrhythmus gänzlich verliert. Bei Herrn T hingegen bewirkt die Abwesenheit körperlicher Auslastung tagsüber durch Aktivitäten und soziale Kontakte, dass er nicht einschlafen kann.

4. Schlussbemerkung

Mit einer durchschnittlichen Verweildauer von 37,4 Tagen der Patienten in Krankenhäusern der psychotherapeutischen und psychosomatischen Medizin (Statistisches Bundesamt 2012) ist ein stationärer sowie ambulanter Aufenthalt mit erheblichen monetären Kosten für die Krankenkassen verbunden. Ebenso sind die Kosten für die Patienten wesentlich: Der Patient muss bei einem stationären Aufenthalt sein gewohntes Umfeld und gegebenenfalls sogar seine Familie zurücklassen. Außerdem muss er sich in seinem sozialen Umfeld mit seiner Erkrankung »outen«, wenn er den Klinikaufenthalt nicht verbergen kann. Kann der Patient nach dem Klinikaufenthalt nicht in die Erwerbsarbeit zurückkehren, ist er in seinem Alltag mit verschiedenen potenziellen Belastungsfaktoren konfrontiert, die den Erfolg des kostspieligen Klinikaufenthalts gefährden.

In einer Reihe von Studien hat Kobelt (für eine Übersicht siehe Kobelt 2008) gezeigt, dass 30 Prozent der Patienten, die eine medizinisch-psychosomatische Rehabilitation abschließen, als arbeitsunfähig entlassen werden, wobei insbesondere Rentenantragsstellern, Arbeitslosen, Migranten und Patienten mit einer klinisch relevanten Erkrankungsschwere der Wiedereinstieg in die Erwerbsarbeit selten gelingt. Vor diesem Hintergrund scheint eine Nachsorge, die sich der spezifischen Situation der Patienten widmet, im unmittelbaren Anschluss an den Klinikaufenthalt umso wichtiger. Zudem sollte aufgrund der Vielfältigkeit der Belastungsfaktoren unter Nachsorge nicht nur eine psychotherapeutische Unterstützung verstanden werden, sondern es sollten den Patienten auch sozialpädagogische, berufsberatende oder rechtliche Unterstützungsangebote zugänglich gemacht werden.

Literatur

Bundespsychotherapeutenkammer (2011): BPtK-Studie zu Wartezeiten in der ambulanten psychotherapeutischen Versorgung. Berlin, http://www.bptk.de/uploads/media/110622_BPtK-Studie_Langfassung_Wartezeiten-in-der-Psychotherapie_01.pdf (Abruf am 2.2.2017).

Jahoda, Marie (1983): Wieviel Arbeit braucht der Mensch? Arbeit und Arbeitslosigkeit im 20. Jahrhundert. Weinheim: Beltz.

Jahoda, Marie/Lazarsfeld, Paul F./Zeisel, Hans (1933): Die Arbeitslosen von Marienthal. Frankfurt am Main: Suhrkamp.

Kobelt, Axel (2008): Nachsorge. In: Schmid-Ott, Gerhard/Wiegand-Grefe, Silke/Jacobi, Claus/Paar, Gerhard/Meermann, Rolf/Lamprecht, Friedhelm (Hrsg.): Rehabilitation in der Nachsorge. Versorgungsstrukturen – Nachsorge – Qualitätsmanagement, Stuttgart: Schattauer, S. 380–405.

Kordy, Hans/Golkaramnay, Valiollah/Wolf, Markus/Haug, Severin/Bauer, Stephanie (2006): Internetchatgruppen in Psychotherapie und Psychosomatik: Akzeptanz und Wirksamkeit einer Internetbrücke zwischen Fachklinik und Alltag. In: Psychotherapeut 51, S. 144–153.

Paul, Karsten/Moser, Klaus (2001): Negatives psychisches Befinden als Wirkung und als Ursache von Arbeitslosigkeit: Ergebnisse einer Metaanalyse, in: Zempel, Jeannette/Bacher, Johann/Moser, Klaus (Hrsg.): Erwerbslosigkeit. Ursachen, Auswirkungen und Interventionen, Opladen: Leske & Budrich; S. 83–110.

Statistisches Bundesamt (2012): 20 Jahre Krankenhausstatistik. In: Statistisches Bundesamt (Hrsg.): Wirtschaft und Statistik. Wiesbaden.

Betriebliches Eingliederungsmanagement

Verfahren und Problemsichten

Stephan Voswinkel

»Durch die gemeinsame Anstrengung aller Beteiligten soll ein betriebliches Eingliederungsmanagement geschaffen werden, das durch geeignete Gesundheitsprävention das Arbeitsverhältnis möglichst dauerhaft sichert« (Deutscher Bundestag 2003, Drucksache 15/1783). So lautete eine Begründung der Bundesregierung für die gesetzliche Einrichtung des Betrieblichen Eingliederungsmanagements (BEM) im Jahre 2003. Wie die Textstelle deutlich macht, war mit dem BEM die Erwartung verbunden, etwas zur Gesundheits*prävention* beizutragen.

Allerdings richtet sich dieser Präventionsgedanke nach der Art des Verfahrens auf die Prävention wiederkehrender oder dauerhafter Erkrankung eines bestimmten Arbeitnehmers; das BEM soll der Gefahr einer Chronifizierung der Krankheit und eines krankheitsbedingten Arbeitsplatzverlustes vorbeugen. Es handelt sich insoweit *nicht* um ein Verfahren zur Prävention von Erkrankungen am Arbeitsplatz durch eine allgemeine gesundheitsgerechte Gestaltung der Arbeit. Diese Art der Prävention ist das Ziel der Sollvorschriften des Instruments der *Gefährdungsbeurteilung.*

Seit dem Jahre 2004 schreibt der § 84 Abs. 2 des Sozialgesetzbuches IX vor, dass alle Arbeitgeber verpflichtet sind, ihren Beschäftigten ein BEM-Verfahren anzubieten, wenn sie innerhalb von zwölf Monaten mindestens sechs Wochen ununterbrochen oder wiederholt arbeitsunfähig sind. Die Initiative hat also der Arbeitgeber zu ergreifen. Die Teilnahme ist für die Arbeitnehmerin[1] freiwillig, sie kann das Verfahren ablehnen.

1 | Bei der Verwendung der männlichen wie der weiblichen Form ist in diesem Aufsatz das andere Geschlecht in der Regel mitgemeint.

Allerdings verzichtet sie damit auf eine gewisse Schutzfunktion des BEM gegenüber einer krankheitsbedingten Kündigung, gegen die sie mit dem Argument rechtlich vorgehen könnte, dass nicht zuvor ein BEM-Verfahren durchgeführt worden sei. Für die personelle Zusammensetzung des BEM-Teams ist gesetzlich nur festgelegt, dass der Arbeitgeber mit der zuständigen Interessenvertretung – im Falle der Schwerbehinderung außerdem mit der Schwerbehindertenvertretung – kooperieren soll; die Interessenvertretung kann die Einleitung des Verfahrens verlangen. Weitere Personen und externe Vertreter können hinzugezogen werden.

Die Rechtsprechung des Bundesarbeitsgerichts hat inzwischen ausgeführt, dass das Hauptziel des BEM zunächst die Anpassung des bisherigen Arbeitsplatzes und, sofern dies unmöglich ist, die Beschäftigung auf einem anderen Arbeitsplatz ist. Im Hinblick auf diese Ziele sind medizinische Bescheinigungen wichtig, die hierfür Vorgaben machen können. Zur Anpassung des Arbeitsplatzes gelten Maßnahmen des Arbeitsschutzes, die Gestaltung der Arbeitszeit und das Verfahren der stufenweisen Wiedereingliederung als typisch. (Vgl. zu den rechtlichen Bestimmungen ausführlich Kohte 2016.)

Das BEM gilt für physische und psychische Erkrankungen gleichermaßen. Da die Erkrankten nicht verpflichtet sind, ihre Diagnose offenzulegen, gibt es keine gesicherten quantitativ-repräsentativen Erkenntnisse über den Anteil der psychischen Erkrankungen an den BEM-Verfahren. Spezifische Regelungen für psychische Erkrankungen existieren im BEM nicht.

In diesem Aufsatz werde ich mich mit Erfahrungen mit dem BEM befassen, in denen bestimmte Problemkonstellationen sichtbar werden, die insbesondere bei psychischen Erkrankungen bedeutsam sind. Es geht nicht um eine Überprüfung der Umsetzung rechtlicher Vorschriften. Die folgenden Ausführungen beruhen vielmehr in erster Linie auf den Erfahrungen betrieblicher BEM-Akteure, die wir in Expertengesprächen mit Beteiligten an den BEM-Verfahren gewinnen konnten, bei denen nicht (nur) die formalen Verfahren, sondern die praktischen Vorgehensweisen und Probleme im Vordergrund standen.

Wir haben in der ersten Phase unseres Projektes insgesamt mit 16 Beteiligten in BEM-Verfahren in insgesamt elf überwiegend größeren Betrieben bzw. Verwaltungen Gespräche geführt, die erfahrungs- und themenorientiert angelegt waren, zum Teil als Gruppengespräche stattfanden und zwischen ein und zwei Stunden dauerten. Die BEM-Beauftragten waren in zwei Stadtverwaltungen, in vier Unternehmen der Großchemie, in einem Bergbaubetrieb, einem Automobil- und einem Elektronikbetrieb, bei einem Verkehrsdienstleister und in einem Einzelhandelsbetrieb tätig.

Es handelt sich überwiegend um Vertreter der Personalabteilung, des Betriebs- bzw. Personalrats und der Schwerbehindertenvertretung sowie um Betriebsärzte. Die Auswahl ist keineswegs repräsentativ, uns ging es darum, im Vorfeld unserer Forschung Erkenntnisse über Erfahrungen und Problemsichten der Praxis zu erlangen. Hinzu kommen Gespräche mit einem Experten eines überbetrieblichen Betriebsärztedienstleisters und mit den Sozialarbeiterinnen der beiden kooperierenden Kliniken. Zudem werde ich einen kurzen Blick auf die Erfahrungen der von uns interviewten Patientinnen mit der betrieblichen Wiedereingliederung werfen.

Im Folgenden werden zunächst unterschiedliche Varianten der BEM-Verfahren unterschieden (1) und der Umgang mit den zeitlichen Rahmen erläutert, die beim BEM insbesondere bei psychischen Erkrankungen bedeutsam sind (2). Hieran anschließend werde ich darstellen, wie die BEM-Experten ihre Rolle unterschiedlich definieren und die Ursachen psychischer Erkrankungen deuten (3). Ein wesentliches Problem des BEM bei psychischen Erkrankungen besteht in der Vertrauensunsicherheit und der Sorge vor Stigmatisierung im betrieblichen Umfeld (4). Die Eindrücke, die wir in den Gesprächen mit den Patientinnen über deren Wahrnehmung des BEM gewinnen konnten, werde ich skizzieren (5) und zwei Schnittstellenprobleme benennen: zum einen die Schnittstellenprobleme zwischen Klinik und Betrieb (6), zum anderen diejenigen zwischen BEM und Gefährdungsbeurteilung (7). Abschließend folgen resümierend einige kurze Betrachtungen über Verbesserungsbedarf (8).

1. Varianten des BEM-Verfahrens

Die Verfahren, die von den Experten aus den verschiedenen Betrieben dargestellt wurden, unterscheiden sich vor allem in drei Hinsichten: erstens in der Zahl der am BEM-Verfahren Beteiligten, zweitens darin, ob das Verfahren von einem festen Team oder von einem Team durchgeführt wird, das eher einzelfallbezogen zusammengesetzt wird. Drittens schließlich unterscheiden sich Grad und Art der Formalisierung des Verfahrens. Diese

Unterschiede haben nichts mit der Frage zu tun, ob es sich um psychische Erkrankungen handelt. Neben betriebsbezogen, pragmatischen Gründen (Verfügbarkeit von Personen und überkommenen Routinen) drückt sich in den Unterschieden auch ein unterschiedliches Verständnis vom BEM aus.

Während die Mehrheit für ein eher kleines Team plädiert, gibt es auch Teams, an denen mehrere Akteure beteiligt sind. Für eine geringe Größe des Teams wird vorgebracht, dass die Erkrankte nicht einer großen Zahl von Zuständigen gegenübersitzen soll, weil dies sie einschüchtern und sie sich in eine Prüfungssituation versetzt sehen könne. Kleine Teams, die zum Beispiel nur aus einem Vertreter der Personalabteilung und einem Mitglied des Betriebsrats oder einem Betriebsarzt bestehen können, könnten ja im Bedarfsfalle Personen des Vertrauens oder solche hinzuziehen, die für die jeweilige Problematik besonders relevant sind (etwa den Vorgesetzten des Erkrankten oder einen Vertreter des Integrationsamtes).

Für eine größere Zahl regelmäßig Beteiligter wird hingegen argumentiert, um unterschiedliche Gesichtspunkte und Interessenlagen von vornherein einzubeziehen und um später möglicherweise entstehende Hindernisse und Widerstände von vornherein zu berücksichtigen bzw. auszuräumen.

Die Verfahren unterscheiden sich zum anderen danach, ob die Beteiligten regelmäßig an allen Verfahren teilnehmen oder einzelfallspezifisch bestimmt werden. Diese Varianten unterscheiden sich nicht grundsätzlich, sondern graduell. In ihnen kommt aber ein unterschiedlich ausgeprägtes Professionalisierungsziel zum Ausdruck. Mit der einzelfallbezogenen Zusammensetzung soll eine möglichst große Nähe zum Betroffenen und zur Spezifik des Falles hergestellt werden, um das Vertrauen der Erkrankten zu stärken und keine Routine aufkommen zu lassen. Für die Konstanz der Zusammensetzung sprächen hingegen die größeren Möglichkeiten, sich im Verfahren zu professionalisieren.

Insbesondere wird auch darauf hingewiesen, dass Hilfe für Betroffene besser geleistet werden könne, wenn die Mitglieder des BEM-Teams gut vernetzt seien – mit Kliniken, mit Krankenversicherungen, Ansprechpartnern für Reha-Maßnahmen oder auch kooperierenden Ärzten sowie mit anderen Akteuren im Betrieb. Diese Vernetzung erfordere Zeit und Kontinuität. Kontinuierliche Tätigkeit in BEM-Verfahren mache die Akteure auch eher zu Ansprechpartnern für Betroffene und andere Akteure im Betrieb selbst und sie erhöhe ihre Durchsetzungsfähigkeit im Interesse der Betroffenen. Schließlich sei sie auch eine Voraussetzung für die Verzahnung des BEM mit dem betrieblichen Gesundheitsmanagement insgesamt.

Nahezu immer ist ein Vertreter der Personalabteilung am BEM beteiligt. In der Regel geht von ihm auch die Initiative für das Verfahren aus, schon deshalb, weil hier die Informationen über die Zeiten der Arbeitsunfähigkeit zusammenkommen. Häufig ist ein Vertreter des Betriebs- oder Personalrats beteiligt, nicht selten auch der Schwerbehindertenvertretung. Dies ist sicher auch darauf zurückzuführen, dass die BEM-Regelung des SGB IX aus den bereits zuvor bestehenden Regelungen der Schwerbehindertenintegration hervorging und auch an der entsprechenden Stelle im SGB IX integriert wurde. Hier gibt es also bereits häufig eine längere Tradition der Aktivität in der Wiedereingliederung. Betriebsärzte sind in einigen unserer Betriebe beteiligt, in anderen nur in besonderen Fällen.

Das scheint nicht zuletzt mit der Positionierung des Betriebsarztes in der Organisation und mit dem Vertrauen zu tun zu haben, das die Beschäftigten ihm entgegenbringen. Der Vorgesetzte wird in den meisten Organisationen nur im besonderen Falle und mit Einverständnis des Betroffenen hinzugezogen, da Vorgesetzte häufig Teil der krankheitsfördernden Konstellationen sind; gerade das aber kann ihre Beteiligung auch im positiven wie im negativen Sinne erfolgskritisch machen.

Ein Beispiel für ein zugleich großes wie fest institutionalisiertes Team ist das Betriebliche Eingliederungsteam (BET) in einem großen Elektronikbetrieb, das regelmäßig aus der Schwerbehindertenvertreterin, einer Vertreterin der Personalabteilung, einem Betriebsarzt und dem Sozialberater besteht und üblicherweise von einem Betriebsrat des Vertrauens ergänzt wird. In einem anderen Großbetrieb füllt der Betriebsarzt die Rolle des zentralen BEM-Beauftragten aus. Ein »Koordinator für Gesundheitsförderung und Eingliederungsmanagement«, der direkt der Werksleitung zugeordnet ist, nimmt nahezu in Eigenregie unterschiedliche Aufgaben des Gesundheitsmanagements, darunter auch die BEM-Verfahren, in einem weiteren Betrieb wahr. Auch bei einer Stadtverwaltung wird seit Kurzem die Aufgabe der BEM-Leitung in Personalunion von einem Angehörigen der Personalabteilung ausgeführt, der als Koordinator für Arbeitsschutz, Gesundheitsförderung und BEM fungieren soll; das BEM soll auf diese Weise auch hier mit dem betrieblichen Gesundheitsmanagement insgesamt verzahnt werden.

Klein- und Mittelbetriebe, so die Darstellung einer Gesprächspartnerin in einem Einzelhandelsunternehmen und eines Experten einer Betriebsärzteorganisation, kennen häufig gar kein BEM-Verfahren; entsprechend existieren hier auch keine BEM-Beauftragten.[2] Manchmal übernehmen betriebsexterne Betriebsärzte, die auf vertraglicher Basis für eine größere Zahl von Betrieben tätig sind, auch bestimmte Aufgaben im BEM-Prozess, wenn dieser in Einzelfällen einmal erforderlich wird.

Auch im Grad der Formalisierung der Verfahren zeigen sich Unterschiede. Während die einen eine formelle Dokumentation der erzielten Vereinbarungen mit Unterschrift auch des Erkrankten anfertigen, versuchen die anderen, den Grad der Verschriftlichung möglichst gering zu halten. Für eine möglichst geringe Dokumentation spricht das Ziel, den Betroffenen die Angst davor zu nehmen, dass die Inhalte des BEM festgehalten und eines Tages gegen sie verwandt werden könnten. Für eine umfassendere Dokumentation wird hingegen die damit erreichte Verbindlichkeit der Vereinbarungen auch in der Durchsetzung im Betrieb angeführt. Wir haben es offenbar mit einem Zielkonflikt zwischen Verbindlichkeit und Misstrauensvermeidung zu tun.

Von besonderer Bedeutung ist das Anschreiben, mit dem die Erkrankte über das Angebot eines BEM-Verfahrens informiert wird. Es wird in der Regel von der Personalabteilung versendet. Die Gesprächspartner berichten davon, dass die Betroffenen oft zunächst erschrecken, wenn sie ein Schreiben von der Personalabteilung bekommen; sie entwickelten dann manchmal Abwehrhaltungen, die überwunden werden müssten.

Der Stil der Anschreiben, so eine Betriebsärztin, sei auch ein wenig bürokratisch und autoritär. Um einen solchen bürokratischen Eindruck zu vermeiden, greift der »Koordinator für Gesundheitsförderung und Eingliederungsmanagement« in einem Betrieb meist zum Telefon, um die

2 | Befunde aus Befragungen bestätigen dies: Eine Befragung im Auftrag des Bundesministeriums für Arbeit und Soziales ergab im Jahre 2008, dass 55 Prozent der Betriebe mit über 250 Beschäftigten, aber nur 23 Prozent der Betriebe mit weniger als 50 Beschäftigten ein BEM durchführen. Diese Zahlen beziehen sich auf BEM allgemein (Niehaus et al. 2008, S. 33 f.). Eine Studie aus dem Jahre 2013 geht von einem »Bekanntheitsgrad« des BEM in Kleinunternehmen von nur 30 Prozent aus. Die »Umsetzung« wird bei höchstens 10 Prozent veranschlagt (Knoche/Sochert 2013, S. 52).

Betroffenen selbst anzusprechen. Hier ist zu berücksichtigen, dass er häufig bereits in früheren Phasen der Erkrankung Ansprechpartner war und häufig Kontakte zu Ärzten oder zu einer Klinik hergestellt hat, sodass die telefonische Kontaktaufnahme nicht unbedingt als Übergriff verstanden werden muss.

2. Zeitstruktur des BEM

Den BEM-Verfahren liegen zeitliche Vorgaben zugrunde, die von den Expertinnen nicht in jeder Hinsicht als angemessen betrachtet werden und mit denen sie auch unterschiedlich umgehen. Das betrifft zum einen die Sechs-Wochen-Frist, nach der (bei einer einmaligen Krankheit) ein BEM-Verfahren initiiert werden muss. Und es betrifft zum anderen den Abschluss des Verfahrens.

Ein BEM-Verfahren ist den Beschäftigten anzubieten, die mindestens sechs Wochen in einem Jahr arbeitsunfähig waren. Bei einer zusammenhängenden Zeit der Arbeitsunfähigkeit entspricht dies der Dauer der Lohnfortzahlung im Krankheitsfall durch den Arbeitgeber. Mit dieser Frist wird sehr unterschiedlich umgegangen. Einige Experten befürworten, nicht erst sechs Wochen abzuwarten, bevor der erste Schritt unternommen wird.

In der Praxis bedeute dies nämlich, dass das Verfahren dann oft erst sehr viel später – eine Gesprächspartnerin sprach von etwa zehn Wochen – wirklich beginne. Sei der Erkrankte dann bereits wieder an die Arbeit zurückgekehrt, seien bis zum Beginn des BEM dann schon Fakten geschaffen, er müsse ja in irgendeiner Weise beschäftigt werden, ohne dass diese Eingliederungsphase von einem BEM begleitet werde. Daher sei es sinnvoll, bereits das Verfahren einzuleiten, wenn eine Rückkehr an die Arbeit absehbar sei. Das setzt natürlich voraus, dass während der Erkrankung mit den Betroffenen Kontakt gehalten wird.

Andere BEM-Beteiligte werden erst aktiv, wenn die Betroffene ihre Arbeit wieder aufnimmt. Erst dann könnten konkrete Schritte unternommen werden, und man wolle sich nicht in der Zeit der Krankschreibung aufdrängen. Allerdings kann das bedeuten, dass bis zur Wiederaufnahme der Arbeit sehr viel Zeit vergehen kann. Gerade psychische Erkrankungen dauern oft sehr lange. Durch eine lange Abwesenheit kann sich eine

Fremdheit zwischen Betroffenen und Betrieb entwickeln. Betriebe sehen nun keinen Bezug zu den Erkrankten mehr, wenn sie ihnen nicht mehr den Lohn fortzahlen müssen.

Der Experte der außerbetrieblichen Betriebsärzte-Organisation berichtete, es komme oft vor, dass diejenigen Beschäftigten, die schon länger Krankengeld beziehen, vom Betrieb nahezu vergessen werden. Wenn sie sich dann – oftmals erst beim Auslaufen auch des Anspruchs auf Krankengeld – beim Betrieb melden, um wiederbeschäftigt zu werden, seien oft Fakten geschaffen, die alte Tätigkeit mit jemand anderem besetzt oder neu organisiert worden.

Auf der anderen Seite meiden gerade depressiv Erkrankte den Kontakt zur Arbeitsstätte von sich aus; manchmal entwickeln sie nach Ergebnissen empirischer Untersuchungen auch eine ausgeprägte Angst vor der Rückkehr an den Arbeitsplatz (Linden/Muschalla 2007). Sie orientieren sich vor dem Hintergrund dieses Vermeidungsverhaltens auf die Frühverrentung um und verlieren den Mut, eine Weiterbeschäftigung anzustreben. Haben die Betriebe ihrerseits den Kontakt zu den Erkrankten verloren, kann es sein, dass sie dann diese Haltung als Problemlösung hinnehmen.

Hier stehen sich also zwei jeweils nachvollziehbare Gesichtspunkte gegenüber. Auf der einen Seite gibt es gute Gründe dafür, bereits vor der Rückkehr an die Arbeit zumindest Vorbereitungen für das BEM-Verfahren zu treffen und dem »organisationalen Vergessen« entgegenzuwirken, indem Personal- und Arbeitsplanung die zu erwartende Rückkehr des Erkrankten berücksichtigen. Das setzt voraus, während der Erkrankung im Kontakt mit dem Betroffenen zu bleiben. Auf der anderen Seite spricht auch manches dafür, Erkrankte während ihrer Erkrankung nicht zu kontaktieren.

Die Betroffenen reagierten hierauf recht unterschiedlich: Manche fühlten sich bedrängt und kontrolliert. Einige unserer Patientinnen berichteten von regelmäßigen Anrufen aus dem Betrieb während ihres Klinikaufenthalts und von der unverhohlenen Erwartung, per Handy oder E-Mail erreichbar zu sein, um kurzfristig arbeitsbezogene Fragen beantworten zu können. Darin scheint sich in einigen Fällen auszudrücken, dass eine psychische Krankheit nicht als »vollwertige« Erkrankung und eine psychosomatische nicht als eine »richtige« Klinik aufgefasst werde (vgl. hierzu auch meinen Aufsatz über die »Krankenrolle und Stigmatisierung bei psychischen Erkrankungen« in diesem Buch). Manchmal aber freuen sich die Patienten auch, wenn sie Informationen aus dem Betrieb erhalten und ihnen ihre Unverzichtbarkeit demonstriert wird.

Es ist also schwierig zu bestimmen, welches Vorgehen generell angemessen ist. Ein flexibles Eingehen auf den Einzelfall und insofern auch eine Flexibilität im Umgang mit den Fristen bei der Einleitung des BEM-Verfahrens dürfte sinnvoll sein.

Über den Abschluss eines BEM-Verfahrens gibt es keine rechtlichen Vorgaben. Die Expertinnen gehen hiermit auch unterschiedlich um. Gerade bei psychischen Erkrankungen wird oft angenommen, dass sie – hierin manchmal chronischen Erkrankungen ähnelnd – nicht endgültig ausgeheilt sind, sondern zumindest die Gefahr besteht, dass sie wieder manifest werden. Betroffene nehmen die Arbeit wieder auf, wenn sich die Symptome vermindert haben und die manifesten Arbeitsprobleme verschwunden sind. Gerade bei Depressionen aber kann eine Vulnerabilität bestehen bleiben. Die Betroffenen bleiben besonders verletzbar durch belastende Erfahrungen, sei es in der Arbeit, sei es im privaten Bereich, sei es aufgrund der Verunsicherung durch vorangegangene depressive Episoden. Aufgrund dieser Unabgeschlossenheit bzw. der möglichen Latenz psychischer Erkrankungen ist es also schwierig, einen Zeitpunkt zu identifizieren, an dem das BEM-Verfahren abgeschlossen werden kann.

Die meisten BEM-Beteiligten legen jedoch generell als Kriterium für die Beendigung des BEM-Verfahrens an, dass über eine bestimmte Zeit keine oder nur geringfügige Fehlzeiten mehr aufgetreten sind.[3] Ein BEM-Beauftragter aus dem Personalwesen formuliert dies so:

»Wenn die Fehlzeiten des Betroffenen signifikant nach unten gegangen sind und dauerhaft unten bleiben. Weil, dann sag ich, dann haben wir das erreicht, was wir eigentlich erreichen wollen, den Mitarbeiter wieder weitgehend störungsfrei arbeitsfähig zu machen.«

Abgesehen davon, dass schon generell wegen des verbreiteten Präsentismus (vgl. Gerich 2015; Kocyba/Voswinkel 2007; Steinke/Badura 2011) das Ausbleiben von Fehlzeiten nicht unbedingt als Indiz für Gesundheit gelten kann, muss gerade bei psychischen Erkrankungen damit gerechnet werden, dass Krankheitszeichen – auch aus Sorge vor einer neuen Manifestation – übergangen werden.

3 | Das berichten auch Niehaus et al. 2008, S. 88.

Einige Experten führen regelmäßig nach drei Monaten oder einem halben Jahr ein Folgegespräch, um sich zu vergewissern, »ob alles so passt« und das Befinden sich nachhaltig verbessert hat. Auf diese Weise wird eine gewisse Nachsorge betrieben, wobei man sich aber in der Regel darauf beschränkt, sich punktuell nach dem Befinden zu erkundigen. Gerade bei psychischen Erkrankungen ist es aber häufig sinnvoll, die weitere Entwicklung der Betroffenen zu begleiten, um vor der Neumanifestation massiver Beschwerden Probleme zu identifizieren und den Betroffenen bei der Reintegration in die Arbeit – und der Anpassung des Arbeitsplatzes an die spezifischen Bedürfnisse des Erkrankten – zu begleiten.

Aber auch hier ist wiederum im Hinblick auf den Einzelfall abzuwägen zwischen der nachsorgenden Ansprache und Begleitung und der damit möglicherweise verbundenen Gefahr, dass die Betroffenen gerade hierdurch fortdauernd etikettiert werden.

3. Definition der eigenen Rolle der BEM-Beteiligten und Deutungen psychischer Erkrankungen

Wie verstehen nun die BEM-Beteiligten selbst ihre Aufgaben und ihre Rolle? Sie sind ja zum einen Vertreter des Betriebs gegenüber den Erkrankten, nehmen – als Mitglieder der Personalabteilung oder als Betriebsratsmitglieder – unterschiedliche Positionen in den institutionalisierten Arbeitsbeziehungen ein und sollen im BEM-Prozess zugleich die Interessen der Betroffenen im Auge haben. Diese verschiedenen Rollen zu vereinbaren ist nicht einfach.

So ergeben sich Anforderungen, verschiedene Perspektiven zu verknüpfen, bereits daraus, dass die Erkrankung zu Leistungseinschränkungen führt, deren Folgen sich als Belastungen auf diejenigen auswirken können, mit denen die Erkrankte zusammenarbeitet: auf die Kolleginnen und den Vorgesetzten. Daraus kann bereits für das Betriebsratsmitglied ein Konflikt zwischen den Bedürfnissen der Erkrankten auf Rücksichtnahme und der Kolleginnen auf Belastungsbegrenzung resultieren. Personaler haben nicht nur die Krankheitskosten für den Betrieb, sondern auch die Folgen für die Belastungen der Vorgesetzten und der Arbeitsorganisation im Auge, wenn sie zugleich zu einer gelingenden Wiedereingliederung mit Rücksicht auf die krankheitsbedingte Vulnerabilität beitragen sollen. Diese und weitere

Rollenkonflikte werden von den verschiedenen Beteiligten unterschiedlich bearbeitet, und man kann annehmen, dass die Umgangsweise damit auch vom Verhalten der Erkrankten selbst wesentlich beeinflusst wird.

Ich will aber hier auf einen bestimmten Aspekt des Rollenselbstverständnisses hinweisen, der mit der Spezifik psychischer Erkrankungen in besonderer Weise zusammenhängt. Um dies verdeutlichen zu können, muss ich zunächst darlegen, wie die BEM-Akteure psychische Erkrankungen und ihre Ursachen deuten.

Die Gesprächspartnerinnen nennen zum einen eine Vielfalt von Faktoren, die im Bereich der Arbeit die Entstehung psychischer Erkrankungen fördern, zum anderen weisen sie auf Ursachen im Privatleben hin. Als typische Belastungen in der Arbeit, die zu psychischen Erkrankungen beitragen können, werden genannt:

- Die zunehmende Arbeitsverdichtung, die zu negativem Stress und zum Verlust von Erholungsphasen führt, die es erlauben würden, bei gesundheitlichen Beschwerden oder Stresserleben »einen Gang runterzuschalten«.
- Diese Arbeitsverdichtung geht einher mit einem zunehmenden Personalmangel oder wird durch diesen gefördert. Zu den fehlenden Zeitreserven kommen also mangelnde Personalreserven. Wegen der »auf den Leib geschneiderten« Personaldecke fielen psychische Erkrankungen heute auch mehr auf, so ein Betriebsarzt, weil sie im Team nicht mehr kompensiert werden könnten. Insofern könne es sein, dass gar nicht die Zahl psychischer Erkrankungen zugenommen habe, sondern dass sie im Arbeitsalltag weniger verdeckt werden könnten.
- Diese Entwicklungen mindern die Bereitschaft von Vorgesetzten und Kolleginnen, Leistungseingeschränkte – und insofern auch psychisch Erkrankte – eine Zeit lang »mitzutragen«, also auf sie Rücksicht zu nehmen, indem sie Arbeiten mit übernehmen. »Man kann keine Rücksicht mehr nehmen auf andere, weil man sich selbst ja ständig irgendwie versucht, hier zu sichern.« (Betriebsratsmitglied Einzelhandel)
- Die Rücksichtnahme gegenüber Leistungseingeschränkten wird zusätzlich durch den Abbau von »Schonarbeitsplätzen« erschwert. »So viele Pförtnerstellen, wie wir eigentlich bräuchten, haben wir leider nicht«, lautet die zugespitzte Feststellung einer Personalrätin, um zu verdeutlichen, dass die Schwierigkeiten auch der Wiedereingliederung aus dem

Mangel an Arbeitsplätzen resultiert, auf denen gesundheitlich Belastete weniger unter Druck stünden.

- Ein Schwerpunkt psychischer Belastung wird in der Arbeit mit Kunden und Klienten gesehen. Hier könne man sich der belastenden, konfliktreichen Situation nicht entziehen, müsse eine Fassade zur Schau tragen, die der inneren Stimmungslage nicht entspreche, und die Gefahr sei groß, dass man Probleme mit nach Hause nehme. In der Stadtverwaltung wird hier insbesondere auf den Bereich der Sozialverwaltung hingewiesen.
- Ein weiterer Ursachenkomplex wird in den häufigen Reorganisationen gesehen und in der Notwendigkeit für viele Beschäftigte, sich immer wieder in neuen Arbeitskontexten zurechtfinden zu müssen:

  »Man kommt vielleicht morgens zur Arbeit und möchte im Betrieb A arbeiten, und dann heißt es: ›Nee, bei C fehlt gerade einer!‹ Der hat sich vielleicht auf die Chemie in dem einen Bereich vorbereitet und muss nun in dem anderen arbeiten.« Das, so der BEM-Experte eines Chemiewerks, belaste nicht nur wegen der Umstellungsanforderung, sondern auch wegen der fehlenden Eigenkontrolle: »Weil über einen mehr bestimmt werden kann.«

- Psychisch belastend könne auch die Angst um den Arbeitsplatz sein. Das betrifft Situationen, in denen Personalabbau im Betrieb befürchtet wird. Aber die Angst kann auch aus gesundheitlichen Einschränkungen resultieren, die mit körperlichen Einschränkungen und altersbedingt nachlassendem Leistungsvermögen im Zusammenhang stehen. Aus dieser Sicht resultieren psychische Erkrankungen wie Depression also aus berechtigten oder unberechtigten Sorgen vor dem Umgang des Betriebs mit körperlichen Erkrankungen oder Einschränkungen. Depressionen entwickelten beispielsweise auch Kollegen, die mit den körperlichen Belastungen unter Tage nicht mehr zurechtkommen, dies aber aus Sorge davor, nicht mehr dort arbeiten zu können, nach außen zu verbergen versuchten, so der BEM-Beauftragte des Bergbau-Unternehmens.
- Mehrfach wird auf die besonderen Probleme alternder Beschäftigter hingewiesen. Dabei gehe es nicht nur um die körperlich-gesundheitlichen Einschränkungen, sondern auch um den Verlust des Selbstwertgefühls, der aus Umorganisationen und neuen Anforderungen resultiere. Im Angestelltenbereich wird häufiger auf neue Informations- und Kommunikationstechnologien verwiesen, die den Arbeitsstil und das

Kommunikationsverhalten immer umfassender bestimmen. Mit diesen kämen manche älteren Kollegen nur schlecht zurecht. Das gilt auch für die Umstellung auf die zunehmende Anforderung, perfekt in englischer Sprache zu kommunizieren. Auch hier bestehe die Belastung nicht zuletzt darin, dass man glaubt, sich entsprechende Schwächen nicht anmerken lassen zu dürfen. Alternde Beschäftigte fühlten sich – ob berechtigt oder nicht – häufig nur noch wenig anerkannt und unter dem Druck, ihre Position verteidigen zu müssen. Eine typische Gefährdungssituation für psychische Reaktionen sei es, wenn erfahrene Mitarbeiter mit einem jungen Chef konfrontiert würden.

- Für den Ingenieurbereich wird beispielhaft darauf hingewiesen, dass manche hoch kompetenten Mitarbeiter eine große Angst entwickelten, wenn sie, was vermehrt gefordert sei, vor Publikum etwas präsentieren müssten. Eine Betriebsärztin berichtet von mehreren derartigen Problemen aus dem Ingenieurbereich eines Automobilwerks, als die Teilnahme bei entsprechenden Fortbildungen erwartet wurde.
- Und schließlich seien es immer wieder Konflikte mit dem Vorgesetzten, unfähiges Führungsverhalten, aber auch Konflikte im Team bis zum Mobbing, die als Ursachen psychischer Erkrankungen auszumachen seien.

Psychische Erkrankungen werden aber keineswegs nur – und überwiegend auch nicht in erster Linie – auf Faktoren in der Arbeitswelt zurückgeführt. Vielmehr sehen die meisten Gesprächspartnerinnen die Ursachen auch und gerade im privaten Bereich.

Es sind aus der Sicht vieler BEM-Experten besonders Krisen und Konflikte in privaten sozialen Beziehungen, die zur Aktualisierung psychischer Erkrankungen führten. Konflikte in der Ehe bis zur Scheidung, Schwierigkeiten mit den Kindern, der Tod nahestehender Menschen werden häufig als Beispiele genannt, die besonders plausibel scheinen. Diese Beispiele heben eher auf allgemeine psychische Belastungen des Lebens ab, die zu oft erheblichen Stimmungsverdunklungen führen und es jedenfalls zeitweise unmöglich machen, das Leben »normal« zu führen, und es insofern auch sehr erschweren, mit der Arbeit zurechtzukommen und den Kollegen angemessen zu begegnen. Die Arbeit könne zur zusätzlichen Belastungsquelle werden, wenn sie keine Rücksichtsräume biete, die die Betroffenen auffangen könnten.

Im engeren Sinne in der Persönlichkeit oder dem Beziehungsverhalten und der Biographie des Betroffenen liegende Gründe, wie sie in der Therapie eine zentrale Rolle spielen, werden weniger genannt. Der Verweis auf den Privatbereich folgt vielmehr den Assoziationsketten und Erfahrungen des »common sense«.

Auffällig ist, dass viele Expertinnen darauf verweisen, man könne arbeitsbedingte und privat bedingte Dimensionen kaum trennen:

»Das kann man gar nicht trennen, weil der Mensch ja eine Einheit ist. Wie sich das manch einer vorstellt: Die Probleme, die ich zu Hause hab, die hab ich an der Stempeluhr abzugeben, das geht einfach nicht«, so die Schwerbehindertenvertreterin in einem Elektronikbetrieb. Sie stellt sowohl die betriebliche wie die private Seite in den Gesamtzusammenhang einer gesellschaftlichen Entwicklung. »Gesellschaftliche Verschiebungen« führten dazu, dass mancher heute das Gefühl habe, »dass er alleine ist, dass ihn niemand auffängt und dass er selbst entscheiden muss«. Sie stelle »immer wieder hier fest, wie einsam sich der eine oder andere im Leben vorkommt, egal wie viel Familie er außen drumrum hat oder nicht.«

Diese Einsicht in den Zusammenhang von arbeits- und privat bedingten Faktoren für eine psychische Erkrankung hat nun Konsequenzen für das Rollenverständnis der BEM-Beteiligten. Es stellt sie vor ein Dilemma: Auf der einen Seite impliziert die Auffassung, dass bei Entstehung und Entwicklung psychischer Erkrankungen die Arbeit nicht vom Privatleben zu trennen ist, dass auch das BEM sich mit dem privaten Leben befassen müsste. In dieser Hinsicht erschiene es sinnvoll, dass Betroffene auch ihre private Situation transparent machen sollten, um ihr Verhalten in der Arbeit verständlich zu machen.

Auf der anderen Seite aber sehen die BEM-Beteiligten ihre Aufgabe auf den Arbeitsbereich beschränkt. Sie sind in diesem Sinne Vertreter des Betriebs und müssen die Grenze zwischen Arbeit und Privatem respektieren, der zufolge das Private eben dem Zugriff des Betriebs entzogen sein soll. Dementsprechend wollen sie sich nicht ins Private einmischen und empfänden ein solches Verhalten als übergriffig – ganz abgesehen von allen Fragen des Datenschutzes und der Freiwilligkeit des Betroffenen, Informationen preiszugeben.

Ein Personalratsmitglied einer Stadtverwaltung formuliert dieses Dilemma treffend: »Man muss auch ein Gespür dafür haben, was hat man für eine Persönlichkeit vor sich und mit wem musst du vielleicht auch mal umgehen, als wärst du seine Mutter.« Sie weiß aber auch: »Auch als Personalvertreterin bin ich Repräsentant des Arbeitgebers, ich kann's [mich in das Private einmischen] nicht. [...] Da versuch ich schon, dass ich das an den Integrationsfachdienst gebe. Da können die sich öffnen, da können die ihr ganzes Privatleben auspacken und sortieren und angucken.«

Die BEM-Beteiligten wissen also um die Grenzen ihrer Rolle als Repräsentanten der Arbeitssphäre und auch darum, dass diese Grenze dem komplexen Zusammenhang der Erkrankung nicht gerecht wird, aber gleichwohl einen zentralen Wert moderner Erwerbsarbeit darstellt, weil die Beschäftigten nicht mit ihrer gesamten Person in die Organisation inkludiert sind. Dies schließt jedoch nicht aus, sich um Verständnis für die Person des Betroffenen zu bemühen und manchmal auch Hilfe für notwendige Unterstützung im privaten Bereich zu vermitteln. So empfehle man in der Stadtverwaltung durchaus auch einmal, eine Eheberatung aufzusuchen, frage danach, ob es im Privaten genügend Entspannungsmöglichkeiten gebe.

In der Beschränkung ihrer Rolle kommt aber auch eine professionelle Selbstbeschränkung zum Ausdruck. Die BEM-Akteure sehen sich nicht als Therapeuten oder Ärzte. Der BEM-Beteiligte eines Chemiewerks warnt davor, »am Kollegen rumzudoktern«; er stelle »grundsätzlich keine Diagnose«. Dies sei auch wichtig, damit die Akteure sich nicht selbst überlasteten und sich von den oftmals bedrückenden Fällen abgrenzten.

4. Vertrauensunsicherheit, Stigmatisierungsangst und Erfolg des BEM

Die BEM-Verfahren setzen grundsätzlich voraus, dass die Erkrankten Vertrauen ins Verfahren und gegenüber den Beteiligten entwickeln (vgl. hierzu auch Vater 2016). Das ist nun alles andere als selbstverständlich, ist doch für die Betroffenen ihre Erkrankung mit der Sorge verbunden, dass der Betrieb sie nicht mehr als leistungsfähig betrachtet und im schlimmsten Falle eine Beendigung des Arbeitsverhältnisses ins Auge fasst. Vor diesem Hintergrund zu betrieblichen Akteuren Vertrauen zu entwickeln ist durchaus voraussetzungsreich.

Die Akteure versuchen, in den Verfahren diese Vertrauensproblematik zu berücksichtigen. Sie weisen auf die Freiwilligkeit hin, versuchen zu verdeutlichen, dass möglichst wenig dokumentiert wird, dass die Unterlagen des BEM-Verfahrens von den üblichen Personalunterlagen getrennt bleiben. Die ärztliche Schweigepflicht ist garantiert, und die Beteiligten sind verpflichtet, über Informationen aus dem BEM-Verfahren Stillschweigen zu bewahren (zum Datenschutz im BEM vgl. Feldes 2016).

Besonders wichtig ist es, dass die Beschäftigten das BEM-Verfahren klar von den immer noch verbreiteten Krankenrückkehrgesprächen (vgl. hierzu Kiesche 2016) unterscheiden. Diese »überholte Sozialtechnologie« (Kiesche 2015, S. 499) hat keine gesetzliche Grundlage, hat sich aber in vielen Betrieben (auch in Betriebs- oder Dienstvereinbarungen verankert) als regelmäßige Einrichtung etabliert und ist grundsätzlich nicht als freiwillig gestaltet. Eine Verweigerung der Beschäftigten wird häufig mit Abmahnungen beantwortet.

Ein Krankenrückkehrgespräch wird in der Regel zunächst vom Vorgesetzten mit einem Beschäftigten geführt, der nach einer bestimmten Zahl von Arbeitsunfähigkeitstagen wieder zur Arbeit kommt. Als offizielles Ziel von Krankenrückkehrgesprächen wird häufig das Bestreben angegeben, zur Vermeidung belastender Faktoren beizutragen. Faktisch wird ihnen jedoch häufig eine disziplinierende Bedeutung zugeschrieben. Sie werden als Drohinszenierung verstanden, in der vor weiteren Fehlzeiten gewarnt wird; Informationen würden gesucht, um die zukünftig zu erwartenden Fehlzeiten einzuschätzen und damit unter Umständen auch eine krankheitsbedingte Kündigung vorzubereiten.

In Betrieben existieren manchmal noch Krankenrückkehrgespräche und BEM nebeneinander; in diesen Fällen ist die Unterscheidung schwierig. Aber auch dann, wenn Krankenrückkehrgespräche nicht oder nicht mehr geführt werden, hat das schlechte Image des Krankenrückkehrgesprächs manchmal dazu geführt, dass auch das BEM misstrauisch betrachtet wird.

Das Vertrauensproblem gilt für jede Art von Erkrankung. Es hat aber bei psychischen Erkrankungen eine besondere Dimension. Hinzu kommt nämlich hier die Angst vor Stigmatisierung aufgrund der psychischen Erkrankung. Das führt dazu, dass die Betroffenen es meist als riskant ansehen, die Art ihrer Erkrankung mitzuteilen und sich im BEM-Gespräch zu öffnen. Insgesamt berichten die Gesprächspartner von einer durchaus beträchtlichen Zahl von Beschäftigten, die das BEM ablehnen. Der Aufstellung einer Stadtverwaltung zufolge hatten im Jahre 2011 nur etwa 20

Prozent derjenigen, denen ein BEM angeboten wurde, dieses in Anspruch genommen.

Allerdings hatte etwa die Hälfte der Angefragten angegeben, sie hätten die Krankheit völlig überwunden. Eine explizite Ablehnung formulierte etwa ein Viertel. Zu berücksichtigen ist, dass diese Zahlen sich auf Erkrankungen allgemein beziehen. Schon aus Gründen der Diagnoseunklarheit kann es keine speziell auf psychische Erkrankungen bezogenen Zahlen geben.

Aus der Stigmatisierungsangst ergibt sich nun für die Beteiligten ein Dilemma. Auf der einen Seite nämlich wird eingeräumt, dass die Angst davor, ausgegrenzt zu werden, keineswegs unbegründet sei; es gebe zweifellos Vorgesetzte, die aus der Mitteilung einer psychischen Erkrankung, etwa eines »Burn-out«, die Konsequenz zögen: »Der muss dann weg!« (Personalratsmitglied Stadtverwaltung). Eine kleine Minderheit unserer Gesprächspartnerinnen rät daher eher davon ab, die Art der Erkrankung mitzuteilen.

Die Mehrheit ist jedoch davon überzeugt, dass ein Outing in der Regel richtig sei. Denn nur so könne ein BEM sinnvoll durchgeführt werden. Wenn keine Kenntnis von der Art der Erkrankung herrsche, könne man sich auch keine Gedanken über Veränderungen und eine Vermeidung bestimmter Belastungen machen. Das gelte auf jeden Fall für die Mitteilung gegenüber den BEM-Beteiligten.

Hiervon zu unterscheiden ist die Offenlegung über die BEM-Beteiligten hinaus. Aber auch hier wird eher geraten, »die Karten auf den Tisch zu legen«. Denn auch die BEM-Akteure könnten gegenüber dem Betrieb, den Vorgesetzten oder Kollegen nicht viel erreichen, wenn sie die Krankheit und den damit verbundenen Bedarf an Rücksichtnahme, Arbeitsveränderungen usw. nicht erläutern könnten, weil sie selbst an die Schweigepflicht gebunden seien. Die Bereitschaft des Betriebs, bei der Wiedereingliederung »etwas möglich zu machen«, setze geradezu voraus, dass sich der Betroffene öffnet.

»Wenn ich mich [als BEM-Akteur] natürlich hinstelle und sage: Ich kann gar nichts sagen, aber ich will dieses, dieses und dieses, dann kann ich es gut verstehen, dass die andere Seite sagt: Ja, Moment einmal: Wir sollen geben, kriegen tun wir gar nichts! Wissen, warum, tun wir auch nicht – Nö!!!« (BEM-Beteiligter Elektronikbetrieb)

Die Gesprächspartnerinnen rieten aber überwiegend auch dazu, dass die Betroffenen selbst sich gegenüber dem Arbeitsumfeld öffnen. Gerade nämlich, weil psychische Erkrankungen sich nicht in eindeutig verständlichen Symptomen äußerten – wie bei einem Beinbruch, einem Herzinfarkt oder einer Lungenentzündung –, herrsche im betrieblichen Umfeld schnell Unverständnis und Unklarheit über die Erkrankung. Das verführe zum Simulationsverdacht und zur Unsicherheit darüber, wie mit den Betroffenen umzugehen sei. Da das Verhalten nicht verstanden werde, sei es auch schwierig für die Kolleginnen, sich angemessen zu verhalten. Die Gesprächspartner waren optimistisch, dass die Kollegen und Vorgesetzten dann, wenn sie über die Art der Erkrankung informiert seien, eher mit Verständnis reagierten.

Man mache sich umso unglaubwürdiger, je stärker man sich verstecke. Wenn die psychische Erkrankung hingegen bekannt sei, werde das Verhalten, das Kollegen irritiert und verunsichert, zumindest schon einmal verständlicher. Die Akzeptanz psychischer Erkrankungen sei auch durch den öffentlichen Diskurs hierüber gestiegen. Deshalb sei es sehr wichtig, in der betrieblichen Öffentlichkeit über psychische Erkrankungen aufzuklären, um die Verunsicherung hierüber zu bekämpfen. Auch dem Verhalten der Vorgesetzten komme eine große Bedeutung zu.

Was Betroffene als Stigmatisierung erlebten, sei häufig eher Verhaltensunsicherheit. Wer sie noch nicht bei sich oder im näheren Umfeld erlebt habe, könne die Erkrankung nur schwer nachvollziehen und sich deshalb in den Betroffenen schlecht hineinversetzen. Die psychische Erkrankung des Kollegen löse schnell Angst aus, weil man nicht wisse, wie man sich richtig verhalten solle. Natürlich reagierten viele auch mit Widerwillen: »Ach, schon wieder der Nervige mit seiner Jammerdepression!« (Betriebsärztin), und gingen den Betroffenen eher aus dem Wege. Aber dies geschehe auch dann, wenn die Diagnose unbekannt sei.

Der Diagnose kommt offenbar eine große Bedeutung zu. Sie beglaubigt gewissermaßen die Ernsthaftigkeit der Krankheit und legitimiert die Krankenrolle (vgl. hierzu meinen Artikel über die »Krankenrolle und Stigmatisierung bei psychischen Erkrankungen« in diesem Buch). Mit dem Medium der Diagnose interveniert das Gesundheits- in das Wirtschaftssystem. Nach der Erfahrung einiger BEM-Experten veranlasst es auch das Arbeitsumfeld, jedenfalls eine gewisse Zeit lang, den psychisch Erkrankten als einen Erkrankten in der Krankenrolle zu behandeln. Das mag nicht längerfristig nachhaltig sein, aber es gibt einen gewissen Spielraum für die Wiedereingliederung.

Was definieren die BEM-Beteiligten nun als Erfolg eines BEM? Ich hatte bereits im letzten Kapitel darauf hingewiesen, dass ein BEM-Verfahren dann nach Auffassung unserer Gesprächspartner beendet werden kann, wenn die Fehlzeiten dauerhaft zurückgegangen sind und wenn unter Umständen auch auf Nachfrage einige Monate später keine Gesundheitsbeeinträchtigungen artikuliert werden. Welche Ziele aber verfolgen die Akteure mit dem BEM?

Im Vordergrund steht in der Regel die Rückkehr an den Arbeitsplatz. Erst wenn dieser nicht realisierbar erscheint, wird eine Umsetzung auf einen anderen Arbeitsplatz ins Auge gefasst. Für die Rückkehr an den bisherigen Arbeitsplatz spricht nicht nur, dass dies zunächst als normale Lösung wahrgenommen wird, sondern dass hier auch die Akzeptanz der Erkrankten in der Regel am höchsten ist, weil sie dort bekannt ist. Demgegenüber sei die Eingliederung in einen neuen Bereich schwieriger:

»Deswegen sag ich den Leuten immer: Schau, dass du an dem Platz – egal, wie schwierig es vorher war – wieder anfangen kannst, weil du im Umfeld, an dem du jetzt bist, wo die Leut dich kennen, eine ganz andere Bereitschaft hast, auf dich einzugehen, als in der Abteilung XY dahinten, die auf ihre freie Stelle halt irgendjemand kriegen, und der soll jetzt gefälligst funktionieren – und kennen tun wir'n auch nicht.« (BEM-Beteiligter Elektronikbetrieb)

Anders sehe es aus, wenn das bisherige Team oder der bisherige Vorgesetzte Teil des Ursachenbündels für die Erkrankung war. Dann müsse versucht werden, den Betroffenen woanders zu integrieren. Aber dies wird offenbar als die zweitbeste Lösung angesehen, gerade auch, weil jemand, der mit einer Krankheitsvorgeschichte neu hinzukommt, von vornherein als Belastung wahrgenommen werde. Offenbar verschärft sich hier zudem das Problem von BEM-Akteuren, dass sie auch die Interessen und Belastungen der (noch) nicht Erkrankten im Blick haben müssen. Sie werden von einem neuen Umfeld vermutlich noch leichter als Interessengegner wahrgenommen. Man müsse auch die Kollegen manchmal schützen, so ein BEM-Beteiligter.

Auffällig ist allerdings eines: Eine Veränderung der Arbeitsbedingungen am bisherigen Arbeitsplatz bzw. im bisherigen Arbeitsumfeld wird nicht als Ziel des BEM genannt, jedenfalls sofern sie über eine Anpassung an den einzelnen Betroffenen hinausgehen würde. Eventuell wird versucht, den Betroffenen vor bestimmten belastenden Faktoren zu schützen; nicht aber wird aus dem Erkrankungsfall ein Schluss gezogen auf die grundlegendere Veränderungsbedürftigkeit des Arbeitsplatzes bzw. -umfelds. Ich komme hierauf noch einmal zurück, wenn ich mich der Schnittstelle von BEM und Gefährdungsbeurteilung widme.

5. BEM-Erfahrungen der Erkrankten – stufenweise Wiedereingliederung als Engführung

Auch ein Teil der Patientinnen, mit denen wir Interviews geführt haben, haben Erfahrungen mit dem BEM bzw. mit der Wiedereingliederung gemacht. Sie kamen in der Regel in dem dritten Interview zur Sprache, das wir einige Monate nach dem Klinikaufenthalt mit ihnen geführt haben. Allerdings kam es aus unterschiedlichen Gründen bei acht der 23 Patientinnen, also etwa einem Drittel, nicht zu einem solchen Drittgespräch. Von den 15 Gesprächspartnerinnen, mit denen wir ein solches drittes Gespräch führen konnten, stellte sich für sieben Patientinnen das Thema nicht, weil sie nach dem Klinikaufenthalt nicht mehr zu ihrem bisherigen Arbeitgeber zurückgegangen sind, sei es, dass ihr Arbeitsverhältnis aufgelöst wurde und sie auf der Suche nach einem neuen Arbeitgeber waren (wie Herr D und Herr N) oder einen solchen (vorübergehend) gefunden hatten (Frau J); sei es, dass eine bestimmte Frist für das Weiterlaufen ihres Arbeitsverhältnisses bei Fortzahlung der Vergütung (Herr U) und mit Vereinbarung der anschließenden Übernahme in eine Beschäftigungsgesellschaft (Herr T) oder die weitere Tätigkeit als Freelancer (Herr M) vereinbart wurde; sei es, dass sie in den Bezug der Erwerbsunfähigkeitsrente übergegangen waren (Herr B).

Von den anderen Patientinnen hatten drei nie ein formelles Angebot für ein BEM-Verfahren erhalten. Eine Patientin, die Integrationsassistentin Frau E, hatte ein solches Angebot abgelehnt, weil sie nach Gesprächen mit der Klassenlehrerin den Eindruck hatte, dass vieles in der Arbeit auf dem Wege der Verbesserung sei und ihre Anliegen aufgenommen würden. Auch Frau A hatte in einem persönlichen Gespräch mit der Personalleiterin ihrer Unternehmensberatung eine Vereinbarung erzielen können, von der sie den Eindruck hatte, dass sich ihre Belastungen dadurch reduzieren würden: Neben einer vorübergehenden Arbeitszeitverkürzung stand hier ihre neue Zuordnung als Assistentin zu anderen Chefs im Vordergrund, deren Status in der Organisation etwas niedriger war als derjenige der bisherigen – Frau A zeigte sich überzeugt, dies werde es ihr erleichtern, mit ihrer Arbeit und drohenden Fehlern entspannter umzugehen.

Nur Frau P, Kassiererin im Supermarkt, berichtete von einem formalisierten BEM-Gespräch. Allerdings tat sie dies mit Empörung. Das Gespräch fand in der regionalen Zentrale des Unternehmens statt; anwesend waren der Personalchef, die Regional- und die (während ihrer Erkrankung neu gekommene) Marktleiterin sowie ein Mitglied des Betriebsrats, das ihr unbekannt war.[4] Eine Vertrauensperson habe sie ihrer Aussage zufolge nicht mitbringen können. Dieses Gespräch beschrieb sie als ausgesprochen unangenehm. Sie habe sich der geschlossenen Front des Gremiums gegenübergesehen. Dort habe sie ihren Wunsch vorgetragen, in Teilzeit zu wechseln und nicht mehr in den allgemeinen Schichtplan integriert zu sein; in ihrem Alter und mit ihren gesundheitlichen Beeinträchtigungen könne sie nicht mehr samstags bis 22 Uhr arbeiten und montags wieder um halb acht auf der Arbeit sein. Das Gremium habe ihr dies mit dem Argument verwehrt, dies sei unfair gegenüber den Kolleginnen und würde nur weitere Extrawünsche von anderen zur Folge haben.

Stattdessen, so Frau P, habe man ihr eine stufenweise Wiedereingliederung angeboten. Diese sollte in einer zeitweiligen Verkürzung der Arbeitszeit bestehen, während der sie weiterhin von der Krankenversicherung ihr Krankengeld bezogen hätte, wie es die Regeln der stufenweisen Wiedereingliederung vorsehen. Dieser Vorschlag, dem auch das Mitglied des Betriebsrats zugestimmt habe, verärgerte sie. Zum einen zeige sich ja in diesem Vorschlag, dass eine Arbeitszeitverkürzung durchaus betrieblich realisierbar sei. Zum anderen aber bedeute diese Praxis, dass sie anschließend wieder in derselben Weise mit denselben Zeiten beschäftigt werden würde, die sie nicht mehr wolle. Eine solche Wiedereingliederung habe sie schon einmal gemacht, ohne dass diese ihr geholfen hätte. Und drittens

4 | Betriebsräte werden in Unternehmen des Einzelhandels aufgrund der geringen Beschäftigtenzahl der Einzelbetriebe und der Konzentration von Entscheidungen meist überbetrieblich gebildet, sind also für mehrere Filialen zuständig. Insofern ist der Umstand, dass das Gespräch nicht an ihrer Arbeitsstätte stattfand und das Betriebsratsmitglied ihr unbekannt war, nicht ungewöhnlich.

schließlich sehe sie nicht ein, dass die Krankenkasse die Kosten für eine solche Lösung tragen solle.

»Wiedereingliederung ist für die [den Arbeitgeber] natürlich ideal, weil – kostet nix und bringt Produktion. Aber das bringt mir nichts. Ich wollte schon eine Zusage bezüglich einer gewissen zeitlichen Eingrenzung.«

Vor diesem Hintergrund lässt sie es eher auf eine mögliche Kündigung ankommen, wenn sie noch länger krankgeschrieben sein müsse.

Herr S, beschäftigt bei einer Bank, war froh, dass ein angekündigtes BEM-Gespräch mit Betriebsrat und Personalabteilung nicht zustande kam – er hatte inzwischen eine Vereinbarung mit seiner Chefin über eine zeitweilige Verkürzung seiner Arbeitszeit bei seiner Rückkehr an den Arbeitsplatz getroffen. Er habe gefürchtet, seine Erkrankung offenlegen zu müssen und dann mit Rücksicht und Fürsorge behandelt zu werden, einer Fürsorge, die allerdings seine Position in der Firma geschwächt hätte (vgl. hierzu ausführlicher meinen Aufsatz über die »Krankenrolle und Stigmatisierung bei psychischen Erkrankungen« in diesem Buch). Er war daher zufrieden, dass mit ihm die Wiedereingliederung mit Arbeitszeitverringerung vereinbart und von der Krankenversicherung bezahlt wurde, wodurch ein BEM-Verfahren vermieden werden konnte.

Wie Frau P, so lehnte auch Herr M, Immobilienkaufmann, eine stufenweise Wiedereingliederung ab, weil er eine dauerhafte, nicht nur eine zeitweilige Lösung anstrebte. Er nahm daher das Angebot an, zukünftig mit verkürzter Arbeitszeit als Freelancer weiter für seine Firma arbeiten zu können, was ihm größere zeitliche Unabhängigkeit und die Möglichkeit weiteren Nebenverdienstes eröffnete.

Auch die Erfahrung von Frau F mit der Wiedereingliederung ist nicht positiv, allerdings aus einem anderen Grund. Sie habe sich in die Wiedereingliederung hineingedrängt gefühlt. Sie sei gesundheitlich noch keineswegs in der Lage gewesen, wieder zu arbeiten. Von Klinik und Krankenversicherung gedrängt, habe sie sich darauf eingelassen, die Maßnahme (drei Arbeitsstunden täglich) aber nach zwei Wochen wegen massiver weiterer Beschwerden abbrechen müssen. Sie war zum Zeitpunkt des Drittgesprächs wieder krankgeschrieben und hoffte, einige Wochen später einen neuen Einstieg in die Arbeit machen zu können. Die Anfrage für ein BEM-Gespräch habe sie daher auch erst einmal auf später verschoben.

Dieses Schlaglicht auf die Erfahrungen unserer Gesprächspartner mit BEM und Wiedereingliederung ist natürlich in keiner Weise repräsentativ. Allerdings zeigt es, dass das Angebot oder gar die Durchführung eines BEM keineswegs selbstverständlich ist. Während die BEM-Beauftragten bestrebt sind, das BEM-Verfahren zu institutionalisieren und zu professionalisieren und hierbei ihr Augenmerk auf das Funktionieren des Verfahrens richten, ist die Perspektive der Betroffenen oft eine andere. Für sie ist das BEM (wenn es ihnen überhaupt bekannt ist oder ihnen angeboten wird) ein Instrument unter mehreren im Prozess ihrer Gesundung und ihrer weiteren Lebensplanung.

Oftmals, das zeigen unsere Beispiele, scheinen andere Maßnahmen sehr viel näherzuliegen (Wechsel des Arbeitsplatzes, Auflösungsvertrag, informelle Vereinbarungen, Erwerbsunfähigkeitsrente usw.). Vom BEM scheinen viele keine genauen und im Hinblick auf ihren Fall keine konkreten Vorstellungen zu haben, sodass sie mit diesem nicht immer Hoffnungen und Erwartungen verbinden können. Manchmal nehmen sie eher das Bedrohliche wahr: als Gefährdung verstandene Fürsorge, die »Vorladung« vor ein mehrköpfiges Gremium.

Ein zweiter Eindruck wird von unserem Schlaglicht nahegelegt. Wenn das Thema »Wiedereingliederung« in unseren Gesprächen thematisiert wurde – und dies geschah manchmal auch in allgemeinerer Weise, ohne Bezug auf den eigenen Fall –, dann wurde hierunter fast immer die Arbeitszeitverkürzung im Rahmen der stufenweisen Wiedereingliederung verstanden. Zugespitzt kann man sagen: Für viele ist Wiedereingliederung Arbeitszeitverkürzung. Hier deutet sich ein scheinbar einfaches Agreement an: Für den Arbeitgeber kann es attraktiv sein, wenn bei einer Reduzierung der Arbeitszeit das »Entgelt« (als Krankengeld) von der Krankenversicherung bezahlt und damit das Risiko für ihn minimiert wird.

Für den erkrankten Beschäftigten verspricht diese Art der Wiedereingliederung immerhin eine konkrete, fassbare Maßnahme, die dem Arbeitgeber keine größeren Kosten verursacht und den Beschäftigten nicht moralisch verpflichtet. Das spricht keineswegs gegen das Instrument der stufenweisen Wiedereingliederung, aber es macht auf die Gefahr aufmerksam, dass dadurch andere, langfristig möglicherweise nachhaltigere Maßnahmen aus dem Blick geraten und das BEM in den Hintergrund rückt.

6. Schnittstellenprobleme zwischen Klinik und Betrieb

Ein zentrales Thema unserer Gespräche mit den BEM-Beteiligten war das Verhältnis zwischen Kliniken und Betrieb. Dabei ging es besonders um die Erfahrungen, die aus der Perspektive des BEM mit dem Übergang von einem Aufenthalt psychisch Erkrankter in einer Klinik in den Betrieb und mit dem Austausch zwischen Betrieb und Klinik allgemein gemacht wurden. In nahezu allen Gesprächen wurden erhebliche Schnittstellenprobleme und Kooperationsdefizite deutlich. Ich konzentriere mich hier auf die Schnittstelle zwischen Klinik und Betrieb, andere Defizite im Übergang aus der Klinik werden in den Aufsätzen von Andreas Samus sowie von Rolf Haubl und Ute Engelbach in diesem Buch angesprochen.

Zunächst muss unterschieden werden zwischen psychosomatischen Kliniken wie denen, mit denen wir in unserem Projekt kooperiert haben, und den Kliniken – in der Regel Reha-Kliniken –, mit denen größere Betriebe oder Verwaltungen Kooperationsbeziehungen pflegen. Die Kliniken, mit denen wir kooperiert haben, stehen nicht in derartigen Kooperationsbeziehungen zu einzelnen Erwerbsorganisationen, und es handelt sich auch nicht um Reha-Kliniken. Dementsprechend lassen sich die Erfahrungen unserer Patienten auch nicht unmittelbar mit den nun hier dargestellten Beziehungen zwischen Betrieben und Kliniken vergleichen.

Einige der Betriebe, in denen wir Gespräche mit BEM-Experten geführt haben, haben derartige Verbindungen zu (Reha-)Kliniken aufgebaut. Aus betrieblicher Sicht sollen damit verschiedene Ziele erreicht werden. Erstens sollen die Beschäftigten einen schnelleren Zugang zu einem Klinikplatz erhalten. Zum Beispiel wird von einem Unternehmen ein Sonderkontingent von Klinikplätzen mit höheren Vergütungssätzen in einer Klinik unterhalten. Diese Verbindung wird erleichtert durch die Existenz einer Betriebskrankenkasse. Ähnliche Vereinbarungen gibt es auch zwischen diesem Betrieb und einzelnen Therapeuten, mit denen ein schnellerer Zugang zu einem Therapieplatz ermöglicht wird. Nicht in der gleichen privilegierten Weise, doch in der Orientierung ähnlich bestehen auch Kooperationen mit Kliniken bei anderen Betrieben, mit deren BEM-Vertretern wir gesprochen haben.

Zweitens erhofft man sich von solchen Kooperationen einen besseren Austausch zwischen Betrieb und Klinik. Es werde möglich, dass die Klinikärzte die Arbeitsplätze im Betrieb kennenlernen (etwa indem sie in einen

Bergwerksschacht einfahren) oder doch zumindest durch die Häufung von Patienten, die aus einem derartigen Betrieb kommen, auf die Dauer ein besseres Verständnis von der betrieblichen Arbeitswelt bekommen. Drittens erleichtere die Kooperation es zumindest grundsätzlich, das BEM bereits während des Klinikaufenthalts vorzubereiten und während des Klinikaufenthalts im Kontakt zu bleiben.

Es komme in letzter Zeit häufiger vor, berichtet eine Betriebsärztin, dass Therapeuten anrufen und »[...] sagen: Wir entlassen. Wir haben jetzt Herrn oder die Frau Sowieso hier, und wir denken, wir müssen sie dann jetzt, wollen sie dann entlassen. Und wie geht das dann bei Ihnen? Und wir hätten eigentlich gerne zum Beispiel 'ne stufenweise Wiedereingliederung, oder mit dem Schichtdienst, das geht ja überhaupt nicht, wie ist das denn, können Sie da nicht vielleicht? Und der Patient hat gesagt, Sie können das (lacht) machen. Und dann sag ich: Das kann ich so nicht, aber ich kann Ihnen mal berichten, wie das ist. Ich kann auch nur nachfragen, ob man mal vorübergehend 'ne veränderte Situation machen kann.«

Diese Kooperationsbeziehungen sind zwar auf der einen Seite positiv zu beurteilen, weil sie den Zugang zu Plätzen erleichtern und den Austausch zwischen Betrieb und Klinik verbessern können. Aber zweifellos handelt es sich um eine Verbesserung, die auf der Privilegierung von Großbetrieben beruht, die eine solche Kooperation ermöglichen können, denn die Verbesserung des Zugangs ist natürlich letztlich eine Umverteilung von Zugangschancen. Diese Praxis lässt sich dementsprechend grundsätzlich nicht verallgemeinern.

Bemerkenswert ist nun aber, dass auch die BEM-Experten in Betrieben mit praktizierten Klinikkooperationen vehement über die mangelhafte Kooperation zwischen Betrieb und Ärzten bzw. Therapeuten klagen. Diese Kritiken, die sich nicht speziell auf psychische Erkrankungen beziehen, bewegen sich auf verschiedenen Ebenen.

Zunächst wird beklagt, dass die Kontaktaufnahme seitens der Ärzte und Therapeuten keineswegs selbstverständlich sei oder rechtzeitig erfolge. Es wird der Eindruck artikuliert, dass dies nicht als normaler Teil der therapeutischen Aufgabe behandelt werde. Gravierender aber sind die oft leidenschaftlich vorgetragenen Kritiken, in deren Zentrum das mangelnde Verständnis der Kliniker von der Arbeitswelt steht – und dies auch im Falle der enger vernetzten Betriebe. Die folgende Passage möge die Vehemenz verdeutlichen:

»Die Arbeitsplatzempfehlungen der Therapieeinrichtungen sind stellenweise auch hanebüchen. Die machen sich auch oft – oft, nicht immer – wenig Mühe, sich vorher auch mal, auch vielleicht so lange der noch dort ist, mit dem Betrieb mal kurzzuschließen. Da kommen die Leute dann zurück mit so Empfehlungen: Am Arbeitsplatz sollte keine hohe Konzentration und kein Stress vorherrschen! Ah, doll, herzlichen Glückwünsch! (Einwurf einer anderen BEM-Beteiligten:) Und wenn's geht, darf er auch nicht mehr schichten! Und der Mitarbeiter hat sogar einen Kontischicht-Arbeitsvertrag! (Einwurf des Betriebsarztes:) Oder braucht einen neuen Vorgesetzten – hatte ich jetzt zwei! (Erster Redner:) Ehrlich? Das ist aber schön! (Betriebsarzt:) Wie soll man das jetzt umsetzen? (Erster Redner:) Also völlig losgelöst von jeder Realität. Aber wir basteln uns halt einfach mal zurecht, und dann soll doch der Betrieb oder Mitarbeiter, den wir entlassen, mal schauen, wie er das hinkriegt!«

Offenbar wird hier die eigene Realität als *die* Realität betrachtet. Die Ratschläge oder Vorgaben der Ärzte werden im Maßstab der eigenen Handlungsmöglichkeiten und -probleme beurteilt, und was in diesen Maßstab nicht einzugliedern ist, wird als weltfremd abgetan.

In dem Gruppengespräch, aus dem ich hier zitiere, werden dann sinnvolle Vorschläge, wie man die Arbeitssituation in die Therapie hineinnehmen kann, mit einer Kritik daran verbunden, dass die Therapie an Fragen ansetze, die mit der Arbeit nicht unmittelbar zu tun zu haben scheinen:

Die Therapeuten »geben sich aber auch wenig Mühe. Die könnten den Patienten, der ja bei denen ist, mal fragen: Mal doch mal einen Dienstplan auf! Natürlich können die nach der arbeitsvertraglichen Gestaltung fragen. Die könnten auch fragen, was es sonst für Modelle gibt; das wissen die Leute ja alles.[5] Bloß, wenn sie nicht abgefragt werden, dann spucken sie es von sich aus ja nicht aus. Und man kann ja auch den Werksarzt oder den Sozialdienst anrufen. Aber die kümmern sich dann um die traurige Kindheitsgeschichte, ob der früher zu heiß gebadet wurde!«

Ich habe diese Passage so ausführlich wiedergegeben, weil sie deutlich macht, dass die Kommunikationsprobleme zwischen BEM-Beteiligten und Klinikern nicht allein auf fehlenden institutionellen Mechanismen der Kooperation beruhen; denn gerade dieser Betrieb pflegt eine formalisierte Kooperation mit einer Klinik. Vielmehr belastet fehlende Perspektivenübernahme auf beiden Seiten die Kooperation.

5 | Der Sprecher bezieht sich hier noch auf das Problem der Schichtarbeit.

Während die Betriebsvertreter die Handlungsbedingungen und -logiken des Arbeitskontextes bei der Bewertung des Möglichkeitsraumes anlegen, beziehen sich die Kliniker auf die psychische Struktur des Patienten und auf seinen Gesundungsbedarf. Beide Parteien legen die Logik ihres jeweiligen Handlungskontextes bzw. ihres Teilsystems an. Wie auch andere Studien aus verschiedenen Ländern zeigen (für einen Überblick vgl. Andersen/Nielsen/Brinkmann 2012), stellt das Gesundheitssystem und stellen Ärzte und Therapeuten als dessen Akteure die Gesundung in den Vordergrund, während es dem Sozialversicherungssystem um eine baldige Rückkehr zur Arbeit geht. Die Betriebe wiederum betrachten den Fall unter dem Gesichtspunkt der Vermeidung von Störungen des Arbeitsprozesses und von krankheitsbedingten Kosten.

Diese Selbstbezüglichkeit der Systeme lässt aber durchaus Spielraum für eine gewisse Perspektivenübernahme. So können zum einen die Kliniker sich im Interesse der Gesundung deutlich machen, dass die erfolgreiche Reintegration wesentlich für eine nachhaltige Gesundung ist und dass hierfür wiederum die Möglichkeiten des Arbeitskontextes berücksichtigt, wenn auch keineswegs vorschnell als Handlungsgrenze hingenommen werden müssen. Die Betriebsvertreter andererseits sollten den »Fall« nicht nur in Bezug auf die Möglichkeiten der gegebenen Arbeitsorganisation betrachten, sondern die Erfordernisse einer Gesundung berücksichtigen, für die unter Umständen auch die Beschäftigung mit der Biographie und der Beziehungsgeschichte des Patienten ausschlaggebend ist.[6]

Eine wichtige Rolle könnten im Prinzip die Betriebsärzte bei der Vermittlung zwischen Betrieb und Klinik spielen, weil sie als »Übersetzer« der jeweiligen »Sprache« und des jeweiligen Perspektivenhorizonts wirken könnten (vgl. Funk 2011, S. 58ff.; Glomm 2016). Dies scheint jedoch zumindest in den meisten Betrieben unserer Gesprächspartner noch sehr unzureichend der Fall zu sein. Dafür gibt es eine Reihe von Gründen.

Zum einen ist die Position der Betriebsärzte im betrieblichen Zusammenhang offenbar sehr unterschiedlich. Dies hat, so unsere Gesprächs-

6 | Wie der Aufsatz von Sabine Flick in diesem Buch zeigt, lassen sich die zweifellos hämischen Bemerkungen im zitierten Gruppengespräch über die biographischen Elemente der Therapie nicht nur als Ressentiment abtun, sondern korrespondieren durchaus mit einer gewissen Dethematisierung der Arbeitswelt bei vielen Therapeuten.

partnerinnen, auch etwas mit der Person und dem Rollenverständnis der Betriebsärzte zu tun. Viele Beschäftigte begegneten den Betriebsärzten mit Misstrauen, das auch der Hinweis auf die ärztliche Schweigepflicht nicht immer außer Kraft setzt. Sie werden als Vertreter des Arbeitgebers betrachtet, vordergründig, weil sie auf dessen Gehaltsliste stehen, aber auch deshalb, weil sie eine Doppelfunktion haben: Die Beschäftigten begegnen dem Betriebsarzt das erste Mal im Zusammenhang mit der Eignungsuntersuchung im Einstellverfahren, in dem sie ihn als Gegner erfahren werden, dem man möglichst wenige Hinweise auf gesundheitliche Beschwerden geben sollte. Diese Zuschreibung wiederholt sich, wenn der Betriebsarzt die Aufgabe wahrzunehmen hat, die »wirkliche« Arbeitsunfähigkeit zu überprüfen. Dass er auch als jemand gesehen wird, an den man sich vertrauensvoll bei gesundheitlichen Problemen wenden kann, muss sich der Betriebsarzt erst erarbeiten.

Da wiederum verhielten die Betriebsärzte sich nach Darstellung von Gesprächspartnerinnen sehr unterschiedlich. Manche kämen nie aus ihrem Zimmer heraus, andere gingen durch den Betrieb und suchten das Gespräch. Einige verhielten sich persönlich abweisend, anderen gelinge es, ein Vertrauensverhältnis aufzubauen. Ein besonderes Problem existiere dort, wo es sich um externe Betriebsärzte handele, die nur zeitweise in den Betrieb kämen, die Abläufe und Problemlagen auch nicht gut kennen würden und im Betrieb weitgehend unbekannt blieben. Insgesamt scheint der Betriebsarzt gerade bei psychischen Erkrankungen eine Randbedeutung zu haben. Dies dürfte auch mit seiner Qualifikation zu tun haben, die meistens nicht im psychosomatischen Bereich liege, wenn auch hier bei Fortbildungen zunehmend Fortschritte gemacht würden.[7]

Zum anderen aber ist auch das Verhältnis von Betriebsärzten und niedergelassenen Ärzten bzw. Therapeutinnen nicht unproblematisch. Abgesehen von Vorgaben der ärztlichen Schweigepflicht[8] scheint auch die Kommunikation zwischen Betriebsärztinnen und klinischen Ärztinnen/

7 | Die Rolle der Betriebsärzte muss nicht marginalisiert sein, wenn sich – wie in einem unserer Großbetriebe – ein professioneller Werksärztlicher Dienst als zugleich pragmatische und kompetente Ansprechstation bei verschiedenen gesundheitlichen Beschwerden und Problemen etabliert hat.

8 | Auch Mitteilungen aus der Klinik an die Betriebsärzte setzen die Befreiung von der ärztlichen Schweigepflicht voraus.

Therapeutinnen wenig ausgeprägt. Die Betriebsärzte führen Klage darüber, dass sie äußerst selten aus den Kliniken kontaktiert werden.

Die Arztbriefe aus den Reha-Kliniken seien »ja auch alle nach Schema F, und da stehen ja auch nicht so viele neue Erkenntnisse meistens nicht drin. Außer dass sie halt dann ein paar Tests gemacht haben und ich dann weiß, ist er jetzt wirklich depressiv oder, ja, ist das halt Theater quasi, weil er vielleicht irgendwas erreichen will«. So die Klage einer Betriebsärztin.

Eine weitere Einrichtung, die potenziell zur besseren Verzahnung von Betrieb und Kliniken beitragen könnte, scheint diese Rolle auch nicht ausfüllen zu können: Der Klinik-Sozialdienst. Nach Darstellung der Sozialarbeiterinnen, mit denen wir in den mit uns kooperierenden Kliniken gesprochen haben, endet ihre Zuständigkeit mit dem Ende des Klinikaufenthalts. Eine nachsorgende Sozialarbeit sei in der Regel nicht vorgesehen. Die Aufgaben der Klinik-Sozialarbeit konzentrierten sich auf sozialrechtliche Fragen, die Bearbeitung von Unterkunftsproblemen nach dem Klinikaufenthalt, Probleme nachstationärer pflegerischer Versorgung und eventuell Vermittlungshilfe bei Rehabilitationen. Kontakte zu Arbeitgebern kämen durchaus vor, seien jedoch viel basalerer Art: Bisweilen müsse man nachfragen, ob der Patient seinen Arbeitsplatz noch hat, denn gerade depressive Patientinnen öffneten manchmal ihre Post nicht mehr.

Der Sozialdienst nehme auch schon einmal Kontakt zum Arbeitgeber auf, um darauf hinzuweisen, dass nicht einfach gekündigt werden könne, sondern die rechtlichen Formen einzuhalten seien und eine Kündigung im konkreten Fall vermutlich unzulässig sei. Zum anderen werde manchmal der Arbeitgeber kontaktiert, um (sozialversicherungs-)rechtliche Fragen bei der stufenweisen Wiedereingliederung zu besprechen. Kontakte im Zusammenhang mit einem BEM im Allgemeinen kamen hingegen nicht vor.

7. Schnittstellenproblem zwischen BEM und Gefährdungsbeurteilung

Wir haben festgestellt, dass das Ziel des BEM darin gesehen wird, den erkrankten Arbeitnehmer wieder an seinen Arbeitsplatz zurückzubringen und es ihm dort zu ermöglichen, seine Arbeit ohne Rückfall in die Erkrankung zu bewältigen. Ist dies nicht möglich, wird als zweitbeste Lösung eine Versetzung an einen anderen Arbeitsplatz ins Auge gefasst. Die Rechtsprechung des Bundesarbeitsgerichts hat das Ziel des BEM etwas anders nuanciert, indem es von der »Anpassung des Arbeitsplatzes« spricht.

Diese Differenz spricht den Unterschied zwischen einer gesundheitsorientierten Anpassung des Arbeitnehmers an die Bedingungen des Arbeitsplatzes und einer gesundheitsorientierten Anpassung des Arbeitsplatzes an. Vielfach ist dies nur ein Formulierungsunterschied, wenn etwa einem Arbeitnehmer, der keine Lasten mehr heben kann, eine Vorrichtung zur Unterstützung der Arbeit installiert wird. Gravierender ist die Differenz jedoch dann, wenn die Anpassung des Arbeitnehmers durch eine zeitweilige Arbeitszeitreduzierung erfolgen soll. In diesem Falle wird nämlich nicht der Arbeitsplatz angepasst, indem belastende Bedingungen reduziert werden, sondern der Arbeitnehmer wird diesen Bedingungen nur in geringerem zeitlichem Umfang ausgesetzt. Diese Problematik betrifft gerade auch psychische Erkrankungen.

In der unbestimmten Bedeutung der »Anpassung des Arbeitsplatzes« ist aber noch ein weiterer Aspekt enthalten. Es geht nämlich um die Frage, ob die Anpassung des Arbeitsplatzes sich auf den individuellen Fall des erkrankten Arbeitnehmers bezieht oder ob es um eine Anpassung des Arbeitsplatzes an die gesundheitlichen Bedürfnisse der Arbeitnehmerinnen insgesamt geht. Ist Letzteres der Fall, so ist der betriebliche Arbeitsschutz angesprochen, und zwar speziell das Instrument der Gefährdungsbeurteilung.

Inzwischen ist in §5 Abs. 3, Punkt 6 Arbeitsschutzgesetz klargestellt, dass eine Gefährdungsbeurteilung auch die »psychischen Belastungen bei der Arbeit« einbeziehen muss. Das soll die Bedeutung psychischer Belastungen im Betrieb deutlich machen (BAuA 2014, S. 43). Allerdings ist der Grad der Umsetzung in der Praxis bislang ernüchternd, denn nur in einer Minderheit der Betriebe kann hiervon bislang die Rede sein (vgl. Becker et al. 2011). Auch von unseren Gesprächspartnerinnen wird von einer noch sehr unentwickelten Praxis bzw. von Implementationsprogrammen gesprochen.

Hier soll aber ein anderer Gesichtspunkt interessieren: Inwieweit gibt es eine Verzahnung zwischen BEM und Gefährdungsbeurteilung? Nebe (2016) sieht im BEM im Einzelfall eine nachgeholte Gefährdungsbeurteilung, die auch dann erforderlich wäre, wenn eine institutionalisierte Gefährdungsbeurteilungspraxis im Betrieb nicht etabliert ist. Aber darüber hinaus erkennt sie auch ein Potenzial des BEM, die Gefährdungsbeurteilung zu unterstützen. Eine Gefährdungsbeurteilung habe »ein hohes Abstraktionsniveau« und erfordere »von den beurteilenden Arbeitsschützern sowie den betrieblichen Beteiligten ein hohes Maß an Vorhersehbarkeit«. Hier »veranschaulichen die Einzelfälle in BEM-Prozessen konkret, nach Risiken und Schutzmaßnahmen zu suchen« (ebd., S. 195).

Das setzt eine institutionelle Verzahnung von BEM und Gefährdungsbeurteilung voraus. In diese Richtung bewegen sich die Fälle, in denen das BEM auch personell mit dem Betrieblichen Gesundheitsmanagement insgesamt integriert wird. Erforderlich ist aber auch eine gedankliche Verzahnung. Davon kann in den Betrieben, in denen wir mit BEM-Beteiligten gesprochen haben, kaum die Rede sein.

Natürlich wäre es dafür aufseiten der Gefährdungsbeurteilung erst einmal nötig, überhaupt psychische Belastungen mit einzubeziehen. Im BEM würde es aber außerdem voraussetzen, in den Betroffenen nicht nur den Einzelfall und den Erfolg des BEM nicht nur im Ende von Fehlzeiten zu sehen. Im Einzelfall müsste vielmehr das zumindest potenziell Beispielhafte gesehen werden. Das würde den Blick darauf richten, dass es nicht nur um die Anpassung des Erkrankten an den Arbeitsplatz und auch nicht nur um die besondere Anpassung des Arbeitsplatzes an den einzelnen Betroffenen gehen muss, sondern dass zumindest mit in den Blick genommen wird, dass die Arbeitssituation insgesamt möglicherweise gesundheitsgerecht zu verändern wäre. Da psychische Erkrankungen nicht aus den ergonomischen Problemen des einzelnen Arbeitsplatzes, sondern eher, sofern arbeitsbedingt, aus dem Gesamtzusammenhang einer Arbeitssituation resultieren, kann es also auch nicht einfach um die Veränderung des einzelnen Arbeitsplatzes gehen.[9]

Die BEM-Akteure orientieren sich aber nahezu ausschließlich an der Situation des Einzelnen. Das ist auch nur zu verständlich, denn sie haben es mit einem leidenden und bedürftigen Arbeitnehmer zu tun, für den eine kurzfristige Lösung gefunden werden muss, was schwierig und anspruchsvoll genug ist. Es wäre aber sinnvoll, wenn das BEM und die BEM-Beteiligten enger mit anderen Institutionen des betrieblichen Arbeitsschutzes verzahnt würden, um aus den anschaulichen Erfahrungen der BEM-Verfahren

9 | In meinem Aufsatz über »Psychisch belastende Arbeitssituationen und die Frage der ›Normalität‹« in diesem Buch finden sich hierüber einige Ausführungen in Bezug auf unsere Erkrankungsfälle.

Konsequenzen für die Gefährdungsbeurteilungen zu ziehen. Dem stehen allerdings einige Hindernisse im Weg.

Da ist erstens wiederum das Problem der Schweigepflicht zu nennen, die es zu Recht unmöglich macht, einzelne Erkrankungsfälle in einem verallgemeinernden Verfahren zu verwenden. Es müsste also bereits frühzeitig eine Abstrahierung vom Einzelfall stattfinden.

Zweitens legen die Akteure der Gefährdungsbeurteilung aus verständlichen Gründen Wert darauf, zwischen psychischen Belastungen und psychischen Erkrankungen zu unterscheiden. Das ist zwar sachgerecht, weil psychische Belastungen nicht nur zu psychischen, sondern auch zu physischen Erkrankungen (die natürlich als psychosomatische ohnehin nicht so einfach voneinander zu trennen sind) führen können und weil psychische Erkrankungen von Arbeitnehmern nicht nur aus psychischen Belastungen in der Arbeit resultieren müssen. Die Unterscheidung wird aber auch deshalb betont, weil die Thematisierung psychischer Belastungen in der Arbeit tabuisiert wird, wenn sie mit psychischen Erkrankungen identifiziert werden. So heißt es auch in den Erfahrungen und Empfehlungen der Bundesanstalt für Arbeitsschutz und Arbeitsmedizin (BAuA):

»Indem deutlich wird, dass es bei der Gefährdungsbeurteilung psychischer Belastung nicht um psychische Störungen einzelner Personen, sondern um mögliche Störungen etwa des Arbeitsablaufs oder der Kommunikation geht, kann der für viele nebulöse oder auch negativ besetzte Begriff der psychischen Belastung sprachfähig werden.« (BAuA 2014, S. 43)

In der Gefährdungsbeurteilung selbst gilt es verbreitet als Kennzeichen einer »objektiven« Gefährdung, dass sie mehrere Arbeitnehmer betrifft. So formuliert eine BEM-Beteiligte eine mögliche Begründung dafür, dass eine psychisch Erkrankte nicht an einem gefährdenden Arbeitsplatz eingesetzt wird, folgendermaßen:

»Man kann natürlich, wenn man Arbeitsplätze so beschreibt, erst mal ganz allgemein sagen: Das ist ein Arbeitsplatz, bei dem die *Mehrheit der Mitarbeiter* [Hervorhebung durch Verf.], so wird man das wohl zum Schluss formulieren müssen, an dem Punkt das und das erlebt und so und so reagiert, dass man dann sagt: Kann man diesen kleinen Brennpunkt oder diese Situation, kann man die vielleicht für diesen Mitarbeiter entschärfen? Muss man ihn auch unbedingt in diesem Punkt einsetzen?«

Diese Passage ist interessant, weil sie zwei Gedanken verbindet: Zum einen bringt sie zum Ausdruck, dass nur dann von einem gefährdenden Arbeitsplatz ausgegangen werden kann, wenn »die Mehrheit der Mitarbeiter« von den Belastungen betroffen ist. Und zum Zweiten wird die Berechtigung, einen Erkrankten dort nicht weiterzubeschäftigen, nicht an seine eigene Vulnerabilität gebunden, sondern an die »objektive« Gefährdung für die Mehrheit der Mitarbeiter. Hier wird also eine Verzahnung von Gefährdungsbeurteilungs- und BEM-Logik in der Weise vorgenommen, dass der Einzelfall psychischer Erkrankung der Logik objektiver, im Sinne mehrheitlicher Gefährdung untergeordnet wird.

Aber so weit muss man gar nicht gehen, um festzustellen, dass die Verbindung von BEM und Gefährdungsbeurteilung erschwert wird, wenn die Individuallogik des BEM im Kontrast steht zur Kollektivlogik der Gefährdungsbeurteilung.

Der Verzahnung steht aber auch die Deutung psychischer Erkrankungen entgegen, dass sie in erheblichem Maße, wenn nicht in der Mehrzahl der Fälle im privaten Umfeld verursacht seien. Daher sei es fast nicht möglich, so ein anderer BEM-Experte, eine Einschätzung psychischer Belastungen im Rahmen der Gefährdungsbeurteilungen zu geben. Denn jeder Mensch komme jeden Tag mit einer anderen »psychischen Belastung von zu Hause« zur Arbeit.

Insgesamt können wir also feststellen, dass BEM und Gefährdungsbeurteilungen – soweit es sie überhaupt (für psychische Belastungen) gibt – institutionell und vor allem in ihren jeweiligen Handlungslogiken miteinander kaum verbunden sind.

8. Fazit und Verbesserungsbedarf

Insgesamt, so kann man resümierend festhalten, zeigten sich in den Gesprächen ein hohes Engagement der BEM-Beteiligten und ein oft weitreichendes und einfühlendes Verständnis für die Zusammenhänge psychischer Erkrankungen. Das ist umso bemerkenswerter, als es sich ja überwiegend um Laien auf dem Gebiet handelt und die psychischen Erkrankungen noch immer die Minderheit der Fälle gegenüber den BEM-Fällen mit somatischen Erkrankungen bilden. Wenn hier im Folgenden einige Schlussfolgerungen gezogen und Überlegungen für Verbesserungsbedarf angefügt werden, so ist dies nicht als Kritik an der Arbeit der BEM-Experten zu verstehen; vielmehr sollen strukturell verankerte Probleme aufgezeigt werden.

Hervorzuheben sind die Schnittstellenprobleme, die sich einerseits zwischen Betrieb und Klinik, andererseits innerhalb der Betriebe zwischen BEM und Gefährdungsbeurteilungen identifizieren lassen. Ihre Ursachen sind in den Eigenlogiken der jeweiligen Teilsysteme angelegt; um sie zu überwinden, bedarf es demzufolge institutioneller Vorkehrungen, die die Berücksichtigung der Fremdlogiken der anderen Systeme zu einer Erfolgsbedingung im eigenen System machen. Für die Seite der Kliniken wäre es notwendig, darüber nachzudenken, wie man die Kommunikation mit den BEM-Akteuren zu einer regulären Anforderung an die Klinik machen kann, ohne die Priorität der Gesundungsorientierung dabei zu gefährden. Für die Seite der Betriebe bedarf es eines flexiblen, einzelfallgerechten Umgangs mit der Zeitstruktur des BEM.

Die Sechs-Wochen-Frist muss fallbezogen behandelt werden; bei einer längeren Erkrankung darf der Betroffene nicht aus dem Gedächtnis des Betriebs gleiten. Und die potenzielle Unabgeschlossenheit psychischer Erkrankungen erfordert eine betriebliche Nachsorge auch über das formelle Ende des BEM hinaus. Im Aufsatz von Rolf Haubl und Ute Engelbach, »Raus aus der Klinik, rein ins Leben – Überlegungen zum Entlassungsmanagement nach stationärer psychosomatisch-psychotherapeutischer Behandlung« in diesem Buch werden hierzu einige Überlegungen vorgestellt.

Durchaus bedenkenswert ist der Vorschlag eines BEM-Beteiligten, dass auch in der Therapie systematisch die Arbeitsplatzsituation zur Kenntnis genommen werden sollte. Eine Betriebsärztin schlägt vor, dass der Patient vielleicht eine Arbeitsplatzbeschreibung mit in die Klinik nehmen solle, um die Therapeuten zu veranlassen, die Arbeitssituation gleichwertig mit der privaten Situation zum Gegenstand der Therapie zu machen.[10]

10 | Problematischer erscheint es demgegenüber, wenn in einem Betrieb dem Erkrankten »Anforderungsprofile« für Arbeitsplätze mit in die Klinik gegeben werden und die Klinik überprüfen soll, welche Fähigkeiten noch vorhanden sind und wo Einschränkungen vorliegen bzw. welche Arbeitsplätze noch infrage kämen. Dieses Verfahren ist auf somatische Erkrankungen ausgerichtet, scheint aber auch bei psychischen angewandt zu werden. Auf diese Weise könnte der Klinikaufenthalt zu sehr zur Eignungsprüfung werden, und es könnten auch Probleme mit der ärztlichen Schweigepflicht entstehen.

Zweifellos ist das Instrument der stufenweisen Wiedereingliederung sehr nützlich, um die Erkrankten wieder an die Arbeit heranzuführen und dem Arbeitgeber einen Anreiz zu bieten, rücksichtsvoll eine vorsichtige Arbeitsaufnahme zu akzeptieren. Zugleich zeigt sich aber, dass dieses Instrument den komplexen Ursachen psychischer Erkrankungen und psychischer Belastungen in der Arbeit oftmals nicht gerecht wird. Viele Faktoren der Arbeit (Probleme im Team und mit dem Chef, moralische Konflikte in der Arbeit, entgrenzende Arbeitsformen usw.) und in der psychischen Struktur der Betroffenen bleiben nämlich unverändert, sodass sie mit dem Ende der »Schonphase« wieder virulent werden können, wenn sie nicht selbst verändert werden.

Die zu beobachtende Fixierung auf die schrittweise Wiedereingliederung und deren Reduzierung auf eine verkürzte, von der Krankenversicherung weitgehend finanzierte Arbeitszeit als *das* Instrument der Wiedereingliederung, wie sie sowohl bei unseren Patienten als auch in den Kliniken und teilweise auch in Betrieben festzustellen war, ist daher nicht unproblematisch. Sie kann ein BEM nicht ersetzen, das sich mit den Bedingungen des Arbeitskontextes insgesamt auseinandersetzt.

Eine Herausforderung bleibt es, das BEM institutionell und von der Handlungslogik her in das betriebliche Gesundheitsmanagement zu integrieren. Mit anderen Worten: Wie kann das BEM zu einem Element der Verhältnisprävention für den Arbeitskontext insgesamt gemacht werden? Dies ist eng mit der Frage verbunden, wie die auftretenden psychischen Erkrankungen thematisiert werden können, ohne zu Stigmatisierungen und Etikettierungen beizutragen und natürlich ohne den berechtigten Anspruch der Betroffenen auf Diskretion und Schweigepflicht zu verletzen.

Deutlich wird in den Gesprächen mit den BEM-Beauftragten, dass das BEM-Verfahren eine individualisierende Betrachtungsweise nahelegt. Weil es darum geht, den Einzelnen wieder zu integrieren, seine Schwierigkeiten – und zwar kurzfristig – zu verringern, weil die Empfehlungen aus den Kliniken sich auf den Einzelnen richten, weil auch der Erkrankte selbst Hilfe *für sich* erwartet und weil schließlich eine substanzielle Veränderung der Arbeitssituation insgesamt als unmöglich und die aktuelle Arbeitspraxis als im Grundsatz alternativlos gilt, resultiert eine Individualisierung des Falles. Sie erscheint auch plausibel, weil eben nicht alle, sondern nur Einzelne unter gleichen Bedingungen erkranken. Dieser Individualisierung kann nur entgegengewirkt werden, wenn es gelingt, das BEM zum Bestandteil der betrieblichen Gesundheitsförderung insgesamt zu machen.

Literatur

Andersen, Marlene Friis/Nielsen, Karina Marietta/Brinkmann, Svend (2012): Meta-synthesis of qualitative research on return to work among employees with common mental disorders. In: Scandinavian Journal of Work, Environment and Health 38, H. 2, S. 93–104.

BAuA (Bundesanstalt für Arbeitsschutz und Arbeitsmedizin) (Hrsg.) (2014): Gefährdungsbeurteilung psychischer Belastung. Berlin: Erich Schmidt.

Becker, Karina/Brinkmann, Ulrich/Engel, Thomas/Satzer, Rolf (2011): Gefährdungsbeurteilungen als Präventionsspiralen zur Gestaltung von Arbeit. In: Kratzer, Nick/Dunkel, Wolfgang/Becker, Karina/Hinrichs, Stephan (Hrsg.): Arbeit und Gesundheit im Konflikt. Berlin: edition sigma, S. 261–285.

Feldes, Werner (2016): Datenschutz im Betrieblichen Eingliederungsmanagement. In: Feldes/Niehaus/Faber 2016, S. 56–65.

Feldes, Werner/Niehaus, Mathilde/Faber, Ulrich (Hrsg.) (2016): Werkbuch BEM – Betriebliches Eingliederungsmanagement. Frankfurt am Main: Bund.

Funk, Annette (2011): Erosion im Arbeitsschutz. München, Mering: Hampp.

Gerich, Joachim (2015): Krankenstand und Präsentismus als betriebliche Gesundheitsindikatoren. In: Zeitschrift für Personalforschung 29, H. 1, S. 31–48.

Glomm, Detlef (2016): Betriebliches Eingliederungsmanagement aus betriebsärztlicher Sicht. In: Feldes/Niehaus/Faber 2016, S. 164–180.

Kiesche, Eberhard (2015): Krankenrückkehrgespräche: Eine überholte Sozialtechnologie. In: Weber, Andreas/Peschkes, Ludger/Boer, Wout de (Hrsg.): Return to Work. Arbeit für alle. Stuttgart: Gentner, S. 499–504.

Kiesche, Eberhard (2016): Krankenrückkehrgespräche und Betriebliches Eingliederungsmanagement. In: Feldes/Niehaus/Faber 2016, S. 74–87.

Knoche, Karsten/Sochert, Reinhold (Hrsg.) (2013): Betriebliches Eingliederungsmanagement in Deutschland – eine Bestandsaufnahme. iga-Report 24, https://www.iga-info.de/veroeffentlichungen/igareporte/igareport-24/ (Abruf am 2.2.2017).

Kocyba, Hermann/Voswinkel, Stephan (2007): Krankheitsverleugnung – Das Janusgesicht sinkender Fehlzeiten. In: WSI-Mitteilungen 60, H. 3, S. 131–137.

Kohte, Wolfhard (2016): Ausgewählte arbeitsrechtliche Fragen zum Betrieblichen Eingliederungsmanagement – Überblick über die Rechtslage und Rechtsdurchsetzung. In: Feldes/Niehaus/Faber 2016, S. 28–42.

Linden, Michael/Muschalla, Beate (2007): Arbeitsplatzbezogene Ängste und Arbeitsplatzphobie. In: Nervenarzt 78, H. 1, S. 39–44.

Nebe, Katja (2016): Arbeitsschutz und Betriebliches Eingliederungsmanagement. In: Feldes/Niehaus/Faber 2016, S. 191–203.

Niehaus, Mathilde/Magin, Johannes/Marfels, Britta/Vater, Gudrun E./Werkstetter, Eveline (2008): Betriebliches Eingliederungsmanagement. Studie zur Umsetzung des Betrieblichen Eingliederungsmanagements nach § 84 Abs. 2 SGB IX. Köln: Universität zu Köln, Humanwissenschaftliche Fakultät.

Steinke, Mika/Badura, Bernhard (2011): Präsentismus. Ein Review zum Stand der Forschung. Dortmund: Bundesanstalt für Arbeitsschutz und Arbeitsmedizin.

Vater, Gudrun (2016): Erfolgsbedingungen einer Präventionsnorm: Aspekte der Unternehmenskultur. In: Feldes/Niehaus/Faber 2016, S. 107–119.

Raus aus der Klinik, rein ins Leben

Überlegungen zum Entlassungsmanagement nach stationärer psychosomatisch-psychotherapeutischer Behandlung

Ute Engelbach und Rolf Haubl

Durch die Änderungen im § 39 des fünften Sozialgesetzbuches (SGB V) wurde »Entlassungsmanagement« zu einem ausdrücklichen und einklagbaren Bestandteil einer Krankenhausbehandlung. Das Versorgungsstrukturgesetz begründet darüber hinaus einen Anspruch von Patienten, professionelle Unterstützung bei der Nachsorge zu erhalten, insbesondere was die Fortsetzung des in der Klinik begonnenen therapeutischen Prozesses im ambulanten Bereich betrifft. Als Ziel für ein Entlassungsmanagement – häufig dem Terminus »Pflegeüberleitung« gleichgestellt – gilt im Allgemeinen, eine zeitige Rückkehr in das häusliche Umfeld zu ermöglichen, erforderlichenfalls mit ambulanter Pflege und Betreuung.

Für einen nahtlosen Übergang bedarf es einer umfassenden, frühzeitig einsetzenden sektorenübergreifenden Planung, um die Kontinuität der Behandlung und Betreuung sicherzustellen. Zwar bedürfen Patienten nach einer psychosomatisch-psychotherapeutischen Krankenhausbehandlung zumeist keiner ambulanten Pflege oder Betreuung, trotzdem scheint eine verbesserte Art der Hilfestellung vonnöten. Da die betroffenen Patienten nach einem stationären oder teilstationären Klinikaufenthalt meist nicht »geheilt«, sondern »antherapiert« entlassen werden, ist damit zu rechnen, dass sich an der Schnittstelle die verbliebene psychische Vulnerabilität manifestiert.

Entlassungsmanagement bei dieser Patientengruppe hat mindestens drei Aspekte:

(a) weitere psychosomatisch-psychotherapeutische Versorgung des Patienten;
(b) seine alltägliche Lebensführung;
(c) seine Wiedereingliederung in die Erwerbsarbeit:
  - c.1: Rückkehr auf denselben Arbeitsplatz, gegebenenfalls mit veränderten Arbeitsbedingungen;
  - c.2: Rückkehr auf einen anderen Arbeitsplatz bei demselben Arbeitgeber;
  - c.3: Wechsel zu einem neuen Arbeitgeber;
  - c.4: Eintritt in eine kündigungsbedingte (vorübergehende) Arbeitslosigkeit und Arbeitssuche, wobei die Kündigung entweder durch den Arbeitgeber oder durch den Arbeitnehmer erfolgt;
  - c.5: Ausscheiden aus dem Erwerbsleben: Frühberentung.

In unserer Untersuchung berichten die befragten Patienten vor allem über Schnittstellenprobleme zwischen Klinik und ambulanter Therapie (a) sowie zwischen Klinik und Rückkehr an den Arbeitsplatz (c.1, c.2). Vor dem Hintergrund dieses Befundes soll im Folgenden über idealtypische Lösungen dieser Probleme nachgedacht werden.

1. Die weitere psychosomatisch-psychotherapeutische Versorgung des Patienten

1.1 Probleme an der Schnittstelle ambulant/stationär

Die Abgrenzung zwischen stationärer und nicht stationärer Behandlung ist im deutschen Recht fest verankert. Ein Krankenhaus darf lediglich in einem engen gesetzlichen Rahmen vorstationär (fünf Tage vor Aufnahme) und nachstationär (zwei Wochen nach Entlassung) behandeln. Eine mögliche Entschärfung der daraus resultierenden Schnittstellenproblematik könnte darin bestehen, diese strikte Abgrenzung zu lockern und die vor- und nach-stationären Behandlungsmöglichkeiten für die Therapeuten in den Kliniken auszuweiten. Ebenfalls sollte es für psychosomatische Krankenhäuser und Abteilungen die Möglichkeit geben, Ambulanzen ähnlich den Psychiatrischen Institutsambulanzen einzurichten.

Dies böte für viele Patienten eine Chance auf eine nachhaltigere Versorgung, besonders dann, wenn sie kurzfristige therapeutische und ärztliche

Untersuchungen und Behandlungen benötigen oder aufgrund erschwerender Umstände keinen niedergelassenen Behandler finden. Eventuell könnte auch eine sektorenintegrierende Versorgung geleistet werden. Die Möglichkeit zur Einrichtung psychosomatischer Institutsambulanzen wurden durch die Veränderungen im Rahmen des PEPP-Entgeltsystems[1] eingeleitet und bereits gesetzlich verankert (§ 118 Abs. 3 SGB V).

Idealerweise hat der Kliniktherapeut seinen Patienten über dessen (mögliche) Anschlussbehandlungen gut informiert (kognitiv) und die Trennung von ihm besprochen (emotional). Kehrt ein Patient zu seinem ambulanten Therapeuten zurück, der ihm den Klinikaufenthalt empfohlen hat, oder steht der ambulante Therapeut bereits fest, der die Nachbehandlung übernimmt, wäre ein gleitender Übergang denkbar: Der Patient nimmt die Nachbehandlung bereits auf, während die stationäre oder teilstationäre Therapie noch läuft (vgl. Huber 1997).

Konkurrenzthemen, die zwischen der Klinik und dem niedergelassenen Therapeuten bestehen könnten, sollten antizipiert und reflektiert werden. So haben niedergelassene Psychotherapeuten abgeschlossene Weiterbildungen, oft viele Jahre Berufserfahrung, während in Kliniken zum Teil weniger erfahrene Kollegen tätig sind. Dafür wähnen diese sich auf dem neuesten wissenschaftlichen und behandlungstechnischen Stand, während aus ihrer Sicht die niedergelassenen Therapeuten von überholtem Wissen zehren. Während Kliniktherapeuten die Patienten den ganzen Tag erleben, zudem die Möglichkeit haben, die verschiedenen interdisziplinären Sichtweisen zu integrieren, sehen die Psychotherapeuten im ambulanten Bereich aufgrund des Settings die Patienten nur eine, selten mehrere Stunden pro Woche. Dafür erleben niedergelassene Therapeuten die Patienten unmittelbar in deren Alltag und über einen längeren Zeitraum, was es ihnen erlaubt, Verläufe zu rekonstruieren und zu berücksichtigen.

Offensichtlich gibt es konträre Auffassungen über die geeigneten Behandlungsmethoden, ob eher methodenzentriert oder patienten- und problemzentriert, und ebenfalls darüber, welche Thematik in der Klinik fokussiert werden soll.

»Sie reichen von ›Vergangenheit aufarbeiten‹ bis hin zur Beschränkung auf die Stabilisierung in der aktuellen Konfliktsituation. Niedergelassene Kollegen sagen

1 | PEPP: Pauschalierende Entgelte Psychiatrie und Psychosomatik.

beispielsweise: Aus einer bestimmten Klinik kommen die Patienten in einem offenen, gut ansprechbaren Zustand, man kann mit ihnen ambulant sehr gut weiterarbeiten. Über eine andere Klinik sagen sie: Von dort kommen Patienten sehr regrediert und durcheinander, das gehört wohl zu deren Konzept [...] Oder sie beklagen sich über den ›Psychojargon‹ und rationalisierende Pseudo-Einsichten, die Patienten während des Klinikaufenthalts annähmen.« (Piechotta 2000, S. 31 f.)

Hinter all diesen wechselseitigen Zuschreibungen kann sich eine grundlegende Konkurrenz der Professionellen verbergen, wer von ihnen den Patienten letztlich besser beurteilen und behandeln kann.

1.2 Die Realität der Wartezeiten

Die Wartezeit auf ein ambulantes psychotherapeutisches Erstgespräch unterscheidet sich laut einer Untersuchung der Bundestherapeutenkammer in den verschiedenen Bundesländern und zwischen Stadt und Land erheblich. In Deutschland müssen über 70 Prozent der Patienten aufgrund der Auslastung psychotherapeutischer Praxen länger als drei Wochen warten, fast ein Drittel muss Wartezeiten von über drei Monaten hinnehmen. Mit längerer Dauer der Wartezeit steigt der Anteil der Therapiebedürftigen, die die Behandlung gar nicht erst beginnen. Sehr lange Wartezeiten erhöhen das Risiko der Progression oder des Rezidivs einer psychischen Erkrankung (BPtK 2011).

Um unzumutbar lange Wartezeiten zu vermeiden, wäre eine Klinik idealerweise in ein Versorgungsnetzwerk eingebunden, das über Kontakte zu relevanten Nachsorgeangeboten verfügt, die sich durch Erfahrung bewährt haben. Denkbar sind ambulante psychotherapeutische Angebote, wie eine poststationäre Einzeltherapie oder eine poststationäre Kurzzeit-Gruppenpsychotherapie bei einem niedergelassenen Psychotherapeuten (vgl. von Hacht 2016) oder eine poststationäre Selbsthilfegruppe oder eine PC-gestützte Minimalintervention (vgl. Bauer/Golkaramnay/Kordy 2005). Eine unmittelbar an den Klinikaufenthalt anschließende poststationäre Versorgung könnte auch durch die Einrichtung einer psychosomatischen Institutsambulanz gewährleistet werden, für deren Realisierung wir bereits oben eingetreten sind.

Freilich gibt es Patienten, die partout keinen ambulanten Psychotherapeuten finden oder keinen, der ihnen passt. Das kann Ausdruck einer unbewältigten Trennung von der Klinik bzw. dem Kliniktherapeuten sein – entweder depressiv gefärbt, zum Beispiel, weil der Patient die Angst hat, ein »gutes Objekt« auf immer zu verlieren, weshalb er sich als ein Leidender darstellt, der (noch längst) nicht entlassen werden darf, oder mit der aggressiven Botschaft, verstoßen worden zu sein.

1.3 Wie eine Entlassung erfolgreich managen?

Die Durchführung eines expliziten Entlassungsmanagements im Hinblick auf die weitere psychotherapeutische Versorgung erfolgt, soweit bekannt, bisher eher selten. Was wäre wünschenswert?

- In der Klinik wird die poststationäre Zeit, einschließlich einer ambulanten Weiterbehandlung, gemeinsam antizipiert.
- Der Klinikpsychotherapeut spricht mit dem Patienten den erzielten Therapieerfolg sowie den Arztbrief, der deshalb auch entsprechend verständlich und nachvollziehbar geschrieben ist, durch.
- Der Klinikpsychotherapeut kennt die infrage kommenden ambulanten Psychotherapeuten so weit, dass er eine begründete, auf den konkreten Patienten zugeschnittene Empfehlung geben kann.
- Gegebenenfalls bereitet er den Patienten auf eine mehr oder weniger lange Wartezeit vor.
- In der Regel nimmt der Klinikpsychotherapeut dem Patienten nicht die Verantwortung ab, sich selbst um einen ambulanten Therapieplatz zu kümmern. Eine Rundumversorgung würde die Regression fortsetzen, die während des Klinikaufenthalts stattgefunden hat.
- Soweit möglich, wird gemeinsam durchgearbeitet, wie ein Patient seine Entlassung erlebt: mit oder ohne Einsicht in seine »Störung«, die ihn in die Klinik gebracht hat; als Zutrauen seines Therapeuten in seine erzielten therapeutischen Fortschritte; als Ohnmacht seines Therapeuten, ihm wirksam zu helfen; als Flucht aus der Klinik, um sich nicht weiter mit sich beschäftigen zu müssen; als (gemeinsame) Empörung über die Kasse, die nicht bereit ist, eine notwendige Verlängerung des Klinikaufenthalts zu finanzieren; als schmerzlicher Verlust von Halt gebenden Beziehungen.

2. Wiedereingliederung in die Erwerbsarbeit

Die Rückkehr an den Arbeitsplatz oder auf eine andere Stelle beim selben Arbeitgeber nach einem längeren Klinikaufenthalt geschieht häufig im Rahmen einer stufenweisen Wiedereingliederung. Wie wichtig deren Gestaltung ist, wird außer durch unsere Ergebnisse auch durch den Befund belegt, dass bei einem Viertel bis einem Drittel der Patienten mit psychischen Erkrankungen der Wiedereingliederungsversuch in dem Sinne misslingt, dass es zu einer erneuten Symptombildung sowie krankheitsbedingten Fehlzeiten kommt (vgl. Prang et al. 2016).

Ein anderes Schnittstellenproblem respektive eine Herausforderung stellt die in Deutschland unterschiedliche Finanzierung der Leistungen dar. Während eine ambulante, stationäre und teilstationäre Versorgung eine Krankenkassenleistung ist, stellen – mit Ausnahme ausgewählter Programme betrieblicher Gesundheitsförderung (BGF) – Psychoedukation, Überlastungserkennung sowie die individuelle Unterstützung im Betrieb durch Betriebsärzte oder psychosoziale Dienste keine solche Leistung dar. Die Wiedereingliederung dagegen betrifft wiederum das Ressort der Krankenkasse oder der Rentenversicherungsträger (vgl. Berger et al. 2013). Eine Sektoren integrierende Begleitung und Betreuung wird so erschwert. Abhilfe könnte die Einrichtung einer zentralen Institution sein, die alle Maßnahmen koordiniert und alle relevanten Informationen sammelt.

2.1 Vorbereitung in der Klinik auf eine Wiedereingliederung

Der Prozess der Wiedereingliederung nach stationärer psychosomatisch-psychotherapeutischer Behandlung beginnt streng genommen in der Klinik. Ähnlich der gemeinsamen Antizipation einer zukünftigen ambulanten Weiterbehandlung wäre auch eine frühzeitige gemeinsame Antizipation der zu erwartenden Arbeitsplatzbedingungen wichtig. Ob und wie eine solche Antizipation gelingt, hängt nicht zuletzt davon ab, welche Relevanz die Klinik und/oder der einzelne Kliniktherapeut der Erwerbsarbeit als psychogenem Faktor beimessen. In dieser Hinsicht besteht ein deutlicher Nachholbedarf.

So verknüpfen Therapeuten die Arbeitsplatzprobleme, die ihre Patienten berichteten und deren Depression mit verursacht haben könnten, vorschnell mit innerpsychischen Konflikten oder Partnerschaftskrisen. Zugespitzt formuliert: Die Thematisierung von erwerbsarbeitsbezogenem Leiden wird vernachlässigt (vgl. Matakas/Rohrbach 2005 sowie den Aufsatz von Sabine Flick, »›Das würde mich schon auch als Therapeutin langweilen‹ – Deutungen und Umdeutungen von Erwerbsarbeit in der Psychotherpapie« in diesem Buch).

Dem geht eine entsprechende Vernachlässigung von Erwerbsarbeit in den Ausbildungscurricula von Psychotherapeuten voraus. Die Aussicht auf ein gesundheitspolitisches Engagement, das Psychotherapeuten veranlasst, ihre professionellen Kompetenzen einzubringen, um sich und ihre Standesorganisationen als Sprachrohr gegen krank machende Arbeitsbelastungen zu positionieren, erscheint so zusätzlich erschwert.

Zieht man eine Metaanalyse zu der Wirkung arbeitsplatzbezogener Interventionen bei Patienten mit Depressionen oder Angststörungen zurate (vgl. Joyce et al. 2016), dann zeigt sich, dass spezifische Return-to-Work-Programme im Vergleich mit einer ausschließlich psychotherapeutischen Behandlung, zum Beispiel in puncto einer Verringerung von Absentismus sowie einer Steigerung der Produktivität, deutlich überlegen sind. So gesehen, erscheint eine isolierte symptomorientierte Psychotherapie nicht die beste aller Maßnahmen zu sein.

Im Gegensatz zu der weitverbreiteten Annahme, ein erkrankter Mitarbeiter müsse erst vollständig »geheilt« sein, bevor es Erfolg verspreche, seine Wiedereingliederung zu betreiben, legen solche Befunde nahe, bereits in der Therapie spezifische arbeitsplatzbezogene Belastungen zu identifizieren und nach individuell geeigneten Bewältigungsstrategien zu suchen. Dabei kann es zu sekundären Konflikten kommen, etwa dann, wenn eine depressive Symptomatik schneller zurückgeht, als die Arbeitsfähigkeit zunimmt. Wird eine solche Ungleichzeitigkeit missachtet, sind Enttäuschungen vorprogrammiert, sowohl bei dem einzelnen Arbeitnehmer als auch bei seinem Arbeitgeber – Enttäuschungen, die erneut die Belastungen erhöhen und unter Umständen zu einem Rezidiv führen (vgl. Prang et al. 2016). In Anbetracht von Prozessen dieser Art ist es dringlich, sich frühzeitig darauf einzustellen, wobei die Empfehlung lautet, Therapie und Wiedereingliederung nicht zu separieren, sondern so weit wie möglich zu integrieren (vgl. Henderson et al. 2011).

2.2 Zusammenarbeit von Gesundheitssystem und Betrieb

In den letzten Jahren sind erste integrative Projekte als effektiv evaluiert worden: Eine maximal acht Stunden dauernde »Psychosomatische Kurzzeittherapie« wurde zum Beispiel als niedrigschwelliges Versorgungsangebot mit einzelnen Betrieben der metallverarbeitenden, der pharmazeutischen Industrie sowie der Versicherungswirtschaft und kooperierenden Krankenkassen konzeptualisiert. Neben der Entwicklung eines stabilen therapeutischen Arbeitsbündnisses und der diagnostischen Einschätzung der präsentierten Beschwerden stellen deren fokaltherapeutische Behandlung bzw. die Überleitung in ein weiterführendes Setting oder in eine problemlösende Unterstützung vor Ort, auch bei einer Wiedereingliederungsmaßnahme, zentrale Bausteine dar (vgl. Hölzer 2012).

Es ist ein »restriktives Modell« denkbar, in dem allein der Betriebsarzt die Indikation zur »Psychosomatischen Sprechstunde« stellt und so zu einem zentralen Akteur wird, oder ein »liberales Modell«, bei dem alle Beschäftigten unabhängig von ihrem aktuellen Bedarf über das Angebot informiert werden und es nachfragen können, sobald ein Bedarf entsteht (vgl. Preiser/Wittich/Rieger 2015). Die Sprechstunden sind ein niedrigschwelliges Angebot, das sich bereits für arbeitsplatzbezogene, aber auch private bzw. persönlichkeitsimmanente Probleme bewährt hat (vgl. Rothermund et al. 2014).

Derartige Sprechstunden werden in den Betrieben, je nach Modellprojekt, maximal zwischen ein und fünf Stunden pro Patient angeboten. Generell belegen die Bewertungen eine hohe Zufriedenheit; grundlegende Kritik wurde kaum geäußert. Eine Schwierigkeit besteht allerdings in der bisherigen ausschließlichen Finanzierung dieser modellhaften Angebote durch die Arbeitgeber, die zumindest zu gewissen Teilen Versorgungsbereiche der Regelversorgung mit abdecken (vgl. Preiser/Wittich/Rieger 2015).

Jenseits solcher Modellprojekte ist in Deutschland ein »Betriebliches Eingliederungsmanagement« (BEM) implementiert, als dessen häufigste Maßnahmen beruflicher Integration – so der Forschungsbericht des Bundesministeriums für Arbeit und Soziales – die stufenweise Wiedereingliederung, die Umsetzung auf einen anderen Arbeitsplatz, die Verbesserung der technischen Ausstattung, die Organisation eines Arbeitsversuches und die Verringerung der Arbeitszeit genannt werden (vgl. Niehaus et al. 2008). Psychotherapeutische Unterstützung findet keine Erwähnung, psychologische ausschließlich im Sinne der Primärprävention.

Voswinkel (2016) verweist in diesem Zusammenhang auf die bestehenden Dilemmata, in denen sich die Akteure des BEM insbesondere im Falle psychischer Störungen befinden (vgl. hierzu den Aufsatz von Stephan

Voswinkel, »Betriebliches Eingliederungsmanagement: Verfahren und Problemsichten« in diesem Buch). Zentral ist die Handhabung sensibler Informationen.

»Man kann die Arbeit von der privaten Person nicht trennen; Betroffene müssten eigentlich ihre private Situation transparent machen, um ihr Verhalten in der Arbeit verständlich zu machen. In einer entgrenzten Arbeitswelt mit hohen Anteilen subjektivierter Arbeit gilt dieser Zusammenhang umso mehr [...] psychische Belastung durch die Arbeit [wird] erst im Gesamtzusammenhang der psychischen Struktur der Einzelnen verständlich.« (Voswinkel 2016, S. 227)

Grundsätzlich erscheint eine Zusammenarbeit von Betriebsärzten und Psychotherapeuten vielversprechend. So gibt es Hinweise, dass ein funktionierender Konsiliardienst die Zeit bis zur Rückkehr an den Arbeitsplatz verkürzen und Chronifizierungen vorbeugen kann (z. B. van der Feltz-Cornelis et al. 2010).

Im psychiatrischen Kontext wird in den letzten Jahren ein vor allem aus dem englischsprachigen Raum stammendes Modell erprobt, das als »Peer-Begleitung« bekannt geworden ist. Menschen mit schweren psychischen Erkrankungen erhalten einen Begleiter zur Seite gestellt, der kognitive, emotionale und praktische Unterstützung bietet. Dieser »Genesungsbegleiter« ist ein ehemaliger Patient, der entsprechend geschult wurde und gegebenenfalls sogar entlohnt wird. Erste Erfahrungen mit diesem Modell sind positiv (vgl. Bock et al. 2015). Lässt sich ein solches Modell auf die innerbetriebliche Gesundheitsfürsorge übertragen?

3. Utopie für einen gesünderen Wiedereinstieg in die Erwerbsarbeit

3.1 Nicht nur eine Frage der Arbeitszeit

Arbeitnehmer, die nach einem Klinikaufenthalt zurückkehren, mögen so weit wiederhergestellt sein, dass sie sofort oder in absehbarer Zeit arbeitsfähig sind. Das heißt freilich nicht, dass auch schon alle innerpsychischen und vor allem auch die arbeitsplatzbedingten Belastungen beseitigt wären, die zu der krankheitswertigen berufsbiographischen Krise geführt haben. Insofern dürfte eine ideale Wiedereingliederung nicht bei Arbeitszeiten stehen bleiben. Ob sie mehr sein kann, hängt davon ab, ob im Unternehmen eine Vertrauenskultur besteht. Das heißt: Soll eine Wiedereingliederung mehr sein als eine formelle Maßnahme, die ritualisiert durchgeführt wird, muss ein Arbeitnehmer bereit sein, zu enthüllen, was ihn im Hinblick auf seine Arbeit wirklich bewegt. Das schließt Kritik an den Arbeitsbedingungen ein, die ihn überfordert haben.

Eine solche Selbstenthüllung setzt ein Setting voraus, das dem Arbeitnehmer hinreichend Schutz davor bietet, dass gegen ihn verwendet wird, was er über sich, den Betrieb und seinen Arbeitgeber berichtet. Wer kann den notwendigen Schutz bieten? Geht man davon aus, dass ein Unternehmen ein Wiedereingliederungsteam unterhält, dann ist es geboten, ihm die Aufgabe zu übertragen, ein Vertrauen gewährleistendes Setting zu gestalten. Größe und Zusammensetzung des Teams gehören zu den Erfolgsfaktoren. Denn der Arbeitnehmer darf nicht das Gefühl bekommen, er müsse sich wegen seiner Überforderung, durch die er krank geworden ist, rechtfertigen.

Die Kompetenz, ein entsprechendes Setting zu gestalten, kann bei den Mitgliedern eines Wiedereingliederungsteams nicht wie selbstverständlich vorausgesetzt werden. Vielmehr bedarf es der Schulung einer Gesprächsführung, die dem Anlass angemessen ist, was nicht zuletzt heißt, auf offene und versteckte Disziplinierungsversuche zu verzichten, aber auch die Grenze einzuhalten, die zwischen einer betrieblichen Unterstützung und einer therapeutischen Intervention verläuft. Folglich bedarf es einer Professionalisierung der Maßnahme.

3.2 Neue Wege innerbetrieblicher Gesundheitsfürsorge

Noch wenig erprobt, aber vielversprechend ist das Modell eines betriebsinternen Netzwerks von (geschulten) »Gesundheitsmentoren« (oder auch »Gesundheitscoaches«). Es sollte dem Wiedereingliederungsteam unterstellt sein, das die Aufgabe übernimmt, Mentoren und Mentees zusammenzuführen. Freiwilligkeit ist dabei ein Muss. Ebenso eine Haltung, die man bedingte Parteilichkeit nennen könnte. Bedingt deshalb, weil sich der Arbeitnehmer zwar auf die Verschwiegenheit seines Mentors verlassen können muss, aber nicht erwarten darf, dass dieser ihm Konfrontationen erspart, wenn sie angezeigt sind: Der Mentor garantiert seinem Mentee keinen kritiklosen Schonraum, sondern ist einer realistischen Einschätzung der Ursachen verpflichtet, die den Arbeitnehmer psychisch belasten, seien es Ursachen, die in den Arbeitsbedingungen liegen, oder solche, die auf seine weiter bestehende psychische Vulnerabilität zurückzuführen sind. Positiv formuliert, hilft er, individuelle Selbstfürsorgestrategien zu entwickeln, die Lehren aus der Vergangenheit ziehen und fortan präventiv wirksam werden. (Vgl. dazu auch Haubl 2013.)

Verfügen Arbeitgeber über ein entsprechendes Mentorennetzwerk, dann können sie es für Personalentwicklung nutzen. Kontinuierliche Netzwerktreffen würden dann zu Orten innerhalb einer »lernenden Organisation«, an denen sich anhand von kumulierten Einzelfällen spezifisches praxisrelevantes Wissen über arbeitsbedingte Risiken für die psychische Gesundheit und deren Verringerung gewinnen lässt.

Literatur

Berger, Mathias/Gravert, Christian/Schneller, Carlotta/Maier, Wolfgang (2013): Prävention und Behandlung psychischer Störungen am Arbeitsplatz. In: Der Nervenarzt 84, H. 11, S. 1291–1298.

Bauer, Stephanie/Golkaramnay, Valiollah/Kordy, Hans (2005): E-Mental-Health. In: Psychotherapeut 50, H. 1, S. 7–15.

Bock, Thomas/Utschakowski, Jörg/Krämer, Ute Maria/Amering, Michaela (2015): Wohin geht die Reise? Offene Fragen und eine Vision. In: Nervenheilkunde 34, H. 4, S. 281–284.

BPtK (Bundespsychotherapeutenkammer) (2011): BPtK-Studie zu Wartezeiten in der ambulanten psychotherapeutischen Versorgung. Umfrage der Landespsychotherapeutenkammern und der BPtK, http://www.bptk.de/uploads/media/110622_BPtK-Studie_Langfassung_Wartezeiten-in-der-Psychotherapie_01.pdf (Abruf am 10.1.2015).

Haubl, Rolf (2013): »Inseln schaffen ...« Praxis der Selbstfürsorge. In: Haubl, Rolf/Voß, Günter G./Alsdorf, Nora/Handrich, Christoph (Hrsg.): Belastungsstörung mit System. Göttingen: Vandenhoeck & Ruprecht, S. 65–79.

Henderson, Max/Harvey, Samuel B./Overland, Simon N./Mykletun, Arnstein/Hotopf, Matthew (2011): Work and common psychiatric disorders. In: Journal of the Royal Society of Medicine 104, S. 198–207.

Hölzer, Michael (2012): Psychische Gesundheit im Betrieb. Die psychosomatische Kurzzeittherapie. In: Psychotherapie im Dialog 13, S. 52–56.

Huber, Dorothea (1997): Der stationär-ambulante Übergang von psychosomatisch und psychoneurotisch Erkrankten. In: Hofmann, Peter/Lux, Manfred/Probst, Christian/Steinbauer, Maria/Taucher, Johann/Zapotoczky, Hans G. (Hrsg.): Klinische Psychotherapie. Wien: Springer, S. 179–186.

Joyce, Sadhbh/Modini, Matthew/Christensen, Helen/Mykletun, Arnstein (2016): Workplace interventions for common mental disorders: a systematic meta-review. In: Psychological Medicine 46, H. 4, S. 683–697.

Matakas, Frank/Rohrbach, Elisabeth (2005): Zur Psychodynamik der schweren Depression und die therapeutischen Konsequenzen. In: Psyche 59, S. 892–917.

Niehaus, Mathilde/Magin, Johannes/Marfels, Britta/Vater, Gudrun E./Werkstetter, Eveline (2008): Betriebliches Eingliederungsmanagement. Studie zur Umsetzung des Betrieblichen Eingliederungsmanagements nach § 84 Abs. 2 SGB IX. Studie im Auftrag des Bundesministeriums für Arbeit und Soziales. Köln: Universität zu Köln.

Piechotta, Beatrice (2000): Zur Struktur und Prozessqualität der psychotherapeutischen Versorgung. In: Ruff, Wilfried (Hrsg.): Heilsame Begegnungen. Netzwerke in der stationären Psychotherapie. Göttingen: Vandenhoeck & Ruprecht, S. 29–48.

Prang, Khic-Houy/Bohensky, Megan/Smith, Peter/Collie, Alex (2016): Return to work outcomes for workers with mental health conditions: A retrospective cohort study. In: International Journal of the Care of the Injured 47, S. 257–265.

Preiser, Christine/Wittich, Andrea/Rieger, Monika A. (2015): Psychosomatische Sprechstunde im Betrieb – Gestaltungsformen des Angebots. In: Gesundheitswesen 77, S. e166–e171.

Rothermund, Eva/Gündel, Harald/Kilian, Reinhold/Hölzer, Michael/Reiter, Bernhard/Mauss, Daniel/Rieger, Monika Annemarie/Müller Nübling, Jutta/Wörner, Andreas/von Wietersheim, Jörn/Beschoner, Petra (2014): Behandlung psychosomatischer Beschwerden im Arbeitskontext – Konzept und erste Daten. In: Zeitschrift für Psychosomatische Medizin und Psychotherapie 60, S. 177–189.

van der Feltz-Cornelis, Christina M./Hoedeman, Rob/de Jong, Fransina J./Meeuwissen, Jolanda A. C./Drewes, Hanneke W./van der Laan, Niels C./Adèr, Herman J. (2010): Faster return to work after psychiatric consultation for sicklisted employees with common mental disorders compared to care as usual. A randomized clinical trial. In: Journal of Neuropsychiatric Disease and Treatment 6, S. 375–385.

von Hacht, Jörg (2016): Psychoanalytische Kurzzeit-Gruppenpsychotherapie als Übergangsraum von der stationären/teilstationären zur ambulanten Psychotherapie. In: Gruppenpsychotherapie und Gruppendynamik. Zeitschrift für Theorie und Praxis der Gruppenanalyse 52, H. 1, S. 56–71.

Voswinkel, Stephan (2016): Betriebliches Eingliederungsmanagement bei psychischen Erkrankungen – Probleme und Verbesserungsbedarf. In: Feldes, Werner/Niehaus, Mathilde/Faber, Ulrich (Hrsg.): Werkbuch BEM – Betriebliches Eingliederungsmanagement. Frankfurt am Main: Bund-Verlag, S. 220–231.

Ausblick

Zum Abschluss eines jeden Forschungsprojektes stellt sich die Frage nach dem Erkenntnisgewinn und daraus resultierenden möglichen Handlungsempfehlungen.

I.

Viele der Patienten, die wir in unserer Untersuchung befragt haben, berichten, dass sich der Leistungsdruck an ihren Arbeitsplätzen in den letzten Jahren deutlich erhöht habe und zu einem psychopathogenen Faktor geworden sei. Die meisten der von uns befragten Klinikärzte und Therapeuten teilen diese Sicht. Freilich sind es subjektive Wahrnehmungen, die dabei zur Sprache kommen, und noch keine belastbaren epidemiologische Statistiken.

Wie valide diese Wahrnehmungen sind, sei dahingestellt. Ebenso die makrosoziologische These, die den »Kapitalismus« als Ursache einer Zunahme von Depressionen und anderen psychischen Erkrankungen feststellen zu können glaubt. In unserem Forschungsprojekt neigen wir dieser These zwar zu, ohne aber zu verkennen, wie voraussetzungsvoll ihre Überprüfung ist. Denn »Kapitalismus« lässt sich methodisch nicht einfach, vielleicht sogar gar nicht operationalisieren. So ist es nie der »Kapitalismus«, der psychisch krank macht, sondern es sind konkrete Arbeitsbedingungen, die manche Arbeitnehmer überfordern, andere nicht.

Wenn sich zum Beispiel empirisch zeigt, dass für Arbeitnehmer die Wahrscheinlichkeit zunimmt, an einer Depression zu erkranken, je größer die Differenz zwischen ihren verausgabten Kräften und ihren Gratifikationen ist, dann hat dies so lange nichts mit »Kapitalismus« zu tun, wie nicht nachgewiesen werden kann, dass diese psychopathogene Faktorenkonstellation in kapitalistischen Gesellschaften signifikant häufiger vorkommt als in Gesellschaften eines anderen – welchen? – Typs!

Ob sich die Makrothese überhaupt angemessen empirisch überprüfen lässt, wäre zu diskutieren. Sieht man von dem gesellschaftskritischen Diskurs ab, der die verfügbaren empirischen Daten in die eine oder andere Richtung extrapoliert, dann laufen die Erfahrungen in unserem Forschungsprojekt auf einen bescheideneren, aber praktisch relevanteren Befund hinaus:

Arbeitsplatzbedingte krankheitswertige psychische Belastungen treten gegenwärtig in vielen Gesellschaften (kapitalistisch oder nicht) in einer besorgniserregenden Häufigkeit auf, gleich, wie groß die Häufigkeit in früheren Zeiten (wann?) war. Da psychische Erkrankungen nicht nur das subjektive Wohlbefinden, sondern auch die Produktivität und Kreativität beeinträchtigen, individuell wie gesellschaftlich, ist es geboten, sich mit dem Zusammenhang von Erwerbsarbeit und Psyche zu befassen. Nicht zuletzt auch deshalb, weil die WHO die Schaffung von salutogenen Arbeitsplätzen als einen ihrer Leitwerte proklamiert.

Vor diesem Hintergrund haben wir an exemplarischen Fällen untersucht, ob die beteiligten sozialen Akteure (Patienten, Klinikärzte und Therapeuten, Versicherungen, Arbeitgeber, Personal- und Betriebsräte, Vorgesetzte und Kollegen) einen Zusammenhang zwischen Arbeitsbedingungen und krankheitswertigen psychischen Belastungen wahrnehmen und wie sie ihn thematisieren. Auch wenn wir aufgrund der methodischen Anlage unserer Untersuchung keine repräsentativen Aussagen machen können, so unterstreicht sie zumindest die Notwendigkeit, die subjektive Bedeutung von Erwerbsarbeit als salutogenem Faktor in den Blick zu nehmen, und erlaubt es zudem, Desiderate auszumachen.

II.

Unsere Untersuchung gibt Anlass zu der Vermutung, dass es Klinikärzten und Therapeuten sowohl konzeptionell als auch praktisch nicht leichtfällt, die Themen Erwerbsarbeit und private Lebensgeschichte der Patienten befriedigend zu integrieren, auch dann, wenn der Klinikaufenthalt einen deutlichen Arbeitsbezug hat. Zwar trifft es zu, dass sich beide Faktorencluster oft nur schwer trennen lassen, die Unterstellung, man müsse auf pathogene subjektive Strukturen der Erkrankten fokussieren, um Erfolg versprechende therapeutische Interventionen generieren zu können, greift aber zu kurz – und das nicht zuletzt deshalb, weil es die Arbeitsbedingungen sind, die maßgeblichen Einfluss darauf nehmen, wie groß die psychische Belastung am Arbeitsplatz ist. Besonders beschäftigt haben uns die Fälle, in denen grenzwertige Arbeitsbedingungen, deren Bewältigung ein Großteil der verfügbaren kognitiven, emotionalen und instrumentellen Ressourcen verbraucht, und eine lebensgeschichtlich kulminierte Vulnerabilität ineinandergreifen.

Was die Berücksichtigung von Arbeitsbedingungen betrifft, zeigen sich sowohl aufseiten der Patienten als auch aufseiten der Klinikärzte und Therapeuten unterschiedliche Einstellungen: So haben wir Patienten kennengelernt, die von sich aus keine Anstalten machen, über ihre Arbeitsbedingungen zu sprechen, so wie es auch Patienten gibt, die nicht bereit sind, sich auf eine Analyse ihres Innenlebens einzulassen. Setzen Patienten andere Akzente als ihre Klinikärzte und Therapeuten, bleiben Konflikte aufgrund dieser fehlenden Passung nicht aus. Was wir am häufigsten angetroffen haben, sind Patienten, die ihre psychischen Belastungen depressiv verarbeiten, das heißt: Sie halten sich mit ihrer Empörung über unzumutbare Arbeitsbedingungen eher zurück, als dass sie salutogene Arbeitsplätze einklagen.

Was während eines Klinikaufenthalts wann wie thematisiert wird, hängt immer auch von erworbenen Deutungsmustern ab, die Patienten und ihre Klinikärzte und Therapeuten in eine Behandlung mitbringen.

So ist im Rahmen psychotherapeutischer Behandlungen a priori mit einer Psychologisierung von Arbeitsleid zu rechnen. Manche Patienten teilen diese Vor-Einstellung, andere nicht. Was in einer Behandlung wie zum Thema wird, ist somit reflexionsbedürftig. Dass in unseren Interviews die Arbeitsbedingungen der Patienten vergleichsweise selten zur Sprache kommen, dürfte zum einen mit dem Professionshabitus von Psychosomatikern und Psychotherapeuten zu tun haben. Zum anderen fehlt diesen oft eine realistische Vorstellung von den konkreten Bedingungen, unter denen ihre Patienten arbeiten. Meist belassen sie es auch dabei, statt konkrete Beschreibungen von deren psychisch belastenden Tätigkeiten einzuholen. Auffällig ist, dass es den Klinikärzten und Therapeuten offensichtlich auch – mehr oder weniger – an einem angemessenen Vokabular fehlt, Erwerbsarbeit zum Thema zu machen.

III.

Unter Versorgungsgesichtspunkten plädieren wir vor dem Hintergrund unserer Untersuchung für die Bildung und Pflege von Netzwerken, in denen die verschiedenen Akteure ihre jeweiligen Perspektiven miteinander verknüpfen und diejenigen der anderen in ihren Handlungslogiken und -zwängen nachvollziehen können.

Es ergibt sich sowohl für Patienten als auch für Therapeuten eine Reihe von Schnittstellen, an denen es Übergänge zu gestalten gilt: Jeder Patient kommt aus einem Laiensystem, in dem sein Leiden eine alltagsweltliche Deutung erhält. Er tritt in ein System von Professionellen ein, das aus ambulanten, teilstationären und stationären Maßnahmen besteht, die die alltagsweltlichen Deutungen in Expertendeutungen transformieren. Schließlich kehrt der Patient in seinen Alltag zurück, in dem sich seine Therapieerfahrungen – mit oder ohne weitere professionelle Unterstützung – bewähren müssen. Und das alles gerahmt von Versicherungen, die diesen Prozess – mehr oder weniger restriktiv – finanzieren. Arbeitgeber, die Arbeitsplätze zur Verfügung stellen, sind Teil dieses Prozesses. Folglich sollten sie mit den anderen Unterstützungssystemen vernetzt sein, zumindest dann, wenn sie ernsthaft an der Gesundheit ihrer Arbeitnehmer sowie der daraus resultierenden Arbeitsleistung interessiert sind.

Eine Gestaltung von Arbeitsbedingungen unter der Maßgabe psychischer Gesundheit setzt aufseiten des Arbeitgebers ein echtes Interesse an seinen Mitarbeitern voraus. Lassen wir unsere Fälle einmal Revue passieren, dann ist festzustellen, dass es etlichen Arbeitgebern, so wie wir sie über die Patienteninterviews kennengelernt haben, an diesem Interesse vermutlich fehlt. Eine rücksichtslose Ausnutzung von Arbeitskraft ist aber nicht nur ethisch fragwürdig, sondern auch ökonomisch unvernünftig. Gesundheitsökonomische Untersuchungen könnten vermutlich zeigen, wie sehr sich salutogene Arbeitsplätze auch für den Arbeitgeber lohnen. Zudem ist zu vermuten, dass Arbeitgeber heutzutage einen Imagegewinn erzielen, wenn sie ein Gesundheitsmanagement institutionalisieren, das betriebsspezifische Maßnahmen konzipiert, durchführt und evaluiert, wobei präventive Maßnahmen rehabilitativen Maßnahmen vorausgehen.

Psychische Erkrankungen sind aus einem Zusammenwirken von Rahmenbedingungen in der Arbeit, privaten Konfliktlagen und individuellen

Lebensgeschichten und Vulnerabilitäten zu verstehen. Dass nicht alle, sondern immer Einzelne in vergleichbaren belastenden Arbeitssituationen erkranken und dass immer konkret dem Einzelnen geholfen werden muss, darf nicht bedeuten, wie es zu häufig geschieht, die Erkrankungen zu individualisieren und damit etwa im betrieblichen Zusammenhang zu dethematisieren. Auch kann die Lösung nicht (allein) darin bestehen, dass der Einzelne es lernt, sich abzugrenzen, »Nein« zu sagen. Vielmehr müssen konstruktive entlastende Veränderungen der belastenden Bedingungen gesucht werden, um eine Verlagerung auf andere zu verhindern und der Entstehung weiterer Erkrankungen vorzubeugen.

IV.

Keine einzelne Untersuchung kann alle relevanten Fragen beantworten. Es ergeben sich aber Hinweise, was weiter zu untersuchen wäre. Antworten werfen neue Fragen auf. Die folgende Liste skizziert Anschlussuntersuchungen, von denen wir uns eine erhellende Erweiterung des Wissensstandes erwarten:

- Welche Vorstellung haben verschiedene Berufsgruppen im Gesundheitssystem von dem Beitrag, den Erwerbsarbeit zur psychischen Gesundheit leistet, und wie wird mit Konflikten umgegangen, die aus kontroversen Vorstellungen entstehen?
- Wie können Versorgungsnetzwerke institutionalisiert und organisiert werden, die Betriebe und Kliniken (und Privatpraxen) auf kurzem Weg verbinden?
- Welche Bedeutung haben die subjektiven Krankheitstheorien der Patienten für eine gemeinsame Zielfindung in der Klinik?
- Wie nehmen Patienten die verschiedenen Therapieangebote einer Klinik wahr, und welche davon präferieren sie warum?
- Wie muss ein Entlassungsmanagement gestaltet werden, damit der Übergang von der Klinik in den Alltag erfolgreich wird?
- Was müssen BEM-Zuständige wissen und können, vor allem dann, wenn sich die Wiedereingliederung von Arbeitnehmern nicht auf Arbeitszeiten beschränken soll?

- Wie können Arbeitsplatzanalysen, insbesondere Gefährdungsbeurteilungen, gestaltet werden, um ein Profil psychischer Belastungen zu gewinnen, das der Personalselektion als Orientierung dient?
- Wie kann in Betrieben über psychische Erkrankungen und deren Auswirkungen auf das Arbeitshandeln informiert werden, ohne dass die Aufklärung eine sekundäre Stigmatisierung bewirkt?
- Wie sehen die Arbeitsbedingungen von Klinikärzten und Therapeuten aus? Wie schützen sie sich selbst vor Überforderung und halten sich gesund? Welche Auswirkungen haben ihre eigenen psychischen Belastungen auf die therapeutische Beziehung zu ihren Patienten?

V.

Wir haben uns wiederholt die Frage gestellt, ob heutige Betriebe den Herausforderungen durch psychisch belastete, überforderte oder gar kranke Mitarbeiter gewachsen sind. Gehen wir von den Erfahrungen in unserem Forschungsprojekt aus, so darf konstatiert werden, dass das Bewusstsein für diese Herausforderungen zunimmt, aber längst noch zu keinen bewährten Routinen mit nachhaltigen Erfolgen geführt hat. Vergleichbares lässt sich für Psychosomatik und Psychotherapie sagen: Auch das Bewusstsein für Erwerbsarbeit als gleichermaßen salutogenem wie psychopathogenem »fact of life« nimmt zu, was in einer Gesellschaft, die sich als Arbeitsgesellschaft definiert, nicht zu verwundern braucht. Dennoch, so kommt es uns vor, fehlt es bislang an Integrationsbemühungen. Und das nicht nur in der Praxis, sondern auch in den beteiligten wissenschaftlichen Disziplinen. In den letzten Jahren zeichnet sich eine Veränderung ab. Was immer man vom gegenwärtigen Burn-out-Diskurs halten mag, er eröffnet der Arbeitsgesellschaft neue Möglichkeiten der Selbstverständigung. Damit es nicht bei Spekulationen bleibt, sind empirische Daten vonnöten, wie sie unsere Untersuchung zur Diskussion stellt.

Methodenglossar

Nora Alsdorf, Alina Brehm, Ute Engelbach, Sabine Flick, Rolf Haubl, Simone Rassmann und Stephan Voswinkel

1. Biographiekurve

Nora Alsdorf und Simone Rassmann

Hintergrund

Für das Projekt wurde ein qualitatives Forschungsdesign gewählt, um einen Zugang zum subjektiven Verständnis und zu den Deutungen der Patienten zu erhalten und in diesem Falle auch graphisch abbilden zu können. Die Biographiekurve galt hier als eine sinnvolle Ergänzung zu den durchgeführten biographisch-narrativen Interviews, da sie einerseits als Erzählstimulus und als Erinnerungshilfe funktionierte, andererseits aber auch bei der Strukturierung der Erzählung unterstützte.

Ihren Ursprung hat die Methode in der Biographiearbeit in Seminaren, zum Beispiel der Jugend- und Erwachsenenbildung, oder auch in therapeutischen Settings. In unserem Forschungsprojekt hat sich der Einsatz als sehr nützlich erwiesen: Da die Biographie eines Menschen eine große Zeitspanne umfasst, bietet sich die Darstellung in einer »Zeitleiste« bzw. Biographiekurve an, um sich einen Gesamteindruck bezüglich der Berufsbiographie und ihrer sowohl negativen als auch positiven Ereignisse verschaffen zu können. Dabei ging es vor allem um die biographische Rekonstruktion, wann und in welchem Zusammenhang den Patienten Belastungsphasen oder erste Symptome aufgefallen sind, wie sie diese darstellen und wie sie damit umgegangen sind. Zeitpunkte bestimmter Ereignisse, wahrgenommene Verläufe persönlicher Entwicklungen und der Umgang mit kritischen Lebensphasen können dadurch verständlicher werden. Zudem können anhand einer solchen Graphik bestimmte Lebensphasen oder Ereignisse durch besondere Darstellungsformen, wie Markierungen oder Unterstreichungen, betont werden.

Anwendung im Projekt

Die Patienten in unserem Forschungsprojekt wurden in jedem der drei Interviews aufgefordert, in einem vorgedruckten Schema die »guten« und »schlechten« Zeiten ihres Lebens anhand einer Kurve aufzuzeichnen. Das Schema besteht aus einer X-Achse mit Zeitangaben und einer Y-Achse, die die Ziffern 1 bis 10 anzeigt und anhand deren die Bewertung des jeweiligen Zeitraumes vorgenommen wurde. Bei der Darstellung geht es nicht um Vollständigkeit und Genauigkeit, sondern nur um die spontane Sammlung von subjektiv empfundenen, markanten Stationen im Leben des Betroffenen. Im ersten Interview beginnt der Zeitraum der X-Achse mit dem Ausbildungsabschluss und endet mit dem Zeitpunkt der Interviewdurchführung. Die Darstellung im zweiten Interview bezieht sich auf den Therapiezeitraum in der Klinik, die im dritten auf die Zeit nach Entlassung aus der Klinik (3 bis 6 Monate). Der Einsatz der Biographiekurve sollte dabei unterschiedliche Funktionen erfüllen:

1. Systematisierung der Erzählung: Die Patienten wurden aufgefordert, sich chronologisch an diese Lebensabschnitte zu erinnern, wodurch Phasen, die zuvor möglicherweise nicht erinnert wurden, thematisiert werden konnten. Höhen und Tiefen im Kurvenverlauf können als Einstieg zur Thematisierung besonders kritischer Ereignisse dienen.
2. Aneignung der Skala und zeichnerische Übertragung der Biographie: Das subjektive Verständnis der eigenen Situation, aber auch Persönlichkeitsmerkmale können sich in der Darstellung widerspiegeln. Diese reichen von Schwierigkeiten, eine Kurve zu zeichnen, bis hin zur Ausdehnung der Kurve auf mehrere Seiten oder auch in der Einhaltung oder Überschreitung von Linien. Bei der Zeichnung ist außerdem spannend, auf welche Lebensbereiche sich die Patienten beziehen und somit die Ursache ihres aktuellen Zustands herleiten. Dadurch können ergänzende Informationen für die Einzelfallanalysen gesammelt werden.
3. Retrospektive Betrachtung der Kurven aus den vorhergehenden Interviews: Eine Bezugnahme auf kritische Ereignisse und eine erneute Refle-

xion der in den vorhergehenden Interviews erwähnten Zeiträume wird ermöglicht.

Die Berufsbiographie wurde von den Patienten unterschiedlich differenziert dargestellt. Einige beschränkten sich dabei auf das Krankheitserleben und das Auftreten der Symptome, andere verfolgten ausführlich die Stationen im (Berufs-)Leben. Teils fiel den Patienten die graphische Darstellung leicht, teils gab es Verunsicherungen und Bedenken, es nicht »richtig« zu machen, sodass das Zeichnen abgebrochen wurde. Deutlich wurde, dass es Patienten, die bereits einen Klinik- oder Rehaaufenthalt gehabt hatten, oftmals leichter gelang, die vergangenen Ereignisse zu erinnern, abzubilden und emotional im Sinne »guter und schlechter Zeiten« zu »bewerten«, als Patienten, die sich mit ihrer Lebensgeschichte bislang in keinem therapeutischen Setting beschäftigt hatten.

Abbildung 2: Biographiekurve

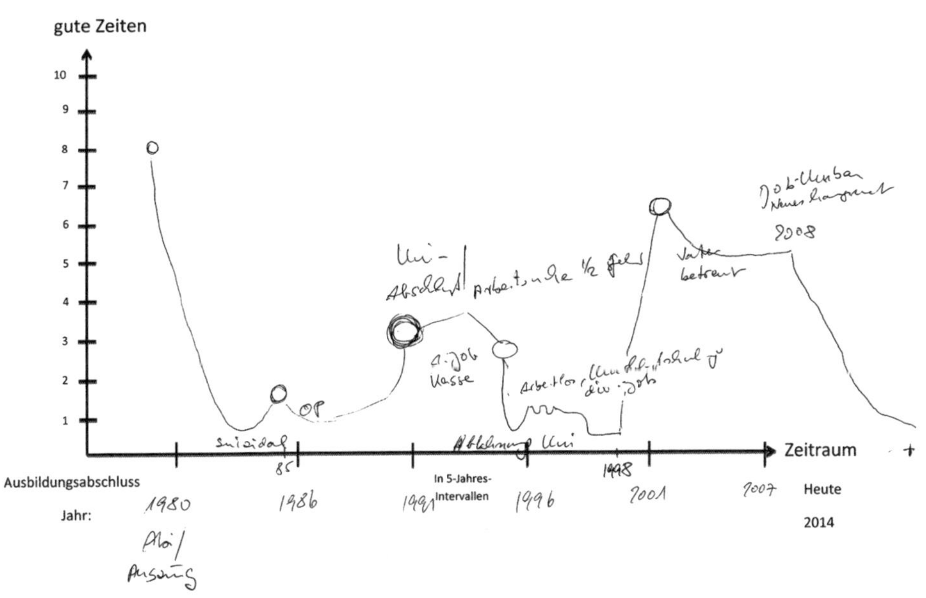

Quelle: Erstinterview einer Patientin aus dem Forschungsprojekt

Zum Weiterlesen

Gudjons, Herbert/Pieper, Marianne/Wagener-Gudjons, Birgit (1986): Auf meinen Spuren. Das Entdecken der eigenen Lebensgeschichte. Hamburg: Rowohlt.

Hölzle, Christina/Jansen, Irma (Hrsg.) (2009): Ressourcenorientierte Biografiearbeit. Grundlagen – Zielgruppen – Kreative Methoden. Wiesbaden: VS.

Ruhe, Hans Georg (2003): Methoden der Biografiearbeit. Lebensspuren entdecken und verstehen. 2. Auflage, Weinheim, Basel, Berlin: Beltz.

Ruhe, Hans Georg (2017): Methoden der Biografiearbeit. Lebensgeschichte und Lebensbilanz in Therapie, Altenhilfe und Erwachsenenbildung. Weinheim 1998, http://www.juelich.de/senioreninsnetz/trainthetrainer/Train-the-Trainer-Modul-3.pdf (Abruf am 2.2.2017).

Schulz, Wolfgang (Hrsg.) (1996): Lebensgeschichten und Lernwege. Anregungen und Reflexionen zu biografischen Lernprozessen. Hohengehren: Schneider.

2. Dokumente aus den Kliniken

Sabine Flick

Um die Relevanz von Erwerbsarbeit in der therapeutischen Bearbeitung und die jeweiligen Deutungen und Thematisierungen zu analysieren, wurden zwei Materialrichtungen erhoben:

Neben den OPD, die hier extra behandelt werden, gehören dazu Patientenakten aus beiden beteiligten Kliniken, die Arztbriefe, Behandlungsdokumentationen und weitere Dokumente enthalten. Daneben haben wir aus Praktikabilitätsgründen mit einer Checkliste für die Gruppentherapiesitzungen gearbeitet. Alle Daten waren uns durch die Unterzeichnung der Schweigepflichtentbindung durch die Patienten zugänglich, dieses Vorgehen wurde wiederum durch die Ethikkommission unterstützt.

Gruppencheckliste

Um einen Überblick zu erhalten, worüber in den Sitzungen der Gruppentherapie maßgeblich gesprochen wird, an denen die an der Studie beteiligten Patienten teilnehmen, aber auch mit Patienten, die nicht an der Studie teilnehmen, baten wir die jeweiligen Gruppentherapeuten, nach der Sitzung einen von uns vorbereiteten Fragebogen auszufüllen, in dem ankreuzbar war, wenn Arbeit ein Thema in der Sitzung gewesen ist. Dies hat in erster Linie datenschutzrechtliche Gründe: Da nur von denjenigen Patienten, die an der Studie beteiligt waren, eine Schweigepflichtentbindung vorlag, war es den Ärzten nicht gestattet, uns über die Inhalte der Gruppentherapie ausführlich Auskunft zu geben, da diese ja auch mit Patienten durchgeführt wurde, die nicht an der Studie beteiligt waren. Dies wurde methodisch daher über einen Fragebogen gelöst, der grobe Themenzuordnungen machte. Diese Information diente eher als Hintergrund und wurde quantifiziert berücksichtigt.

Patientenakten

Die Patientenakten wurden im Hinblick auf die Beschreibungen der Arbeit der Patienten analysiert und in diesem Sinne im Hinblick auf die medizinischen Diagnosen und die Ätiologie des Patientenleidens. Patientenakten stellen dabei eine besondere Datengattung dar, da sie einerseits einen strategisch-taktischen Hintergrund haben, also nur ein je verdinglichtes Bild der Patienten zum Zwecke der Dokumentation anderen gegenüber abbilden (Krankenkassen, andere medizinische Institutionen etc.), dabei zugleich aber suggerieren, ein Fenster zur Wirklichkeit darzustellen (Wolff 2000).

Die hier analysierten Akten enthielten handschriftliche Notizen, manche lagen digital vor und beinhalteten standardisierte Fragebögen. Auffällig, aber nicht überraschend waren die wenigsten Akten vollständig, sondern häufig sehr unterschiedlich und auch unterschiedlichen Informationsgehalts. Darin zeigten sich auch Differenzen zwischen den beiden Kliniken. Garfinkel (1967) spricht in diesem Zusammenhang von »guten Gründen für schlechte Aufzeichnungen«, die sich vor allem aus dem Klinikalltag, der Zeit, die dem Personal für die Dokumentenerstellung bleibt und der tatsächlichen Relevanz dieser Akten für die tägliche Arbeit in der Klinik ergibt (ebd.; Berg/Bowker 1997).

Für diese Studie wurden die Akten, wohl wissend um ihren spezifischen Doppelcharakter als hergestellte Kommunikation, die eben diesen Herstellungsprozess zu leugnen versucht, um sich als Tatsachenbericht darzustellen, im weitesten Sinne inhaltsanalytisch ausgewertet. Der Fokus lag dabei auf den therapeutischen und medizinischen Perspektiven auf Erwerbsarbeit innerhalb der Aktenaufzeichnungen. Die Interpretation der Interviews warf weitere Themen auf, die als Fragen an die Dokumentenanalyse gerichtet wurden. Dies führte zur weiteren Berücksichtigung auch anderer Themen, wie beispielsweise das der »Grenzziehungen«, das im Beitrag »Ich muss nur besser Nein sagen lernen« von Ute Engelbach in diesem Band behandelt wird.

Zum Weiterlesen

Berg, Marc/Geoffrey Bowker (1997): The multiple bodies of the medical record: towards a Sociology of an Artifact. In: The Sociological Quarterly 38, H. 3, S. 513–537.

Garfinkel, Howard (1967): »Good« Organizational Reasons for »Bad« Clinical Records. In: Garfinkel, Howard (1967): Studies in Ethnomethodology. Englewood Cliffs, NJ: Prentice Hall, S. 186–207.

Wolff, Stephan (2000): Dokumenten- und Aktenanalyse. In: Flick, Uwe/von Kardorff, Ernst/Steinke, Ines (Hrsg.): Qualitative Forschung: Ein Handbuch. Reinbek: Rowohlt, S. 502–514.

3. Expertengespräche

Sabine Flick und Stephan Voswinkel

Was ist ein Experte, eine Expertin? Als solche können Personen gelten, die eine Rolle, eine Position in einem Feld einnehmen, die ihnen den Expertenstatus zuweist. Sie werden im Feld oder in der Gesellschaft als Experte betrachtet – so wird davon ausgegangen, dass ein Bischof etwas Kompetentes über Fragen der Kirche oder der Religion, ein Arzt über Fragen der Gesundheit und Therapie oder ein Geschäftsführer über sein Unternehmen mitteilen kann. In anderen Fällen erhalten Personen den Expertenstatus durch die Forscher und deren Erkenntnisinteresse zugewiesen. Als Beispiel hierfür möge der Gastwirt gelten, von dem man Informatives über Probleme des Stadtteils, oder der Zugbegleiter, von dem man Auskünfte über das Leseverhalten der Zuggäste erwartet.

Von Experten erwartet man also in erster Linie sachliche Informationen über einen Gegenstand, einen Sachverhalt, ein soziales Feld. In der

Regel aber ist der Experte nicht nur *Beobachter*, sondern in seiner Funktion (als Bischof, Arzt oder Geschäftsführer) auch *Akteur* im Feld. Daher kann man vom Experten auch Einschätzungen und Deutungen, Auskünfte über strategische und politische Handlungsmöglichkeiten und damit auch über seine eigenen Ziele im Feld und seine Erfolgs- oder Misserfolgsempfindungen und -erklärungen erwarten.

Eine weitere Art von Informationen, die ein Experte vermitteln kann, sind Einschätzungen über andere Akteure und deren Orientierungen und Handlungsweisen. Ein Geschäftsführer kann beispielsweise eine Einschätzung über die Orientierungen und Kompetenzen des Betriebsrats in seinem Unternehmen abgeben oder ein Arzt über das Gesundheitsverhalten eines bestimmten Patiententyps. Als Interviewer wird man diese Einschätzungen als interessante Informationen aufnehmen, die vielleicht etwas über denjenigen mitteilen, über den sich der Experte äußert – was man mit Vorsicht und Skepsis behandeln muss –, aber auch über den Experten selbst.

Experten werden in Expertengesprächen in der Regel als »Experten« adressiert. Bittet man die Geschäftsführerin Frau Bingold um ein Interview über ihr Unternehmen, so wird sie sich nicht als Frau Bingold, sondern in ihrer Funktion als Geschäftsführerin angesprochen sehen. Da die Forscherin von der Expertin etwas erfahren möchte, was sie nicht weiß, ist sie hierin der Interviewerin überlegen. Sie ist auch diejenige, die Fragen *beantwortet*. Oft allerdings wird auch der Forscherin ein Expertenstatus zugewiesen, ist sie es doch, die sich ausgiebig mit einer Thematik beschäftigt – und zwar »wissenschaftlich« –, die auch für die befragte Expertin relevant ist. Dann kann es sein, dass auch sie Fragen beantworten soll. Das hat zwei Implikationen.

Zum einen kann hieraus eine latente Konkurrenzsituation entstehen. Der Forscher sollte ähnlich viel – oder gar mehr – vom Forschungsgegenstand verstehen; zumindest hat er vielleicht selbst diesen Anspruch an sich. Zum anderen wird der Unterschied zwischen der wissenschaftlichen und der praktischen Denkweise relevant: Der Experte denkt – gerade dann, wenn er als Akteur angesprochen ist – in Relevanzstrukturen des praktischen Handelns in seinem Feld: Was kann er tun, um unter gegebenen Bedingungen in absehbarer Zeit etwas zu erreichen? Der Forscher will sich gerade von einer zu engen pragmatischen Perspektive lösen, um Zusammenhänge in den Blick zu nehmen. Aus diesen unterschiedlichen Perspektiven können schnell Konflikte entstehen, wenn man die unterschiedlichen Positionen im Feld nicht im Blick hat.

Gerade in diesen Differenzen zwischen Praktiker- und (wissenschaftlicher) Beobachterperspektive aber liegt auch ein produktives Erkenntnispotenzial des Expertengesprächs. Der Forscher kann sein Interesse an einer Perspektive bekunden, die ihm ohne das Interview nicht zugänglich ist und auf das sich gerade sein Forscherinteresse richtet. Und die Forscherperspektive kann für den Experten aufschlussreich sein, weil sie einen Blick von außen wirft. Hier kann der Wissenschaftler zugleich (etwa durch hypothetische oder auf andere Perspektiven sich beziehende Einwürfe) auch die Funktion eines Übersetzers anderer Praxis-Relevanzen ausfüllen. Oftmals entwickeln Experten in einem Gespräch mit Wissenschaftlern (denen sie manchmal von ihrem Bildungshintergrund her nahestehen) eine »›Lust‹ am handlungsentlasteten intellektuellen Austausch« (Trinczek 2002), die ein wenig von Darstellungs- und Taktikerfordernissen belastetes Gespräch zulässt.

Wegen des sachbezogenen Charakters eines Expertengesprächs folgt es meist einem teilstandardisierten Leitfaden, der sicherstellen soll, dass die wesentlichen Informationsthemen (auch im Vergleich mit anderen Gesprächen zum gleichen Thema) besprochen werden, der aber zugleich offen genug sein muss, um den erfahrungsbezogenen Relevanzsetzungen der Experten Platz geben zu können. Das Expertengespräch hat daher in der Regel die Form eines themen- oder problemzentrierten Interviews (Witzel 1985).

In unserer Studie haben wir mit drei Expertengruppen Expertengespräche geführt: den Beteiligten am Betrieblichen Eingliederungsmanagement (BEM), den Sozialarbeitern in beiden Kliniken sowie den Ärzten und Therapeuten in den Kliniken.

Expertengespräche mit BEM-Akteuren

Zu Beginn unserer Untersuchung haben wir Gespräche mit Beteiligten am BEM geführt, mit Betriebsratsmitgliedern, Mitgliedern der Personalabteilung, Betriebsärzten. Sie waren im BEM eines Betriebs bzw. einer Verwaltung engagiert, sodass die Gespräche sich jeweils auf einen betrieblichen Fall, eine betriebliche Praxis bezogen. In diesen – auf einem teilstandardisierten Leitfaden beruhenden – Gesprächen ging es darum, Informationen über übliche Verfahren in der Durchführung des BEM und Erfahrungen hiermit – insbesondere im Hinblick auf psychische Erkrankungen – zu gewinnen. Die Gesprächspartner waren hier die Experten, die hierüber Sachinformationen mitteilen konnten. Weitere Themen dieser Gespräche waren der Kontakt zu Ärzten und Kliniken und die hiermit gemachten Erfahrungen. Waren hier schon »neutrale« Informationen von »subjektiven« Bewertungen und Einschätzungen über das Verhalten der anderen Akteure kaum zu trennen, so gilt dies erst recht bei dem Thementeil, der sich auf die Hintergründe und die Ursachen sowie die Entwicklung psychischer Erkrankungen bezog. Die Aussagen, die hier zu erhalten waren, sind denn auch nicht als »wissenschaftliche« Expertenaussagen, sondern als Beobachtungen und Einschätzungen derjenigen zu verstehen, von denen aufgrund ihrer Tätigkeit eine gesteigerte Aufmerksamkeit für die Thematik zu erwarten ist. Zugleich sind diese Einschätzungen von Belang für die Einschätzung ihres eigenen Rollen- und Handlungsverständnisses als BEM-Beteiligte. Ähnliches gilt für den Themenblock, der sich mit dem Erfolg von BEM-Verfahren und seinen Bedingungen befasste.

Den Gesprächspartnern gegenüber wurde kommuniziert, dass wir diese Gespräche *zu Beginn* der Forschung mit dem Ziel führten, uns selbst frühzeitig über die Sichtweise und die Erfahrungen der Praktiker zu informieren. Das machte es im Gespräch möglich, die Rolle des interessierten Fragenden einzunehmen, der (noch) nicht Experte im Feld ist. Damit wurde zugleich der Eindruck vermieden, das Gespräch diene auch der Evaluation der Praktiker; überwiegend wurde so der Gefahr vorgebeugt, dass bei den Experten ein Rechtfertigungs- und Selbstdarstellungsdruck entstand.

In einigen Fällen wurden Gruppengespräche geführt. Der eigentliche Grund war ein pragmatischer: Die Gesprächspartner wollten den Zeitaufwand für sich und die Forscher verringern und betonten, voreinander keine Geheimnisse zu haben. Dieser Position gegenüber wäre es schwierig gewesen, auf Einzelgesprächen zu bestehen, hätten wir doch vielleicht gerade dann unsererseits Misstrauen den Befragten gegenüber ausgedrückt. Die Gruppengespräche erwiesen sich jedoch dann sogar teilweise als in besonderer Weise instruktiv, weil sie in den Reaktionen der Beteiligten aufeinander einen Einblick in die Akteursbeziehungen ermöglichten.

Expertengespräche mit Sozialarbeiterinnen aus den Kliniken

Eine andere Expertengruppe waren die Sozialarbeiterinnen, die in den beiden mit uns kooperierenden Kliniken tätig sind. Auch hier standen im Zentrum der Gespräche die Arbeitspraxis und die Zuständigkeiten der Gesprächspartnerinnen. Es ging um Veränderungen der Arbeit und der auftretenden Probleme in den vergangenen Jahren, um die Zusammenarbeit mit den anderen Akteuren in der Klinik – Ärzte, Pfleger, Patienten – und um Kontakte mit den Betrieben, Krankenversicherungsträgern usw. Welche Probleme standen in den Gesprächen mit den Patienten im Vordergrund? Gibt es typische Konflikte mit Patienten oder mit Ärzten?

Auch hier sind »neutrale« Informationen kaum von Einschätzungen zu trennen, und eine solche Differenzierung war in der Gesprächsführung auch gar nicht angestrebt. Denn die Sozialarbeiterinnen wurden auch in ihren professionell basierten Einschätzungen angesprochen: Welche Probleme zeigen sich in der Nachsorge? Worin sehen sie Verbesserungsbedarf? Und wie begreifen sie ihre eigene Rolle, und wo sehen sie ihre Grenzen?

Die Sorge, dass die Sozialarbeiterinnen sich wegen ihrer Einbindung in den Klinikzusammenhang gegenüber den Forschern befangen verhalten könnten, zumal der Kontakt vonseiten der Klinik hergestellt worden war, erwies sich als unbegründet, da sie über ein ausreichendes professionelles Selbstbewusstsein zu verfügen schienen.

Expertengespräche mit Ärzten und Therapeuten

Schließlich führten wir auch Gespräche mit den behandelnden ärztlichen und psychologischen Psychotherapeuten in der Klinik. In den Interviews mit den Therapeuten ging es zentral um die Arbeit in ihren verschiedenen Dimensionen: die Arbeit der Patienten, die Arbeit der Therapie sowie die eigene Arbeitserfahrung der Therapeuten. Um die Deutungsmuster stärker professionslogisch einordnen zu können, hat in den Interviews auch die eigene Erfahrung der Behandler in und mit Arbeitsverhältnissen interessiert und daher auch Fragen nach belastenden und/oder überfordernden Situationen in das Interview integriert. Im Fokus standen in den Gesprächen die eigene Erfahrung mit den Patienten und deren Bezüge zur Arbeitswelt. Gibt es Branchenspezifika? Trifft es eher weibliche Patientinnen? Es ging dabei darum, die Erfahrungen der Behandler zu thematisieren, die über die Patienten der Studie hinausgehen. Konkret interessierte in diesen Gesprächen die professionelle Deutung der Behandler ihrer eigenen Tätigkeit. Mit welchem Therapieziel arbeiten sie mit den Patienten? Geht es dabei um die Wiedereingliederung in die Erwerbsarbeit? Spielt Arbeit in diesem Sinne überhaupt eine Rolle im konkreten Therapieverlauf? Daneben interessierte auch die Einschätzung dieser Experten einer die Therapie und Klinik rahmenden Perspektive. Inwiefern müsste den Experten zufolge eine Wiedereingliederung im Sinne der Patienten eigentlich organisiert sein? Inwiefern sind die Behandler mit gesellschaftlichen Entwicklungen und Veränderungen der Arbeitswelt konfrontiert und reflektieren diese? Schließlich interessierten Fragen der therapeutischen Ausbildung und Ausrichtung, eigene berufliche Stationen und Erfahrungen mit diesen sowie der eigene Umgang mit Be- und Überlastung. Dabei spielten Fragen nach Möglichkeiten zur Entlastung, aber auch nach Räumen für Anerkennungserfahrung der Behandler selbst eine Rolle.

Die Gespräche fanden ausschließlich in den beiden Kliniken statt, meist an den Rändern der eigentlichen Arbeitszeit. Die Therapeuten waren in ihrer Einlassung sehr offen, was im Projekt auch als professionelles Interesse (und gegebenenfalls darin artikuliertem Bedarf) an Austausch und Fortbildung zu arbeitsbezogenen Themen gedeutet wurde.

Zum Weiterlesen

Bogner, Alexander/Littig, Beate/Menz, Wolfgang (Hrsg.) (2002): Das Experteninterview. Theorie, Methode, Anwendung. Opladen: Leske + Budrich.

Liebold, Renate/Trinczek, Rainer (2002): Experteninterview. In: Kühl, Stefan/Strodtholz, Petra (Hrsg.): Methoden der Organisationsforschung. Ein Handbuch. Reinbek: Rowohlt, S. 33–71.

Trinczek, Rainer (2002): Wie befrage ich Manager? Methodische und methodologische Aspekte des Experteninterviews als qualitative Methode empirischer Sozialforschung. In: Bogner/Littig/Menz 2002, S. 209–222.

Witzel, Andreas (1985): Das problemzentrierte Interview. In: Jüttemann, Gerd (Hrsg.): Qualitative Forschung in der Psychologie. Weinheim: Beltz, S. 227–255.

4. Interpretationsgruppen

Alina Brehm

Die Interpretationsgruppe ist ein Raum des gemeinsamen deutenden Verstehens der durchgeführten qualitativen Interviews. Sinn und Nutzen der gemeinsamen Interpretation ist das Finden einer möglichst konsensfähigen Deutung, die am Ende des Interpretationsprozesses steht und der eine höhere »Objektivität« zugerechnet wird als derjenigen durch eine einzelne Person. Gerade dann, wenn auch die eigenen Gegenübertragungen als Deutungsressource genutzt werden, ist es wichtig, den jeweiligen Eindruck mit dem der anderen Gruppenmitglieder abzugleichen, um sich der Frage nähern zu können, was daran vielleicht doch auch Eigenanteil ist und was im Kern dem Patienten zugeordnet werden kann. Ausgehend davon, dass jede Interpretation immer auch projektive Anteile enthält und nach Gadamer Verstehen eine Dialektik »zwischen Erweiterung des Selbst und Aneignung des Fremden« darstellt, soll so also entsprechend abgesichert werden, dass diese Gegenübertragung nicht nur mit dem Interpreten selbst zu tun hat.

Eine weitere Funktion besteht im Ausgleich von Wissensasymmetrien (Meyer/Meier zu Verl 2013), das heißt im Einbringen von zusätzlichen Hintergrundinformationen durch einzelne Gruppenmitglieder, die ein umfangreicheres Verständnis von bestimmten Punkten im Interview ermöglichen. Aber auch das Textverständnis an sich kann damit gemeint sein, in dem Sinn, dass an bestimmten Stellen jemand etwas »mehr« oder »besser« verstanden hat. Im Projekt führten häufig zusätzliche Informationen seitens der Klinik (vermittelt über die Supervisionsgespräche oder Interpretationsgruppenmitglieder aus einer der Kliniken) zu einem anderen oder erweiterten Blick auf die Erzählung des Patienten.

Aber auch für die klinische Seite stellt die gemeinsame Auseinandersetzung mit dem Interviewmaterial einen Gewinn im Sinne eines erweiterten Verständnisses der Symptome und ihrer Genese, dar. So wurde in einem Interview in besonderem Maße der fehlende Zugang des Patienten zu seinem eigenen inneren Erleben und Empfinden deutlich, was die Erkenntnisse aus dem OPD-Interview noch einmal erweiterte.

Die interdisziplinäre Zusammensetzung der Gruppe aus dem Bereich der Arbeitssoziologie, Sozialpsychologie und Tiefenpsychologie/Psychoanalyse eröffnet zudem eine Perspektivenvielfalt, die beim Verstehen des jeweiligen »Falles« in seinen unterschiedlichen Bedeutungsdimensionen von großer Hilfe sind. So kann es auch Differenzen darin geben, was aus der jeweiligen Perspektive als »normal« erachtet wird bzw. als gegeben »hingenommen« werden muss. Aber auch einzelne Aspekte der Lebensgeschichte, wie einerseits zum Beispiel die frühe Kindheit und andererseits die Arbeitssituation betreffend, bedürfen teils der Expertise der Angehörigen der jeweiligen Fachrichtung, um sie der gesamten Gruppe umfänglicher zugänglich zu machen.

Die Interpretationssitzungen dauerten in der Regel drei Stunden. Allgemein wie auch in unserem Projekt werden im Prozess des Interpretierens unterschiedliche Textstellen verbal markiert und begründet, warum diese als relevant erachtet werden. Das kann einerseits subjektiv erfolgen, das heißt mit einer Gefühlsäußerung wie: »Das finde ich interessant.« Andererseits gibt es aber auch die Möglichkeit einer »objektiven« Auswahl durch den Bezug zum Forschungsprojekt. Da wäre so etwas denkbar wie: »Was er da sagt, passt auch sehr gut zu unserer Fragestellung.« Ebenso kann eine Irritation, hervorgerufen durch Nichtverstehen, ein Grund sein.

Insgesamt werden im Interpretationsprozess Teile des Interviews, seien es Textstellen oder spezifische Aspekte, dekontextualisiert, das heißt aus dem Gesamtzusammenhang des Interviews heraus neu angeordnet. Im Aushandlungsprozess der Deutungen werden sie dann rekontextualisiert, also entweder in Bezug gebracht zu Wissen über den Interviewpartner, das nicht dem Transkript zu entnehmen ist, oder zu eigenen alltagsweltlichen oder wissenschaftlichen Annahmen (Meyer/Meier zu Verl 2013). Am Ende dieser intersubjektiven Validierung steht dann eine Deutung, auf die sich die Gruppe oder ihr Großteil »einigen« konnte. Gegebenenfalls kann es aber auch einzelne Aspekte betreffend zu keiner konsensfähigen Deutung kommen.

Interpretationsgruppen sind in der qualitativen Sozialforschung weit verbreitet. Ausführlichere Untersuchungen zu den Prozessen, die in ihnen ablaufen, gibt es jedoch bislang nicht (die einzigen Ausnahmen, bezogen auf einzelne Aspekte, bilden hierbei Oth 2012, Reichertz 2013 sowie Meyer/Meier zu Verl 2013). So gibt es Hinweise auf bestimmte Dynamiken, die erschwerend wirken können im Hinblick auf das gemeinsame Erkenntnisinteresse. Interpretationsgruppen sind in der Regel kein Raum, der frei ist von Anerkennungswünschen, Konkurrenz und Situationen des Bewährens und Bewertens. Das hängt in erster Linie mit ihrer Zusammensetzung zusammen, die meist verschiedene Hierarchieebenen beinhaltet und im Falle des konkreten Projektes auch unterschiedliche Institute, Fachrichtungen und Disziplinen. Denn sosehr auch das gemeinsame Erkenntnisinteresse im Vordergrund steht, so wenig ist es möglich, die generellen Dynamiken, die »wettstreitende Deutungen« innerhalb der Wissenschaft (und vor allem zwischen unterschiedlichen Disziplinen und Fachrichtungen) mit sich bringen, keinen Einfluss auf die Kommunikationsprozesse im Interpretationsprozess nehmen zu lassen. Ein gewisser »Qualitätsdruck« (Reichertz 2013) ist im Setting eines Forschungsprojektes, das Ergebnisse erzielen will, mit jeder Aussage/Deutung verbunden.

Das Wissen darum und die (teils große) Erfahrung der Interpretierenden mit Interpretationsgruppen entschärft diese Problematik jedoch zu einem gewissen Grad. Auch der zeitliche Aufwand, der mit ihnen verbunden ist, könnte als Kritikpunkt gewertet werden. Jedoch steht der Gewinn, den der gemeinsame Interpretationsprozess im Hinblick auf das Fallverstehen eröffnet, dem in weit höherem Maße entgegen, da die Qualität der Interpretation, auf der letzten Endes auch große Teile der Ergebnisse der Studie an sich beruhen, maßgeblich auf diesen angewiesen ist. Auch die positive Wirkung in Bezug auf das Fallverstehen aus klinischer Sicht und die damit zusammenhängenden, möglicherweise erweiterten, gewinnbringenden Erkenntnisse in Bezug auf die Behandlung und damit für den Patienten selbst sind in diesem Projekt ein weiterer Nutzen von Interpretationsgruppen.

Zum Weiterlesen

Meyer, Christian/Meier zu Verl, Christian (2013): Hermeneutische Praxis. Eine ethnomethodologische Rekonstruktion sozialwissenschaftlichen Sinnrekonstruierens. In: sozialer sinn 14, S. 207–234.

Oth, Constanze (2012): »Und die Katze beißt sich selbst in den Schwanz«. Reflexionen zu Dynamiken einer Interpretationsgruppe. Diplomarbeit. Frankfurt am Main.

Reichertz, Jo (2013): Gemeinsam interpretieren. Die Gruppeninterpretation als kommunikativer Prozess. Wiesbaden: Springer VS.

5. Methodenfahrplan

		1. Erhebungszeitpunkt		2. Erhebungszeitpunkt	3. Erhebungszeitpunkt
Interviews mit Personen des betrieblichen Eingliederungsmanagements (BEM)		Thematisch fokussiertes narratives Interview **Retrospektiv:** Berufsbiographie, Arbeitsbedingungen, Krankheitsdeutung **Prospektiv:** Vorstellungen bezüglich des Klinikaufenthaltes	Erstgespräch in der Klinik: **O**perationalisierte **P**sychodynamische **D**iagnostik Dokumentationsmöglichkeiten: • OPD-Protokoll • Visiteprotokolle	Themenzentriertes Interview **Retrospektiv:** Erlebnisse während des Klinikaufenthaltes (»critical incident«), Deutungen zur Krankheitsursache **Prospektiv:** Vorstellungen/Vorsätze bezüglich der Zeit nach der Klinik (Reintegration)	Themenzentriertes, evtl. Telefoninterview **Retrospektiv:** Reintegration ins Arbeitsleben (Programm?) Vorbereitung durch die Klinik? Deutungsmuster **Prospektiv:** Zukunftsvorstellung
	Erstgespräch vor der Aufnahme		**→ Aufnahme in die Klinik**	**→ Entlassung aus der Klinik**	**→ Reintegration in den Betrieb?**
	Bereitschaft zur Teilnahme durch die Ärzte abklären ↓		Supervision der behandelnden Ärzte	Abschlussgespräch in der Klinik	Interviews mit Sozialarbeitern der Kliniken
Dokumentation: • BEM-Transkripte (N = 10)	*Einverständnis einholen*	**Dokumentation:** • Interviewtranskripte (N = 23) • Biographiekurve • Postskripte	**Dokumentation:** • Liste der verhandelten Themen • Protokolle: Einzel-/Gruppentherapie • Transkripte der Supervisionen (N = 27)	**Dokumentation:** • Interviewtranskript (N = 20) • Biographiekurve • Protokolle • Arztbriefe • Transkripte der Ärzteinterviews (N = 10) • Postskripte	**Dokumentation:** • Interviewtranskript (N = 15) • Biographiekurve • Reintegrationsprogramme • Patientenakte • Transkripte der Sozialarbeiter (N = 2) • Postskripte

Gesamtanzahl geführter Interviews = 107

6. OPD-2-Interview

Ute Engelbach

Mit Patienten wird zu Beginn einer stationären Behandlung ein psychodynamisches Interview nach OPD-2 durchgeführt. Die operationalisierte psychodynamische Diagnostik (OPD-2) ist ein im deutschsprachigen Raum erstelltes multiaxiales Diagnostiksystem im Bereich der psychodynamischen Psychotherapie. Sie erfasst neben relevanten Aspekten des Krankheitserlebens, der Krankheitskonzepte und der Veränderungsmotivation im Wesentlichen zentrale psychische Problembereiche des Patienten, die an der Entstehung und Aufrechterhaltung der Symptome beteiligt sind.

Mithilfe operationalisierter Kategorien werden Ratings auf den Achsen »Krankheitserleben und Behandlungsvoraussetzungen« (I), »Beziehung« (II), »Konflikt« (III) und »Struktur« (IV) vorgenommen. Eine fünfte Achse »Psychische und psychosomatische Störungen« (V) erfasst die Diagnose nach dem internationalen Klassifikationssystem der Krankheiten (ICD-10). Während die Einschätzung auf Achse I klären soll, ob eine psychotherapeutische Behandlung angezeigt ist, erfolgt anhand der Achsen II bis IV eine Fokusformulierung, mithilfe deren eine differenzierte Therapieplanung möglich ist.

Zunächst sollte eine strategische Entscheidung getroffen werden, ob die therapeutische Ausrichtung eher struktur- oder konfliktbezogen oder gemischt sein muss. In einer eher aufdeckend orientierten Konfliktbearbeitung werden die durch Abwehr und Kompromissbildungen verdeckten Möglichkeiten der Bearbeitung zugänglich gemacht. In einer vorrangig strukturorientierten Behandlung liegt es für den Therapeuten je nach Thema nahe, zum Beispiel vermehrt Hilfs-Ich-Funktionen zu übernehmen, sich zum Containing anzubieten, Unterstützung anzubieten, um sich selbst und Beziehungen besser zu regulieren, oder spiegelnd die eigene Wahrnehmung und Emotion zur Verfügung zu stellen.

Die Achse II zielt auf die Erfassung repetitiver dysfunktionaler Beziehungsmuster ab. Hierfür werden den vier Erlebensperspektiven des Patienten (Selbst- und Objektwahrnehmung des Subjekts sowie den konvergierenden Perspektiven des Gegenübers bzw. des Untersuchers) je eine Position in einem Zirkumplexmodell interpersonellen Verhaltens zugeordnet, auf dem interpersonelle Beziehungen als Verhältnis aus den beiden

Dimensionen Interdependenz (Autonomie vs. Kontrolle) und Affiliation (Liebe vs. Aggression) dargestellt sind. Entsprechend den vom Patienten berichteten Beziehungsepisoden und dem vom Interviewer reflektierten Übertragungs- und Gegenübertragungsgeschehen kann die Art und Weise, wie der Patient relevante Beziehungen erlebt und sich seinem Erleben folgend anderen gegenüber verhält, rekonstruiert werden.

Auf der Achse III werden sieben symptomatisch gewordene innere Konflikte, die lebensbestimmend und zeitüberdauernd sind, erfasst. Für jeden Konflikt sind ein passiver und ein aktiver Verarbeitungsmodus für unterschiedliche Lebensbereiche, nämlich Herkunftsfamilie, Partnerschaft/Familie, Beruf und Arbeitswelt, Besitz und Geld, soziales Umfeld, Körper/Sexualität, Erkrankung, ausformuliert. Eine einseitige rigide Betonung eines der beiden Modi kann auf eine konflikthafte Verarbeitung hinweisen. Je mehr Lebensbereiche ein Konflikt berührt, als desto bedeutsamer wird er bei der OPD-Diagnostik eingeschätzt. Die sieben Konflikte lauten:

- Individuation vs. Abhängigkeit: Selbstständigkeit in Beziehungen ist von existenzieller Bedeutung. Emotionale Unabhängigkeit und Unterdrückung der Wünsche nach Nähe und Bindung dominieren im aktiven Modus, während enge dauerhafte Beziehungen (fast) um jeden Preis und symbiotische Nähe den passiven Modus des Konfliktes charakterisieren.
- Unterwerfung vs. Kontrolle: Das zentrale Motiv ist, den anderen zu dominieren oder sich dem anderen unterzuordnen. Im aktiven Modus sind aggressives Dominanzstreben und trotzige Aggressivität, im passiven eine passiv-aggressive Unterwerfung und untergründig spürbare Verärgerung bei gefügigem Verhalten beobachtbar.
- Versorgung vs. Autarkie: Beziehungen sind von Wünschen nach Versorgung und Geborgenheit bzw. deren Abwehr geprägt. Im passiven Modus führt dies zu anklammerndem Verhalten, Angst, den anderen zu verlieren, im aktiven Modus besteht gewissermaßen eine altruistische Grundhaltung. Es überwiegen Selbstgenügsamkeit, Bescheidenheit und anspruchsloser Verzicht.
- Selbstwertkonflikt: Die kompensatorischen Anstrengungen zur Anerkennung des Selbstwerts dominieren das Erleben im aktiven Modus zur Aufrechterhaltung des ständig bedrohten Selbstwertgefühls. Das

Selbstwertgefühl erscheint im passiven Modus – auch so erlebt – wie eingebrochen.
- Schuldkonflikt: Schuld wird über ein angemessenes Maß sich oder den anderen aufgebürdet. Das führt im passiven Modus zur Neigung zu Selbstvorwürfen, schneller Übernahme von Verantwortung, Selbstbestrafung. Im aktiven Modus fehlt jegliche Form von Schuldgefühlen, Schuld wird externalisiert, Schuldgefühle werden auf andere abgewälzt, es existiert eine geringe Bereitschaft, eigene Verantwortung anzuerkennen.
- Ödipaler Konflikt: Zentrales Motiv ist, die Aufmerksamkeit und Anerkennung als Mann oder Frau zu gewinnen. Erotik und Sexualität fehlen im passiven Modus in der Wahrnehmung, Kommunikation und im Affekt oder bestimmen im aktiven Modus alle Lebensbereiche.
- Identitätskonflikt: Gefühl des dauerhaften oder wiederkehrenden Identitätsmangels. Im aktiven Modus Vermeidung des Gewahrwerdens des Identitätsmangels bis zum Beispiel zur Konstruktion eines Familienromans oder einer phantasierten Abstammung, im passiven Modus Annahme des dauerhaften Identitätsmangels.

Die Achse IV beschreibt die Struktur, das heißt die funktionale Beziehung des Selbst zu den Objekten, auf vier Dimensionen, innerhalb deren jeweils zwischen dem Bezug zum Selbst und zu den Objekten unterschieden wird. Das Strukturniveau schätzt die Verfügbarkeit psychischer Funktionen zur Regulierung des Selbst und seiner Beziehung zu inneren und äußeren Objekten ein.

- Selbst- und Objektwahrnehmung: Fähigkeit, sich selbstreflexiv wahrzunehmen mit den Unterdimensionen Selbstreflexion, Affektdifferenzierung und Identität sowie die Fähigkeit, andere ganzheitlich und realistisch wahrzunehmen, wie auch Selbst-Objekt-Differenzierung, das heißt eigene Gedanken, Bedürfnisse und Impulse von denen anderer zu unterscheiden.
- Selbstregulierung und Regulierung des Objektbezugs: Fähigkeit, eigene Impulse zu steuern, Affekte und Selbstwert zu regulieren sowie die Fähigkeit, den Bezug zum anderen regulieren zu können in der Form, Beziehungen vor eigenen störenden Impulsen schützen, Interessen in Beziehungen ausgleichen und die Reaktion des anderen antizipieren zu können.

- Emotionale Kommunikation nach innen und nach außen: Fähigkeit zur inneren Kommunikation mittels Affekten, Phantasien und Körpererleben sowie die Fähigkeit zur Kommunikation mit anderen, das heißt zur Kontaktaufnahme, Mitteilung von Affekten und Empathiefähigkeit.
- Bindung an innere und äußere Objekte: Fähigkeit, Objekte zu internalisieren und gute innere Objekte zur Selbstregulierung zu nutzen, variable innere Bilder entstehen zu lassen sowie Hilfe anzunehmen, sich zu binden oder Bindungen zu lösen.

Es gibt jeweils vier Integrationsniveaus der psychischen Struktur, die von gut integriert bis desintegriert abgestuft sind. Einem Menschen mit einer gut integrierten psychischen Struktur steht ein psychischer Innenraum zur Verfügung, in dem intrapsychische Konflikte ausgetragen werden können. Bei mäßig integriertem Strukturniveau ist die Verfügbarkeit über intrapsychisch und interpersonell regulierende Funktionen auch prinzipiell erhalten, zugleich allerdings situativ reduziert. Diese regulierenden Funktionen sind bei gering integriertem Strukturniveau entweder dauerhaft im Sinne eines Entwicklungsdefizits oder wiederholt im Zusammenhang mit Belastungssituationen deutlich reduziert verfügbar, während bei desintegriertem Strukturniveau keine kohärente Selbststruktur mehr ausgebildet ist, bei Belastungen besteht die Gefahr der Desintegration oder Fragmentierung.

Die Ratings erfolgen auf der Basis halbstrukturierter Interviews, die mit Video aufgezeichnet werden. Ratings mittels OPD-2 auf der Basis semistrukturierter videographierter Interviews zeigen insgesamt befriedigende Gütekriterien.

Zum Weiterlesen

Arbeitskreis OPD (Hrsg.) (2006): Operationalisierte Psychodynamische Diagnostik OPD-2. Bern: Hans Huber.

Dahlbender, Reiner W./Tritt, Karin (2011): Einführung in die Operationalisierte Psychodynamische Diagnostik (OPD). In: Psychotherapie 16, H. 1, S. 28–39.

7. Postskripte und Transkripte

Rolf Haubl

Es ist nicht ganz unvermeidlich, dass Interviewer und Interviewter, während sie miteinander sprechen, Gefühle, Gedanken und Handlungsbereitschaften entwickeln, die den Gesprächsverlauf beeinflussen, ohne dass sie direkt am Transkript ablesbar wären, weil es innere Prozesse sind. Dazu gehört auch, welche Bilder sich die Interviewpartner voneinander machen. Postskripte (auch: Feldprotokolle) sind Beschreibungen, die nach einem Interview angefertigt werden. In ihnen wird zum einen festgehalten, in welchem raum-zeitlichen Setting das Interview stattgefunden und wie dieses womöglich Einfluss auf dessen Form und Inhalt genommen hat. Zum anderen geben die Interviewpartner Einblick in ihr Erleben. In der Regel legen nur die Interviewer ein solches Postskript an, wobei aber nichts dagegen spräche, auch Interviewte um einen solchen Bericht zu bitten.

Ein Rückgriff auf Postskripte kann in der Auswertungsphase helfen, Interpretationsansätze abzusichern oder zu verwerfen. Im Fokus steht dabei die Qualität der Beziehung zwischen den Gesprächspartnern, einschließlich Verständigungskrisen, die eingetreten und (nicht) bewältigt sind. Damit wird der Einsicht entsprochen, dass das, was in einem qualitativen Interview gesagt wird, immer auch von der (aktuellen) Beziehung derer abhängt, die einander begegnen und sich mehr oder weniger aufeinander einlassen.

Wenn von qualitativen Interviews Audiomitschnitte angefertigt und dann transkribiert werden, reduziert sich die vollsinnliche Begegnung zwischen einem Interviewer und seinem Interviewpartner auf den Austausch verschrifteter Worte. Zwar erlaubt es eine Transkription, die streng dem Wörtlichkeitsprinzip folgt und alles notiert, was in irgendeiner Weise geäußert wird, auch individuelle mikroskopische Eigentümlichkeiten von Äußerungen – zum Beispiel fließendes oder stockendes Sprechen – abzubilden, etwa um Emotionen einzufangen, eine Reduktion bleibt es allemal. Hilfreich können zwar auch Kommentare – wie zum Beispiel (flüstert) – sein, die eingestreut werden, ohne dass sich dadurch an dem grundsätzlichen Problem etwas ändert.

Bei der Arbeit mit Transkripten wird aus dem Hörer des gesprochenen Wortes ein Leser des geschriebenen Wortes, der sich beim Lesen vorstellt, wie das, was er liest, klingt. Zwar kann der Leser bei kritischen Passagen in die Audioaufzeichnung hineinhören, um sich eines Eindrucks zu versichern, in praktischer Hinsicht sind die Möglichkeiten aber begrenzt.

Zum Weiterlesen

Dittmar, Norbert (2009): Transkription. Wiesbaden: Springer.

8. Qualitative Interviews mit den Patienten

Alina Brehm und Simone Rassmann

Mit den Patienten wurden zu drei Erhebungszeitpunkten qualitative Interviews geführt. Diese beinhalteten sowohl biographisch-narrative als auch thematisch fokussierte Elemente, je nach Erhebungszeitpunkt mit unterschiedlicher Gewichtung. Im Gegensatz zum klassischen narrativen Interview waren Erzähl- und Nachfrageteil nicht strikt voneinander getrennt. Die Gesprächssituation war eher dialogisch angelegt und zielte trotz einer gewissen Offenheit auf spezifische Zeitabschnitte und Themenschwerpunkte ab.

Das erste Interview dauerte durchschnittlich zwei Stunden und war am offensten angelegt, da es sich auf die bisherige Lebensgeschichte (mit besonderem Augenmerk auf Erwerbsarbeit) bis zum Zeitpunkt des Beginns der Therapie in der Klinik bezog. Im zweiten Interview, das durchschnittlich eine Stunde dauerte, standen vor allem thematisch fokussierte Fragen zu Erfahrungen in der Therapie im Mittelpunkt. Eher prospektiv ausgerichtet war das dritte und letzte Interview, das einige Zeit nach dem Klinikaufenthalt stattfand und vor allem die Erfahrungen seit dem Klinikaufenthalt sowie Zukunftsgedanken beinhaltete.

Die aufgezeichneten Interviews wurden transkribiert und in anonymisierter Form dem übrigen Teil der Forschungsgruppe für ihre je individuelle sowie gemeinsame Interpretation zugänglich gemacht.

Biographisch orientierte Interviews sind vor dem Hintergrund einer gemeinsamen soziologischen und psychoanalytischen Betrachtungsweise geeignet für die qualitative Sozialforschung mit psychosomatisch erkrankten Menschen. Dies deshalb, weil hierbei psychosomatische Krankheit als »komplettierendes Element einer Lebensgeschichte« verstanden werden kann. Das Symptom kann also nur in seiner Eingebundenheit in die Gesamtheit der Biographie (und hier im Speziellen die Aspekte, die etwas mit Erwerbsarbeit zu tun haben), nach der bei dieser Art des Interviews gefragt wird, verstanden werden.

In unserem Projekt wurden die Interviewer von den Patienten unterschiedlich adressiert. So wurden sie nicht nur als Sozialforscher wahrgenommen, sondern von einigen auch als therapeutisch Arbeitende, die nämlich zuhören und interessiert nachfragen zu sehr persönlichen Themen, wie der Familie und der eigenen Biographie. Zudem gab es auch Interviewte, die den Interviewern anscheinend ein fast ausschließliches Interesse an der Erwerbsarbeit unterstellten und sich in ihrer Erzählung auf das Berufsleben fokussierten. Vor dem Hintergrund der biographisch-narrativen Elemente des Interviews ist dies nicht verwunderlich, da es in solchen Settings häufig zu dieser Art von Rollenzuschreibungen kommt (Rosenthal 2011). Bemerkenswert war jedoch die Veränderung der Interviewdynamik vom ersten bis zum dritten Interview hinsichtlich der Übertragungs- und Gegenübertragungsdynamik durch den voranschreitenden Beziehungsaufbau über die Zeit hinweg. Hierbei ist zudem äußerst wichtig, wie das Interview- und Forschungsinteresse den Interviewten vermittelt wird. Die Interviewer haben aufgrund ihrer persönlichen Vorerfahrungen und ihrer unterschiedlichen fachlichen Prägung spezifische Zugänge und Übertragungen (von Gefühlen, Erwartungen, Wünschen), die in die spätere Interpretation miteinbezogen und reflektiert wurden.

In der Interviewdynamik zeigten sich teilweise die einzelnen Krankheitssymptome der Interviewten. So musste ein Interview bewusst kurz gehalten werden, weil der Interviewpartner durch motorische Störungen stark körperlich geschwächt war. Auch die Orientierungslosigkeit eines Patienten wurde in der Interviewsituation deutlich erkennbar, da er selber nicht dazu in der Lage zu sein schien, eigene Erklärungen zu finden, sondern jeden Gedanken des Interviewers dazu bereitwillig annahm.

Der Fragestil der Interviews war nicht konfrontativ oder direktiv angelegt. Trotzdem kam es bei den Interviewern teilweise in der Gegenübertragung zu einem Anzweifeln der Erzählungen der psychisch erkrankten Menschen. Deshalb ist besonders zu betonen, dass alle Aussagen aus den Interviews subjektive Wahrnehmungen und Interpretationen der Interviewten sind. Daher geht es bei der Analyse der Interviews nicht darum, den Wahrheitsgehalt bzw. die Glaubwürdigkeit der Erzählungen zu überprüfen. Die Darstellung der eigenen Lebensgeschichte und des subjektiv empfundenen Leids wird als solches ernst genommen. Denn auch der Eindruck, etwas nicht der Wahrheit Entsprechendes erzählt zu bekommen, kann auf eine Abwehr gegen das Anerkennen der gegebenenfalls schmerzlichen Lebensrealität der Patienten hinweisen.

Zum Weiterlesen

Hopf, Christel (2012): Qualitative Interviews – ein Überblick. In: Flick, Uwe (Hrsg.): Qualitative Forschung. Ein Handbuch. 9. Auflage, Reinbek bei Hamburg: Rowohlt Taschenbuch-Verlag, S. 349–360.
Rosenthal, Gabriele (2011): Interpretative Sozialforschung. In der Reihe: Grundlagentexte Soziologie. Hrsg. Hurrelmann, Klaus, aktualisierte und ergänzte 3. Auflage, Weinheim, München: Juventa.
Schütze, Fritz (1983): Biographieforschung und narratives Interview. In: Neue Praxis 13, H. 3, S. 283–293.

9. Supervision

Rolf Haubl

Integraler Bestandteil des Forschungsprozesses ist ein Supervisionsangebot für die ärztlichen Psychotherapeuten, die unsere Studienpatienten im Rahmen von deren stationärem oder teilstationärem Klinikaufenthalt behandelt haben.

Jeder Therapeut hat mindestens eine Supervisionssitzung pro Studienpatient erhalten, bei angemeldetem Bedarf auch zwei. Bis auf wenige, pragmatisch bedingte Ausnahmen sind alle Therapeuten von demselben Supervisor supervidiert worden. Dadurch erhielt dieser einen guten Überblick über inter-individuelle Unterschiede im therapeutischen Selbstverständnis der Therapeuten, abhängig von Alter, Geschlecht und Ausbildungsstatus. Da manche Therapeuten mit mehreren Studienpatienten vertreten sind, konnte der Supervisor auch unterschiedliche »Passungen« von Therapeut und Patient beschreiben.

Von »Supervision« zu sprechen hat bei einigen Therapeuten die Phantasie hervorgerufen, ihre Arbeit werde durch die »Wissenschaftler« des Projektes evaluiert, weil ja bekannt war, dass wir vermuten, arbeitsbezogene psychische Belastungen kämen in der Klinik zu selten oder nur unangemessen zur Sprache. Um diese Phantasie nicht zu befördern, haben wir bald eine treffendere Bezeichnung gewählt: Die gut einstündigen Gespräche »Experteninterview« zu nennen und sie auch dementsprechend zu führen hat die Situation merklich entspannt.

Der »Supervisor« ist zwar ein festes Mitglied der Forschungsgruppe, kennt aber die Interviews mit den Patienten nicht und hat auch nicht an den Interpretationsgruppen teilgenommen, in denen die einzelnen »Fälle« diskutiert worden sind. Das heißt: Er begegnete den Behandlungsberichten der Therapeuten so unvoreingenommen wie möglich, sodass deren eigene Relevanzen leitend werden konnten.

Wiederkehrende Themenschwerpunkte waren:

- Welche Ziele verfolgt der Therapeut für den Aufenthalt des Patienten in der Klinik? – im Vergleich mit den Zielen, die der Patient in den Interviews mit ihnen nennt.
- Welche Bedeutung schreibt der Therapeut den Arbeitsbelastungen des Patienten als Ursache für dessen »Erkrankung« zu? – im Vergleich mit der Bedeutung, die der Patient ihnen zuschreibt.
- Mit welcher Haltung und mit welchen Interventionen begegnet der Therapeut seinem Patienten, und für wie therapeutisch erfolgreich erachtet er diesen Zugang? – im Vergleich mit dem, was der Patient in den Interviews als erfolgreich angibt?

Darüber hinaus wird der Therapeut gebeten, den fokussierten Patienten mit anderen Patienten zu vergleichen, die er aktuell behandelt bzw. früher behandelt hat. Worin sieht er signifikante Ähnlichkeiten, worin signifikante Unterschiede? Nimmt er typische Belastungsursachen und Bewältigungsverläufe wahr?

Der »Supervisor« war auch gehalten, in den Gesprächen die Arbeitsbedingungen der Therapeuten zu thematisieren, zuzüglich ihrer Beobachtungen, dass und wie sich die beiden Kliniken, die an der Untersuchung teilgenommen haben, darin unterscheiden. Seine Organisationsbeobachtungen hat der »Supervisor« protokollarisch festgehalten, um sie gegebenenfalls auszuwerten. Eine systematische Auswertung hat allerdings bisher nicht stattgefunden, gelegentlich sind diese Daten aber genutzt worden, um einen (atmosphärischen) Eindruck von der (differenziellen) Organisationskultur zu erhalten, die in beiden Kliniken besteht.

Auch wenn gelegentlich diagnostische Fragen in den Gesprächen mit den Therapeuten verhandelt worden sind, war nie an eine klinische Supervision gedacht, weshalb der ausgewählte »Supervisor« seiner Profession nach auch kein Kliniker, sondern Sozialwissenschaftler ist. So wie sich die Forschungsgruppe für eine interdisziplinäre bzw. interprofessionelle Zusammensetzung entschieden hat, so sollte auch die disziplinäre bzw. professionelle Differenz erkenntnisproduktiv gemacht werden. Wenn die Therapeuten in den »Experteninterviews« auf einen Sozialwissenschaftler und dessen Fragen treffen, würden sie, jedenfalls war das die Vorannahme, gehalten sein, ihre klinischen Selbstverständlichkeiten zu explizieren. Ein Moment wechselseitiger »Fremdheit« haben wir dafür als hilfreich erachtet.

Parallel dazu haben die Patienteninterviewer immer auch den interviewten Patienten gegenüber betont, dass sie keine Kliniker sind. Ob die in Anspruch genommene Differenz tatsächlich gegriffen hat, ist nicht sicher. Patienten haben ihre Interviewer als Personen adressiert, die sich mit ihren gesundheitlichen Beeinträchtigungen auskennen. Des Öfteren haben die Patienteninterviewer diese Rolle auch übernommen. Desgleichen ist es in den »Experteninterviews« nicht ausgeblieben, dass die Rollen wechselten, wobei der »Supervisor« das eine oder andere Mal der Versuchung nachgegeben hat, sich dem interviewten Therapeuten gegenüber als der »bessere« Kliniker darzustellen.

Zum Weiterlesen

Gotthardt-Lorenz, Angela/Hausinger, Brigitte/Sauer, Joachim (2017): Die supervisorische Forschungskompetenz. In: Pühl, Harald (Hrsg.): Das aktuelle Handbuch der Supervision. Gießen: Psychosozial-Verlag, S. 362–381.

Autorinnen und Autoren

Alsdorf, Nora, Dipl.-Soz., wissenschaftliche Mitarbeiterin am Sigmund-Freud-Institut, promoviert zum Thema »Subjektive Krankheitstheorien«.

Brehm, Alina, B.A. Soziologie, studentische Hilfskraft an der Professur für psychoanalytische Sozialpsychologie am Fachbereich Gesellschaftswissenschaften der Goethe-Universität Frankfurt am Main. War als Gaststudentin im Sigmund-Freud-Institut am Projekt beteiligt.

Engelbach, Ute, Dr. med., Fachärztin für Psychosomatische Medizin und Psychotherapie, Diplom-Pädagogin, Oberärztin der Klinik für Psychiatrie, Psychosomatik und Psychotherapie, Universitätsklinikum Frankfurt am Main.

Flick, Sabine, Dr. phil., wissenschaftliche Mitarbeiterin am Institut für Soziologie der Goethe-Universität sowie assoziierte Wissenschaftlerin am Institut für Sozialforschung Frankfurt am Main.

Haubl, Rolf, Professor für psychoanalytische Sozialpsychologie im Ruhestand, ehemaliger Direktor des Sigmund-Freud-Instituts, Forschungsschwerpunkte u.a. »Krankheit und Gesellschaft«.

Rassmann, Simone, M.A. Soziologie, wissenschaftliche Mitarbeiterin am Institut für Soziologie der Goethe-Universität Frankfurt am Main, war während ihres Studiums im Rahmen eines Praktikums im Sigmund-Freud-Institut am Projekt beteiligt.

Samus, Andreas, B.Sc. Psychologie, B.A. International Business & Marketing, wissenschaftliche Hilfskraft am Fachgebiet Sozialpsychologie: Medien und Kommunikation an der Universität Duisburg-Essen. War als Praktikant am Sigmund-Freud-Institut und als Gaststudent am Institut für Sozialforschung am Projekt beteiligt.

Voswinkel, Stephan, PD Dr., (Arbeits- und Organisations-)Soziologe am Institut für Sozialforschung und Privatdozent an der Goethe-Universität Frankfurt am Main.

Kontaktadressen

PD Dr. Stephan Voswinkel, voswinkel@em.uni-frankfurt.de
Institut für Sozialforschung
Senckenberganlage 26
60325 Frankfurt am Main

Prof. Dr. Rolf Haubl, haubl@sigmund-freud-institut.de
Nora Alsdorf, alsdorf@sigmund-freud-institut.de
Sigmund-Freud-Institut
Myliusstraße 20
60323 Frankfurt am Main